教育部高等农林院校理科基础课程
教学指导委员会审定教材

高等农林教育“十三五”规划教材

有机化学学习指导

Study Guide for Organic Chemistry

马晓东　李　莉　主编

中国农业大学出版社
·北京·

内 容 简 介

全书与教材配套，共包括 14 章、3 套单元测试题及 4 套综合模拟试题。各章内容按照教材大纲的要求及编排顺序，包括绪论，烷烃和环烷烃，不饱和脂肪烃，芳香烃，有机化合物分子的立体化学，卤代烃，醇、酚和醚，醛、酮、醌，羧酸及其衍生物，含氮、含磷化合物，杂环化合物与生物碱，糖与核酸，氨基酸与蛋白质，类脂化合物。各章内容包括主要知识点、典型例题、练习题、练习题解析与答案、教材习题、教材习题答案；单元测试题用于阶段性的课堂测试，综合模拟试题用于期末总结复习。

图书在版编目(CIP)数据

有机化学学习指导/马晓东，李莉主编.—北京：中国农业大学出版社，2020.5
ISBN 978-7-5655-2320-5

Ⅰ.①有… Ⅱ.①马… ②李… Ⅲ.①有机化学-高等学校-教学参考资料 Ⅳ.①O62

中国版本图书馆 CIP 数据核字(2019)第 281374 号

书　　名　有机化学学习指导
作　　者　马晓东　李莉　主编

策划编辑　潘晓丽　　**责任编辑**　韩元凤
封面设计　郑　川
出版发行　中国农业大学出版社
社　　址　北京市海淀区圆明园西路 2 号　　**邮政编码**　100193
电　　话　发行部 010-62733489，1190　　读者服务部 010-62732336
　　　　　　编辑部 010-62732617，2618　　出　版　部 010-62733440
网　　址　http://www.caupress.cn　　**E-mail** cbsszs @ cau.edu.cn
经　　销　新华书店
印　　刷　北京时代华都印刷有限公司
版　　次　2020 年 5 月第 1 版　　2020 年 5 月第 1 次印刷
规　　格　787×1 092　　16 开本　　16.25 印张　　400 千字
定　　价　49.00 元

编写委员会

主　　编　马晓东　李　莉

副主编　刘勇洲　李晓丽　林　燕　陈红艳

编　　者　(按姓氏拼音顺序)

陈红兵(山西农业大学)
陈红艳(北京林业大学)
李　莉(北京林业大学)
李晓丽(东北林业大学)
林　燕(中国农业大学)
刘勇洲(山西农业大学)
马晓东(中国农业大学)

主　　审　李　楠(中国农业大学)

前　言

本书是教育部高等农林院校理科基础课程教学指导委员会根据教育部高教司立项研制的“普通高等学校农林类专业数理化基础课程教学基本要求”而编写的高等农林教育“十三五”规划教材《有机化学》第2版（李楠、廖蓉苏、李斌主编）配套辅导教材。本教材适用于60～80学时课堂教学配套使用，可供生物科学类、动物生产类、植物生产类、草业科学类、森林资源类、环境生态类、食品科学类、资源与环境科学类、植物营养类、动物医学类、林产化工类等相关专业选用。

本书由《有机化学》教材编写院校的教师共同完成，在内容的选取和安排上，充分考虑了相关院校的课堂教学要求，体现了参编教师所在院校多年来的教学经验和教学实践成果。

本书按照教材大纲的要求，对各章的知识点进行归纳总结，明确各知识点的学习要求；典型例题部分根据各章学习重点和难点，给出例题，分析解题思路，规范解题步骤；练习题部分根据教学学时及教学内容安排，每3学时理论课配套编写约0.5小时的练习题，强化学习效果；部分章节提供了一些较难的习题（以＊号标出），供学有余力的同学学习和思考。

本书按照教学进程和学习规律，约20学时课堂教学安排1次单元测试，便于任课教师进行阶段性的复习总结，提高学生学习的积极性和主动性。在本书最后，安排了4套综合模拟试题，供学生在课堂教学结束后总结复习使用，难度符合各学校对于有机化学课程的要求。

本书的编写分工为：马晓东、林燕编写第一、二、四、五章；李莉、陈红艳编写第十、十一、十二章；刘勇洲、陈红兵编写第八、九、十三、十四章；李晓丽编写第三、六、七章。单元测试题、综合模拟试题由参与编写的各个学校分别完成。全书由马晓东、李莉统稿，中国农业大学李楠教授审稿。中国农业大学出版社在教材的编写、出版过程中做了大量卓有成效的工作，使本书得以顺利出版，在此一并表以衷心的感谢！

由于编者水平所限，书中一定存在不妥甚至错误之处，衷心希望广大读者批评指正。

编　者

2020年1月

前言

目录
CONTENTS

Chapter 1 第 1 章

绪 论

Introduction

主要知识点

一、基本概念和术语

1. 有机化学

有机化学是研究有机化合物的来源、组成、结构、性质、合成方法和应用的科学。

2. 有机化合物

有机化合物是指烃类化合物及其衍生物。烃类化合物指含有碳和氢两种元素的化合物;烃的衍生物是指在分子组成中除了碳和氢两种元素外,还含有其他元素(主要为非金属元素,如 O、N、S、P、X、Si 等)的化合物。有机化合物中,分子内各原子之间是以共价键相连的(在有机金属化合物中的碳金属键可以是离子键)。

3. 原子轨道

原子中,核外电子的运动状态称原子轨道。原子轨道以波函数 ϕ 表示(ϕ 是核外电子运动轨迹的空间坐标的函数)。原子轨道有方向性、饱和性,不同的原子轨道具有不同的能级。ϕ^2 与电子云的密度成正比。电子云密度是指电子在原子核外的某一空间区域内出现的概率密度。

原子轨道用于描述原子的结构,即原子核外电子的运动状态。碳原子的核外电子运动状态(也称电子构型)为 $1s^2 2s^2 2p^2 (2p_x^1 2p_y^1 2p_z^0)$。

4. 分子轨道

分子中,电子的运动状态称为分子轨道。分子轨道用波函数 φ 表示。分子轨道有一定的能量,不同的分子轨道有不同的能级,分子轨道也有方向性和饱和性。

分子轨道 φ 是由原子轨道 ϕ 线性组合得出的。组成分子轨道的各原子轨道在能量上是相近的，对称性应相同，并能最大限度地相互重叠。分子轨道中的成键轨道能量低于相应的原子轨道能量，分子轨道中的反键轨道能量高于相应的原子轨道能量。

5. 分子结构

分子是由组成它的原子按一定的排列顺序，通过化学键(力)相互作用、相互影响而构成的整体。分子中这种原子间相互结合的排列顺序和相互关系，称为分子结构。

6. 结构式

表示分子结构的化学式称结构式，结构式不但可描述分子中各原子相互结合的顺序和成键状态，还可以体现分子的几何形状。只表示分子中原子间相互连接顺序的化学式叫构造式。构造式有路易斯式、短线式、缩简式、键线式四种，后两者常用。

7. 价键理论

共价键的形成是由两个成键原子的价电子层原子轨道相互交盖，在交盖区域内，两个原子轨道中自旋反平行的两个单电子相互配对并为两成键原子所共有而成键。由此对成键的两个原子核形成引力使两个原子保持一个平衡距离，每个原子都形成稳定的电子结构。

价键理论认为成键电子处于成键原子之间，是定域的(分子轨道理论认为成键电子不定域在两个成键原子之间，而是在整个分子内运动，是离域的)。

二、共价键

由共用电子对在两成键原子之间形成的化学键，叫作共价键。

(1)在有机化合物中，构成分子的各个原子以一定的顺序通过共价键相互结合。

(2)共价键的类型主要有 σ 键和 π 键。

两个原子各提供一个价电子沿各自所在成键轨道的轴向区域相互配对(轨道重叠)，并为两个原子同时共有，此为 σ 键。

两个原子各提供一个 p 电子，且以各自所在 p 轨道轴平行的方式相互配对(p 轨道平行交盖)，并为两个原子同时共有，此为 π 键。

d 电子及 d 轨道也可形成 π 键，形成 π 键的一对电子也可以由一个原子提供。

(3)有机化合物中可形成共价键的非金属元素主要有 C、H、O、N、X、S、P、Si、B 等。

(4)碳原子是四价的。碳原子的电子构型为：$1s^2 2s^2 2p^2 (2p_x^1 2p_y^1 2p_z^0)$，价电子层有 4 个电子，即 $2s^2 2p^2$。在烷烃中碳原子 sp^3 杂化，构型为四面体型；在烯烃中，形成双键的碳原子 sp^2 杂化，构型为平面三角形；在炔烃中，形成三键的碳原子 sp 杂化，构型为直线型。

(5)形成单键的两个原子，可以绕其 σ 键键轴旋转；形成双键的两个原子，不能绕其 σ 键键轴旋转，否则 π 键将被破坏。

(6)共价键的基本属性有：键长、键角、键能、键矩(键的极性)。

(7)共价键在外界条件影响下发生键矩变化的性质叫作共价键的极化性。键矩是矢量，分子的极性是分子内所有化学键的键矩矢量之和。

(8)共价键极性的大小($\mu = q \cdot d$)主要取决于两成键原子之间的分离电荷距离和电荷量，这又与原子半径和元素的电负性大小有关。

(9)共价键的键能和键长的大小可反映出该化学键的强度；而键角可反映出分子(或离

子、自由基)结构的空间形象；键矩和键的极化性可反映出分子发生相应的化学变化的活性，并且影响到分子的物理性质。

(10)等性杂化的碳原子，其电负性大小为：$sp>sp^2>sp^3$；其成键能力为：$sp>sp^2>sp^3$；杂化轨道长度有：$sp<sp^2<sp^3$。

(11)共价键的断裂和反应类型：共价键主要有均裂和异裂两种方式。

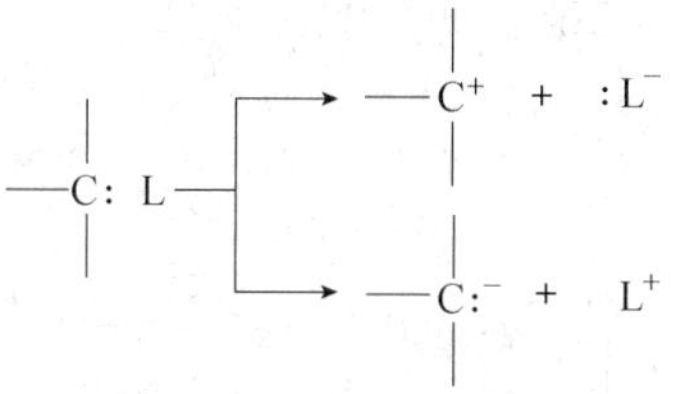

异裂

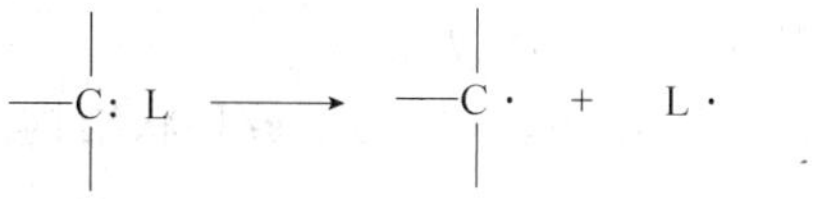

均裂

异裂导致离子型反应发生，有亲电、亲核两类。均裂导致自由基型反应发生，也可以进行协同反应和电环化反应(有的协同反应中，不是发生共价键的均裂)。

(12)在形成共价键的化学变化中，给电子试剂与底物的缺电子碳原子成键，称为亲核反应(有加成和取代两类)，该试剂为亲核(性)试剂。若缺电子试剂与底物的富电子碳原子成键，则称为亲电反应(有加成和取代两类)，该试剂为亲电(性)试剂。如：

亲核取代：$CH_3CH_2CH_2CH_2Br+\overset{+}{Na}\overset{-}{O}C_2H_5 \longrightarrow CH_3CH_2CH_2CH_2OC_2H_5+NaBr$，$\overset{+}{Na}\overset{-}{O}C_2H_5$ 为亲核试剂。

亲核加成：$H_3C-\overset{\overset{O}{\|}}{C}-CH_3 + :NH_3 \longrightarrow H_3C-\overset{\overset{OH}{|}}{\underset{\underset{NH_2}{|}}{C}}-CH_3$，$:NH_3$ 为亲核试剂。

亲电取代：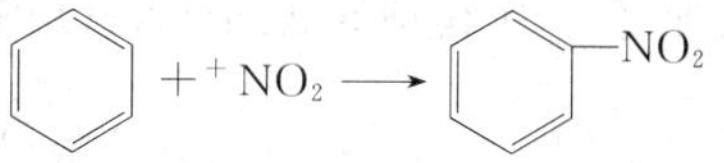

$+H^+$，$^+NO_2$ 为亲电试剂。

亲电加成：$CH_3-CH=CH-CH_3+Br^+ \longrightarrow$ 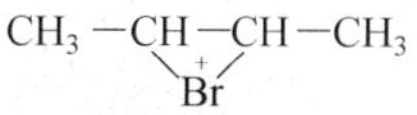

，Br^+ 为亲电试剂。

从酸碱概念来看，酸性试剂(亲电)参与的反应可生成碳正离子中间体，如：

$$CH_3-CH=CH_2+H^+ \longrightarrow CH_3-\overset{+}{C}H-\overset{\overset{H}{|}}{C}H_2 \quad + \quad CH_3-\overset{\overset{H}{|}}{C}H-\overset{+}{C}H_2$$

碱性试剂参与的反应可生成碳负离子中间体，如：

$$Cl_3CH+{}^-OH \rightleftharpoons Cl_3C^-+H_2O$$

三、有机化合物的分类

有机化合物的数量庞大，其分类的方法有多种。因为有机化合物的结构(或构造)特点与其性质有密切关系，故一般是按有机化合物分子的结构(或构造)采取两种分类方法。一种是按分子的碳架分类，另一种是按分子中含有的官能团分类。

(一)按碳架分类

按构成分子的碳架不同，可将有机化合物分为以下4大类型。

1. 开链化合物

分子中碳原子相互连接成链状，称为开链化合物，又称脂肪族化合物。例如：

$CH_3(CH_2)_4CH_3$ 正己烷	$CH_3(CH_2)_{10}CH_2OH$ 正十二碳醇(月桂醇)
$CH_3(CH_2)_{15}CH_2CO_2H$ 十八碳酸(硬脂酸)	$(C_2H_5)_2O$ 乙醚

2. 脂环(族)化合物

分子中碳原子相互连接形成环状结构。例如：

环己烷

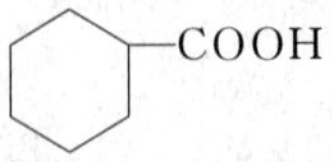
环己基甲酸

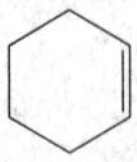
环己烯

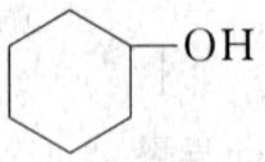
环己醇

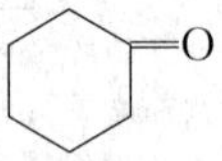
环己酮

3. 芳香族化合物

分子中含有苯环结构的化合物，其性质与脂环族化合物有明显区别。例如：

苯

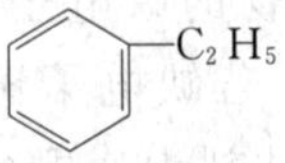
乙苯

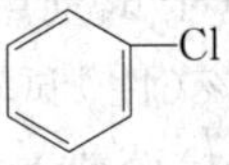
氯苯

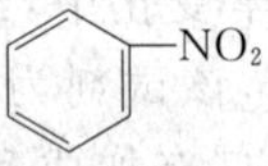
硝基苯

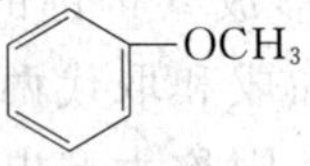
苯甲醚

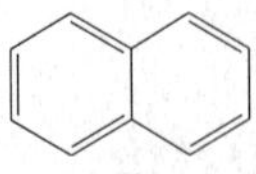
萘

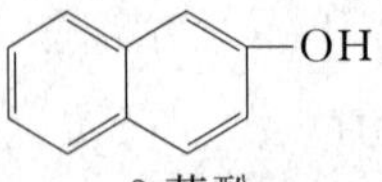
β-萘酚

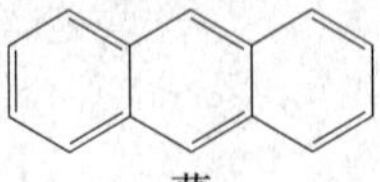
蒽

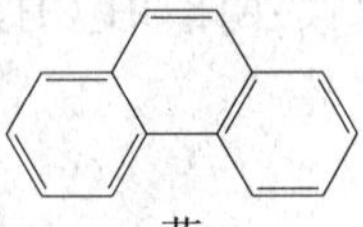
菲

4. 杂环化合物

分子中形成环状骨架的原子除碳原子之外还含有其他杂原子(N、O、S 等)的化合物。例如：

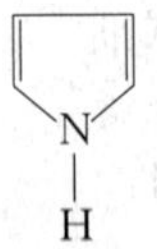
吡咯

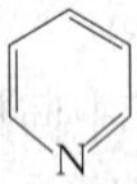
吡啶

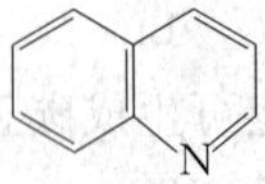
喹啉

噻吩

呋喃

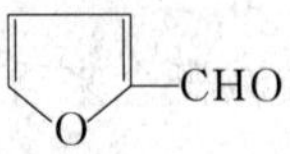
糠醛

(二)按官能团分类

官能团是指分子中具有较高化学活性，容易发生反应的原子或基团。官能团代表化合物的主要结构特征，决定化合物的主要性质。含有相同官能团的化合物具有相同或相近的物理、化学性质，它们属于同一类化合物。常见的官能团及其类别列于表 1-1 中。

有机分子中分别含有表 1-1 中的官能团时，构成不同类别的有机化合物，并有相应类别的名称。如果在一个化合物中有多个不同的官能团，化合物类别的母体名称一般取决于排序在前的官能团。

表 1-1 一些常见的官能团及化合物类别

化合物类别	化合物实例	官能团	官能团名称
羧酸	CH_3COOH	$-C(=O)-OH$	羧基
磺酸	$C_6H_5SO_3H$	$-SO_3H$	磺(酸)基
酯	$CH_3CO_2C_2H_5$	$-C(=O)-OR$	烷氧甲酰基(酯基)
酰卤	CH_3COCl	$-C(=O)-X$	卤代甲酰基(酰卤基)
酰胺	CH_3CONH_2	$-C(=O)-NH_2$	氨基甲酰基(酰氨基)
腈	CH_3CN	$-CN$	氰基
醛	CH_3CHO	$-CHO$	醛基
酮	CH_3COCH_3	$(C)-C(=O)-(C)$	酮基
醇(酚)	$C_2H_5OH(PhOH)$	$-OH$	羟基
硫醇(硫酚)	$C_2H_5SH(PhSH)$	$-SH$	巯基
炔烃	$CH_3C\equiv CH$	$-C\equiv C-$	炔基(三键)
烯烃	$CH_3CH=CH_2$	$>C=C<$	烯基(双键)
胺	$C_2H_5NH_2$	$-NH_2$	氨基
醚	$(CH_3CH_2)_2O$	$-O-$	烃氧基(醚键)
芳烃	$C_6H_5CH_3$	$-C_6H_5$	苯基
卤代烃	CH_3CH_2Cl	$-\overset{\mid}{\underset{\mid}{C}}-X$	卤基(卤原子)
硝基化合物	$CH_3NO_2(PhNO_2)$	$-NO_2$	硝基
重氮化合物	$H_5C_6N_2^+Cl^-$	$(C)-N_2^+Cl^-$	重氮官能团
偶氮化合物	$C_6H_5-N=N-C_6H_5$	$(C)-N=N-(C)$	偶氮官能团

典型例题

【例 1】 指出下列化合物中各个碳原子的杂化状态，标明构成每个碳碳键的原子轨道。

A. $CH_3-CH_2-CH=CH_2$　　B. $CH_3-C\equiv CH$　　C. $CH_2=C=CH_2$

解 A. 在化合物 $CH_3-CH_2-CH=CH_2$ 中，CH_3 和 CH_2 中的碳原子是 sp^3 杂化，双键碳原子是 sp^2 杂化。碳碳键的构成为

$$H_3C—CH_2—CH═CH_2$$

$C_{sp^3}—C_{sp^3}$ (σ)　　$C_{sp^3}—C_{sp^2}$ (σ)　　$C_{sp^2}—C_{sp^2}$ (σ) 和 $C_{2p_z}—C_{2p_z}$ (π)

B. 在化合物 $CH_3—C≡CH$ 中，CH_3 中的碳原子是 sp^3 杂化，C≡C 中的两个碳原子是 sp 杂化。碳碳键的构成为

$$CH_3—C≡CH$$

$C_{sp^3}—C_{sp}$ (σ)　　$C_{sp}—C_{sp}$ (σ) 和 $C_{2p_y}—C_{2p_y}$ (π)、$C_{2p_z}—C_{2p_z}$ (π)

C. 在化合物 $CH_2═C═CH_2$ 中，CH_2 中的碳原子为 sp^2 杂化，中间的碳原子为 sp 杂化，碳碳键的构成为

$$H_2C═\overset{*}{C}═CH_2$$

$C_{sp^2}—\overset{*}{C}_{sp}$ (σ) 和 $C_{2p_y}—\overset{*}{C}_{2p_y}$ (π)　　$\overset{*}{C}_{sp}—C_{sp^2}$ (σ) 和 $\overset{*}{C}_{2p_z}—C_{2p_z}$ (π)

【例 2】 回答下列问题。

(1)排列 C—H 键的极性大小次序：

A. CH_3F　　B. CH_3Cl　　C. CH_3Br　　D. CH_3I

(2)排列化合物的极性大小次序：

A. CH_3Cl　　B. CH_2Cl_2　　C. $CHCl_3$　　D. CCl_4

(3)下列物种中哪个是路易斯酸？哪个是路易斯碱？

BF_3，NH_3，$(C_2H_5)_2O$，$\overset{+}{N}O_2$，$R\overset{-}{C}H_2$，$R\overset{+}{C}H_2$，$AlCl_3$，F^-，H_2O，HOR

解　(1)卤素的电负性越大，单卤代甲烷中的 C—H 键极性越大，是诱导作用的结果。C—H 键的极性大小次序为：A＞B＞C＞D。

(2)碳原子是 sp^3 杂化，空间构型为四面体，化学键的偶极矩是矢量。化合物的极性大小次序是：$CH_3Cl＞CH_2Cl_2＞CHCl_3＞CCl_4$。

(3)路易斯碱：NH_3，$(C_2H_5)_2O$，$R\overset{-}{C}H_2$，F^-；路易斯酸：BF_3，$AlCl_3$，$R\overset{+}{C}H_2$，${}^{+}NO_2$。

H_2O 和 HOR 既是路易斯酸，又是路易斯碱。例如，在水分子间形成的氢键中，氧原子是路易斯碱，而氢原子是路易斯酸。醇分子间也可形成氢键。

【例 3】 试说明下列反应的类型、试剂的性质。

(1) $CH_3—C≡CH + \overset{-}{O}CH_3 \longrightarrow CH_3—\underset{OCH_3}{\underset{|}{C}}═\overset{-}{C}H$

(2) $CH_3—C≡CH + Cl^+ \longrightarrow CH_3—\overset{+}{\underset{\underset{Cl}{|}}{C}}=CH$

(3) $CH_3—C≡CH + NaNH_2 \longrightarrow CH_3—C≡C^-\ Na^+ + NH_3$

(4) $CH_3—CH=CH_2 + \cdot Br \longrightarrow \cdot \dot{C}H_2—C=CH + HBr$

解 (1)亲核加成反应(离子型);试剂 $\overset{-}{O}CH_3$ 是亲核试剂,属路易斯碱;产物是碳负离子。

(2)亲电加成反应(离子型);试剂 Cl^+ 是亲电试剂,属路易斯酸;产物是碳正离子。

(3)酸碱中和反应(离子型);试剂 $NaNH_2$ 是强碱,反应物 $CH_3C≡C—H$ 有弱酸性,产物丙炔钠可看作盐。

(4)取代反应(自由基型);试剂 ·Br 是自由基,产物 $\cdot CH_2—C≡CH$ 也是自由基。

【例 4】 在下面的反应中,谁是酸,谁是碱?

(1) 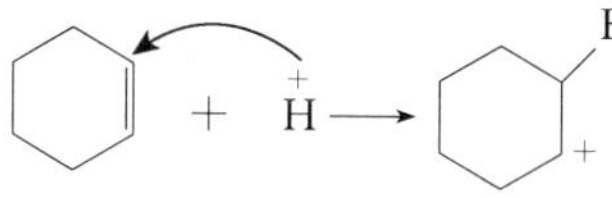

(2) 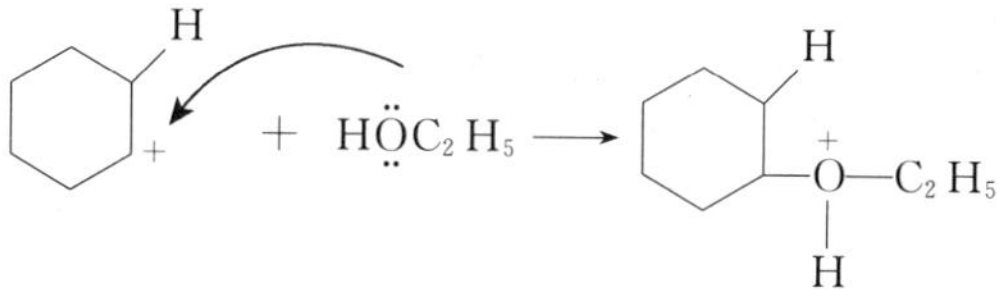

(3) 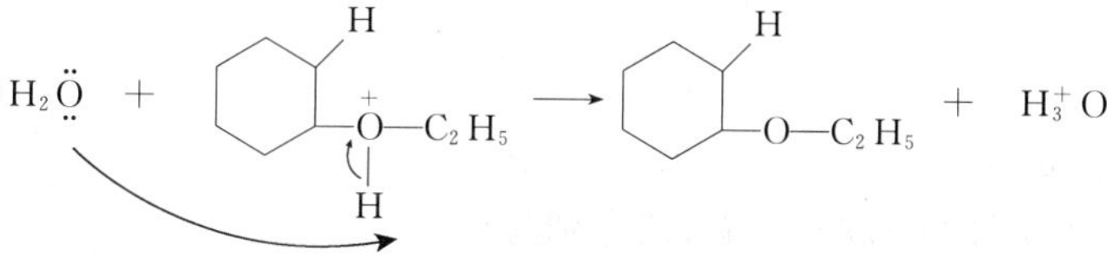

解 在反应(1)中,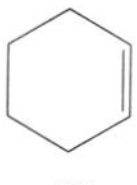 是碱,H^+ 是酸。

在反应(2)中,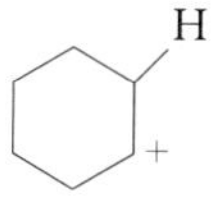 是酸,$H\ddot{O}C_2H_5$ 是碱。

在反应(3)中,$H_2\ddot{O}$是碱,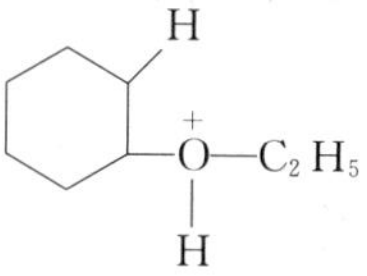 是酸。

练习题

1. 有机化合物一般具有什么特点?有机化合物是怎样分类的?

2. 根据键能数据,判断乙烷分子 CH_3CH_3 在受热裂解时,哪种共价键易发生均裂?

3. 根据电负性数据,以 δ^+ 或 δ^- 标注形成下列极性共价键的原子上所带的部分正电荷或部分负电荷。

$O—H, N—H, H_3C—Br, O=C=O, C—O, H_2C=O$

4. 判断下列画线原子的杂化状态：

(1) $H\underline{C}HO$　　(2) $HC{\equiv}\underline{C}CH_3$　　(3) $H_3C\underline{C}{\equiv}N$

(4) $\underline{C}H_3OH$　　(5) $CH_2{=}\underline{C}{=}O$　　(6) $\underline{C}O_2$

5. 解释下列术语：

键能，键的解离能，共价键，σ 键，π 键，键长，键角，电负性，极性共价键，路易斯酸（碱），共价键均裂，共价键异裂，碳正离子，碳负离子，自由基，离子型反应，自由基型反应。

6. 下列各物种，哪个是路易斯酸？哪个是路易斯碱？

BF_3，$:NH_3$，$(C_2H_5)_2O$，$\overset{+}{N}O_2$，$CH_3\ddot{C}H_2$，$CH_3\overset{+}{C}H_2$，$AlCl_3$，I^-，$H_2\ddot{\underset{..}{O}}$，$CH_3CH_2\ddot{\underset{..}{O}}H$，

H_3^+O，NH_4^+，CN^-，$CH{\equiv}C^-$，Br^+，Br^-，HO^-，SO_3，$CH_3\ddot{\underset{..}{S}}CH_3$，$C_6H_5\underset{..}{N}H_2$，$(C_6H_5)_3P{:}$

7. 指出下列化合物所含官能团的名称和化合物所属类别。

CH_3CH_2SH，$C_2H_5OC_2H_5$，$CH_2{=}CHCH_2CH_3$，$HOOCCH{=}CHCOOH$，

$CH_3C{\equiv}CH$，$ClCH_2CH_2Cl$，CH_3CHO，$CH_3CH_2COCH_3$，

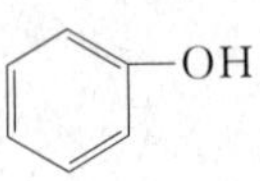

，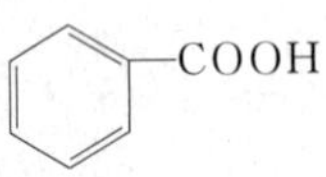

，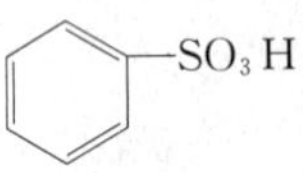

，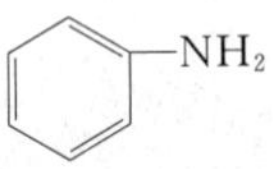

，

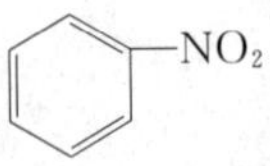

，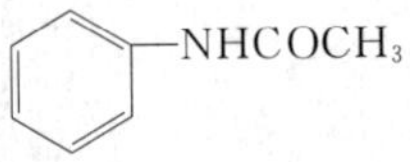

，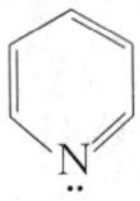

，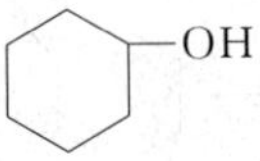

，

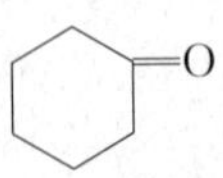

，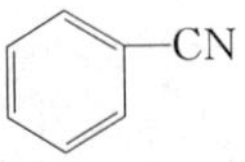

，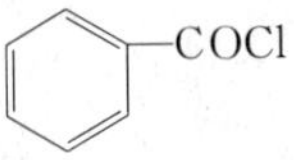

，

，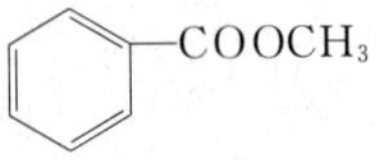

8. 怎样理解碳原子轨道的 sp^3 杂化、sp^2 杂化、sp 杂化？

9. 下列物质是否有共轭酸和共轭碱？如有，请分别写出。

(1) CH_3NH_2　　(2) $C_2H_5O^-$　　(3) C_2H_5OH

(4) $CH_2{=}CH_2$　　(5) $CH_3CH_2^+$　　(6) $HC{\equiv}CH$

(7) H_2O　　(8) CH_3CO_2H　　(9) $(C_2H_5)_2O$

练习题解析与答案

1. (1)有机化合物的特点：

①有机化合物分子中，原子之间以共价键相连。

②在有机化合物中，碳原子之间以及碳原子和其他非金属原子之间可形成不同类型的共价键；两碳原子之间可以单键、双键或三键相连；碳原子之间可以是链状，也可以是环状，且分子骨架中可以掺杂其他元素的原子。

③大多数有机化合物不易溶于水，易燃烧，液体易挥发，固体熔点低。

④有机化合物的化学反应速率一般较小，有机反应常伴有副反应。

(2)有机化合物的分类有两种，一种是按碳架分类，另一种是按官能团分类。

①按碳架分类有四大类：

a. 脂肪族开链化合物：如 $CH_3(CH_2)_3CH_3$ 正戊烷；

b. 脂环族化合物：如 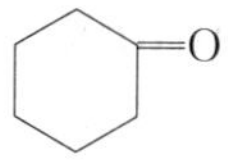 环己酮；

c. 芳香族化合物：如 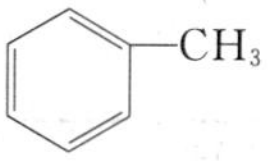 甲苯；

d. 杂环化合物：如 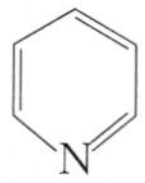 吡啶。

②按官能团分类，见教材表 1-5。

2. 在乙烷分子中，C—C 键键能为 347.3 kJ·mol^{-1}，而 C—H 键键能为 414.2 kJ·mol^{-1}，由于 C—C 键键能小于 C—H 键键能，所以乙烷受热裂解时，C—C 键易发生均裂。

3. $\overset{\delta-}{O}-\overset{\delta+}{H}$，$\overset{\delta-}{N}-\overset{\delta+}{H}$，$H_3\overset{\delta+}{C}-\overset{\delta-}{Br}$，$\overset{\delta-}{O}=\overset{\delta+}{C}=\overset{\delta-}{O}$，$\overset{\delta+}{C}-\overset{\delta-}{O}$，$H_2\overset{\delta+}{C}=\overset{\delta-}{O}$

4. (1)sp^2 杂化　　(2)sp 杂化　　(3)sp 杂化

(4)sp^3 杂化　　(5)sp 杂化　　(6)sp 杂化

5. (1)对双原子分子而言，将两个用共价键连接起来的原子拆开成原子状态时所需吸收的能量称为键能。

(2)断裂分子中某一个共价键所消耗的能量称为键的解离能。

(3)两个原子通过共用电子对而形成的化学键称为共价键。

(4)两个原子的价电子轨道沿轴对称方式重叠所形成的共价键称为 σ 键。

(5)两个原子的 p 轨道平行，侧面重叠形成的共价键称为 π 键。

(6)形成共价键的两个原子核间的距离称为共价键的键长。

(7)分子内同一原子形成的两个化学键之间的键轴夹角称为键角。

(8)原子实对价电子的吸引能力称为电负性。

(9)两个不同的原子形成共价键时，由于两种原子实对价电子的吸引力不等，成键电子不再平均分布，结果产生一个正电中心和一个负电中心，由此形成一个极性共价键。

(10)能够接受电子对的分子、离子或基团称为路易斯酸；能够给出电子对的分子、离子或基团称为路易斯碱。

(11)化学键断裂时，成键的一对电子平均分给两个原子或基团，各带有一个单电子，这种断裂方式称为共价键均裂。

(12)化学键断裂时，原来的一对成键电子为某一原子或基团所占有，这种断裂方式称为共价键异裂。

(13)正电荷在碳原子上的离子称为碳正离子。

(14)负电荷在碳原子上的离子称为碳负离子。

(15)化学键均裂时产生的带有未成对电子的原子或基团称为自由基。

(16)经由化学键异裂而引发的反应称为离子型反应。

(17)经由化学键均裂产生自由基而引发的反应称为自由基型反应。

6. 路易斯酸是能接受电子对的分子、离子或基团；路易斯碱是能给出电子对的分子、离子或基团。

路易斯酸：BF_3，$\overset{+}{N}O_2$，$CH_3\overset{+}{C}H_2$，$AlCl_3$，H_3^+O，NH_4^+，SO_3，Br^+

路易斯碱：$:NH_3$，$(C_2H_5)_2O$，$CH_3\ddot{C}H_2$，I^-，$H_2\ddot{O}$，$CH_3CH_2\ddot{O}H$，CN^-，$CH\equiv C^-$，Br^-，HO^-，$CH_3\ddot{S}CH_3$，$C_6H_5\ddot{N}H_2$，$(C_6H_5)_3P:$

7.

化合物	CH_3CH_2SH	$C_2H_5OC_2H_5$	$H_3CH_2CHC=CH_2$
官能团名称	巯基	烷氧基	烯基(双键)
化合物类别	硫醇	醚	烯烃
化合物	$HOOCCH=CHCOOH$	$CH_3C\equiv CH$	$ClCH_2CH_2Cl$
官能团名称	羧基、双键	炔键(三键)	卤基
化合物类别	烯酸	炔烃	卤代烷
化合物	CH_3CHO	$CH_3CH_2COCH_3$	
官能团名称	醛基	酮基	
化合物类别	醛	酮	
化合物	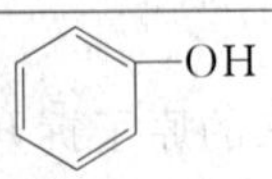	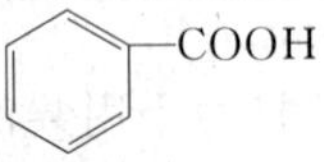	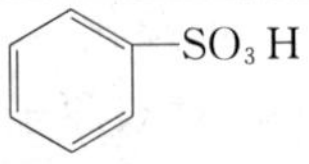
官能团名称	羟基	羧基	磺基
化合物类别	酚	羧酸	磺酸
化合物	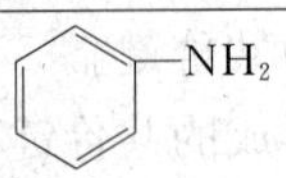	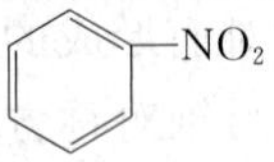	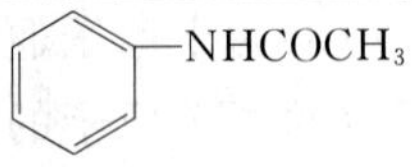
官能团名称	氨基 胺	硝基 硝基化合物	酰基 酰胺
化合物		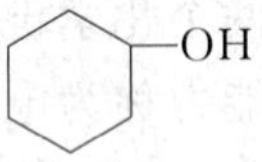	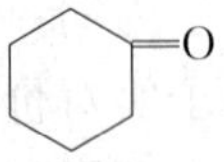
官能团名称	吡啶环	羟基	酮基
化合物类别	杂环化合物	醇	环酮
化合物	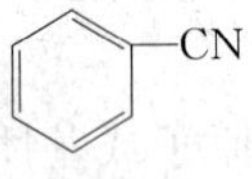	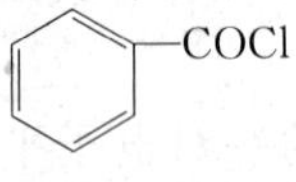	
官能团名称	氰基	卤代甲酰基	呋喃环
化合物类别	腈	酰卤	杂环化合物
化合物	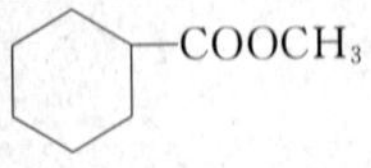		
官能团名称	酯基		
化合物类别	酯		

8. sp^3 杂化的碳原子轨道是由 2s 和 $2p_x$、$2p_y$、$2p_z$ 4 个原子轨道经“混杂”后重新组合成 4 个等价的 sp^3 原子轨道，sp^3 杂化为四面体型，轨道轴夹角是 109.5°。

sp^2 杂化是由 2s 和 $2p_x$，$2p_z$ 3 个原子轨道杂化，形成 3 个等价的 sp^2 杂化轨道。sp^2 杂化碳为平面三角形，轨道轴夹角为 120°。未杂化的 $2p_y$ 轨道垂直于这个平面。

sp 杂化是由 2s 和 $2p_x$ 2 个原子轨道杂化，形成 2 个等价的 sp 杂化轨道。sp 杂化碳为直线型，轨道轴夹角为 180°。没有参与杂化的两个 p($2p_y$，$2p_z$)轨道互相垂直。

9.	共轭酸	共轭碱
(1)CH_3NH_2	$CH_3NH_3^+$	CH_3NH^-
(2)$C_2H_5O^-$	C_2H_5OH	无
(3)C_2H_5OH	$C_2H_5OH_2^+$	$C_2H_5O^-$
(4)$CH_2=CH_2$	$CH_3CH_2^+$	$CH_2=CH^-$
(5)$CH_3CH_2^+$	无	$CH_2=CH_2$
(6)$HC\equiv CH$	$CH_2=CH^+$	$HC\equiv C^-$
(7)H_2O	H_3O^+	OH^-
(8)CH_3CO_2H	无	$CH_3CO_2^-$
(9)$(C_2H_5)_2O$	$(C_2H_5)_2OH^+$	无

教材习题

1. 找出下列可以形成分子内氢键的化合物，可以形成分子间氢键的化合物，可以与水形成氢键的化合物，各画出一种氢键的结构：

(1) CH_3CHO　　(2) CH_3CH_2OH　　(3) $CH_3\underset{\underset{O}{\|}}{C}CH_3$

(4) $CH_3CH_2OCH_2CH_3$　　(5) $HOCH_2CH_2OH$　　(6) 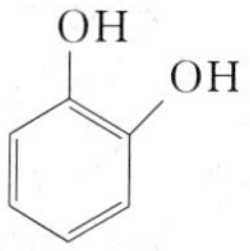

(7) 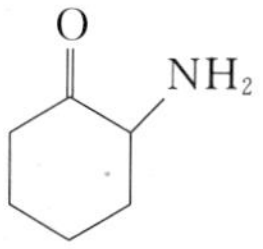　　(8) $CH_3CH_2CH_2CH_2NH_2$　　(9) 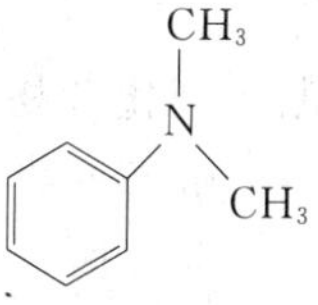

2. 判断下列分子中，同种分子间存在的一种最强的作用力：

(1) CH_3CHO　　(2) CH_3CH_2OH

(3) CH_3CH_2Br　　(4) $CH_3CH_2CH_2CH_2CH_3$

(5) 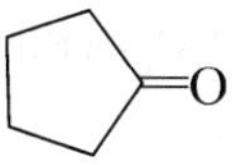　　(6) $CH_3CH_2\underset{\underset{CH_3}{|}}{C}HCH_2CH_3$

(7) 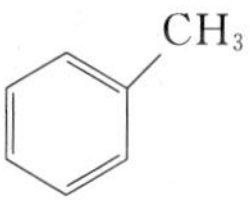　　(8) 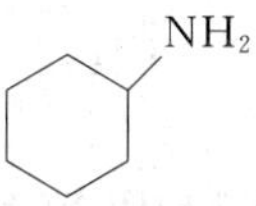

3. 说明下列化合物中官能团名称，指出下列化合物所属类别：

(1) $CH_3CH_2CH_2CH_2NH_2$　　(2) 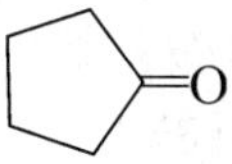　　(3) 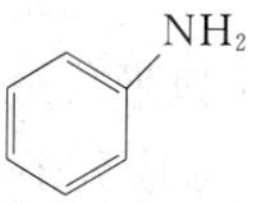

(4) $CH_3CH_2CH=CHCH_3$　　(5) $CH_3CH_2\underset{\underset{CH_3}{|}}{C}HCH_2CH_3$　　(6) CH_3CHO

(7) 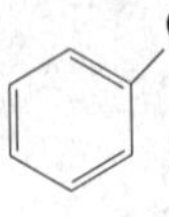　(8) CH_3CH_2COOH　(9) 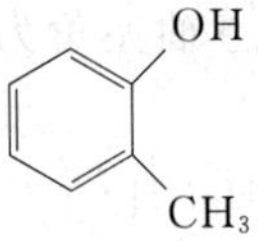

(10) $CH_3CH_2OCH_2CH_3$　(11) 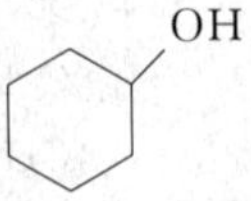　(12) 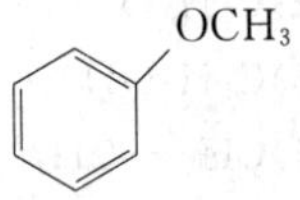

4. 根据反应物与产物,判断下列反应的类型:

(1) $CH_3\overset{\overset{\large O}{\|}}{C}CH_3 \longrightarrow CH_3\underset{OH}{\underset{|}{C}}HCH_3$

(2) $CH_3CH_2CH{=}CHCH_3 \longrightarrow CH_3CH_2\underset{Cl}{\underset{|}{C}}H\underset{Cl}{\underset{|}{C}}HCH_3$

(3) 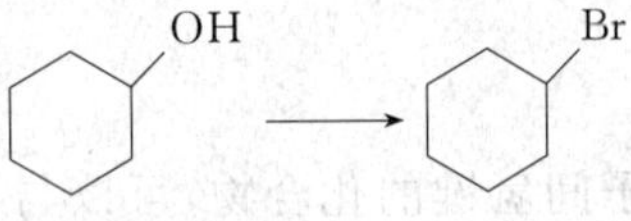

(4) 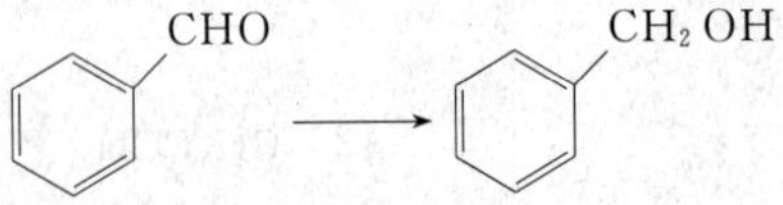

(5) 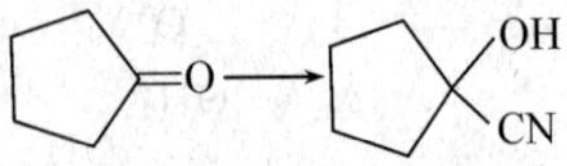

(6) 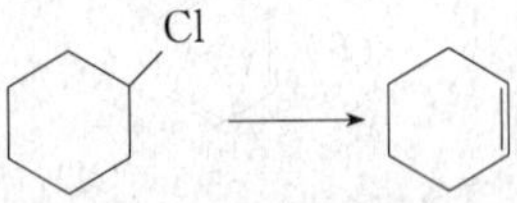

5. 判断下列化合物是否为极性分子,画出极性分子的偶极矩方向:

(1) 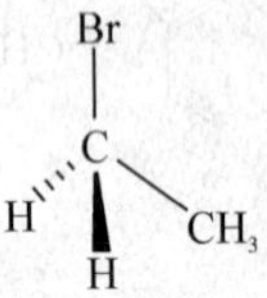　(2) 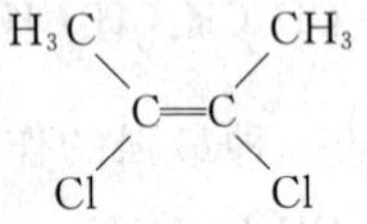　(3) 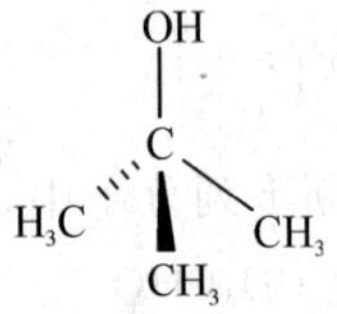

(4) 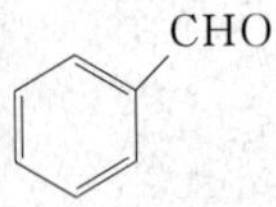　(5) $CH_3CH_2C{\equiv}CCH_2CH_3$　(6) $CH_3CH_2OCH_2CH_3$

(7) $CH_3CH_2C{\equiv}CCH_2CH_2Cl$　(8) $CH_3CH_2\underset{CH_3}{\underset{|}{C}}HCH_3$

教材习题答案

1. 可以形成分子内氢键的化合物:(6)(7)

可以形成分子间氢键的化合物:(2)(5)(8)

可以与水形成氢键的化合物:(1)(2)(3)(4)(5)(6)(7)(8)(9)

2. 下列分子中,同种分子间存在的一种最强作用力为:

偶极一偶极作用力:(1)(3)(5)

范德华作用力:(4)(6)(7)

氢键:(2)(8)

3. 官能团名称及化合物所属类别:

(1)氨基 脂肪胺 (2)羰基 脂环酮 (3)氨基 芳香胺

(4)双键 烯烃 (5)烷基 烷烃 (6)醛基 脂肪醛

(7)卤素 芳香卤代烃 (8)羧基 脂肪酸 (9)羟基 烷基苯酚

(10)醚键 脂肪醚 (11)羟基 脂环醇 (12)醚键 芳香醚

4. 反应类型:

(1)还原反应 (2)加成反应 (3)取代反应 (4)还原反应 (5)加成反应 (6)消除反应

5. 下列化合物为极性分子的是:(1)(2)(3)(4)(6)(7)

Chapter 2 第 2 章

烷烃和环烷烃

Alkanes and Cycloalkanes

主要知识点

一、饱和烃的结构

(一)链烷烃的结构

链烷烃有通式 C_nH_{2n+2},碳原子为 sp^3 杂化,分子中含 $C_{sp^3}—C_{sp^3}$ 和 $C_{sp^3}—H$ 两种 σ 键,正构烷烃其碳架呈锯齿形。

(二)环烷烃的结构

单环烷烃的通式为 C_nH_{2n},构成碳环的碳原子都是饱和碳原子。按成环碳原子数的多少可分为:小环(C_3、C_4)、普通环(C_5～C_7)、中等环(C_8～C_{11})、大环(大于 C_{11} 的环)。小环烷烃分子的张力较大,主要是由角张力和扭转张力以及非键作用力导致的。

环烷烃中的脂环可以不止一个。若两个环共用两个或两个以上的碳原子,则形成桥环烃。共用的碳原子称为桥头碳原子,两个桥头碳原子之间为桥链。如果两个环共用一个碳原子,则形成螺环烃,共用的碳原子称为螺原子。

环丙烷是平面型,成环碳原子之间的 σ 键是"弯曲"的,环张力极大,分子的内能高,化学性质活泼,易发生开环反应。

(三)构象异构

1. 烷烃的构象

由于成键的两个碳原子绕 σ 键键轴相对"旋转"而产生的分子中原子或基团在空间的不同排列(取向)方式,就形成了分子的不同构象体。这种"旋转"可以是连续的,所以产生的构象异构体是无数的,但存在典型的构象异构体。如丁烷中沿着 $C_2—C_3$ σ 键旋转所形成的典型构象异构体(Newman 投影式):

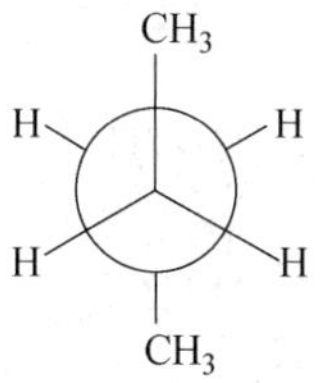
反交叉式

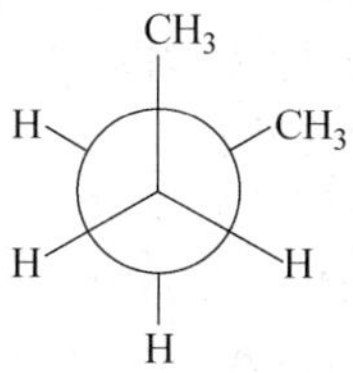
顺交叉式

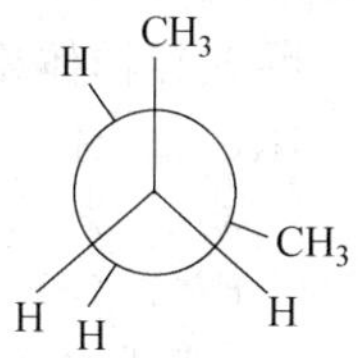
部分重叠式

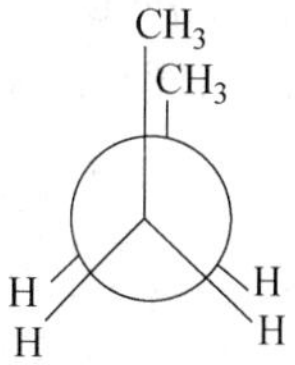
全重叠式

在全重叠式构象中，非键张力和扭转张力最大，此种构象体系内能最大，稳定性最小，在构象变化的平衡中所占比例最少；反交叉式构象最稳定，在构象变化的动态平衡中占有最多的比例。

2. 环己烷的构象

环己烷中的C—C σ 键所连接的 6 个碳原子构成一个六元碳环。这个碳环可发生翻转，由一种（椅式）构象经过其他不同构象的变化，转变为另一种（椅式）构象。在构象转变过程中也伴随着内能的变化。环己烷的其他构象中都有不同程度的重叠式存在，而且构象的扭转张力、角张力、非键张力也存在，所以较不稳定，不是优势构象。在椅式构象中碳原子上的两个碳氢键一个是直立的，称为竖直键（也叫 a 键）；另一个是斜向的，称为平伏键（也叫 e 键）。如果是取代环己烷，则取代基连在 e 键上比连在 a 键上稳定。

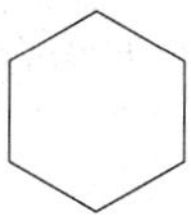
环己烷

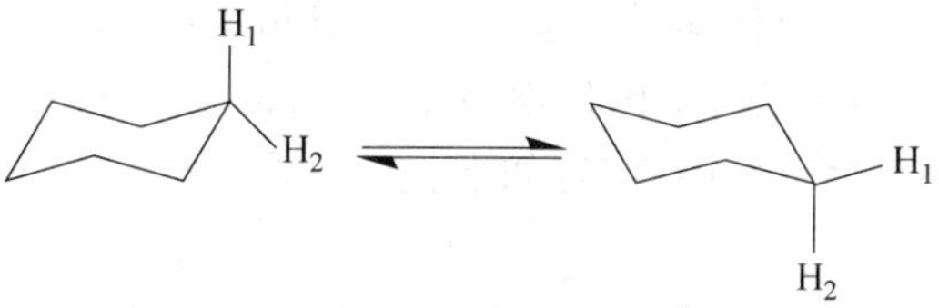
椅式构象

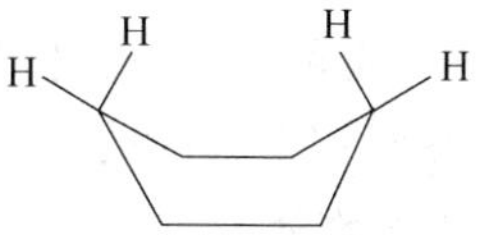
船式构象

环己烷有多种构象，其中以椅式构象和船式构象为典型，椅式构象是稳定构象，半椅式构象内能最大，扭船式构象比船式构象稳定。环己烷椅式构象中，相邻两个碳原子的 Newman 投影式都是交叉式，属稳定构象或优势构象。在取代环己烷中，取代基连在 e 键上的构象比连在 a 键上的构象稳定，一般是较大的取代基或较多的取代基连在 e 键上的构象比较稳定。在多取代环己烷中，取代基连在 e 键上多的椅式构象较稳定。如

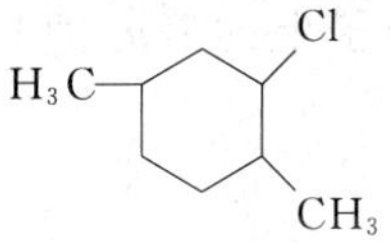
的稳定构象（优势构象）为 A 式，B 式为不稳定构象式。

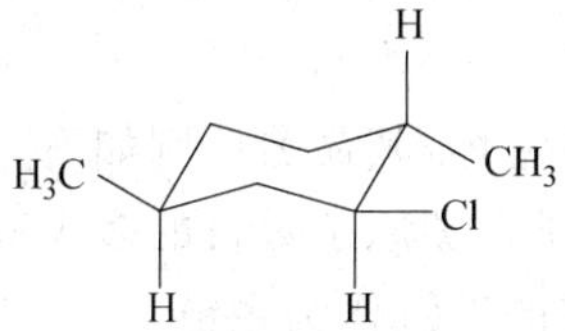
A(e,e,e)

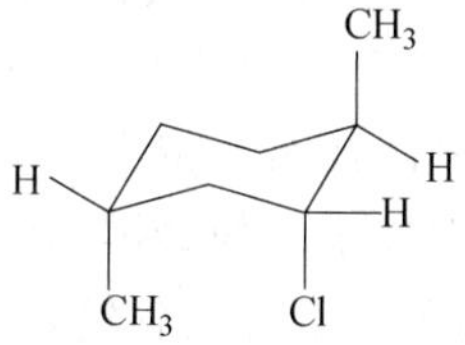
B(a,a,a)

在脂环族化合物中，在环上连有两个取代基时，把脂环看成一个平面，则取代基可位于脂环平面的同侧或异侧，形成顺式异构体或反式异构体，如：

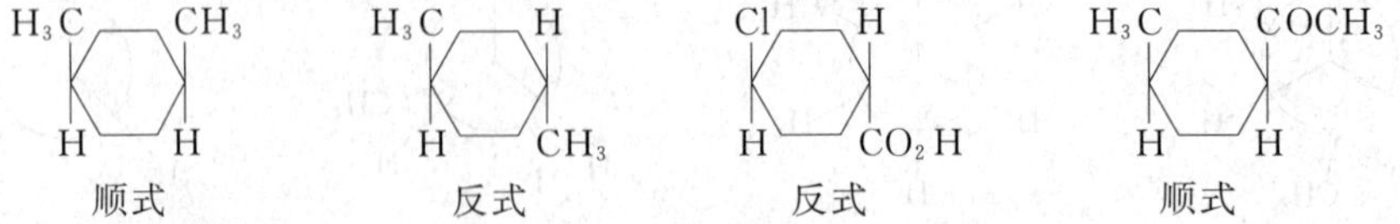

二、烷烃的命名

（一）普通命名法(common name)

1. 直链烷烃

按分子中碳原子的总数称为某烷。1～10 个碳原子的烷烃用天干（甲、乙、丙、丁、戊、己、庚、辛、壬、癸）表示碳原子数，10 个碳原子以上的烷烃用汉字数字十一、十二等表示碳原子数，可用“正”字表示直链，“正”字也可省略。

2. 含有支链的烷烃

“异(iso)”表示分子一端第二个碳原子上连有一个甲基支链，其他部位无支链，称为异某烷；“新(neo)”表示链端第二个碳原子上连有两个甲基支链，其他部位无支链，称为新某烷。“异”和“新”一般只用于表示少于 7 个碳原子的烷烃。

（二）系统命名法(IUPAC 命名法)

系统命名法是由国际纯粹及应用化学联合会(International Union of Pure and Applied Chemistry，简称 IUPAC)公布的命名法，中国化学会在 IUPAC 命名法的基础上结合汉字特点，制定并修订出我国的系统命名法。主要内容如下：

1. 烃基的命名

烃分子中失去一个氢原子后所剩下的原子团称为烃基，一般用“R—”表示。若失去氢原子的烃是烷烃，则余下的原子团叫烷基(alkyl)。常见烷基包括：甲基 methyl(Me)、乙基 ethyl(Et)、丙基 n-propyl(n-Pr)、异丙基 i-propyl(i-Pr)、丁基 n-butyl(n-Bu)、二级丁基或仲丁基 sec-butyl(s-Bu)、异丁基 iso-butyl(i-Bu)、三级丁基或叔丁基 tert-butyl(t-Bu)。

2. 碳与氢的类型

只与一个碳原子相连，其他三个键均与氢结合的碳称为一级碳（或称伯碳，primary carbon，用 1°表示）；与两个、三个、四个碳原子相连的碳依次称为二级（仲，secondary，2°）、三级（叔，tertiary，3°）和四级（季，quaternary，4°）碳原子。相应地连接在该碳原子上的氢分别叫 1°、2°、3°、4°氢原子。

3. 烷烃系统命名法(IUPAC 命名法)

(1)直链烷烃的命名　直链烷烃的系统命名法与普通命名法基本相同，只是省略“正”字。

(2)支链烷烃的命名　带有分支的烷烃称为支链烷烃，其命名原则如下：

①选主链，选择最长的碳链作为主链，按主链上所含碳原子数目的多少称为某烷。

②如果有两条以上等长碳链，选择连有较多支链的碳链作为主链。

③把支链看作取代基，由距离取代基最近的一端开始给主链编号，将取代基的位次和名称写在主链名称之前，用一短横线连接。

④若主链上有多个取代基，则按取代基最低系列原则对主链编号。即将碳链以不同方向进行编号时，可以得到两种或两种以上不同编号的序列，按顺序逐项比较各系列的不同位次，最先遇到的位次最小者，定为最低系列。相同的取代基可合并，以中文数字表示。

几种支链不同时，将较小的基团写在前面。

基团大小的排列遵循“次序规则”(sequence rule)：

• 原子序数较大者为优先基团，排在序列的前面，重同位素较优。如：

I＞Br＞Cl＞S＞F＞O＞N＞C＞D＞H

• 若直接相连的第一个原子相同时，再逐个比较依次相连的原子，按原子序数由大到小比较。几种常见烃基的优先次序：

$—C(CH_3)_3 > —CH(CH_3)_2 > —CH_2CH_2CH_3 > —CH_2CH_3 > —CH_3$

$—CH_2Cl > —CH_2OH > —C(CH_3)_3$

$—C(CH_3)_3 > —CH(CH_3)CH_2CH_3 > —CH_2CH(CH_3)_2 > —CH_2CH_2CH_2CH_3$

• 把双键或三键当作连着两个或三个相同的基团。如乙烯基($—CH=CH_2$)可看作碳连有两个碳原子和一个氢原子，而醛基—CHO可看作碳连有两个氧原子和一个氢原子，乙炔基可看作碳连有三个碳原子。

⑤若支链上还有取代基，则将支链再编号(从与主链相连的碳原子开始)，注明支链上烷基的位置、名称和数目，并将其作为一个整体放在括号内，括号外注明支链的位置；或用带撇的数字对支链中的碳原子编号。

三、环烷烃的命名

按分子中所含碳环数量，又可分为单环、双环和多环，在双环和多环化合物中根据碳原子的结合方式不同又分为桥环和螺环。可根据断裂碳碳键的次数确定环数。

(一)单环烷烃的命名

只有一个环的环烷烃称为单环烷烃(monocyclic alkane)，其命名与烷烃相似，环上无取代基时，只需在相应的烷烃前面加上“环”(cyclo)字，称为环某烷。

若环上带有一个较简单取代基，将取代基名称放在母体环烷烃名称前，不需要给取代基编号；若有两个或多个取代基，应按次序规则和最低系列原则对母体环进行编号。

若环上的取代基是一个较复杂的长链，应将长链作母体，环作取代基。

二取代或多取代的环烷烃还存在顺、反异构体(或构型异构体)，命名时可用顺、反表示。取代基在环同侧的称为顺式(cis)，在环异侧的称为反式(trans)。

(二)桥环和螺环烷烃的命名

1. 桥环烷烃

共用两个或两个以上碳原子的多环烷烃称为桥环烃(bridged hydrocarbon)，共用的碳原子称为桥头碳(bridge head carbon)，连接两个桥头碳的碳链或化学键称为桥。常见的桥环是二环或称双环。

桥环烃的命名原则：以参与成环碳原子的总数作为母体；用环数作为词头，放在母体名称的前面；将各桥所含的碳原子数(不包括桥头碳)，按由多至少的顺序放在词头和母体名称之间的方括号内，数字之间用圆点隔开；编号原则是从一个桥头碳开始，先沿最长的桥编到另一个桥头碳，再由另一桥头沿次长的桥编回到第一个桥头碳，以后依次按桥渐短的次序编号。若有取代基，则在遵循上述原则的基础上，使取代基的位次尽可能小。

2. 螺环烷烃

两个环共用一个碳原子的环烃称为螺环烃（spiro hydrocarbon)，共用的碳原子称为螺原子。命名时从螺原子旁小环上的第一个原子开始编号，先从小环编到螺原子再到大环，将各环上不包括螺原子在内的碳原子数由小到大写在方括号内，数字之间也用原点隔开，前面加螺，其他规则同桥环烃。

四、烷烃的化学性质

(一)链烷烃的化学性质

1. 卤代反应

$$R{-}H + X_2 \xrightarrow[(h\nu)]{\triangle} R{-}X + HX$$

反应机理：

$Cl_2 \xrightarrow{h\nu} 2Cl\cdot$　链引发

$$\left.\begin{array}{l} Cl\cdot + R{-}H \longrightarrow R\cdot + HCl \\ R\cdot + Cl_2 \longrightarrow R{-}Cl + Cl\cdot \\ \quad\quad\vdots \end{array}\right\}\text{链增长}$$

$$\left.\begin{array}{l} R\cdot + Cl\cdot \longrightarrow R{-}Cl \\ R\cdot + R\cdot \longrightarrow R{-}R \\ Cl\cdot + Cl\cdot \longrightarrow Cl_2 \end{array}\right\}\text{链终止}$$

反应特点：自由基型链式反应；可发生多卤代反应；碘代反应可逆，氟代反应剧烈，溴代反应选择性高。

反应规律：

卤素的反应活性：$F_2 \geqslant Cl_2 > Br_2 \geqslant I_2$

烷烃中氢原子的反应活性：$3^\circ H > 2^\circ H > 1^\circ H > CH_4$

中间体——碳自由基的稳定性：$3^\circ R\cdot > 2^\circ R\cdot > 1^\circ R\cdot > CH_3\cdot$

2. 氧化反应

完全氧化：$C_nH_{2n+2} + \frac{3n+1}{2}O_2 \longrightarrow nCO_2 + (n+1)H_2O$

部分氧化：$CH_4 + O_2 \xrightarrow[\triangle]{Cat.} HCHO + H_2O$

$$RCH_2{-}CH_2R' + \frac{5}{2}O_2 \xrightarrow[\triangle]{Cat.} RCO_2H + R'CO_2H + H_2O$$

3. 裂解及异构化反应

裂解：$CH_3CH_2CH_2CH_2CH_3 \xrightarrow{800℃} CH_3CH{=}CH_2 + CH_2{=}CH_2 + H_2$

异构化：

$CH_3CH_2CH_2CH_2CH_2CH_3 \xrightarrow[\triangle]{Cat.}$ 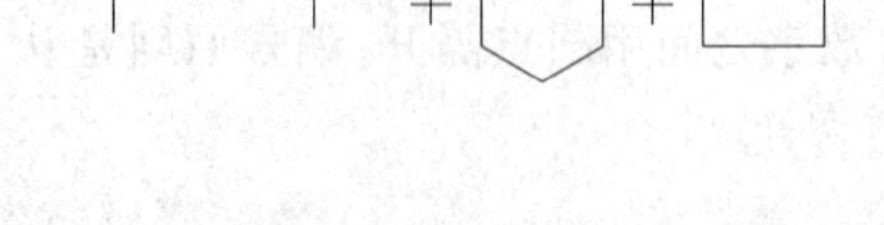

(二)环烷烃的化学性质

环烷烃的化学性质与链烷烃相似，可以发生取代反应，对氧化剂、还原剂、酸、碱等都比较稳定，但小环可以发生开环加成。

1. 加成反应

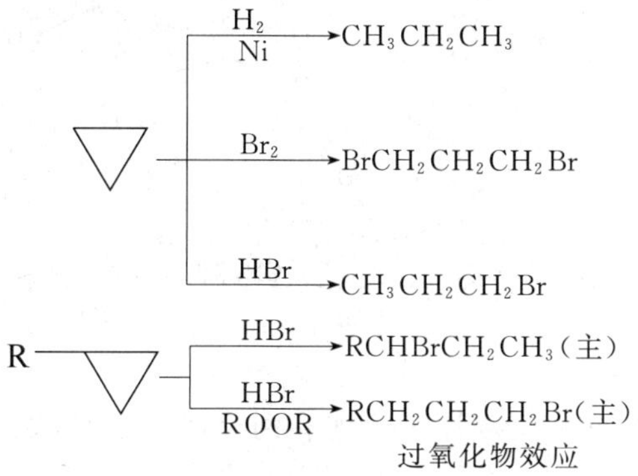

环丙烷可使 Br_2 褪色，但不能被 $KMnO_4$ 氧化。

2. 取代反应

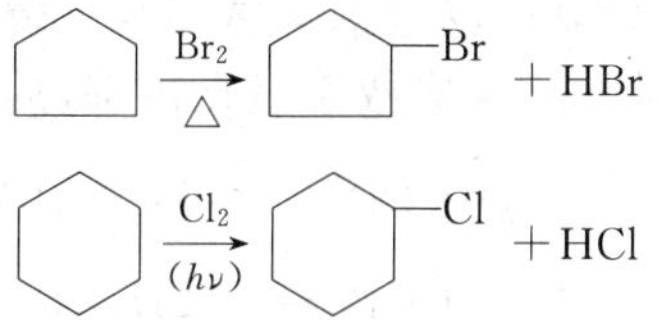

3. 氧化反应

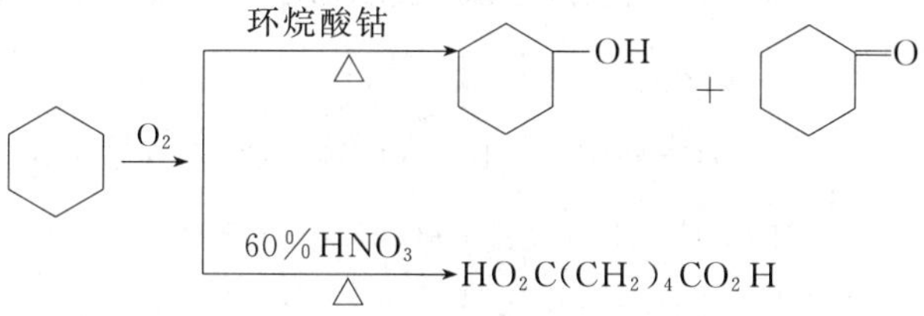

典型例题

【例 1】 写出甲基环己烷与 Br_2 发生自由基取代反应生成的一溴代产物，指出哪个产物最多，写出各个产物的稳定构象。

解

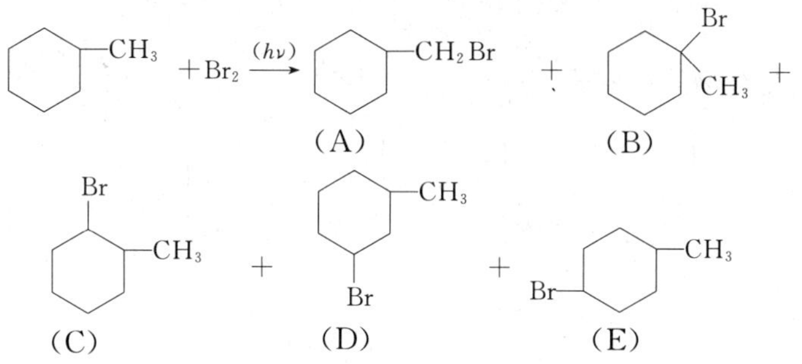

产物(B)应当最多。溴代反应选择性很高，叔氢原子的反应活性高且生成的叔碳自由基稳定性大。各产物的稳定构象是：

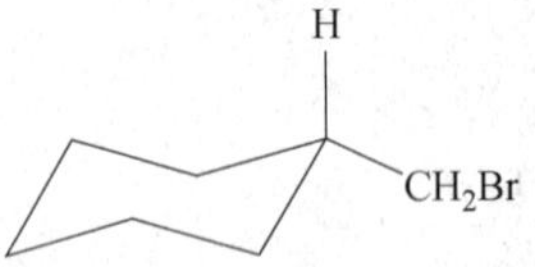
(A)

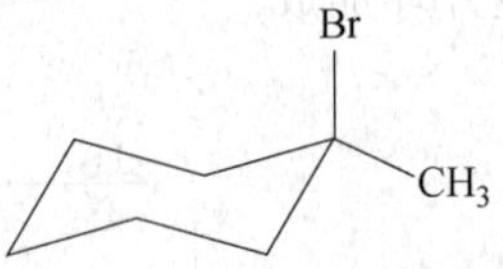
(B)

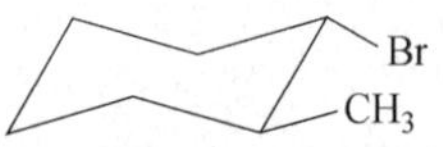
(C)

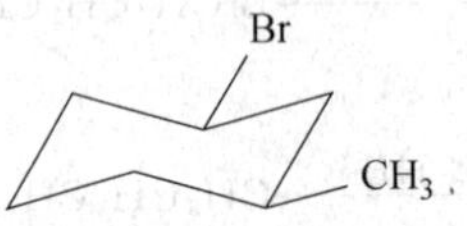
(D)

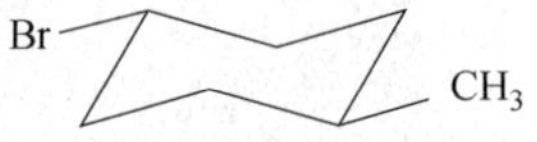
(E)

取代基在 e 键上稳定，同一个碳原子上连有两个取代基时，烷基在 e 键上比卤原子(F、Cl、Br)在 e 键上稳定。

【例 2】 2-甲基丙烷(异丁烷)和四氯化碳在引发剂二叔丁基过氧化物存在下，于 130℃ 下发生反应，可以得到叔氯丁烷和氯仿以及很少量的叔丁醇。试写出可能的反应机理。

解 自由基引发剂在受热时分解生成叔丁氧自由基，后者进行链传递反应：

$$(CH_3)_3C—O—O—C(CH_3)_3 \longrightarrow 2(CH_3)_3C—O\cdot$$

$$(CH_3)_3C—O\cdot + H—C(CH_3)_3 \longrightarrow (CH_3)_3C—OH + \dot{C}(CH_3)_3$$

生成的叔碳自由基与四氯化碳作用，生成叔氯代烷和三氯甲基自由基，后者仍可发生进一步的链传递反应：

$$(CH_3)_3C\cdot + Cl—CCl_3 \longrightarrow (CH_3)_3CCl + \dot{C}Cl_3$$

$$(CH_3)_3C—H + \dot{C}Cl_3 \longrightarrow (CH_3)_3C\cdot + HCCl_3$$

$$\vdots$$

在反应中两个自由基 $(CH_3)_3C\cdot$ 和 $Cl_3C\cdot$ 不断地交替生成并分别生成相应的产物叔氯丁烷和氯仿。$(CH_3)_3C\cdot$ 是稳定的，$Cl_3C\cdot$ 也较稳定。生成的叔丁醇是自由基 $(CH_3)_3C\cdot$ 进行链传递反应的结果。

【例 3】 简要回答下面各问题：

(1)化合物的燃烧热大小次序如何？

A.  B. 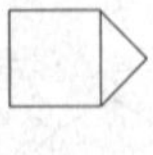 C.  D. 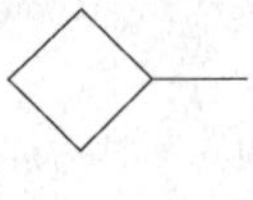

(2)写出下面化合物的构象式：

A. 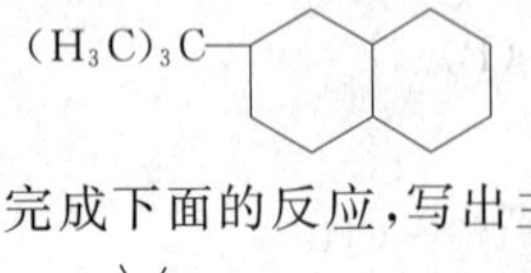 B. 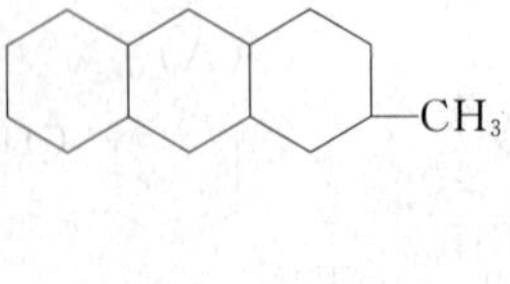

(3)完成下面的反应，写出主产物：

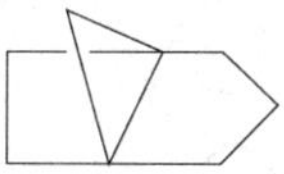 $+Br_2 \longrightarrow C$

(4)试比较下列各自由基的稳定性：

$\cdot CH_3, CH_3\dot{C}H_2, (CH_3)_2\dot{C}H, (CH_3)_3\dot{C}, CH_2{=}\dot{C}H, CH_2{=}\dot{C}CH_3, C_6H_5\dot{C}H_2$

解 (1)燃烧热：C>B>D>A。小环烷烃的分子内能较大，燃烧热较大。

(2)圆点处碳原子上的氢原子指向"环平面"上方。

A. 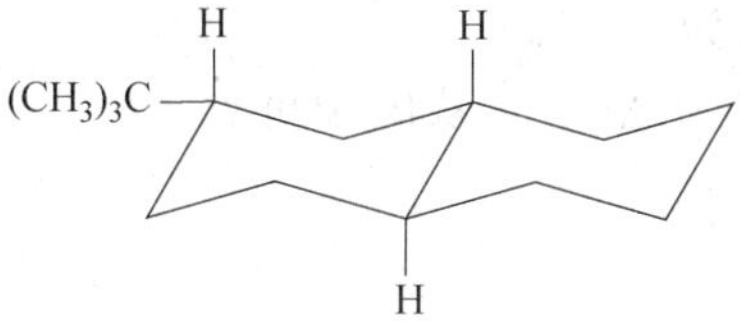

B. 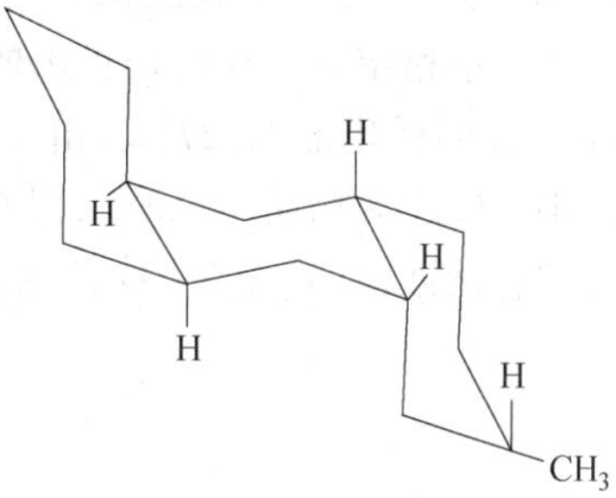

(3)A. $(CH_3)_2CBr—CH_2CH_2Br$（主）和 $(CH_3)_2C(CH_2Br)_2$（次）

B. $(CH_3)_2CBr—CH_2CH_3$（主）和 $(CH_3)_3C—CH_2Br$（次）

环丙烷与 HBr 或 Br_2 的加成反应，类似于烯烃与 HBr 或 Br_2 的加成反应，产物符合"马氏规则"。主产物的中间体是比较稳定的碳正离子。有如下稳定性：

$$(CH_3)_2\overset{+}{C}—CH_2CH_3 > (CH_3)_2CH—\overset{+}{C}H_2$$

$$(CH_3)_2\overset{+}{C}—CH_2CH_2Br > (CH_3)_2C(CH_2Br)—\overset{+}{C}H_2$$

C. 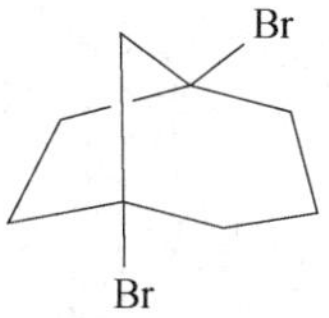

此产物可最大限度地解除反应物的环张力。

(4)稳定性：$C_6H_5\dot{C}H_2 > CH_2{=}CH\dot{C}H_2 > (CH_3)_3C\cdot > (CH_3)_2\dot{C}H > CH_3\dot{C}H_2 > \cdot CH_3 > CH_2{=}\dot{C}H$

可由相应的 C—H 键的解离能大小来判断，解离能小者，生成的自由基较稳定。

【例 4】 下面的连串反应，其反应过程的能量变化曲线如下图所示，试回答下列各问题：

$$A \rightleftharpoons B \rightleftharpoons C$$

(1)整个反应是放热还是吸热？

(2)由 A 到 C 有几个过渡态？

(3)A、B、C 三者哪个最稳定？

(4)哪一组速率常数大小次序是正确的？

A. $k_1>k_2>k_3>k_4$　　B. $k_2>k_3>k_1>k_4$

C. $k_4>k_1>k_3>k_2$　　D. $k_3>k_2>k_4>k_1$

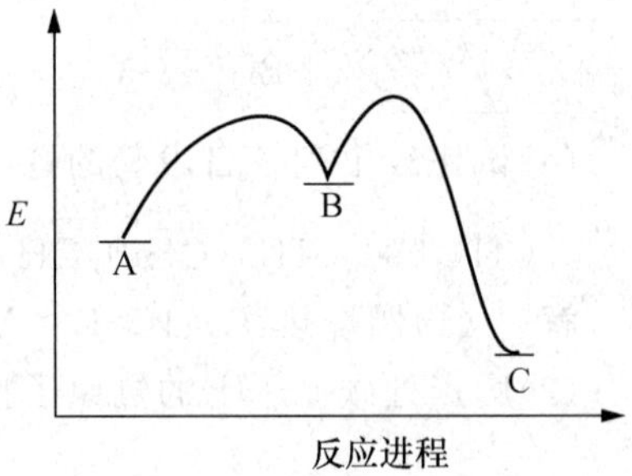

解　(1)整个反应是放热的；(2)有两个过渡态；(3)化合物 C 最稳定；(4)B 组是正确的。

由 A→B 的活化能为 ΔE_{AB}；由 B→A 的活化能为 ΔE_{BA}；由 B→C 的活化能为 ΔE_{BC}；由 C→B 的活化能为 ΔE_{CB}。从图中可见 $\Delta E_{CB}>\Delta E_{AB}>\Delta E_{BC}>\Delta E_{BA}$，所以有 $k_2>k_3>k_1>k_4$。

练习题

1. 用系统命名法命名分子式为 C_7H_{16} 的所有构造异构体。

2. 试将下列各化合物按其沸点由高到低排列成序：

正庚烷，正己烷，正辛烷，2-甲基戊烷，2,2-二甲基丁烷，正癸烷

3. 用纽曼式表示下列各化合物的优势构象：

(1) 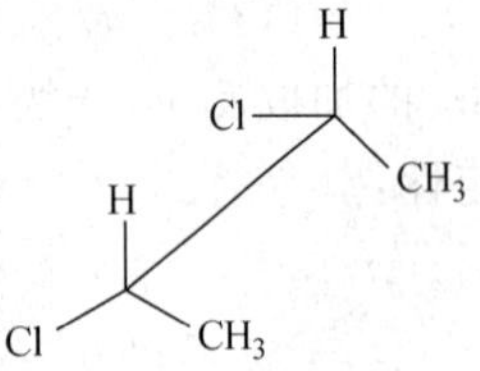

(2) 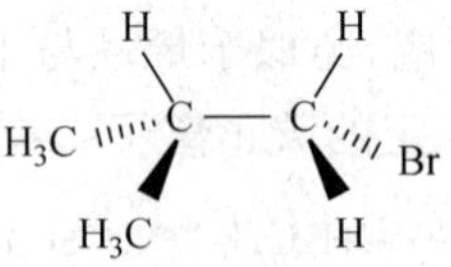

(3) 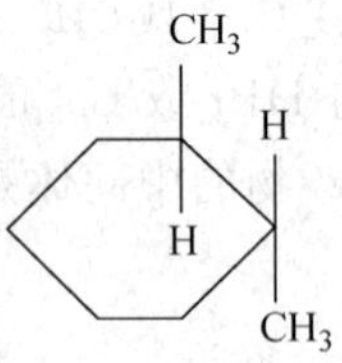

4. 给出自由基稳定性次序：

(1)A. $CH_3CH(CH_3)CH_2\dot{C}H_2$　　B. $CH_3CH(CH_3)\dot{C}HCH_3$　　C. $CH_3\dot{C}(CH_3)CH_2CH_3$

(2)A. 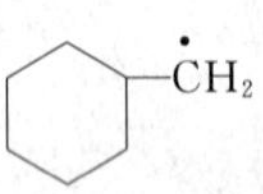

B. 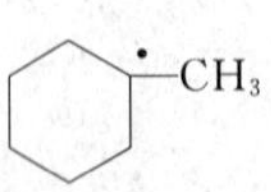

C. 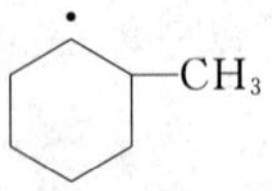

5. 下面的反应中，预计哪个产物较多？

$$CH_3CH_2CH_2CH_2CH_3+Br_2\xrightarrow{h\nu}(CH_3CH_2)_2CHBr+CH_3(CH_2)_3CH_2Br+CH_3CH_2CH_2CHBrCH_3$$

6. 乙烷和 2,2-二甲基丙烷等摩尔混合后与少量的氯反应，得到的一氯代产物中氯乙烷与新戊基氯的摩尔比为 1∶2.3。问：在乙烷和 2,2-二甲基丙烷中，谁的伯氢反应活性较高？

7. 比较下列各化合物完全燃烧时所放出热量的大小次序。

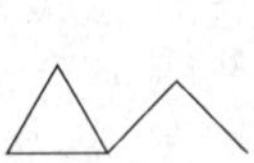
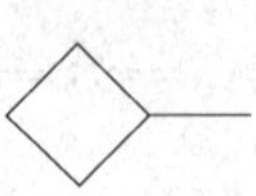
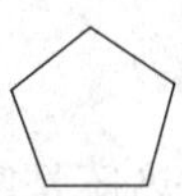

8. 用化学方法区别1,2-二甲基环丙烷和环戊烷。

9. 命名下列化合物：

(1) 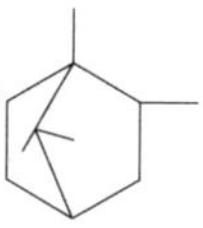 (2) 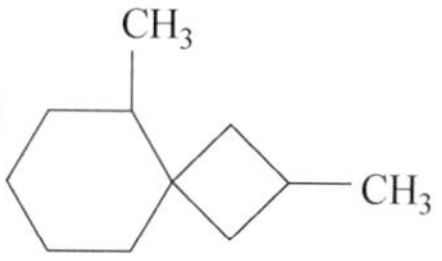 (3) 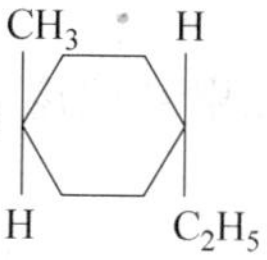 (4) 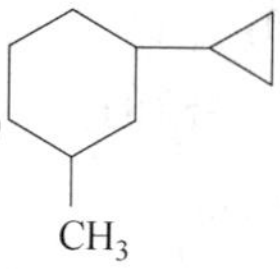

10. 完成下列化学反应：

(1) 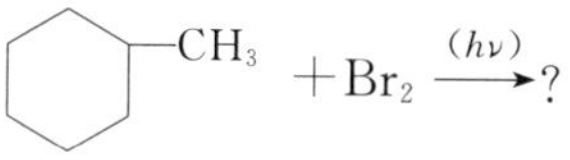

(2) 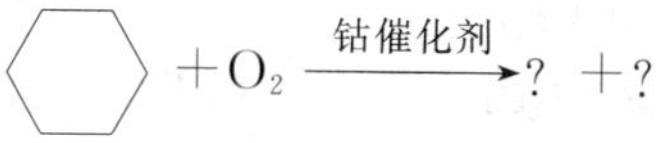

(3) 

(4) 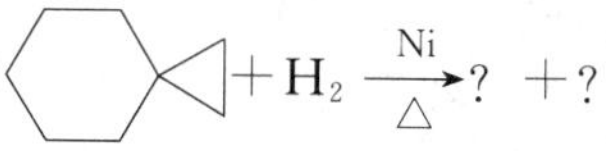

11. 写出乙基环己烷与氯反应生成的所有一氯代产物的构造异构体、顺反异构体及其构象异构体。

12. 试分析在甲烷氯代反应中生成极少量的氯乙烷的原因。

13. 某烷烃的相对分子质量是72，根据氯代产物的不同，推测烷烃的构造，并写出其构造式。

(1)一氯代产物只能有一种；　(2)一氯代产物可以有三种；

(3)一氯代产物可以有四种；　(4)二氯代产物可能有两种。

14. (1)1,2-二甲基环己烷的顺式异构体和反式异构体哪个比较稳定？为什么？

(2)1-甲基-3-异丙基环己烷的顺式异构体和反式异构体哪个比较稳定？为什么？

15. 画出下列化合物沿指出的C—C键旋转的优势构象：

(1)$(CH_3)_2CH—CH_2CH_3$　(2)$CH_3CH_2CH(CH_3)—C(CH_3)_2CH_2CH_3$

(3)BrClCH—CHClBr　(4)$HOH_2C—CH_2OH$

16. 写出下列反应机理：

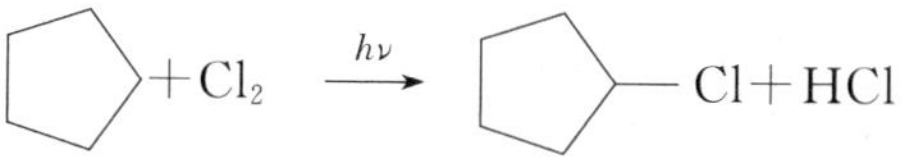

练习题解析与答案

1. $CH_3CH_2CH_2CH_2CH_2CH_2CH_3$　正庚烷

$CH_3CHCH_2CH_2CH_2CH_3$ (C2 上连 CH_3)　2-甲基己烷

$CH_3CH_2CHCH_2CH_2CH_3$ (C3 上连 CH_3)　3-甲基己烷

$CH_3CCH_2CH_2CH_3$ (C2 上连两个 CH_3)　2,2-二甲基戊烷

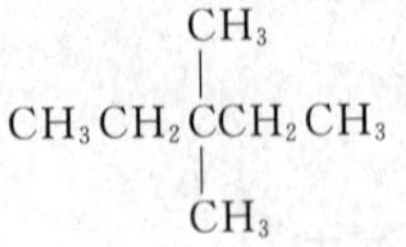 3,3-二甲基戊烷

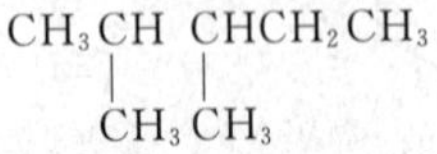 2,3-二甲基戊烷

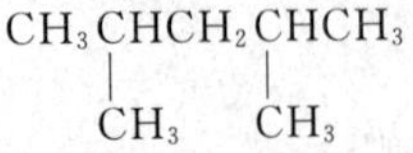 2,4-二甲基戊烷

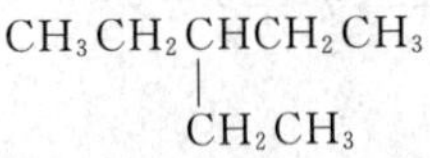 3-乙基戊烷

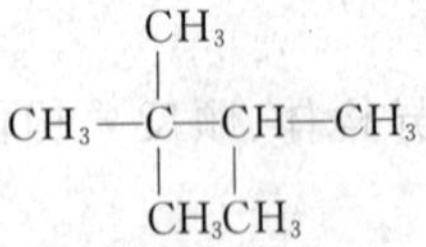 2,2,3-三甲基丁烷

2. 正癸烷＞正辛烷＞正庚烷＞正已烷＞2-甲基戊烷＞2,2-二甲基丁烷

在直链烷烃中，分子中碳原子数越多，沸点越高。在相同碳原子数目的异构体中，含有较多支链的烷烃，沸点较低。

3. (1) 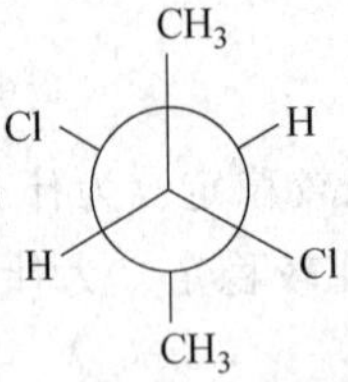 (2) 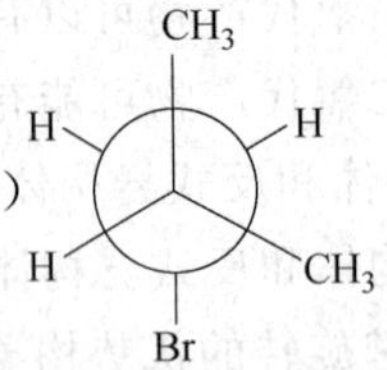 (3) 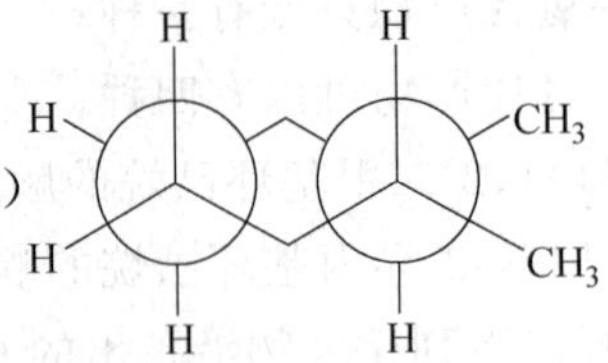

对位交叉式，扭转张力和非键张力最小，最稳定。

4. (1)C＞B＞A　(2)B＞C＞A　自由基的稳定性：3°＞2°＞1°。

5. H 的活泼性：3° H ＞ 2° H ＞ 1° H，因为 C_2 上的 2° H 数量较多，活性也较大，所以 $CH_3CH_2CH_2CHBrCH_3$ 最多。

6. 氢原子的反应活性比为：

$$乙烷:2,2\text{-}二甲基丙烷=\frac{1}{6}:\frac{2.3}{12}=20:23$$

所以 2,2-二甲基丙烷的伯氢反应活性较高。

7.

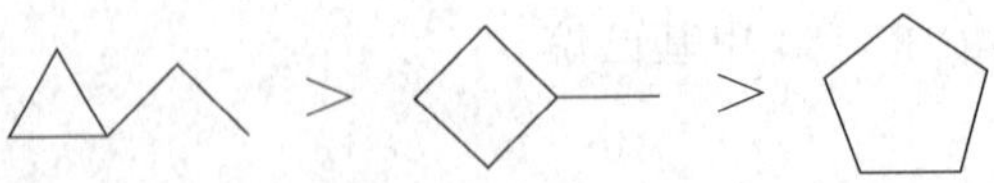

环烷烃的张力越大，其燃烧热的数值越大。

8. 分别用溴的四氯化碳溶液与两者作用，在无光照和无加热下能使溴较快褪色的为 1,2-二甲基环丙烷，不能使溴褪色的为环戊烷。

9. (1)1,2,7,7-四甲基二环[2.2.1]庚烷

(2)2,5-二甲基螺[3.5]壬烷

(3)反-1-甲基-4-乙基环己烷

(4)1-甲基-3-环丙基环己烷

10.(1) 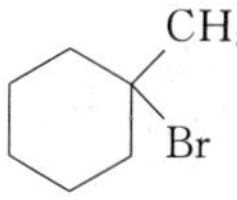

,HBr(叔氢的反应活性高且生成叔碳自由基稳定)

(2) 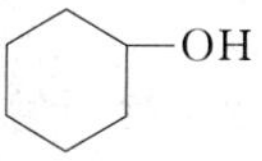

, 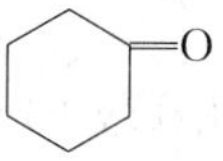

(3) $CH_3-\underset{\underset{\displaystyle I}{|}}{C}HCH_2CH_3$(遵循马氏规则)

(4) 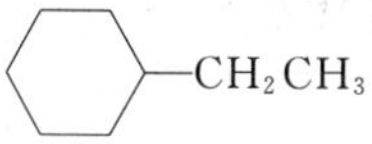

, 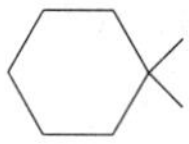
(三元环不稳定,容易开环)

11.

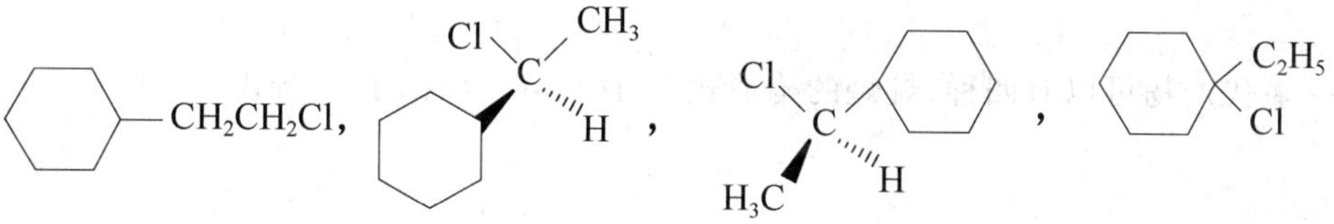

(S) (R)

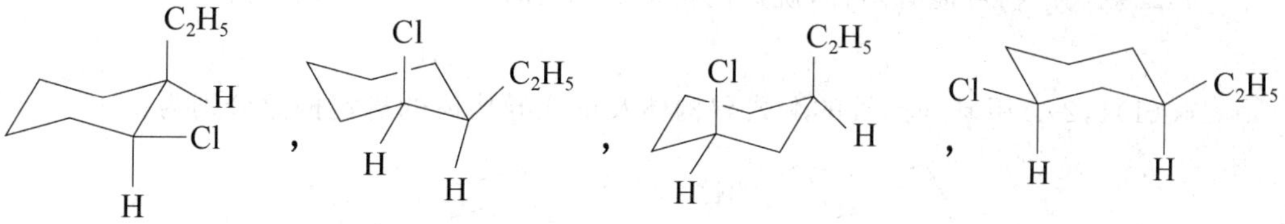

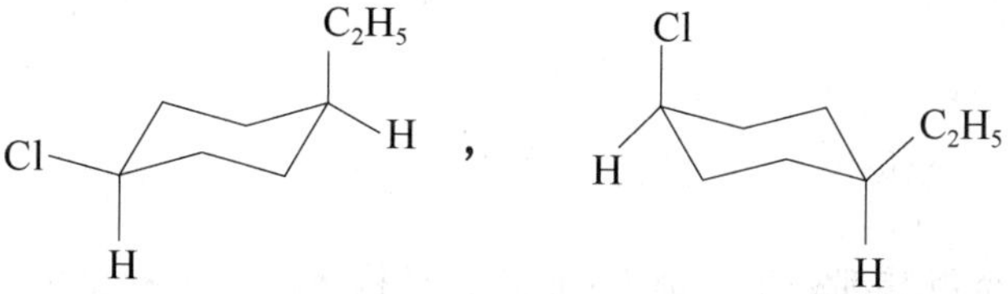

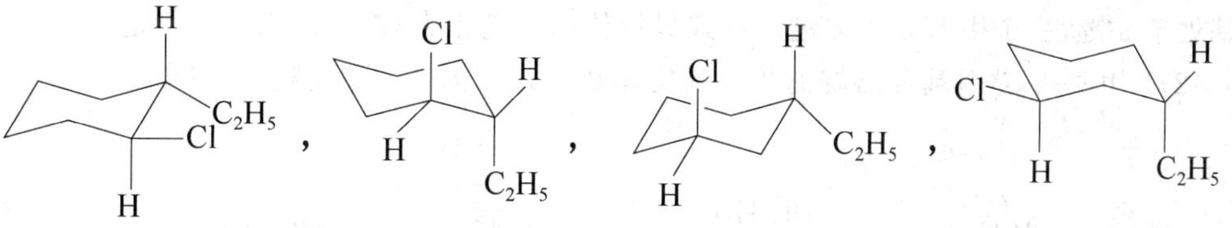

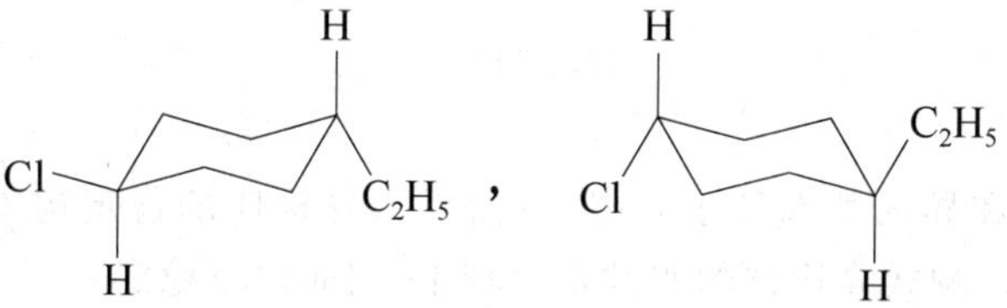

12. 甲烷的氯代反应,经过自由基引发阶段、链增长阶段和链终止阶段。生成的 CH_3Cl 作为反应物,进行下面反应:

$$Cl\cdot + H-CH_2Cl \longrightarrow H-Cl + \cdot CH_2Cl$$

$$CH_3\cdot + \cdot CH_2Cl \longrightarrow CH_3CH_2Cl$$
$$CH_3\cdot + CH_3\cdot \longrightarrow CH_3-CH_3$$
$$CH_3-CH_3 + Cl\cdot \longrightarrow \dot{C}_2H_5 + HCl$$
$$\dot{C}_2H_5 + Cl_2 \longrightarrow Cl-C_2H_5 + Cl\cdot$$

所以甲烷氯代反应中可生成极少量的氯乙烷。

13. 烷烃的相对分子质量是 72，烷烃的通式为 C_nH_{2n+2}，由 $12n+2n+2=72$ 计算出 $n=5$，烷烃为戊烷，戊烷有三种异构体（正戊烷、异戊烷、新戊烷）。

（1）一氯代产物只能有一种，烷烃的构造式为 $\begin{array}{c} CH_3 \\ | \\ H_3C-C-CH_3 \\ | \\ CH_3 \end{array}$（新戊烷）；

（2）一氯代产物可以有三种，烷烃的构造式为 $CH_3CH_2CH_2CH_2CH_3$（正戊烷）；

（3）一氯代产物可以有四种，烷烃的构造式为 $\begin{array}{c} CH_3 \\ | \\ H_3C-C-CH_2CH_3 \\ | \\ H \end{array}$（异戊烷）；

（4）二氯代产物可能有两种，烷烃的构造式为 $\begin{array}{c} CH_3 \\ | \\ H_3C-C-CH_3 \\ | \\ CH_3 \end{array}$（新戊烷）

14.（1）1,2-二甲基环己烷的顺式异构体及反式异构体的稳定构象分别为：

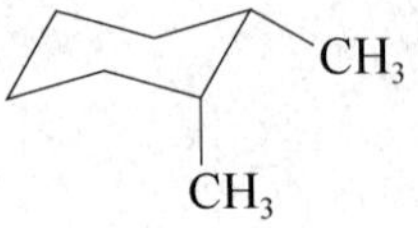

（顺式）

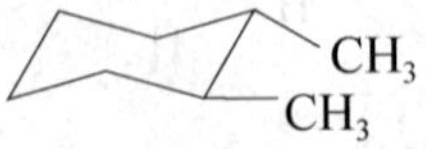

（反式）

反式异构体较稳定。

反式异构体的稳定构象中，两个甲基都处于 e 键上；而顺式异构体的稳定构象中，一个甲基处于 a 键，一个甲基处于 e 键。反式异构体的非键张力较小，因而比较稳定。

（2）1-甲基-3-异丙基环己烷的顺式异构体及反式异构体的稳定构象分别为：

（顺式）

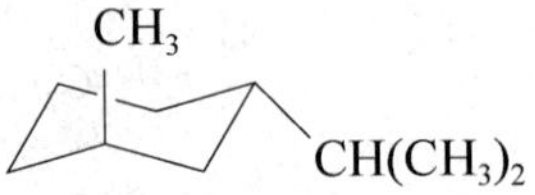

（反式）

顺式异构体较稳定。

顺式异构体的稳定构象中，甲基和异丙基都处于 e 键上；而反式异构体的稳定构象中，异丙基处于 e 键上，甲基处于 a 键上。顺式异构体的非键张力较小，因而比较稳定。

15.(1)优势构象为：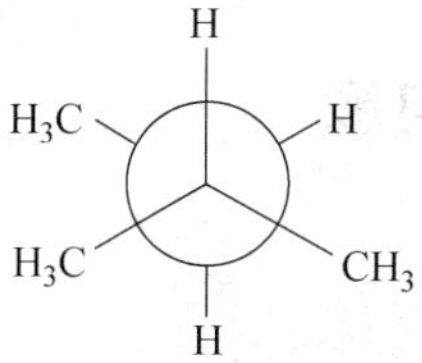

(2)优势构象为：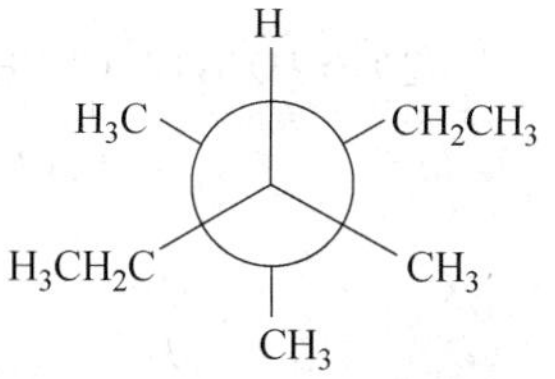 或 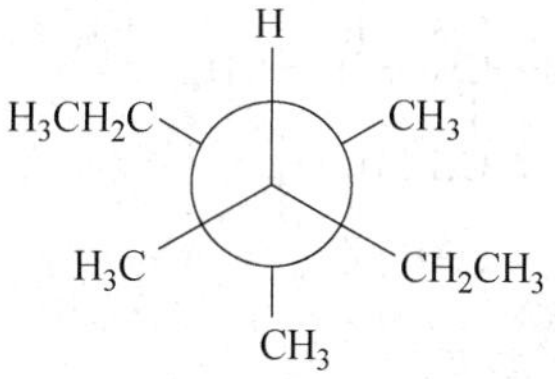

(3)优势构象为：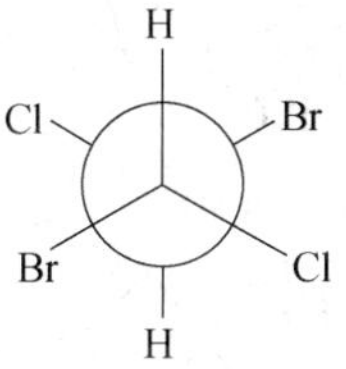 或 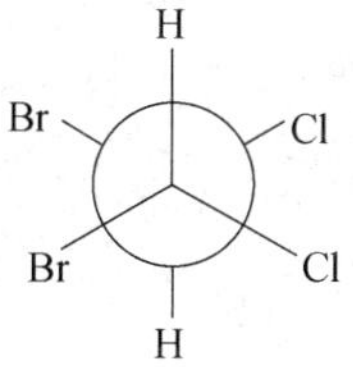 或 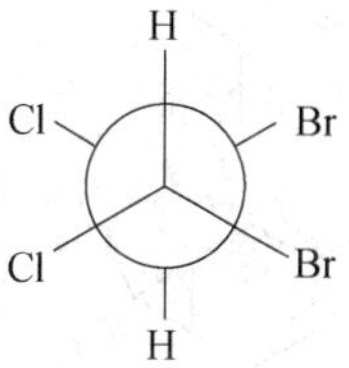

(4)优势构象为：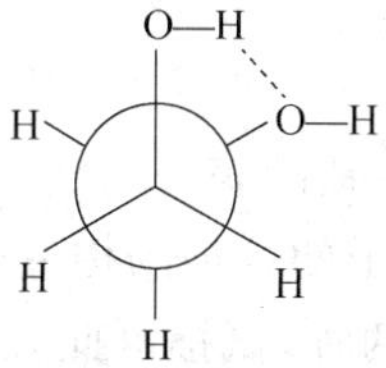

这种邻位交叉的构象式，两个羟基之间能相互作用，形成分子内氢键，大大降低了体系的能量，因而是优势构象。类似结构的优势构象还有：

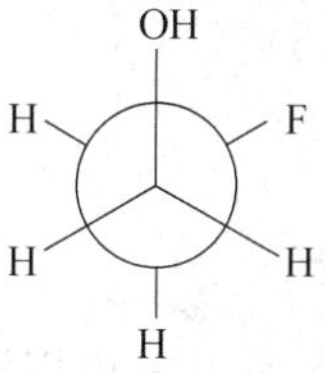，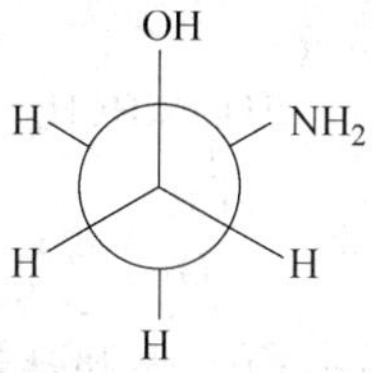，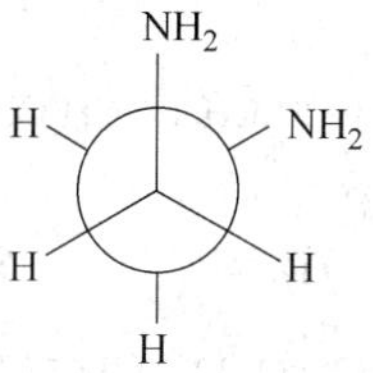 等。

16. 反应机理为：

链引发：$Cl_2 \xrightarrow{h\nu} 2Cl\cdot$

链增长：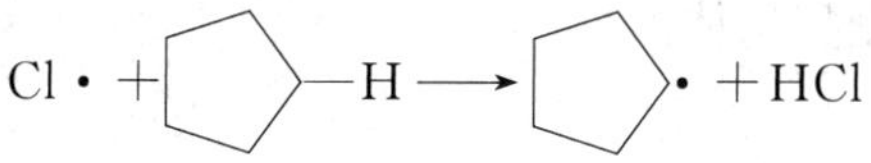

链终止：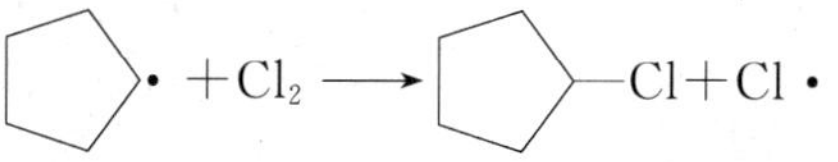

$Cl\cdot + Cl\cdot \longrightarrow Cl_2$

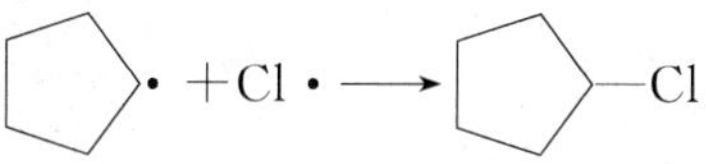

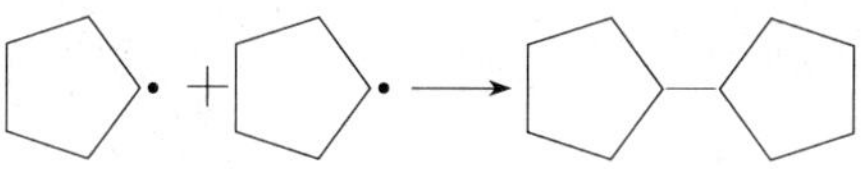

教材习题

1. 用系统命名法命名下列化合物：

(1) 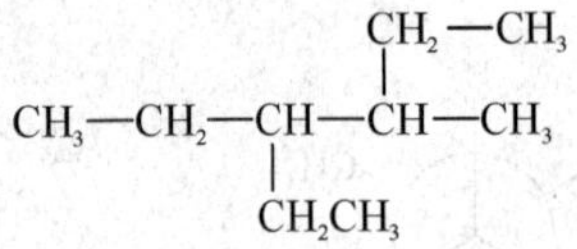

(2) 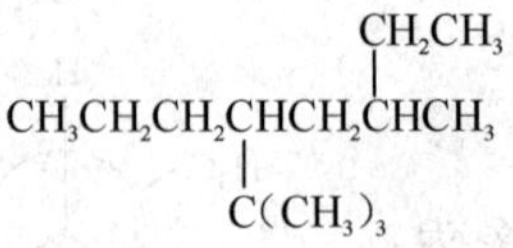

(3) 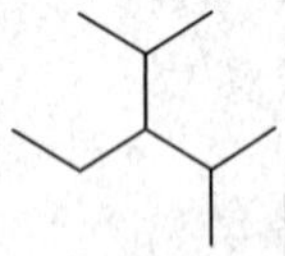

(4) 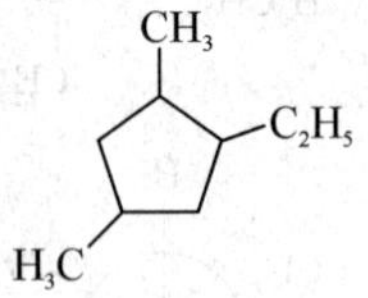

(5) 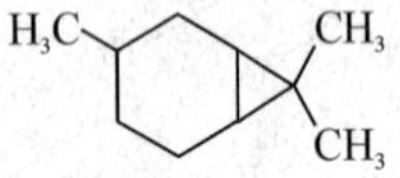

(6) 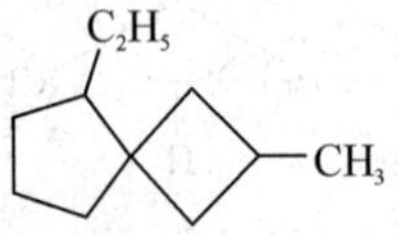

2. 不查表，将下列化合物的沸点由高到低排序：

3,3-二甲基戊烷，正庚烷，2-甲基庚烷，正戊烷，2-甲基己烷

3. 写出相对分子质量为100，同时含有1°、3°、4°碳原子的烷烃的构造式。
4. 某烷烃的相对分子量为72，二元卤代产物可以有两种，试推测此烷烃的构造式。
5. 用Newman投影式表示2,3-二甲基丁烷的典型构象异构体，并按其能量由高到低的顺序排列。
6. 比较下列自由基的稳定性：

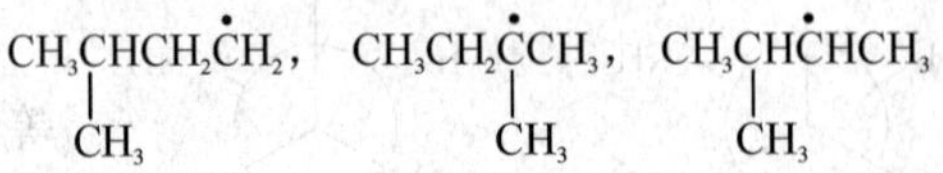

(1)　(2)　(3)

7. 在所有(1)C_5H_{10}、(2)C_8H_{18}、(3)C_6H_{12}的烷烃或环烷烃中，哪些结构在光照下只可以得到一种一氯代产物，试写出其结构。
8. 分子式为C_6H_{12}的分子中，只含有伯氢和仲氢原子，试写出其可能结构。
9. 写出1,2-二甲基-4-乙基环己烷的各构型异构体。
10. 试写出下列化合物最稳定的构象式：

(1)异丙基环己烷

(2)顺-1-甲基-2-异丙基环己烷

(3)反-1-乙基-3-叔丁基环己烷

(4)

11. 写出下列反应的主要产物：

(1) 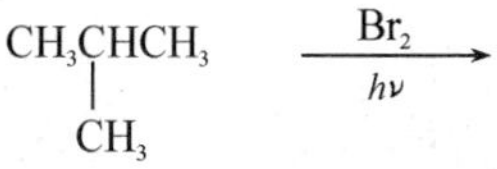

(2) 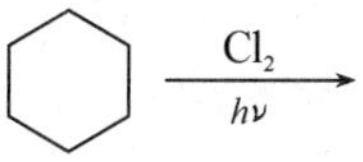

(3) 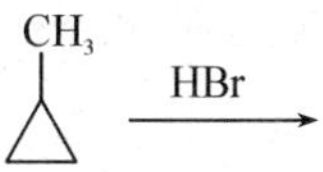

(4) 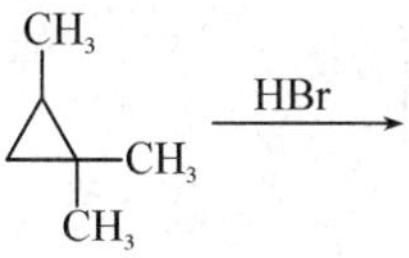

教材习题答案

1. 用系统命名法命名下列化合物：

(1)3-甲基-4-乙基己烷　(2)3-甲基-5-叔丁基辛烷　(3)2,4-二甲基-3-乙基戊烷

(4)1,4-二甲基-2-乙基环戊烷　(5)3,7,7-三甲基二环[4.1.0]庚烷

(6)2-甲基-5-乙基螺[3.4]辛烷

2. 各化合物的沸点高低排列如下：

2-甲基庚烷＞正庚烷＞2-甲基己烷＞3,3-二甲基戊烷＞正戊烷

3.

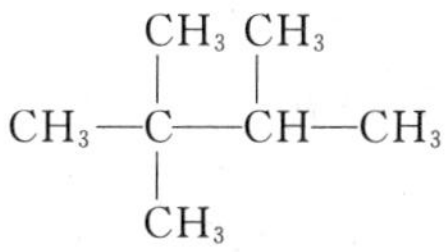

4.

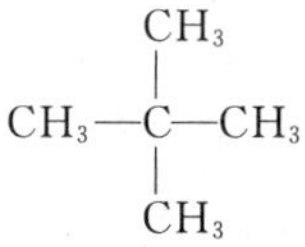

5.

(1) 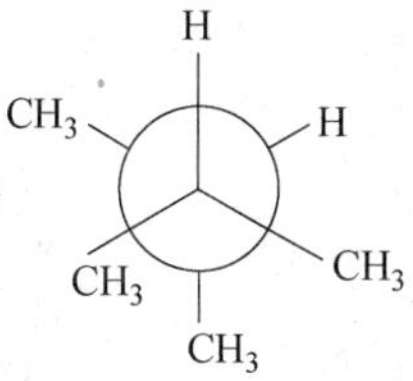

(2) 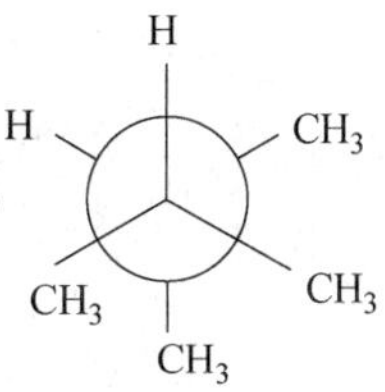

(3) 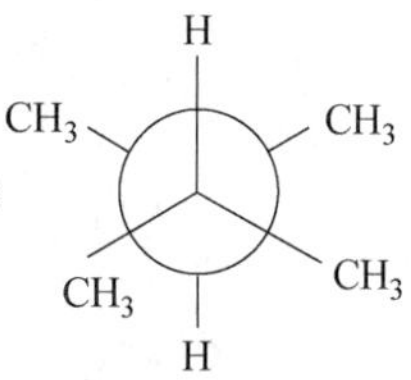

其能量顺序为(1)＝(2)＞(3)

6. 自由基的稳定性：(2)＞(3)＞(1)

7.

(1) 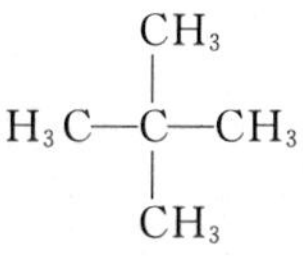

(2) 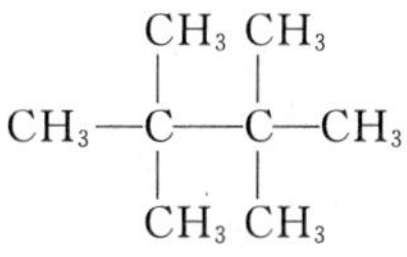

(3) 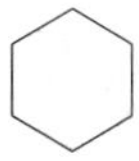

8.

9.

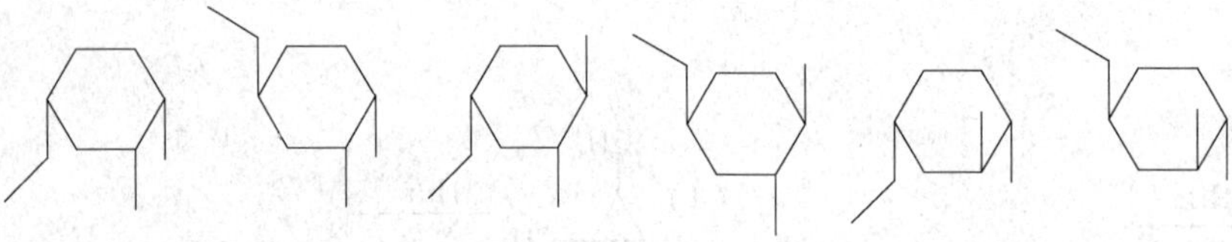

10.

(1) 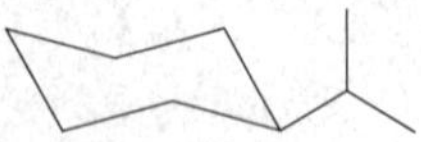

(2) 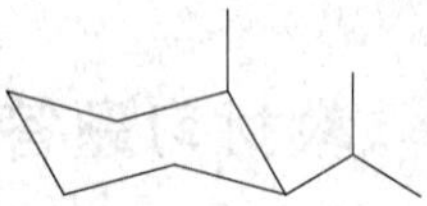

(3) 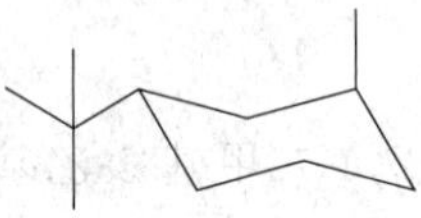

(4) 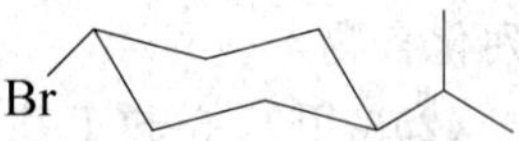

11.

(1) 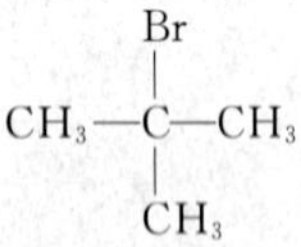

(2) 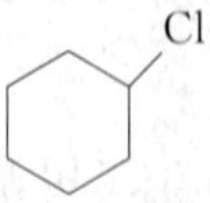

(3) 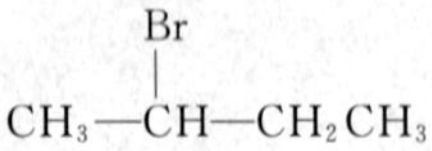

(4) 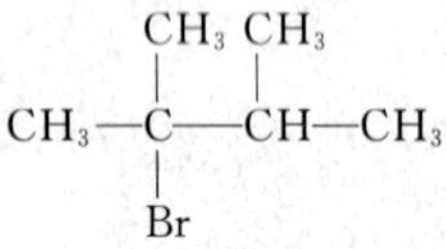

Chapter 3 第 3 章

不饱和脂肪烃

Unsaturated Aliphatic Hydrocarbons

主要知识点

一、电子效应

分子中由于电子云分布不均匀而引起分子性质的变化，称为电子效应，电子效应包括诱导效应和共轭效应。

(一)诱导效应

当形成 σ 键的两个原子电负性不相等时，σ 键电子的运动中心会发生偏移，导致两成键原子间电子云密度分布发生变化，这种变化会影响相邻 σ 键电子分布，并沿着 σ 键键链向某一个方向传递，但是随着键链增长这种变化迅速减小，一般只考虑三个共价键之间的影响。由 σ 键一对电子运动中心偏移而影响相邻 σ 键电子分布，这种沿 σ 键键链传递的影响效应就是诱导效应，如下所示：

$$CH_3{-}\overset{\delta\delta\delta^+}{C}H_2 \rightarrow \overset{\delta\delta^+}{C}H_2 \rightarrow \overset{\delta^+}{C}H_2 \rightarrow \overset{\delta^-}{F}$$

以氢原子作为相对标准，电负性大于氢的原子或基团，吸引 σ 键的电子向自身偏移，表现出吸电子诱导效应，用“－I”表示，1-溴丁烷中 F 原子是吸电子基团。电负性小于氢的原子或基团，排斥 σ 键的电子远离自身运动，表现出斥电子诱导效应，用“＋I”表示，烷基是斥电子基团。

常见的吸电子基团及其吸电子诱导效应(－I)由强至弱排列如下：

$$-\overset{+}{N}R_3 > -NO_2 > -SO_2R > -CN > -SO_2Ar > -COOH > -F > -Cl > -Br > -I > -OAr$$
$$> -COOR- > -OR > -COR > -SH > -OH > -C{\equiv}CR > -C_6H_5 > -CH{=}CH_2 > -H$$

常见的斥电子基团及其斥电子诱导效应(＋I)由强至弱排列如下：

$$-O^- > -COO^- > (CH_3)_3C- > (CH_3)_2CH- > CH_3CH_2- > CH_3- > -H$$

（二）共轭效应

当分子中三个或三个以上相邻原子处于同一平面，每个原子各提供一个未杂化 p 轨道相互平行时，p 轨道上的电子就会发生离域运动，由于电子离域，使体系能量降低、分子更稳定、键长趋向于平均化（双键变长，单键变短），这种由于 π 电子的离域运动而产生的影响效应就是共轭效应。这些相互平行的 p 轨道构成共轭体系的共轭链，共轭效应在共轭链上进行传递，不随共轭链增长而减弱，共轭链有多长，共轭效应传递有多远。

共轭链上有电负性不相同的原子参与，会使电子离域有方向性，因此，共轭效应分为吸电子共轭效应和（−C）和斥电子共轭效应（+C）。共轭效应在传递过程，共轭链上电子分布会出现交替极性现象，这种现象在共轭烯烃参与的化学反应中也会出现。

常见的三种类型的共轭效应：

1. π-π 共轭

两个或两个以上的 π 键通过单键相连形成的单双键交替出现的体系是 π-π 共轭体系，最简单的共轭体系是 1，3-丁二烯，一些共轭体系结构如下所示：

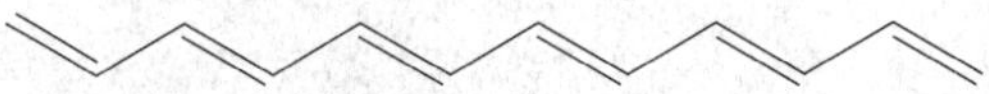

$H_2C{=}CH{-}C{\equiv}CH$　　$H_2C{=}CH{-}\underset{H}{C}{=}O$

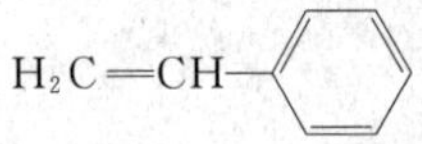

$H_2C{=}CH{-}C{\equiv}N$

2. p-π 共轭

与 π 键直接相连的碳原子上有未杂化的 p 轨道，与双键碳原子未杂化 p 轨道相互平行构成电子离域体系，形成 p-π 共轭体系。

（1）烯丙基自由基　烯丙基自由基中 C_3 带单电子，呈 sp^2 杂化状态，与 π 键 2 个 sp^2 杂化碳原子处于同一平面，3 个碳原子未杂化 p 轨道相互平行，形成电子离域体系，其结果是 3 个 p 轨道上的电子在 3 个碳原子上离域运动，每个碳上电子云密度完全相同，两个 C—C 键键长完全相等，键长完全平均化，长度介于单键和双键之间，其结构如图 3-1 所示。

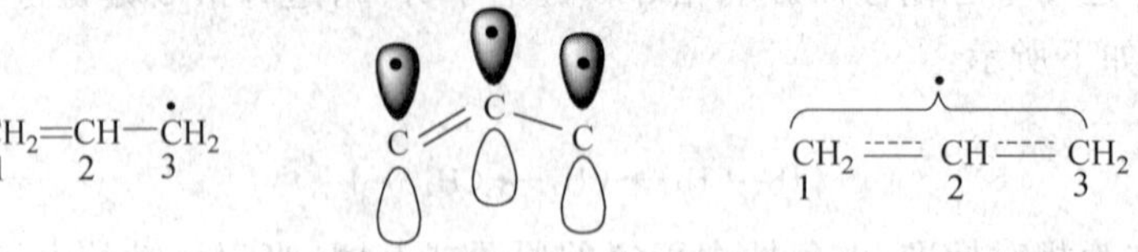

图 3-1　烯丙基自由基 p-π 共轭体系

（2）烯丙基碳正离子　烯丙基碳正离子中 C_3 带正电荷，呈 sp^2 杂化状态，未杂化 p 轨道是空的。C_3 与 π 键未杂化 p 轨道相互平行，形成电子离域体系，其结果是 π 键 2 个电子在 3 个碳原子上离域运动，正电荷分布在整个离域体系上，但是 C_1 和 C_3 上电子出现的概率相对较小，正电荷分布较多，离域体系出现交替极性，其结构如图 3-2 所示。

（3）氯乙烯　氯乙烯分子中氯原子与双键碳直接相连，呈 sp^2 杂化状态，氯原子未杂化 3p 轨道上有一对孤对电子。3p 轨道与 π 键 2 个 2p 轨道相互平行，形成电子离域体系，其结

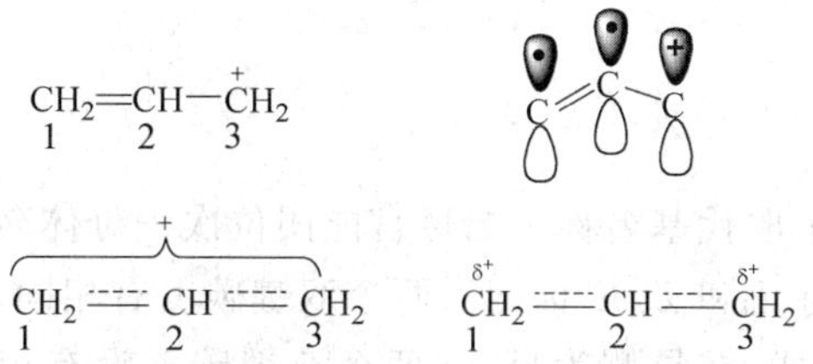

图 3-2　烯丙基碳正离子 p-π 共轭体系

果是 4 个电子在 3 个原子上进行离域运动，从而导致双键碳上电子云密度增加，因此，氯原子体现的是斥电子共轭效应。经实验测得氯乙烯分子中 C—Cl 键键长是 0.169 nm，比氯乙烷中 C—Cl 键键长(0.177 nm)短，这充分说明体系内电子发生离域运动，键长趋于平均化。同时，由于氯原子 3p 轨道上一对电子参与共轭，电子云密度较大，对共轭体系贡献大，使得共轭体系同样出现交替极性现象，负电荷出现在双键碳的 C_2 上，如图 3-3 所示。

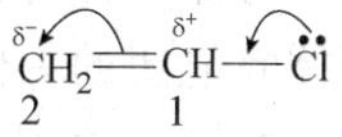

图 3-3　氯乙烯 p-π 共轭体系

由于氯原子是 3p 轨道与双键碳原子的 2p 轨道重叠，相对于同电子层的 p 轨道之间重叠程度小，共轭效应较弱。此外，氯原子电负性较大，C—Cl σ 键电子偏向 Cl 原子，由于诱导效应 C—C σ 键电子又向氯原子偏移，氯原子体现的是吸电子诱导效应。在氯乙烯分子中，氯原子同时存在两种电子效应，且方向相反，根据氯乙烯亲电加成反应活性较弱的实验事实分析，Cl 原子的吸电子诱导效应强于其斥电子的共轭效应，导致双键电子云密度下降，亲电加成反应活性下降，但是氯原子斥电子共轭效应影响氯乙烯亲电加成符合马氏规则。

此外，卤苯、苯酚、乙烯基醚、芳基醚结构中也存在 p-π 共轭体系。

(三)超共轭

sp^3 杂化碳原子与 sp^2 杂化碳原子形成 σ 键时，绕键轴相对旋转到某一角度，$C_{sp^3}—H_{1s}$ σ 键轨道与 sp^2 杂化碳原子的 2p 轨道处于同一平面，彼此接近平行且可以小部分重叠，形成 σ-p 或 σ-π 超共轭体系，如图 3-4 所示。超共轭体系中由于轨道不完全平行，重叠程度小，所以比 p-π 和 π-π 共轭效应弱很多，称为超共轭效应。超共轭体系中，$C_{sp^3}—H_{1s}$ σ 键轨道的氢原子半径小，对电子云的屏蔽作用很弱，才可能发生 σ 键轨道与 2p 轨道的侧面部分重叠，产生超共轭效应。在绕 $C_{sp^3}—C_{sp^2}$ 键键轴旋转的过程中，与 2p 轨道直接相连的 C—H σ 键数目越多，形成共轭的概率越大，超共轭效应就越强。超共轭效应为+C，电子离域的方向用弧形箭头表示。

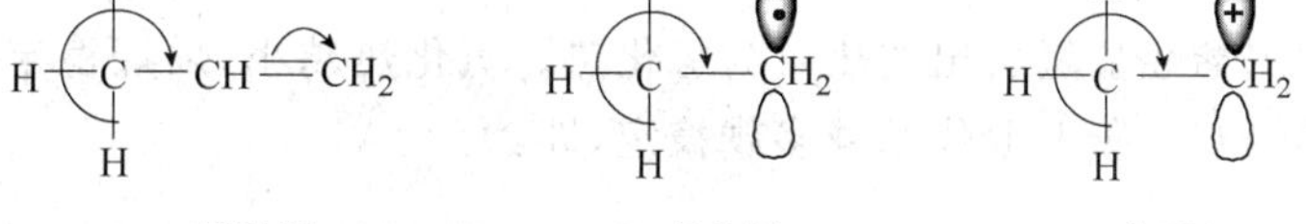

σ-π超共轭　　σ-p超共轭　　σ-p超共轭

图 3-4　σ-超共轭体系

二、命名

1. 烯烃的命名

命名格式：烯烃构型＋取代基名称＋烯烃官能团位次＋母体名称(某烯)。

构型标记方法：顺反标记和 Z/E 标记。两个双键碳上有相同基团，用顺反标记，相同基团在双键连线的同侧为顺式，在异侧为反式；两个双键碳上没有相同基团，比较每个双键碳上的两个取代基，按照次序规则(比较和双键碳直接相连的原子的原子序数)两个碳上的较优基团在双键连线的同侧为 Z 式，在两侧为 E 式。

母体名称与位次：选择含有双键在内的最长碳链为主链，母体为某烯。从主链上先遇到母体官能团的一侧开始编号确定母体官能团和取代基的位置。

2. 炔烃的命名

命名格式：取代基名称＋炔烃官能团位次＋母体名称(某炔)。

母体名称与位次：选择含有三键在内的最长碳链为主链，母体为某炔。从主链上先遇到母体官能团的一侧开始编号确定官能团和取代基的位置。

3. 二烯烃的命名

选择含有两个双键在内的最长碳链为主链，母体为某二烯。二烯烃的编号、构型的确定同单烯烃命名规则。

三、烯烃、炔烃与二烯烃化学性质

根据烯烃的组成和结构特点，其化学键断裂位置与主要化学性质如图 3-5 所示。炔烃化学键断裂位置与主要化学性质如图 3-6 所示。

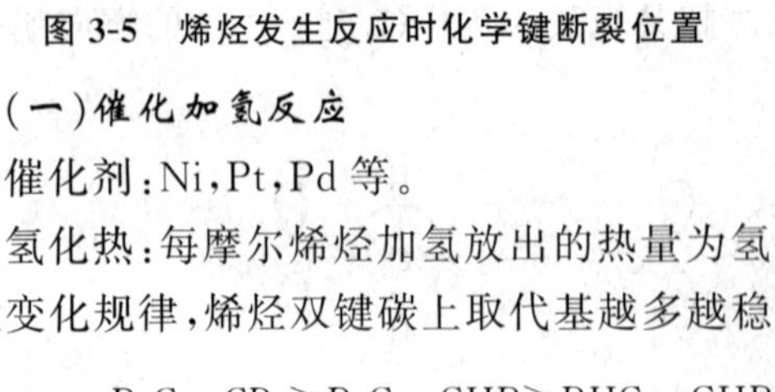

图 3-5　烯烃发生反应时化学键断裂位置

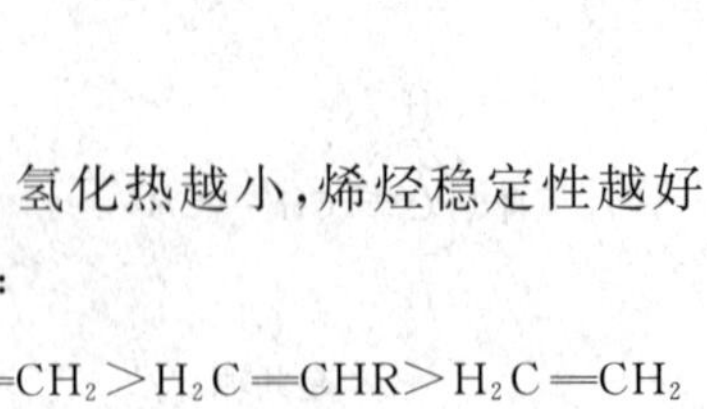

图 3-6　炔烃发生反应时化学键断裂位置

(一)催化加氢反应

催化剂：Ni，Pt，Pd 等。

氢化热：每摩尔烯烃加氢放出的热量为氢化热。氢化热越小，烯烃稳定性越好。烯烃稳定性变化规律，烯烃双键碳上取代基越多越稳定，即：

$$R_2C{=}CR_2>R_2C{=}CHR>RHC{=}CHR, R_2C{=}CH_2>H_2C{=}CHR>H_2C{=}CH_2$$

立体化学特征：①烯烃加氢是顺式加成。②炔烃在 Lindlar 或 P-2 催化剂作用下得到顺式烯烃，在 Na 的液氨溶液中得到反式烯烃。

（二）亲电加成反应

1. 与极性试剂的亲电加成——HX，H_2SO_4，H_2O，HOBr

亲电试剂：E^+（极性试剂中带正电荷部分）

加成规则：马氏加成（极性试剂中带正电的部分，即亲电试剂，总是加在含氢较多的双键碳原子上，极性试剂中带负电的部分总是加在含氢较少的双键碳原子上）。

反应机理：极性试剂 H—Y 对烯烃的加成反应示意图如图 3-7 所示。

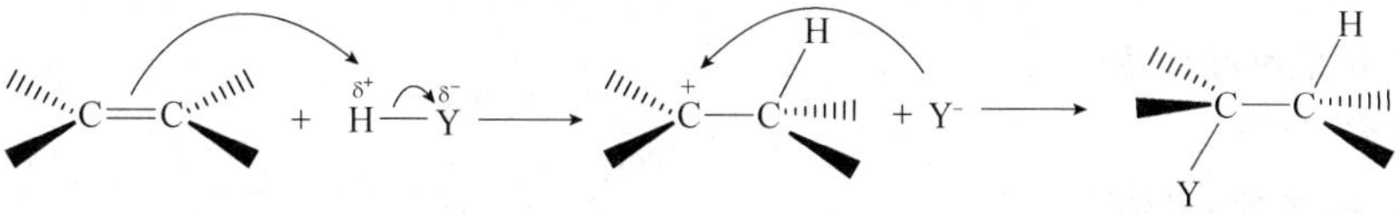

图 3-7 亲电加成反应示意图

反应中间体：碳正离子

碳正离子稳定性：叔碳正离子>仲碳正离子>伯碳正离子>甲基碳正离子

碳正离子重排：由碳正离子作为中间体的反应往往伴随着重排反应的发生，如图 3-8 所示。

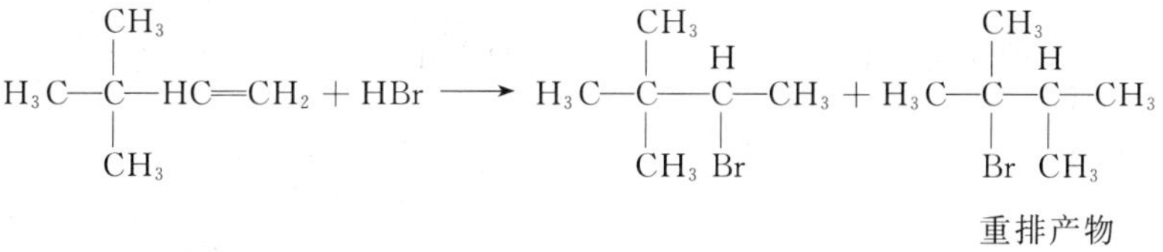

反应机理：

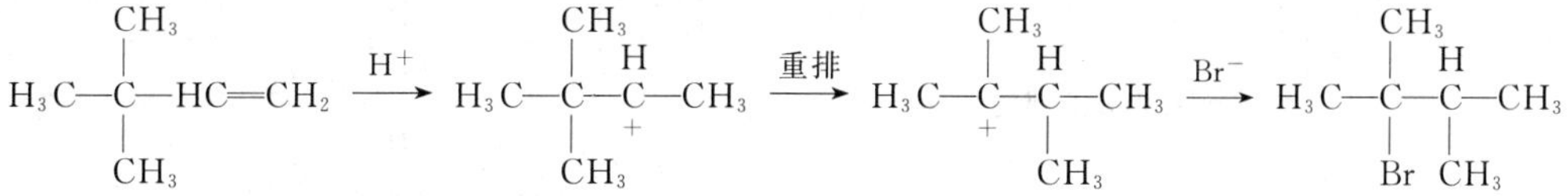

图 3-8 碳正离子重排反应示意图

2. 与卤素的亲电加成

亲电试剂：极化后带正电性的溴原子

中间体：环状溴鎓离子

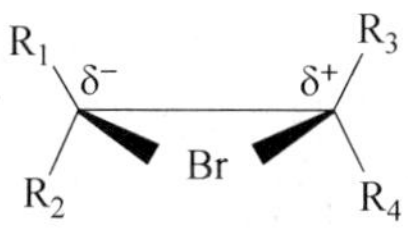

现象：红棕色褪去

作用：鉴别重键

立体化学特征：反式加成

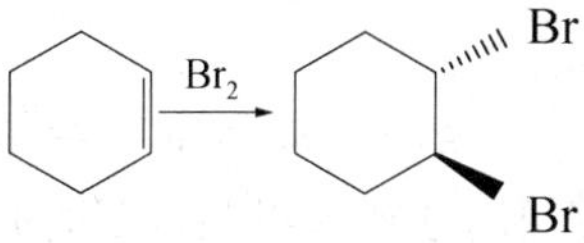

3. 硼氢化反应

亲电试剂：缺电子的硼原子

中间体：环状过渡态

规则：反马氏加成

立体化学特征：顺式加成

用途：①三烷基硼烷在碱性条件下与过氧化氢反应生成伯醇；②三烷基硼烷与羧酸反应生成烷烃。

（三）自由基加成反应

反应试剂：HBr

反应条件：过氧化物存在

反应机理：自由基加成

加成规则：反马氏加成

（四）氧化反应

1. $KMnO_4$氧化

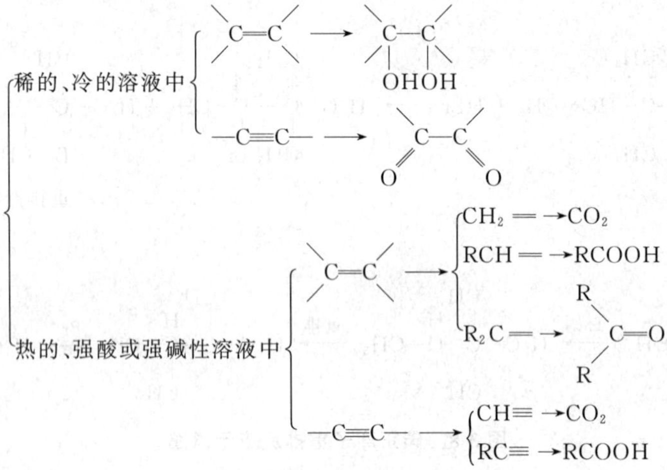

2. 臭氧化反应

重键在惰性溶剂中与臭氧可发生加成反应，生成臭氧化物，经进一步处理后重键彻底氧化断裂。

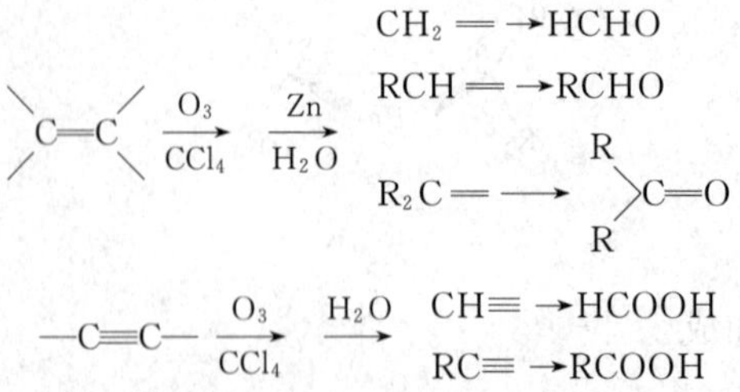

3. 环氧化反应

环氧化物中最重要的是环氧乙烷，是用乙烯与空气经银催化氧化制得。实验室中常用有机过氧酸作环氧化试剂，如过氧乙酸、过氧苯甲酸、三氟过氧乙酸。

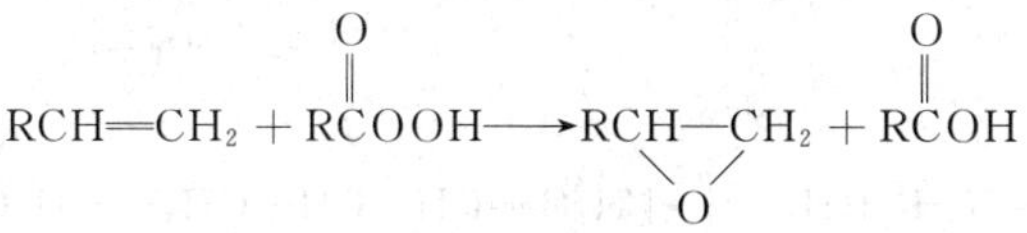

(五)α-H 卤代反应

烯烃与卤素反应：

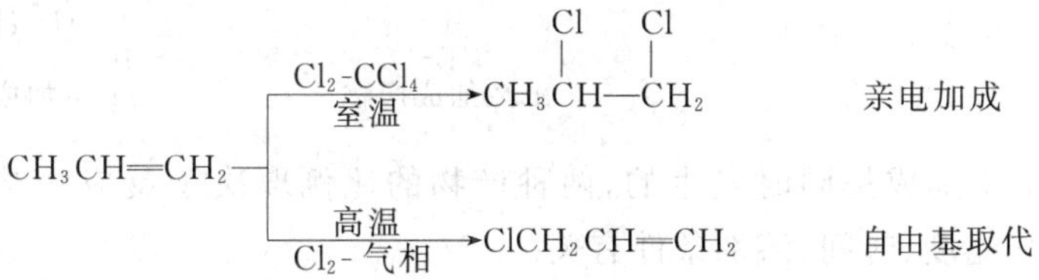

α-H 卤代反应条件：高温或光照

反应机理：自由基取代反应

自由基中间体稳定性顺序：烯丙基自由基＞叔碳自由基＞仲碳自由基＞伯碳自由基＞甲基自由基

α-H 室温下取代反应用试剂：N-溴代丁二酰亚胺(NBS)。

(六)炔氢酸性

端位炔烃中炔氢 $pK_a=25$，具有酸性，主要性质有：

(1)与金属钠反应

(2)与强碱 $NaNH_2$ 反应

(3)与硝酸银氨溶液和硫酸亚酮氨溶液反应——鉴别端位炔烃

金属炔化物中，炔化钠是亲核试剂，炔碳负离子具有很好的亲核性，可以与卤代烃发生亲核取代反应，与醛酮等发生亲核加成反应，例如：

$$CH_3CH_2CH_2C{\equiv}CH \xrightarrow{NaNH_2} CH_3CH_2CH_2C{\equiv}CNa \xrightarrow{CH_3CH_2CH_2Br} CH_3CH_2CH_2C{\equiv}CCH_2CH_2CH_3$$

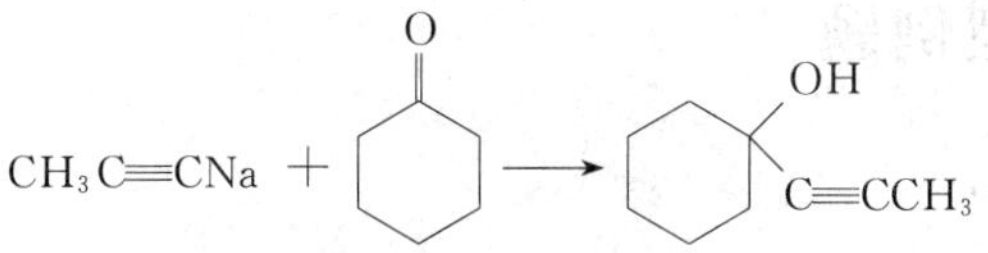

(七)共轭二烯烃化学性质

1. 共轭加成反应——1,4-加成

反应机理名称：亲电加成

中间体：烯丙基碳正离子

反应历程：

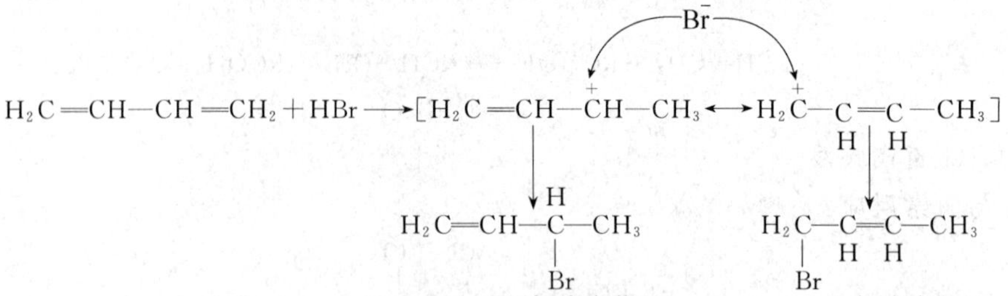

1,2-加成产物　　　　1,4-加成产物

1,2-加成和1,4-加成是同时发生的,两种产物的比例取决于反应物结构、产物稳定性等,与反应条件,如温度、时间、溶剂条件有关。

2. 双烯合成反应

共轭二烯可以与某些含碳碳双键或三键的不饱和化合物进行1,4-加成反应,生成环状化合物,称为双烯合成。

双烯体:提供共轭双键的化合物。立体结构特征:(*s*)-顺式共轭二烯烃;共轭结构中连有斥电子基(如—CH_3、—OCH_3 等)有利于加成反应。

亲双烯体:提供重键的化合物。亲双烯体上连有吸电子基(如—CN、—COR、—CHO、—COOR、—NO_2 等)有利于加成反应。

产物结构:六元环烯烃及其衍生物。

反应特征:反应过程中,旧键的断裂和新键的形成是在同一步骤中完成,经过一环状过渡态。(*s*)-反式共轭二烯烃不参与双烯合成反应。

(八)聚合反应

烯烃、炔烃及二烯烃中的π键在适当条件下打开通过分子间的反复加成而聚合起来,形成聚合物。如聚乙烯、聚丙烯、聚丙烯腈、聚乙炔等塑料制品和顺丁橡胶等。

典型例题

【例 1】 根据化合物结构写出名称。

(1)$CH_3CH_2C(CH_3)_2C\equiv CH$　　(2)

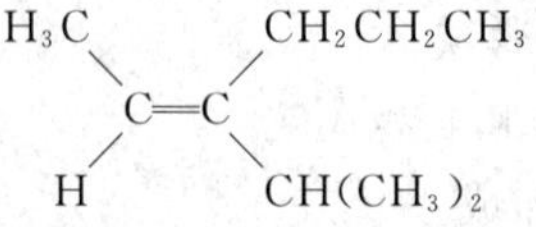

解 (1)母体是戊炔。编号时炔烃在1号碳上。3,3-二甲基戊炔。

(2)母体是己烯。双键碳上4个基团在空间的伸展方式已给出,需要注明其构型异构。因两个双键碳上没有相同基团,只能用 *Z*/*E* 标记法。按照次序规则2号碳上较优基团甲基在上,3号碳上较优基团异丙基在下,所以是 *E* 构型。名称是:(*E*)-3-异丙基-2-己烯。

【例 2】 比较1-戊烯,顺-2-戊烯,反-2-戊烯,2-甲基-2-丁烯的相对稳定性。

解 烯烃的稳定性和双键碳上的取代基个数有关,取代基越多,烯烃越稳定。这是因为取代基和双键之间形成超共轭效应,使烯烃稳定性增加。反式烯烃比顺式烯烃稳定,是因为两个相同取代基在双键轴线的两侧,空间位阻比较小,烯烃分子内能较小。

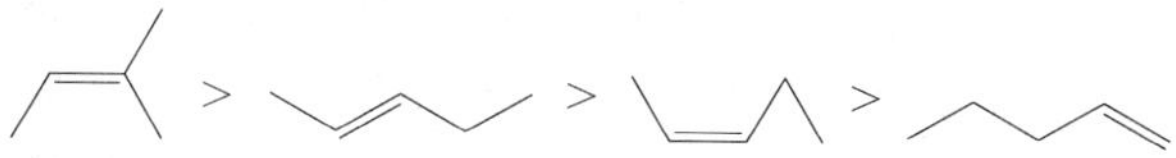

【例 3】 将下列化合物与氯气的水溶液反应的活性大小由大到小排列成序。

A. $CH_3CH=CH_2$ B. $ClCH_2CH=CH_2$ C. $H_3CC(Cl)=CH_2$ D. $H_3CC(CH_3)=CH_2$

解 氯气溶于水生成 HOCl，与烯烃之间发生亲电加成反应。HOCl 分子中缺电子的部分 $Cl^{\delta+}$ 为亲电试剂加在烯烃含氢较多双键碳原子上，$HO^{\delta-}$ 加在烯烃含氢较少的双键碳原子上，符合马氏规则，产物为氯化醇。该反应进行的难易程度取决于烯烃双键电子云密度大小。电子云密度大，有利于亲电试剂进攻，反应速度快，反之速度慢。烯烃双键电子云密度和双键碳所连取代基有关，斥电子共轭效应和诱导效应使双键碳上电子云密度增加，吸电子共轭效应和诱导效应使双键电子云密度降低。烷基有斥电子诱导效应和斥电子的超共轭效应；卤素吸电子诱导效应大于斥电子共轭效应。

反应活性由大到小顺序为：D>A>B>C。

【例 4】 比较下列化合物与 HBr 加成的区域选择性。

A. $CF_3CH=CH_2$ B. $BrCH=CH_2$ C. $CH_3OCH=CH_2$

解 烯烃衍生物与 HBr 加成，要分析取代基和双键之间的电子效应，取代基有吸电子诱导效应和吸电子共轭效应，加成产物一般是反马氏规则；取代基有吸电子诱导效应和斥电子共轭效应，产物符合马氏规则；取代基斥电子诱导效应和斥电子共轭效应，产物符合马氏规则。$—CF_3$ 只有强吸电子诱导效应，产物反马氏规则；溴原子有吸电子诱导效应和斥电子共轭效应，产物符合马氏规则；$CH_3O—$有吸电子诱导效应和斥电子共轭效应，产物符合马氏规则。

【例 5】 鉴别题：采用化学方法鉴别下列各组物质。

A. 丁烷 B. 甲基环丙烷 C. 1-丁烯 D. 1-丁炔

解 根据有机化合物各自的鉴别试剂对其进行鉴别，观察反应现象鉴别出每一种物质。重键的鉴别试剂有 $KMnO_4$ 水溶液和 Br_2/CCl_4 溶液，现象是能使它们褪色。端炔的鉴别试剂有硝酸银的氨溶液和氯化亚铜的氨溶液，分别快速生成白色沉淀和砖红色氧化亚铜沉淀。

(1)

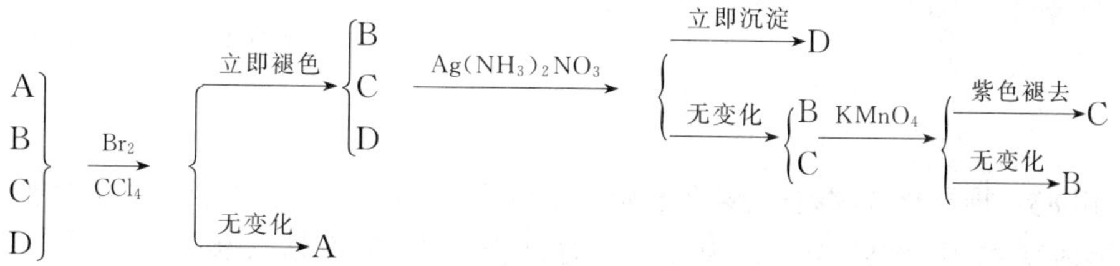

【例 6】 试用反应机理来解释下列反应。

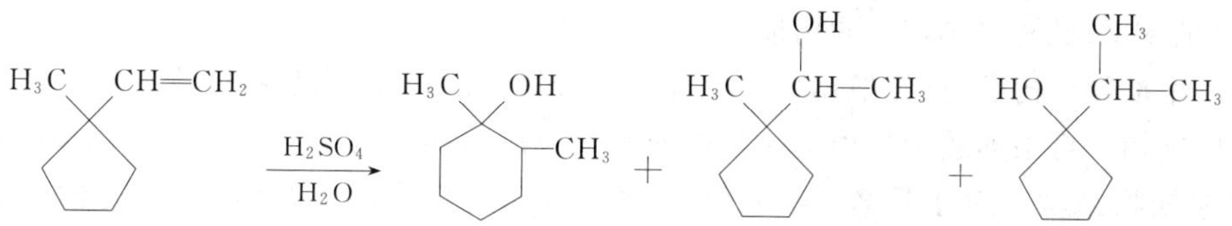

解 用反应机理解释某一化学反应。首先分析清楚原料在相应试剂作用下发生的是什

么反应类型，如自由基反应、离子型反应或是周环反应；再根据反应确定中间体结构，是自由基、正离子、负离子，或是过渡态等。有碳正离子生成的反应往往伴随重排，所以，如果产物是几种产物的混合物，且产物具有重排特征，初步可以断定反应是离子型反应，中间体是碳正离子，这样的反应有芳香烃的亲电取代、不饱和烃的亲电加成和卤代烃与醇的 S_N1 亲核取代。最后，将反应过程用反应方程式表示出来。

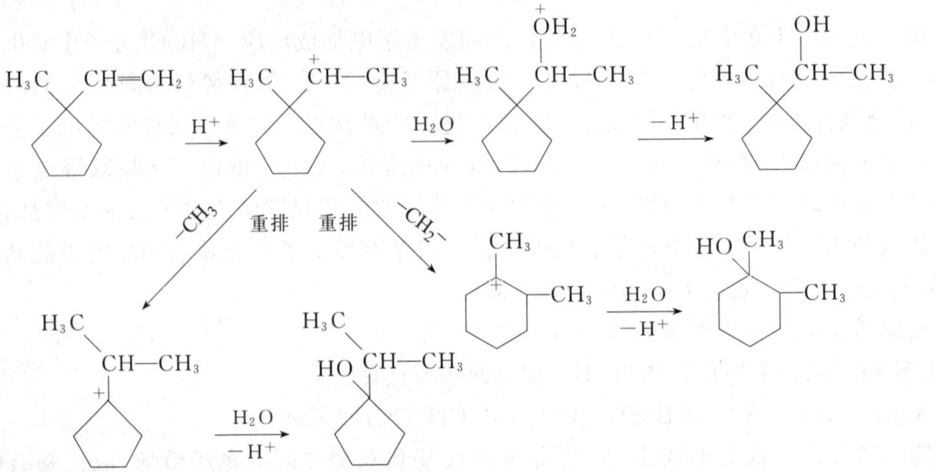

【例 7】 指定原料合成题：由乙炔合成顺-3-己烯。

解 指定原料合成产物，首先要分析原料和产物的官能团和碳骨架结构；然后再分析官能团之间能否直接转换，不能直接转换的找到能够和二者之间进行直接或间接转换的中间产物官能团；最后注意官能团转换时对碳骨架的影响，记住常用的增碳和减碳反应。

题中以炔烃为原料合成烯烃，碳链增长 3 倍。炔烃经催化加氢可以得到烯烃，所以产物可以由 3-己炔制备，从乙炔到 3-己炔，是一个端位炔烃增长碳链的反应，可由炔钠和卤代烃亲核取代实现。卤代烃由炔烃经加成制备烯烃再和卤化氢亲电加成可得。

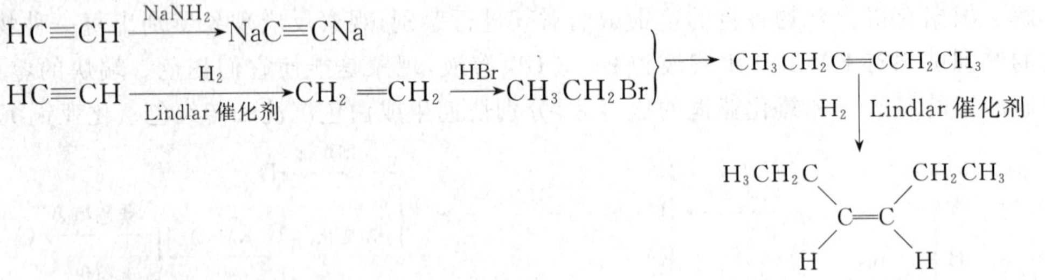

【例 8】 推导化合物结构：某化合物 A 的分子式为 C_5H_8，在液氨中与金属钠作用后，再与 1-溴丙烷作用，生成分子式为 C_8H_{14} 的化合物 B，用高锰酸钾氧化 B 得到分子式为 $C_4H_8O_2$ 的两种同分异构体的酸 C 和 D，A 在硫酸汞存在下与稀硫酸作用，可得到分子式为 $C_5H_{10}O$ 的酮 E，试写出 A～E 的构造式。

解 做推导结构题，首先根据分子式计算化合物不饱和度，初步推断未知物中可能存在的官能团结构。再根据题中给出的化学性质及反应产物的结构推出未知物碳骨架结构。从而确定未知物结构。对于只含 C、H、O 三种元素的化合物，不饱和度根据与饱和烃通式 C_nH_{2n+2} 中相差的 H 的个数计算，每少两个氢原子就多一个不饱和度。烷烃的不饱和度为

0，环烷烃和烯烃的不饱和度为 1，环烯烃和炔烃的不饱和度为 2。

C_5H_8 的不饱和度为 2。可能是环烯烃、二烯烃、二环烷烃或是炔烃。根据在液氨中与金属钠反应的性质推断是炔烃。再根据与 1-溴丙烷作用得到高级炔烃 C_8H_{14}，说明未知物炔烃是端位炔烃。最后根据高锰酸钾氧化产物是两种同分异构体的酸的特点推出 C_8H_{14} 和 C_5H_8 的结构。再根据相应的化学性质推出其他未知物结构。

A. 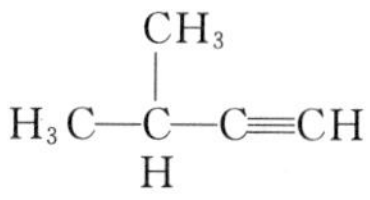
B. 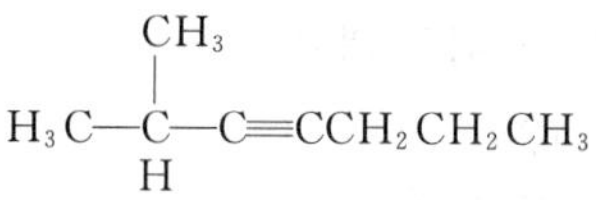

C. 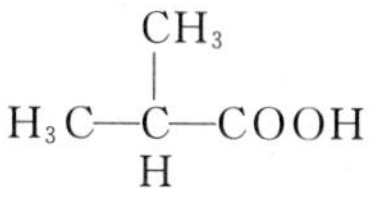
D. $CH_3CH_2CH_2COOH$
E. 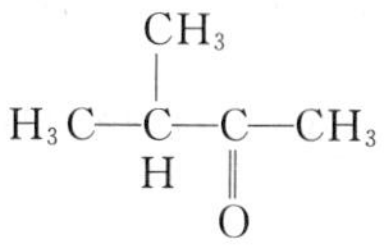

练习题

1. 比较下列化合物的热力学稳定性。

A. $CH_3-CH=C=CHCH_3$　　B. $CH_2=CHCH_2CH=CH_2$

C. 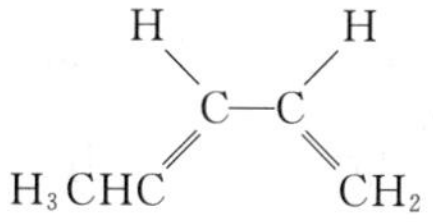　　D. 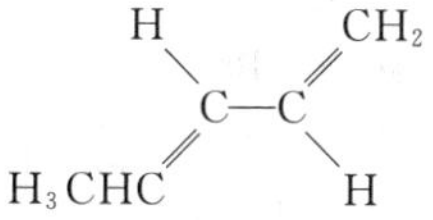

2. 比较下列烯烃与 HBr 加成的相对活性。

A. $CH_2=C(CH_3)-C(CH_3)=CH_2$　　B. $CH_3CH=CHCH=CH_2$

C. $CH_2=CHCH=CH_2$　　D. $CH_2=CHCH_2CH_3$

3. 将下列化合物与 Br_2 加成的反应活性大小排列成序。

A. $CH_2=CHCH=CH_2$　　B. $CH_3CH=CHCH_3$

C. $CH_3C\equiv CCH_3$　　D. $CH_2=CHCl$

4. 下列化合物不能使 $KMnO_4$ 水溶液褪色而能使溴/CCl_4 褪色的是(　　)。

A. 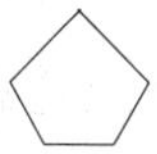　B. 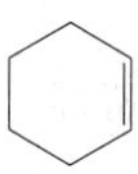　C. 　D. 

5. 1-甲基环辛烯与 Br_2/CCl_4 溶液反应生成的主要产物是(　　)。

A. 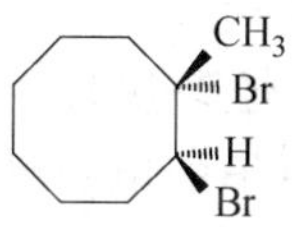　B. 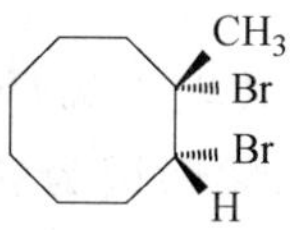　C. 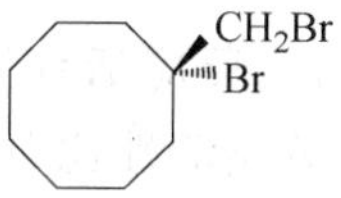　D. 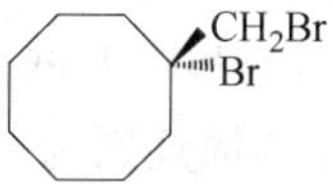

6. 用下列哪种方法可由 1-烯烃制得伯醇？(　　)

A. H_2O　　B. H_2SO_4　　C. ①B_2H_6/②H_2O_2/OH^-　　D. 稀冷 $KMnO_4$

7. $H_3CC\equiv CCH=CH_2$ 经 Lindlar 催化与 1 分子氢加成产物是(　　)。

A. 　B. 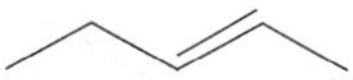　C. 　D. 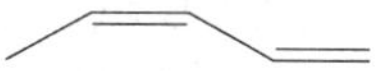

8. 完成下列反应方程式：

(1) 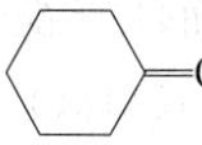$=CH_2 + Cl_2 + H_2O \longrightarrow$

(2) $CH_3C\equiv CNa+CH_3CH_2CH_2Br\longrightarrow$

(3) 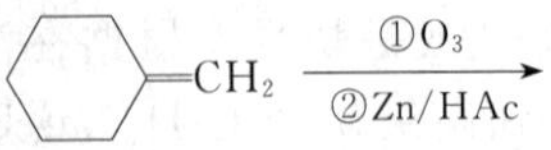

(4) 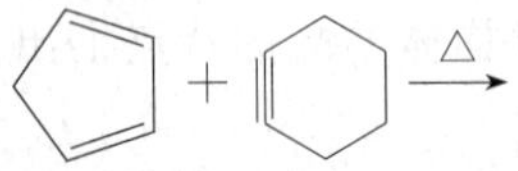

9. 鉴别题：采用化学方法鉴别下列各组物质。

A. 己烷　　　　B. 1-己烯　　　　C. 1-己炔

10. 试用反应机理解释下列反应。

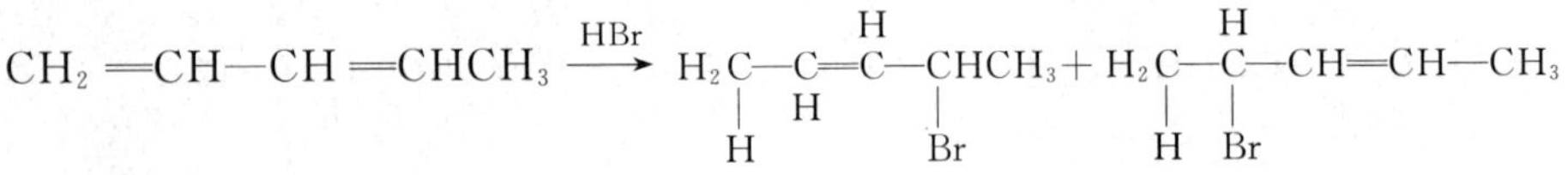

11. 指定原料合成题：

以 1,3-丁二烯为原料合成 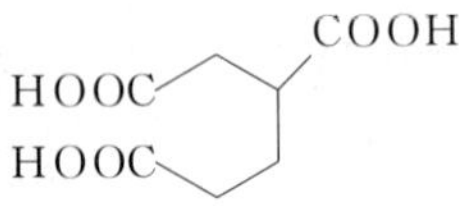

*12. trans-2-丁烯与 Br_2 加成时，生成的主要产物是(　　)。

A. 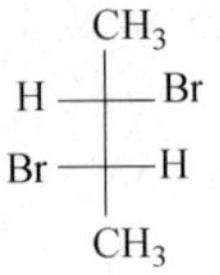　B. 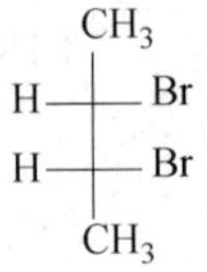　C. 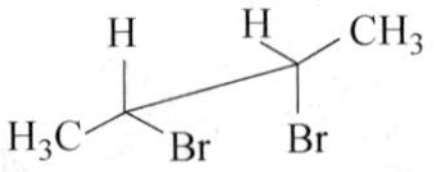　D. 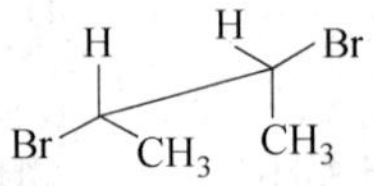

练习题解析与答案

1. 3 种二烯烃稳定性顺序由大到小是：共轭二烯烃＞孤立二烯烃＞累积二烯烃。共轭二烯烃的两个构象异构体中 *s*-顺式稳定性不如 *s*-反式。

答案：D＞C＞B＞A。

2. 共轭二烯烃因为 π-π 共轭效应，其亲电加成活性大于单烯烃。共轭链上连有斥电子基团使其亲电加成反应活性进一步增加，斥电子越多，活性越大。

答案：A＞B＞C＞D。

3. 不饱和重键进行亲电加成反应活性顺序是：共轭二烯烃＞单烯烃＞炔烃＞卤代烯烃。共轭二烯烃因为 π-π 共轭效应活性比单烯烃大；炔烃因为三键碳原子的电负性大不易给出电子，亲电加成活性比烯烃弱；乙炔和氯化氢按 1∶1 比例加成，反应可以停留在氯乙烯一步，说明氯乙烯的加成活性没有乙炔大，乙炔的活性没有 2-丁炔大。氯乙烯的加成反应活性较差主要是氯原子直接连在双键碳原子上，吸电子诱导效应较大所致。

答案：A＞B＞C＞D。

4. 不饱和重键被 $KMnO_4$ 水溶液氧化而使其褪色。小环环烷烃（C_3 和 C_4）和溴/CCl_4 溶液发生开环加成而使其褪色；不饱和重键和溴/CCl_4 溶液发生亲电加成而使其褪色。

答案：C。环丙烷与溴/CCl_4 发生加成反应，使溴/CCl_4 褪色，但不能使 $KMnO_4$ 氧化。

5. 烯烃与溴/CCl_4 溶液的亲电加成反应立体化学特征是反式加成。环烯烃与溴/CCl_4 溶液亲电产物应该是两个溴原子分别加在环的两侧。

答案:A 可以为主要产物。

6. 1-烯烃与 B_2H_6 进行亲电加成反应,然后在碱性条件下用 H_2O_2 氧化制得伯醇,是反马氏加成产物。

答案:C。

7. 催化加氢反应,炔三键 π 电子因易于被催化剂吸附,所以加氢反应活性大于双键,且在相应催化剂作用下,加成产物可以停留在双键阶段。如在金属钠/液氨的条件下,加氢得到的是反式烯烃,若在 Lindlar 催化剂作用下得到的产物是顺式烯烃。Lindlar 催化剂有 H_2/Pd-$BaSO_4$、H_2/Pd-C、H_2/Pd-硅藻土、H_2/Pd-Pb 等。

答案:D。

8. (1)烯烃与 Cl_2 在室温下反应是亲电加成反应过程,产物按照马氏规则。极性试剂带正电部分,即亲电试剂总是加到含氢较多的碳原子上,极性试剂中带负电的部分总是加到含氢较少的碳原子上。Cl_2 溶解在水溶液中,溶液中带正电荷作为亲电试剂的只有 Cl^+,而溶液中的负离子有 Cl^-、HO^-,因此产物是两种产物的混合物。

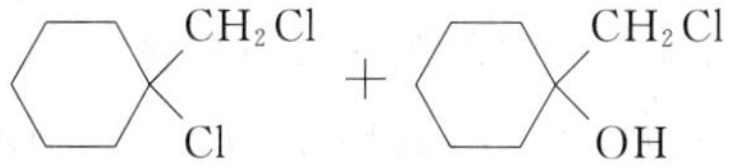

(2)炔化钠中炔碳负离子具有很好的亲核性,可与卤代烃发生亲核取代反应,产物是高级炔烃。这是由低级炔烃制备高级炔烃的一个重要方法。 $CH_3C{\equiv}CCH_2CH_2CH_3$

(3)烯烃可以被臭氧氧化,得到的臭氧化物很不稳定,易爆炸。反应完后立即加入锌粉作还原剂使臭氧化物分解,分解产物使烯烃重键彻底断开,双键碳原子变成羰基结构。根据原来双键碳上的取代情况,得到不同结构的醛、酮产物。端位双键碳和一取代双键碳原子变成醛基碳,二取代双键碳原子转变为酮羰基碳。

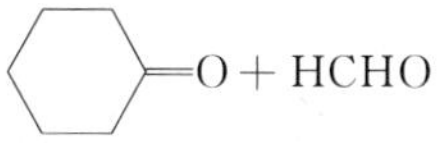

(4)共轭二烯烃作为双烯体,可以和亲双烯体(双键或三键)之间发生双烯合成反应,产物是六元环烯结构,反应机理是周环反应。共轭二烯烃发生该反应时是 *s*-顺式构象,不能形成 *s*-顺式构象的共轭二烯烃不发生该反应,双烯体上连有斥电子基团或亲双烯体上连有吸电子基团都会使反应加快。

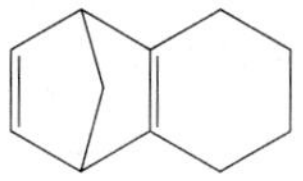

9.

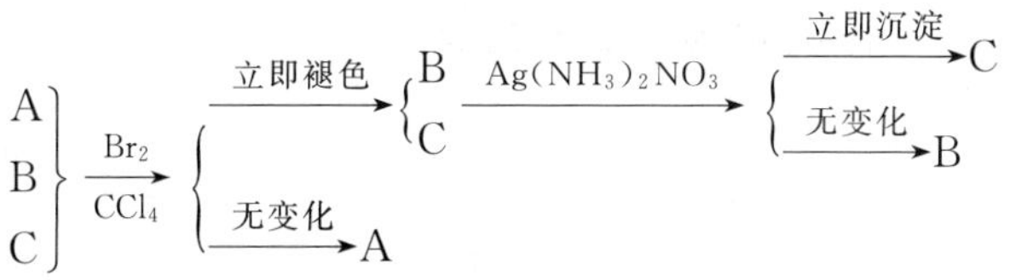

10. 共轭二烯烃与极性试剂发生亲电加成反应,亲电试剂与一对 π 电子结合后生成烯丙基碳正离子,碳正离子因 p-π 共轭体系正电荷分散在 2,4 号碳原子上,下一步卤素

负离子按路径①进攻 2 号碳原子得到 1,2-加成产物；按路径②进攻 4 号碳原子得到 1,4-加成产物。

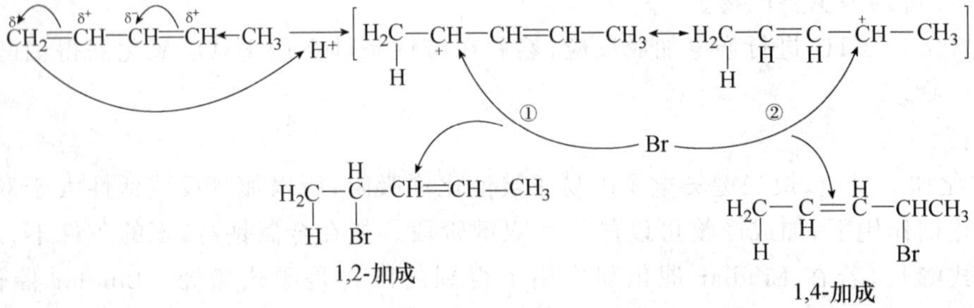

11. 题中以 4 个碳的共轭二烯烃为原料合成含 7 个碳原子的三羧酸结构。原料是烯烃，产物是羧酸，烯烃经 $KMnO_4$ 氧化后可得羧酸，故将有羧基的位置还原成重键可得一个六元环烯结构，六元环烯结构由两分子 1,3-丁二烯经双烯合成制备。

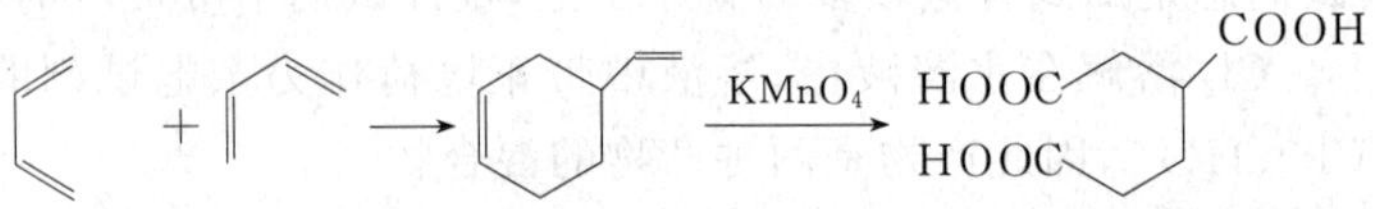

*12. 烯烃与 Br_2 加成中间体是环状溴鎓离子。烯烃的不同构型异构体形成不同构型的中间体结构，第二步 Br^- 的进攻具有区域选择性，为反式加成。不同构型的烯烃与 Br_2 加成结果 trans-产物是内消旋体；cis-产物是外消旋体。

答案：B。

教材习题

1. 命名下列化合物或由化合物名称写出其结构式：

(1) $CH_3CH{=}C(CH_3)_2$

(2) $CH_3CH_2C(CH_3)_2C{\equiv}CH$

(3)

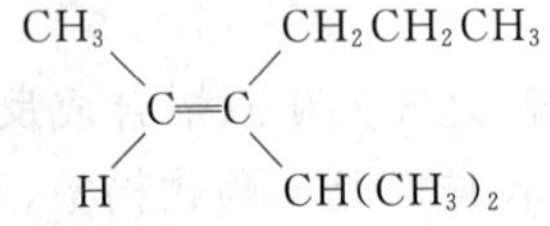

(4)

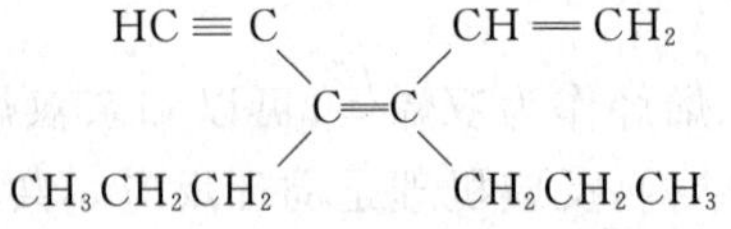

(5)

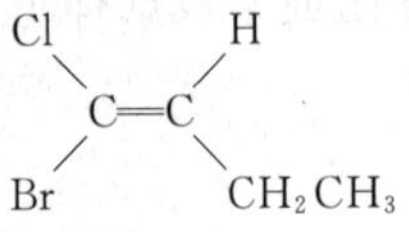

(6)

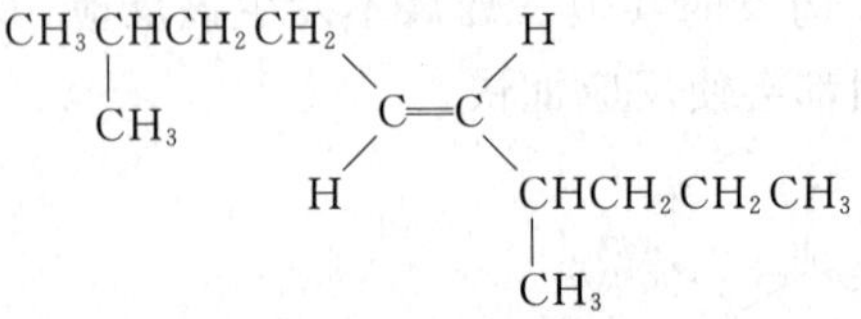

(7) 6-甲基-3-庚炔

(8) (2*Z*,4*E*)-3-甲基-2,4-己二烯

(9) 4,8-壬二烯-1-炔

(10) 5-甲基-6-氯-2-己炔

2. 完成下列反应式：

(1) $CH_3CH_2-C(CH_3){=}CH_2 + HCl \longrightarrow$

(2) $CF_3CH{=}CH_2 + HCl \longrightarrow$

(3) $(CH_3)_2C{=}CH_2 + Br_2 \xrightarrow[H_2O]{NaCl}$

(4) $(CH_3)_2C{=}CH_2 + HBr \xrightarrow{R_2O_2}$

(5) $C_2H_5C\equiv CH + H_2O \xrightarrow[H_2SO_4]{HgSO_4}$

(6) $CH_2=CHCH_2CH_2CH_3 + Cl_2 \xrightarrow{773\ K}$

(7) $(CH_3)_2C=CH_2 \xrightarrow[H^+,\triangle]{KMnO_4}$

(8) $(CH_3)_2C=CH_2 \xrightarrow[(2)Zn/HAc]{(1)O_3}$

(9) $CH_2=CHCH_2C\equiv CH \xrightarrow[Pd/CaCO_3,喹啉]{H_2}$

(10) 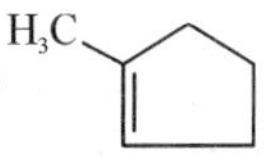 $\xrightarrow[(2)\ Zn/HAc]{(1)\ O_3}$

(11) 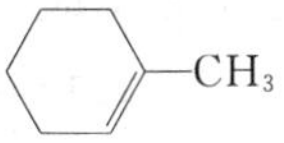 $\xrightarrow{HOBr}$

(12) 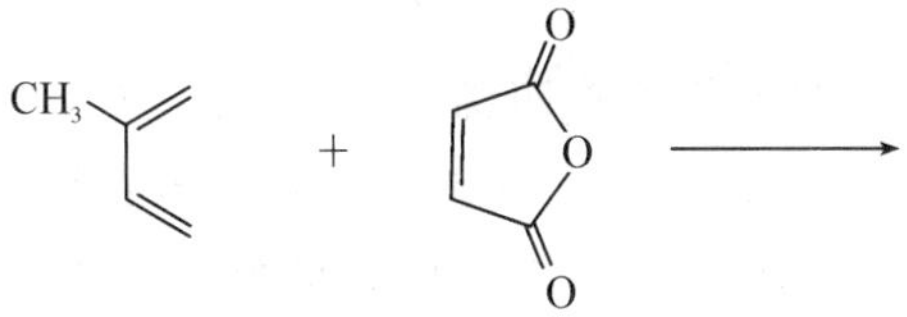

(13)  + $CH_2=CHCN \xrightarrow{\triangle}$

(14) $CH_2=C(CH_3)CH_2CH_3 \xrightarrow{BH_3} \xrightarrow[OH^-]{H_2O_2}$

(15) $CH_2=CH-CH=CHCH_3 \xrightarrow{HBr}$

3. 选择题:

(1)下列各碳正离子中间体中,结构最稳定的是(　　)。

A. $(CH_3)_3\overset{+}{C}$　　B. $CH_2=CH-\overset{+}{C}H-CH_3$

C. $CH_2=CH-\overset{+}{C}H_2$　　D. $(CH_3)_2-\overset{+}{C}H_2$

(2)下列烯烃中与溴水反应最快的是(　　)。

A. $CH_3-C(CH_3)=C(CH_3)-CH_3$　　B. $CH_3-C(CH_3)=CHCH_2CH_3$

C. $CH_3CH_2CH=CHCH_2CH_3$　　D. $CH_2=CHCH_2CH_2CH_2CH_3$

(3)下列自由基中最不稳定的是(　　)。

A. $CH_3CH_2\dot{C}H_2$　　B. $CH_2=CH\dot{C}HCH_3$

C. $CH_2=CHCH_2\dot{C}H_2$　　D. $(CH_3)_2\dot{C}H$

(4)下列反应中,产物不正确的是(　　)。

A. $CH_3-C(CH_3)=CHCH_3 \xrightarrow{HBr} CH_3-CBr(CH_3)-CH_2CH_3$

B. $H_2C=CHCH_2CH_3 \xrightarrow[R_2O_2]{HBr} CH_3CH_2CH_2CH_2Br$

C. 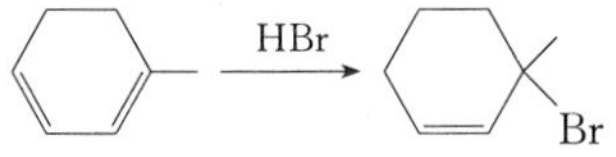

D. $CH_2=CHCOOCH_2CH_3 \xrightarrow{HBr} CH_3-\underset{\displaystyle Br}{\underset{|}{C}H}COOCH_2CH_3$

4. 用简明的化学方法鉴别下列各组化合物：

(1)丁烷、1-丁烯、1-丁炔、2-丁炔。

(2)环戊烷、环戊烯、1-戊炔、乙基环丙烷。

5. 推导化合物结构式：

(1)某化合物的分子式为 C_6H_{12}，可溶于浓硫酸，能使溴水褪色，催化加氢反应生成正己烷，此化合物与过量的酸性高锰酸钾溶液反应生成两种不同的羧酸。试写出该化合物的构造式。

(2)A 和 B 两个化合物互为构造异构体，均能使溴的四氯化碳溶液褪色。A 与 $Ag(NH_3)_2NO_3$ 反应生成白色沉淀，A 与 $KMnO_4$ 溶液反应生成丙酸和二氧化碳。B 不与 $Ag(NH_3)_2NO_3$ 反应，与 $KMnO_4$ 溶液反应只生成一种一元羧酸。试写出 A 和 B 的构造式，并写出相关化学反应式。

(3)某化合物的分子式为 C_6H_{10}。可与两分子溴加成，与氯化亚铜的氨溶液不反应。在汞盐的硫酸溶液存在下，与水反应得到 4-甲基-2-戊酮和 2-甲基-3-戊酮。试写出此化合物的构造式，并写出相关化学反应式。

6. 由指定原料合成下列化合物：

(1)由丙烯合成 1,3-二溴丙烷。

(2)由乙炔合成顺-3-己烯。

(3)由丙炔合成反-2-己烯。

教材习题答案

1. (1)2-甲基-2-丁烯　(2)3,3-二甲基-1-戊炔　(3)(*E*)-3-异丙基-2-己烯

(4)(*Z*)-3,4-二丙基-1,3-己二烯-5-炔或顺-3,4-二丙基-1,3-己二烯-5-炔

(5)(*Z*)-1-氯-1-溴-1-丁烯　(6)(*E*)-2,7-二甲基-5-癸烯或反-2,7-二甲基-5-癸烯

(7) $CH_3-CH_2-C\equiv C-CH_2-\underset{\displaystyle CH_3}{\underset{|}{C}H}-CH_3$

(8)
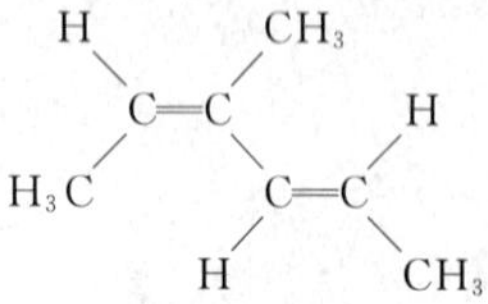

(9) $CH\equiv C-CH_2-CH=CH-CH_2-CH_2-CH=CH_2$

(10) $CH_3-C\equiv C-CH_2-\underset{\displaystyle CH_3}{\underset{|}{C}H}-CH_2Cl$

2. 完成下列反应式。

(1) $CH_3CH_2-\underset{\displaystyle Cl}{\overset{\displaystyle CH_3}{C}}-CH_3$　　(2) $CF_3CH_2CH_2Cl$

(3) $(CH_3)_2\underset{\displaystyle Cl}{C}-\underset{\displaystyle Br}{CH_2}$ + $(CH_3)_2\underset{\displaystyle OH}{C}-\underset{\displaystyle Br}{CH_2}$ + $(CH_3)_2\underset{\displaystyle Br}{C}-\underset{\displaystyle Br}{CH_2}$

(4) $(CH_3)_2CHCH_2Br$　(5) $C_2H_5\overset{\displaystyle O}{\overset{\|}{C}}-CH_3$　(6) $CH_2=CH\underset{\displaystyle Cl}{CH}CH_2CH_3$

(7) $(CH_3)_2C=O+CO_2$　(8) $(CH_3)_2C=O+H\overset{\displaystyle O}{\overset{\|}{C}}H$

(9) $CH_2=CHCH_2CH=CH_2$　(10) 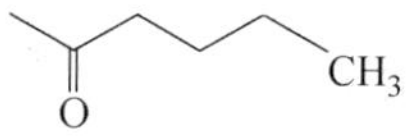　(11) 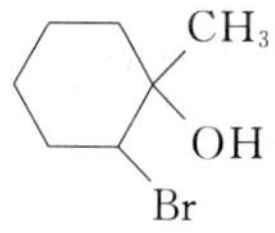

(12) 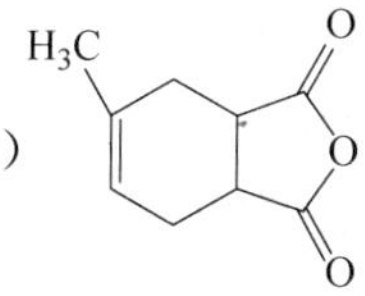　(13) 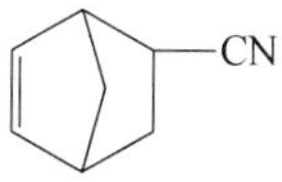　(14) $\underset{\displaystyle OH}{CH_2}-\underset{\displaystyle CH_3}{CH}CH_2CH_3$

(15) $CH_3-CH=CH-\underset{\displaystyle Br}{CH}CH_3$

3. 选择题。(1)B;(2)A;(3)A;(4)D

4. 用简明的化学方法鉴别下列各组化合物。

(1) 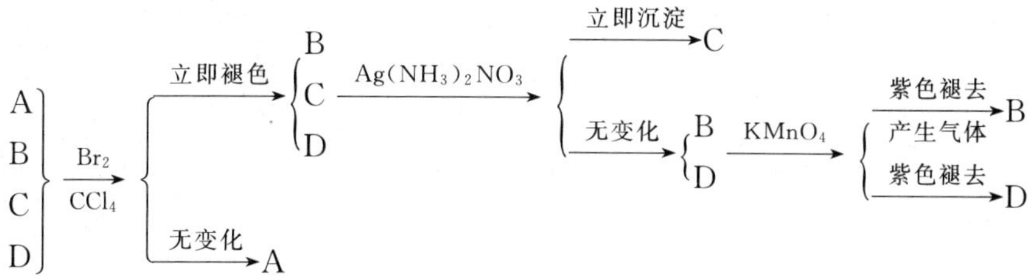

(2) 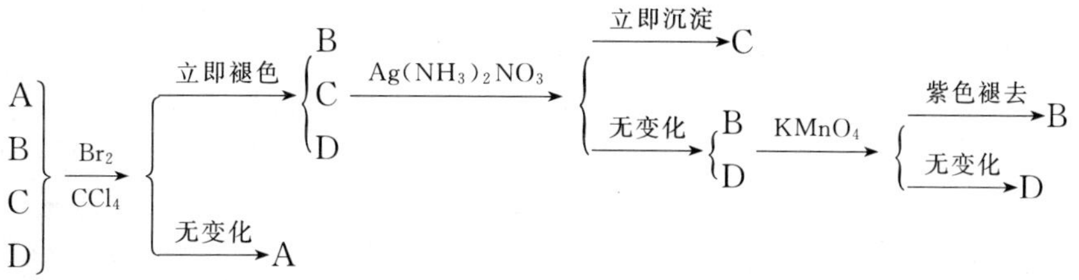

5. 推导化合物结构式:

(1) $CH_3CH=CHCH_2CH_2CH_3$

(2) A. $CH_3CH_2C\equiv CH$　　B. $CH_3C\equiv CCH_3$

(3) $CH_3\underset{\displaystyle CH_3}{CH}CH=CHCH_3$

6. 由指定原料合成下列化合物：

（1）$CH_3CH{=}CH_2 \xrightarrow[h\nu]{Br_2} BrCH_2CH{=}CH_2 \xrightarrow{HBr} BrCH_2CH_2CH_2Br$

（2）

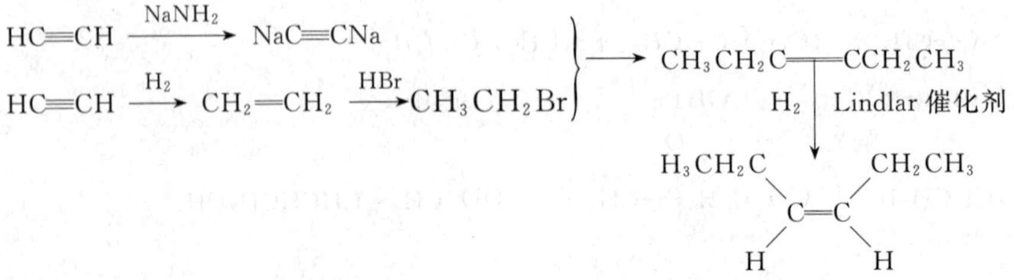

（3）

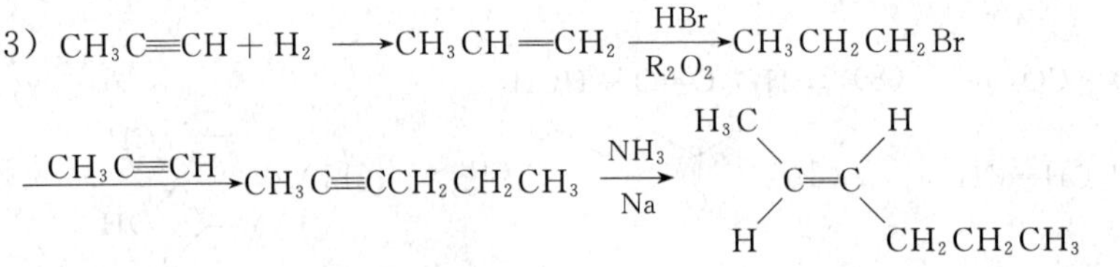

Chapter 4 第4章

芳香烃

Aromatic Hydrocarbon

主要知识点

一、苯的结构

苯分子的组成为 C_6H_6，苯分子中 6 个碳原子构成一个正六边形骨架，每个碳原子都以两个 sp^2 杂化轨道相互轴向重叠形成 6 个 σ 键（$C_{sp^2}—C_{sp^2}$），并与一个氢原子形成 σ 键（$C_{sp^2}—H_{1s}$）。6 个碳原子上各自未杂化的含有单电子的 p 轨道相互轴向平行重叠，形成闭合的离域大 π 键（Π_6^6）。苯分子中 6 个碳原子和 6 个氢原子都在同一平面内，苯分子的 π 键轨道与这个平面相垂直。

苯分子中的键角均为 120°，碳碳键键长为 0.14 nm，是完全平均化的。碳氢键键长为 0.108 nm。苯分子中完全离域的闭合大 π 键共轭体系，有很好的热力学稳定性，苯分子的离域能是 150 $kJ \cdot mol^{-1}$（又称共振能）。由于苯的特定结构，不但体现出其具有较高的稳定性，在化学上也表现出苯分子不易被氧化、加成，较易发生环上取代反应的特性；并且苯分子中的氢原子在其核磁共振氢谱中显示出其受到了很强的去屏蔽效应（$\delta=7.27$）。这些都可归于苯分子具有芳香性。

休克尔（Hückel）规则：

在平面环状闭合共轭体系中，完全离域的 π 电子数等于 $4n+2$（$n=0,1,2,3,\cdots$）个时，该体系具有芳香性（一般 $n<6$）。

单环芳烃、多环芳烃（联苯型、稠合型）都具有不同程度的芳香性。

二、芳烃的化学性质

(一)苯环上亲电取代反应

苯环上的π电子有较大的可极化性,可与缺电子试剂(即亲电试剂)作用,发生亲电取代反应。反应机理一般可描述如下:

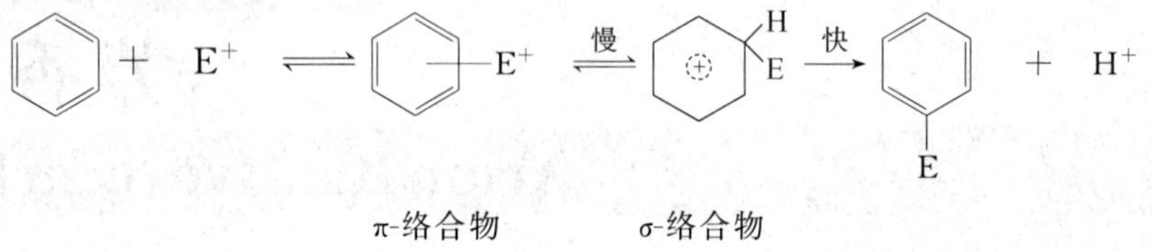

反应的最初阶段是亲电试剂 E^+ 与苯环上的π电子相互作用,形成π络合物;然后发展成 E^+ 与一对π电子结合并与环上的一个碳原子形成σ键,同时破坏了苯环的闭合大π键体系,生成了一个环状"碳正离子"——σ-络合物。此时的σ-络合物可类比于烯烃中C═C的亲电加成所形成的碳正离子;当它失去氢质子后生成了取代产物,同时恢复了苯环的闭合离域结构,重新获得了稳定能。如果是 E^+ 从σ-络合物中离解下去,则反应是可逆的。

苯环上典型的亲电取代反应有:

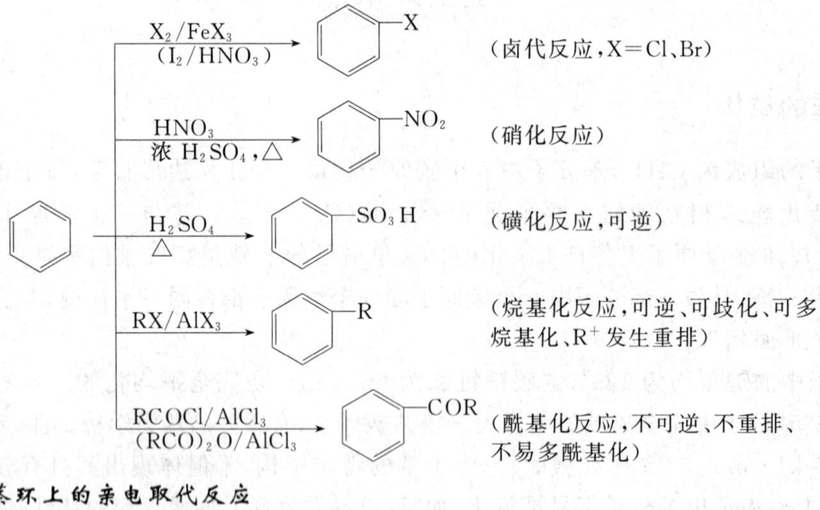

(二)萘环上的亲电取代反应

萘环上的亲电取代反应有两个位置(α位、β位),α位反应活性高于β位。反应机理与苯的亲电取代反应相同。萘α位反应活性较高是因为萘的α-C上π电子云密度较高且在α位反应生成的σ-络合物(碳正离子)的稳定性较大。

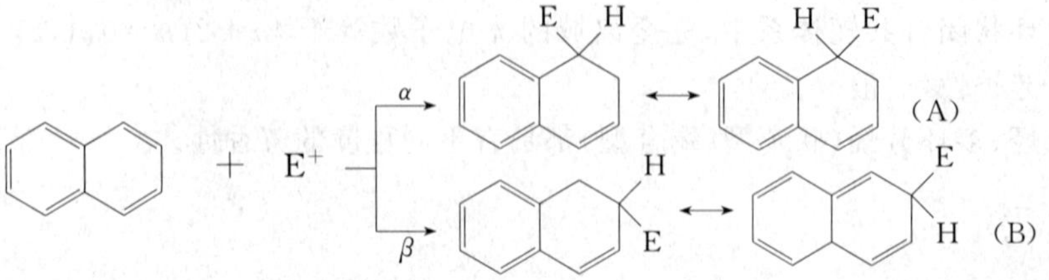

稳定性:A>B。

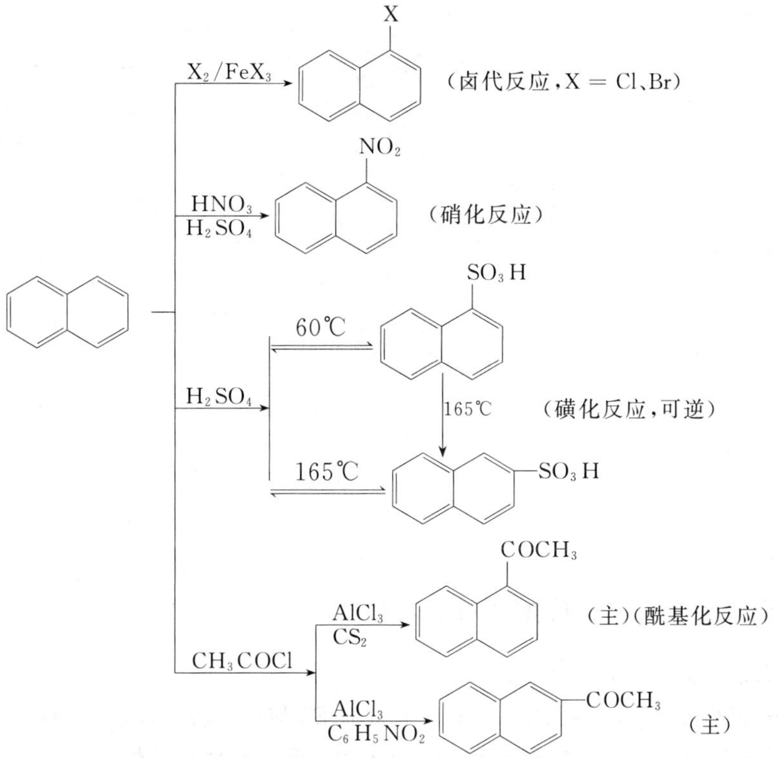

（三）芳烃的加成、氧化及侧链的反应

1. 芳环的氧化反应

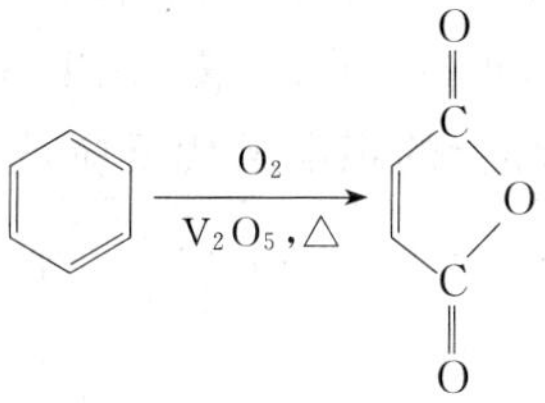

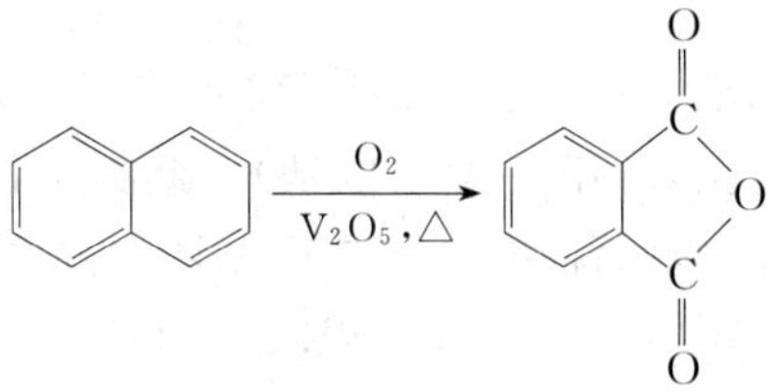

2. 芳环的加成反应

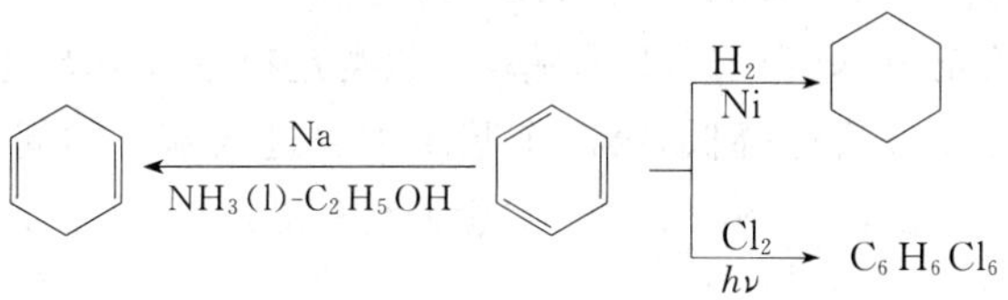

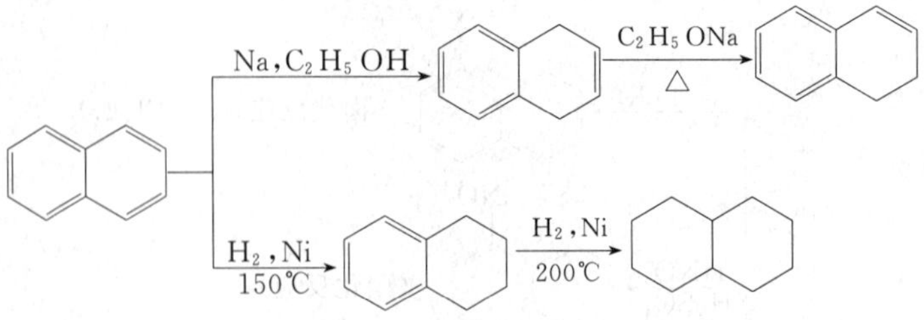

3. 侧链上的反应

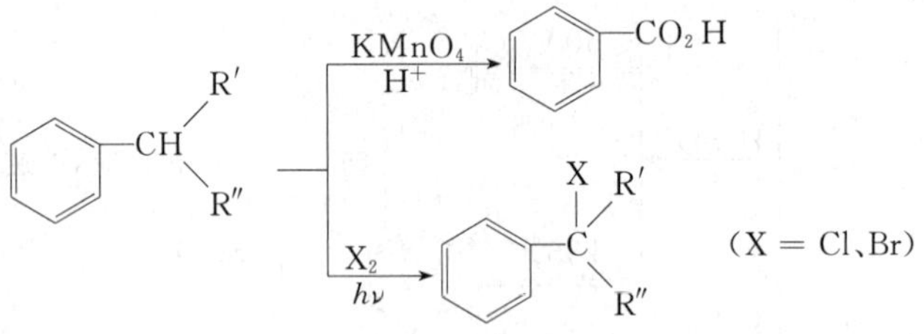

三、芳环上亲电取代反应的规律

1. 芳环上亲电取代反应活性

芳环上 π 电子云密度越高，越有利于亲电试剂 E^+ 与之反应，即反应活性越高，并且反应过程中生成的 σ-络合物(碳正离子)的稳定性也较大，反应速率也较快。

在取代芳香化合物中，如果取代基对芳环有给电子作用时，芳环上的电子云密度增加，亲电取代反应活性增加。这类取代基称为活化基团。例如：$—O^-$、$—N(CH_3)_2$、$—NH_2$、—OH、$—OCH_3$、$—NHCOCH_3$、$—OCOCH_3$、—R、—Ph 等。如果芳环上的取代基对环上的电子云密度有减少作用，则不利于环上的亲电取代反应，这类取代基称为钝化基团。例如：

$—\overset{+}{N}(CH_3)_3$、$—NO_2$、$—CF_3$、—CN、$—SO_3H$、—CHO、—COR、$—CO_2H$、$—CO_2R$、—CONHR、—X 等。

2. 三类定位基

根据原有取代基对苯环亲电取代反应的影响，将定位基分为三类：

(1)活化苯环的邻、对位定位基(第一类定位基)　此类定位基在苯环上时，能增加苯环上的电子云密度，使亲电取代反应活性增加，第二个基团主要进入苯环的邻位和对位。

强烈致活作用：$—O^-$，$—NH_2$(—NHR，$—NR_2$)，—OH；

中等致活作用：—OR($—OCH_3$，$—OCH_2CH_3$ 等)，—NHCOR，—OCOR；

弱致活作用：$—C_6H_5$，—R($—CH_3$，$—CH_2CH_3$ 等)。

(2)钝化苯环的间位定位基(第二类定位基)　此类定位基在苯环上时，能降低苯环上的电子云密度，使亲电取代反应活性降低，第二个基团主要进入苯环的间位。

$—N^+R_3 > —NO_2 > —CN > —SO_3H > —CHO > —COR > —COOH(—COOR) > —CF_3 > —CCl_3 > —CONH_2$

(3)钝化苯环的邻、对位定位基(第三类定位基)　此类定位基在苯环上时，能降低苯环上的电子云密度，使亲电取代反应活性降低，第二个基团主要进入苯环的邻位和对位。

—I>—Br>—Cl>—F

如果苯环上连有两个不同类定位基时，再进入苯环的取代基，其位置主要由邻、对位定位基决定。

典型例题

【例 1】 试排列下列各组化合物在苯环上进行亲电取代反应的活性大小次序，并指出取代基主要进入的位置。

(1)
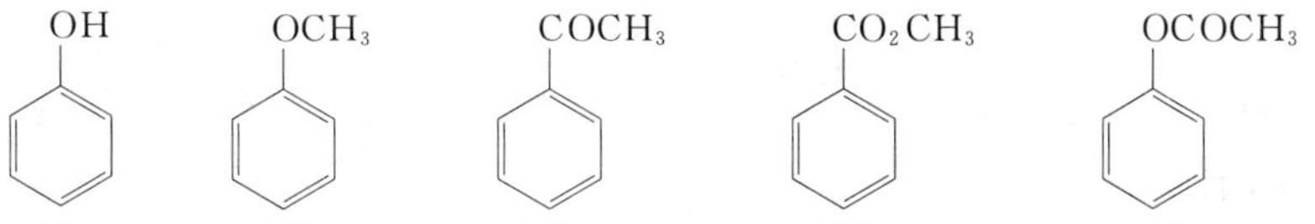
(A) (B) (C) (D) (E)

(2)
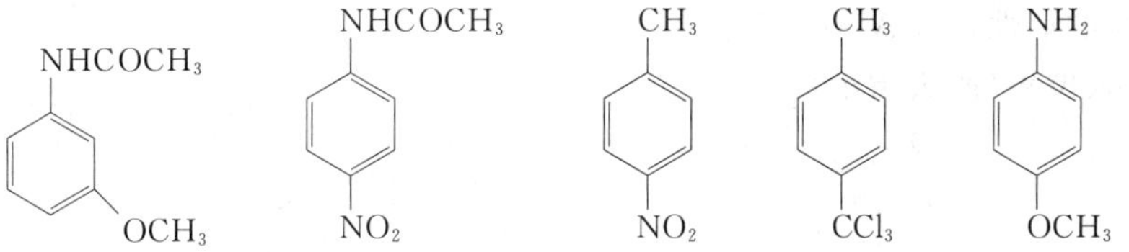
(A) (B) (C) (D) (E)

(3)
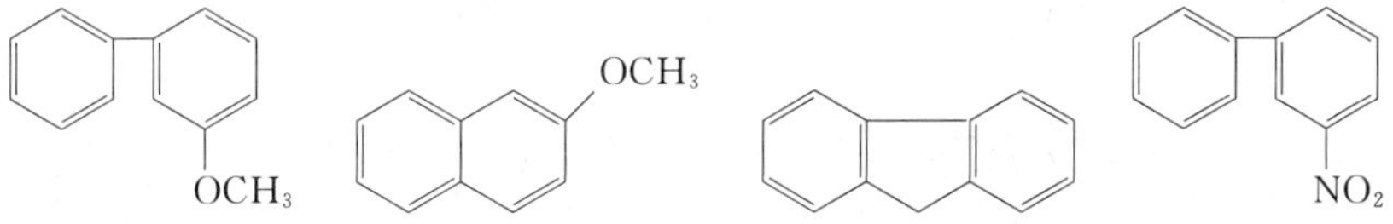
(A) (B) (C) (D)

(4)
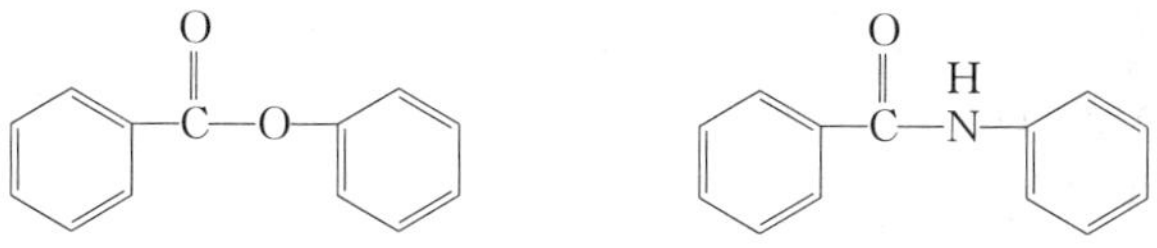
(A) (B)

(C) (D)

解 (1)取代基进入位置(箭头指示)：

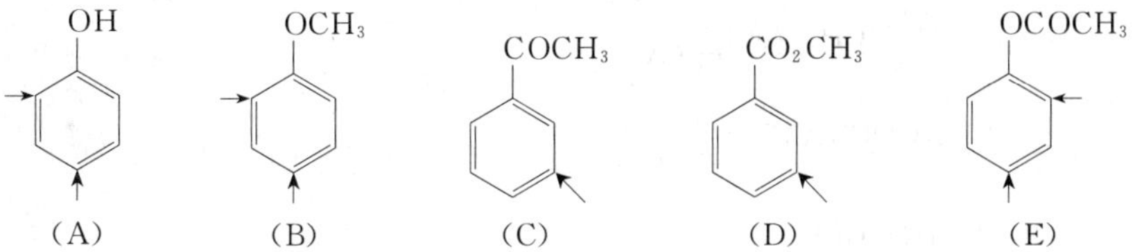
(A) (B) (C) (D) (E)

亲电取代反应的活性：A>B>E>D>C。

(2)取代基进入的位置(箭头指示):

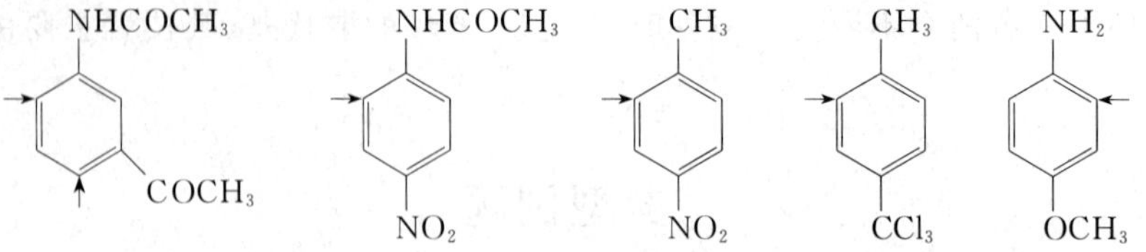

(A)　(B)　(C)　(D)　(E)

亲电取代反应的活性:E>A>B>D>C。

(3)取代基进入位置(箭头指示):

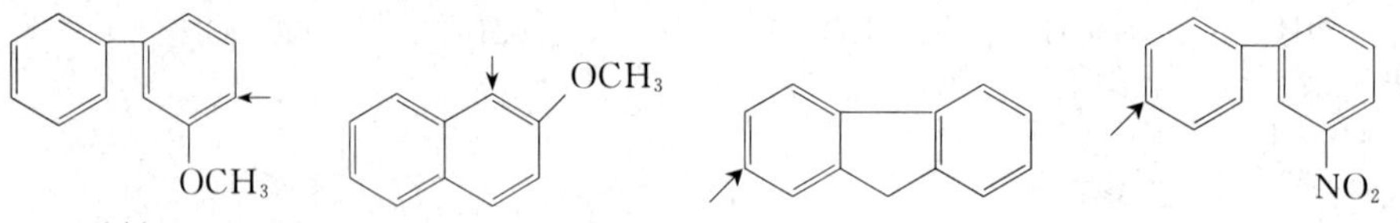

(A)　(B)　(C)　(D)

亲电取代反应的活性:B>A>C>D。

(4)取代基进入位置(箭头指示):

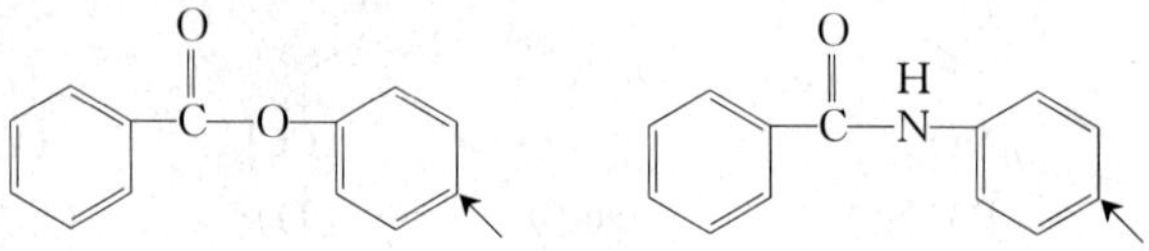

(A)　(B)

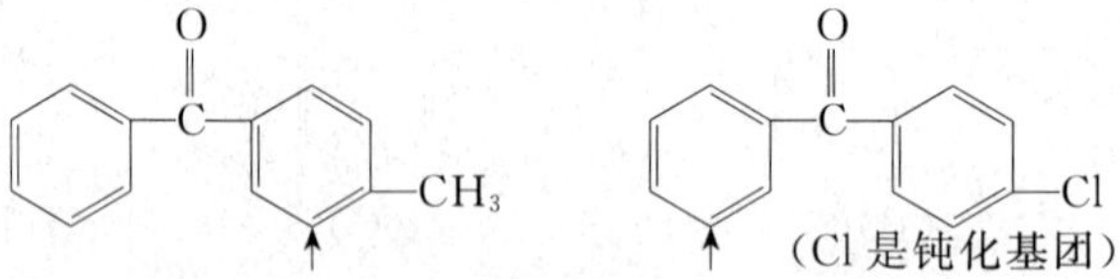

(Cl 是钝化基团)

(C)　(D)

亲电取代反应的活性:B>A>C>D。

【例 2】 完成下列反应,写出主产物。

(1) 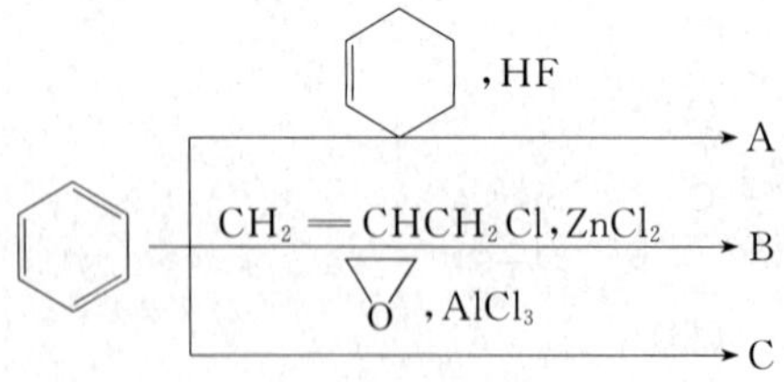

(2) 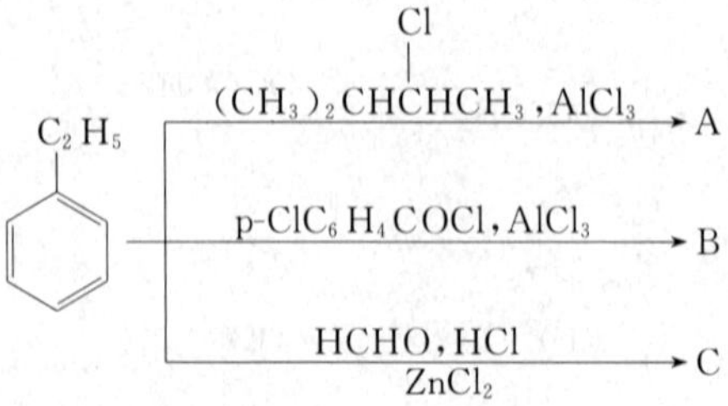

(3) 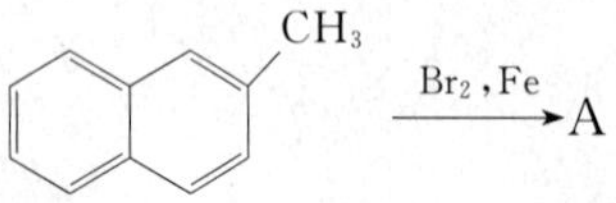

(4) 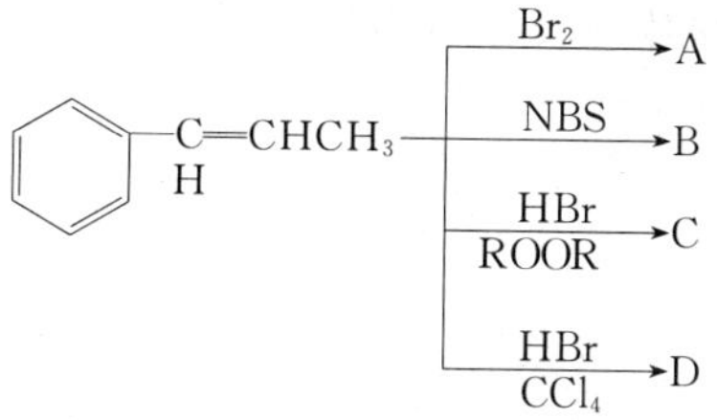

(5) 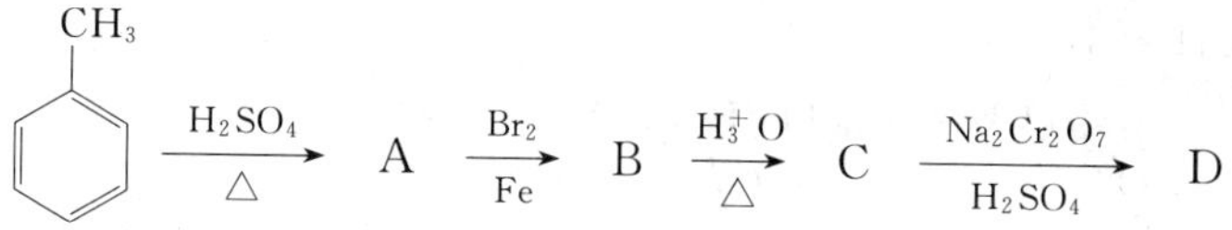

解

(1)A. 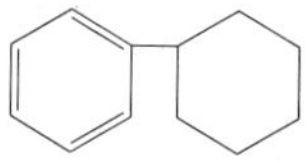 B. 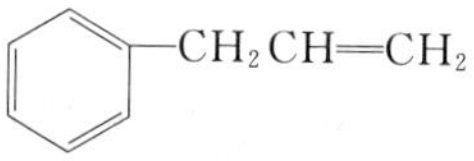 C. 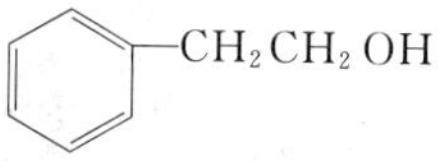

在芳环上引入烷基的方法有多种，烷基化试剂可以是卤代烷、醇、醚、烯烃等，但所用催化剂不同。$AlCl_3$ 是常用的 Lewis 酸催化剂；烯烃为烷基化试剂时，可采用中等强度的活性较高的质子酸，而醇、醚则可使用较强的质子酸。烯丙基卤代烷，当选用 $ZnCl_2$ 为催化剂时，得到的烯丙基产物有较好的选择性。

(2)A. 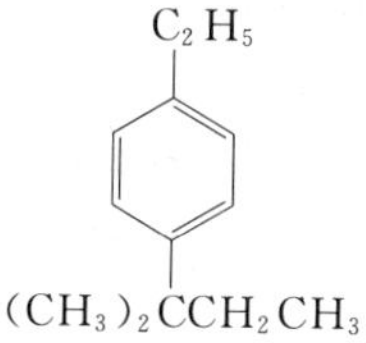 B. 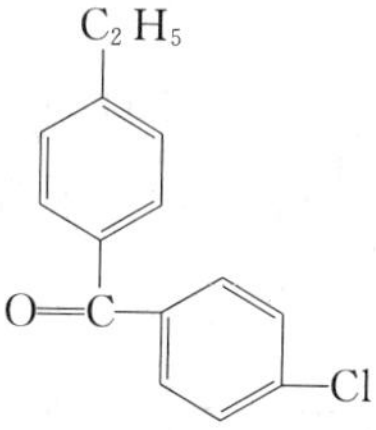 C. 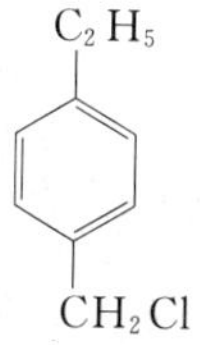

在 A 的烷基化反应中，引入的烷基因碳正离子的重排发生异构化，这是较普遍的现象。

B 为酰基化反应产物。试剂中连在苯环上的氯原子不活泼。一般的酰基化反应中，由于 $AlCl_3$ 与酰氯形成络合离子对，体积较大，多生成对位取代产物。烷基苯易于在对位进行氯甲基化反应。

(3)A. 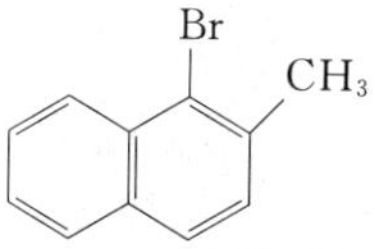

烷基萘在电子云密度较高的一侧发生亲电取代反应。

(4)A. 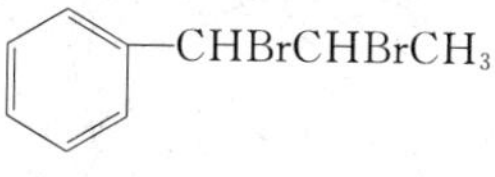 B. 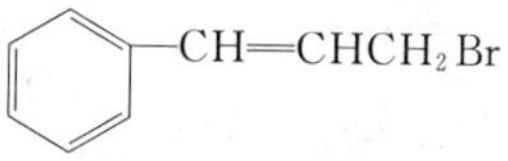

C. 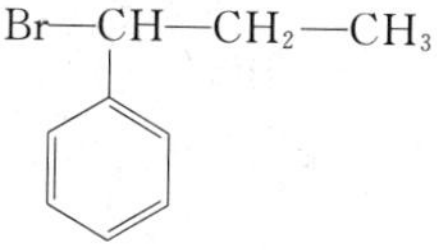 D. 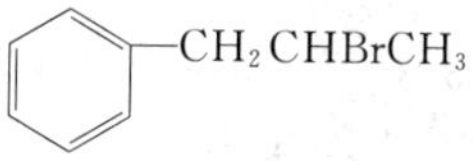

(5)A. 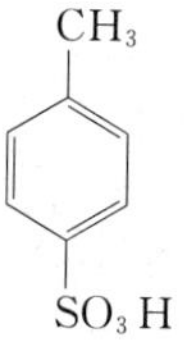 B. 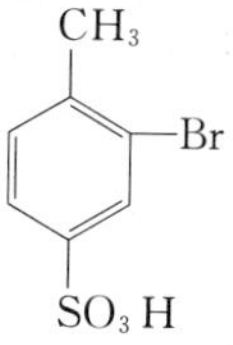 C. 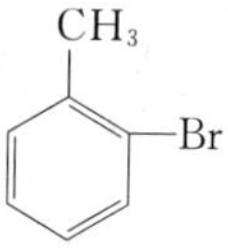 D. 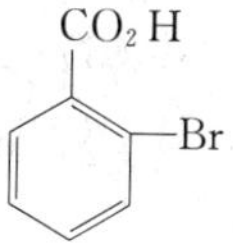

加热条件下甲苯以对位磺化产物为主，产物 C 是磺化反应可逆的结果。

【例 3】 合成化合物：

(1)由甲苯合成 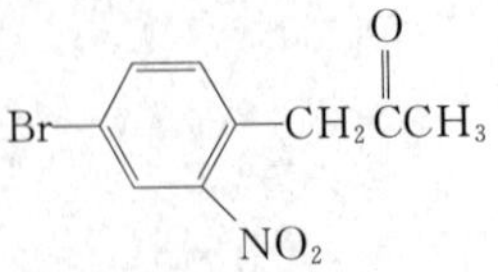

(2)由苯合成 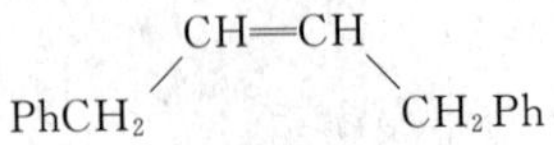 和 $PhCH_2CHO$

(A) (B)

解

(1) 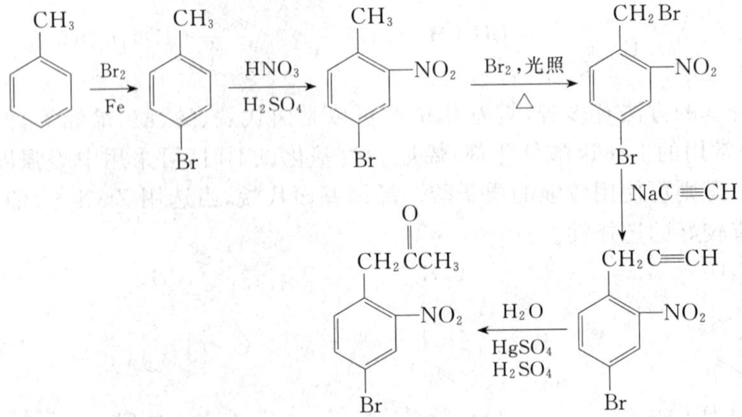

(2) 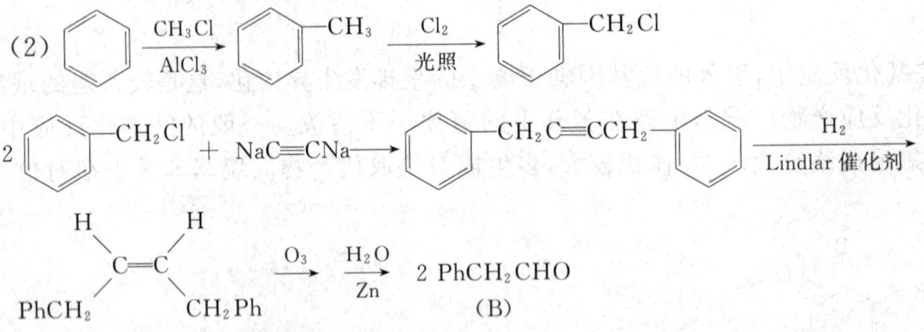

【例 4】 按照休克尔规则，判断下列各化合物或离子是否具有芳香性。

(1) 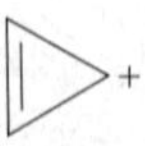 (2) 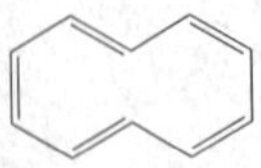 (3) 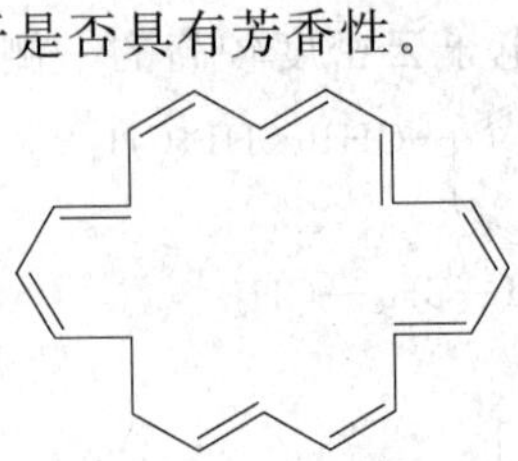

(4) 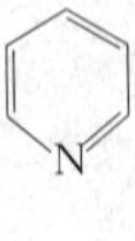 (5)  (6) 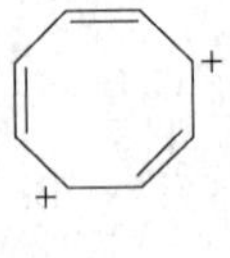

（7）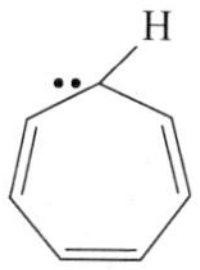　（8）

解　(1)、(4)、(5)、(6)有芳香性。

【例 5】　某芳烃 A，分子式为 C_9H_8，与 $Cu(NH_3)_2Cl$ 水溶液反应生成红色沉淀。在温和条件下，A 用 Pd/C 催化加氢得 B，分子式为 C_9H_{12}。B 经 $KMnO_4$ 氧化生成酸性物质 C，分子式为 $C_8H_6O_4$。C 经加热失水得 D，分子式为 $C_8H_4O_3$。A 与 1,3-丁二烯反应得化合物 E，分子式为 $C_{13}H_{14}$，E 在 Pd/C 催化下脱氢得 2-甲基联苯，推测 A～E 的结构。

解　A. 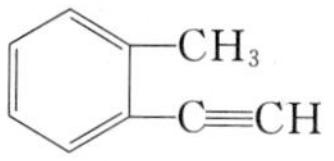　B. 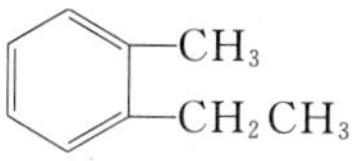　C. 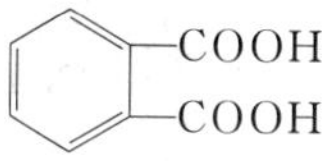

D. 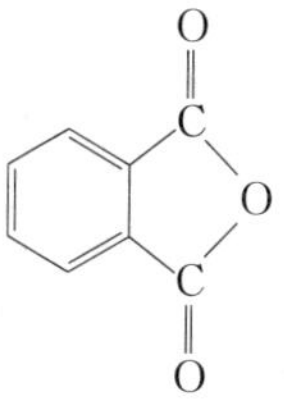　E. 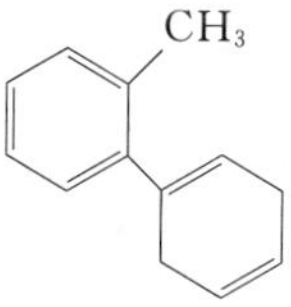

练习题

1. 分子式为 $C_{10}H_{14}$ 烷基苯有几个构造异构体？哪个有旋光活性？

2. 命名下列化合物。

（1）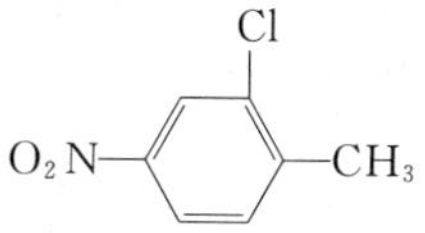　（2）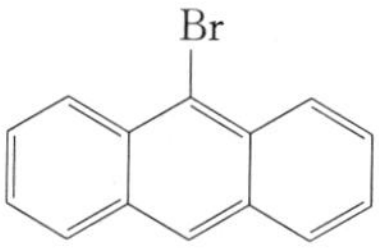

（3）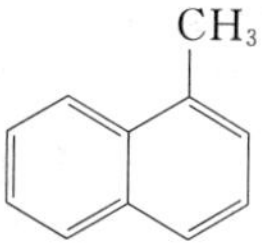　（4）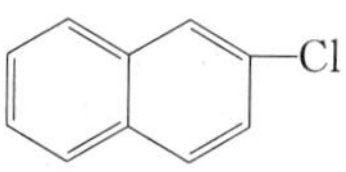

3. 比较下列各组化合物进行亲电取代反应的活性。

（1）A. 苯　B. 甲苯　C. 氯苯　D. 硝基苯　E. 间二甲苯　F. 苯甲醛　G. 苯酚

（2）A. 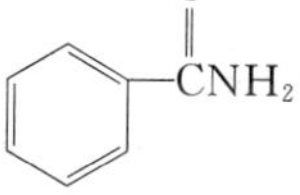　B. 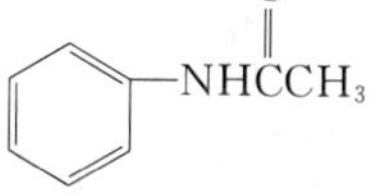　C. 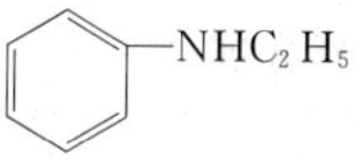

（3）A. 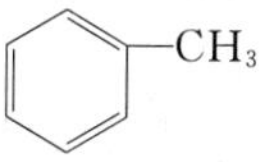　B. 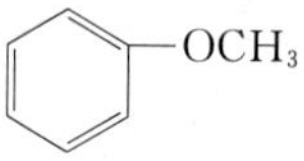　C. 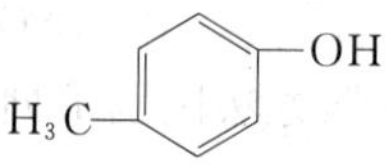

（4）A. 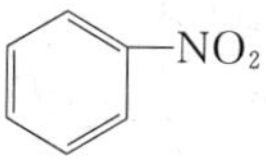　B. 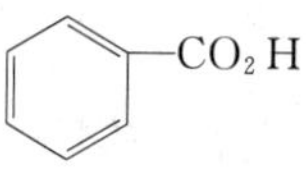　C. 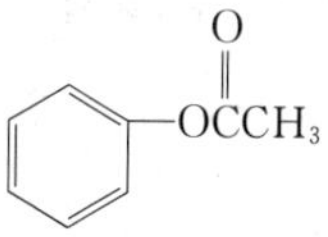

4. 完成反应，写出主产物的构造式。

(1) 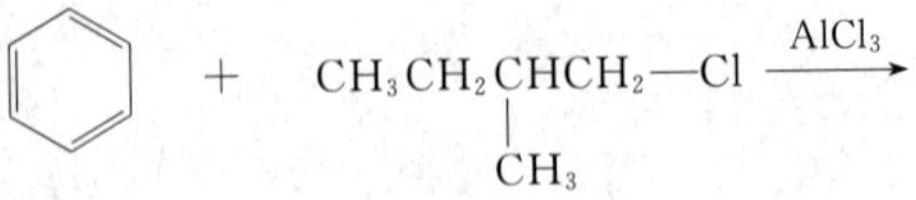

(2) 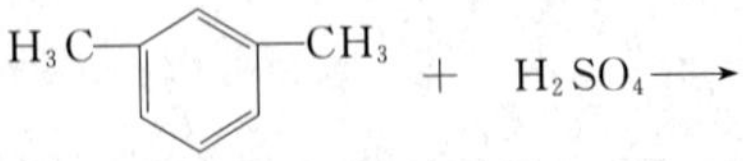

(3) 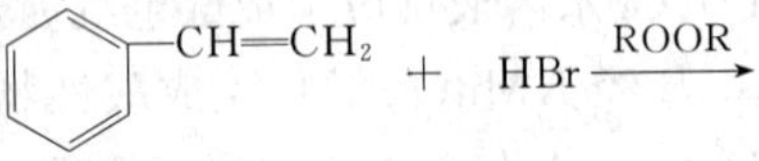

(4) 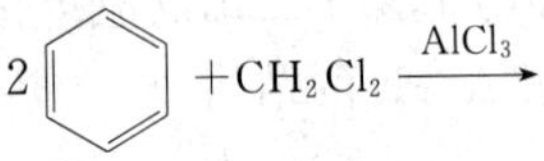

(5) 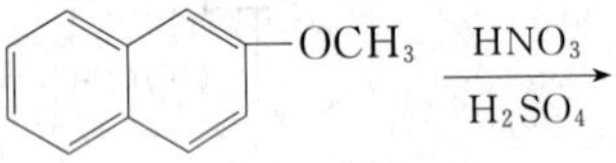

(6) 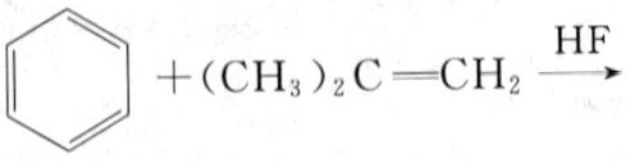

(7) 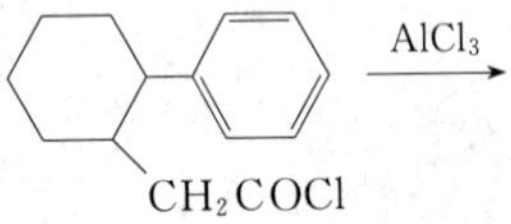

(8) 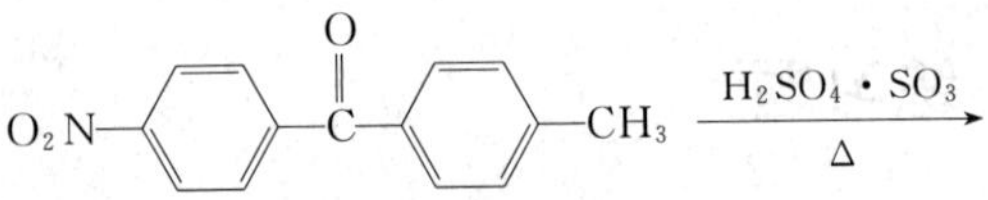

(9) 

(10) 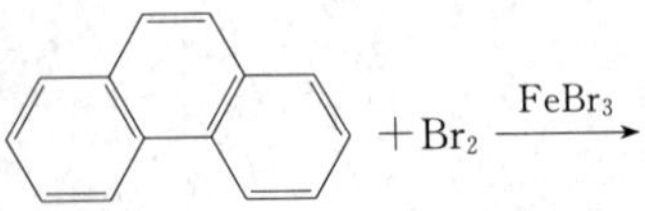

(11) 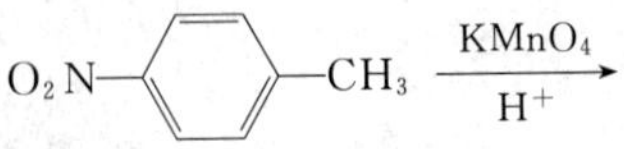

(12) 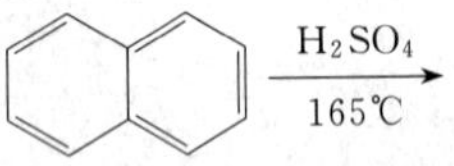

5. 合成化合物(试剂任选)。

(1)由苯合成 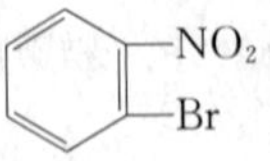

(2)由甲苯合成 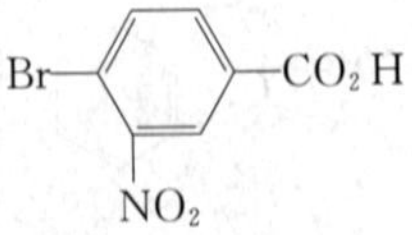

6. 用化学方法区别下列各组化合物。

(1)A. 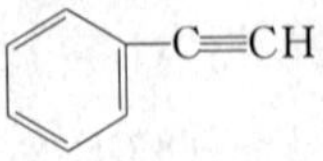　B. 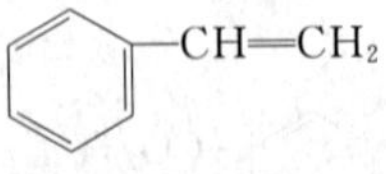　C. 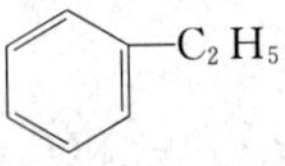

(2)A. 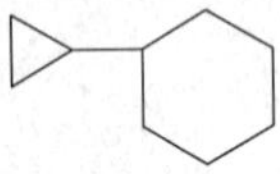　B. 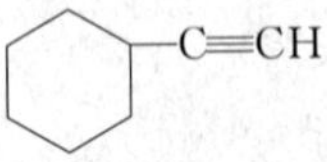　C. 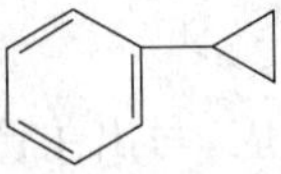

7. 根据休克尔规则判断下列化合物或离子有无芳香性。

(1) 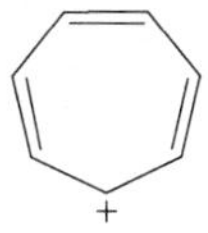
(2) 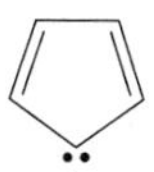
(3) 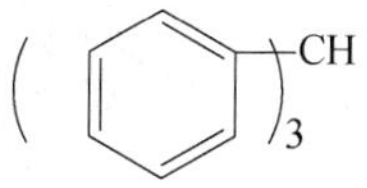
(4) 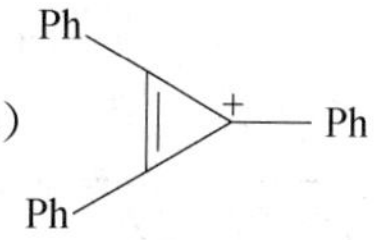

(5) 
(6) 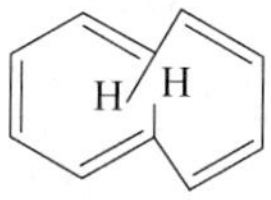
(7) 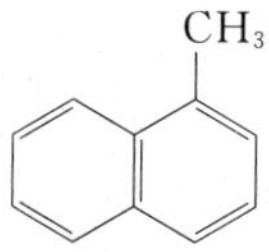
(8) 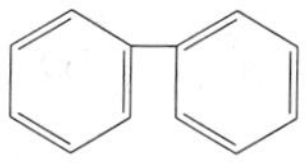

8. 化合物 A 分子式为 $C_{10}H_{10}$，A 与 $CuCl/NH_3$ 溶液反应，可生成红色沉淀。A 与 H_2O-$HgSO_4/H_2SO_4$ 作用得化合物 B，A 与$(BH_3)_2$ 作用，经 H_2O_2/HO^- 处理得化合物 C，B 与 C 是构造异构体。A 与 $KMnO_4/H_3^+O$ 作用生成一个二元酸 D，D 的一硝化产物只有一种。将 A 彻底加氢后生成化合物 E，分子式为 $C_{10}H_{20}$，E 有顺反异构而无旋光异构。试写出 A、B、C、D、E 的结构式。

练习题解析与答案

1. 有 22 个构造异构体，其中 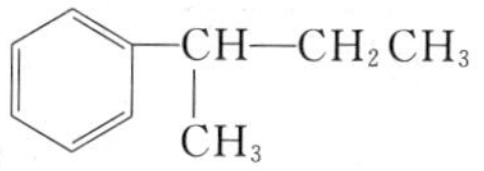 有旋光活性。

2. (1)4-硝基-2-氯甲苯 (2)9-溴蒽 (3)1-甲基萘或 α-甲基萘 (4)2-氯萘

3. (1)G＞E＞B＞A＞C＞F＞D

苯环上电子云密度高易进行亲电取代反应。第一类定位基团活化苯环的能力：—OH＞—CH_3；第二类定位基团钝化苯环的能力：—NO_2＞—CHO。—Cl 为第三类定位基团，钝化苯环，钝化能力弱于第二类定位基团。

(2)C＞B＞A

活化苯环的能力：—NHC_2H_5＞ —$NHC(=O)CH_3$ ＞ —$C(=O)NH_2$

(3)C＞B＞A

活化苯环的能力：—OH＞—OCH_3＞—CH_3

(4)C＞B＞A

钝化苯环的能力：—NO_2＞—COOH＞ —$OC(=O)CH_3$

4. (1) 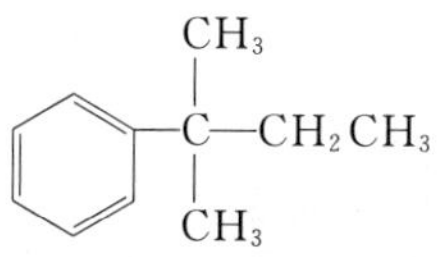
(2) 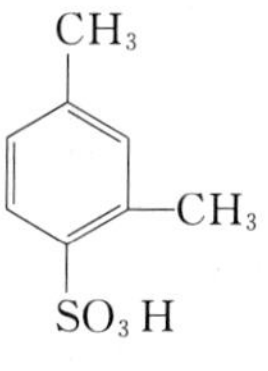

(3) 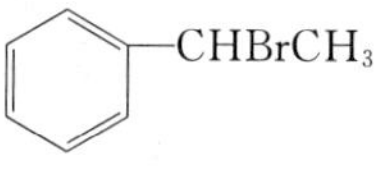
(4) 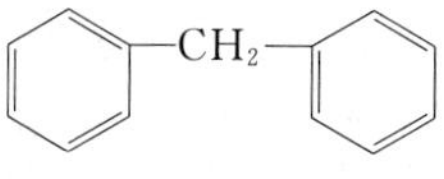

(5) 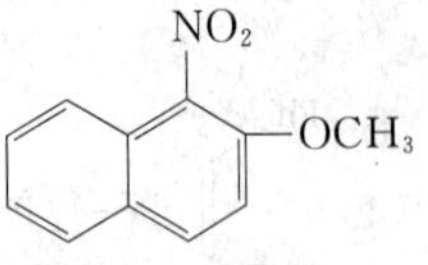

(6) 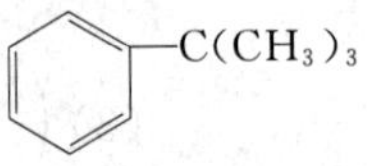

(7) 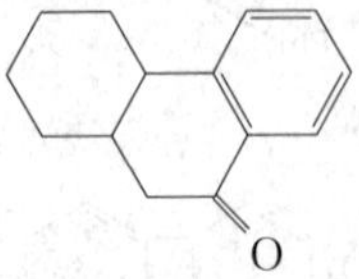

(8) 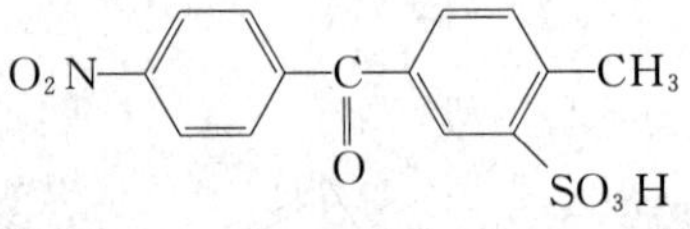

(9) 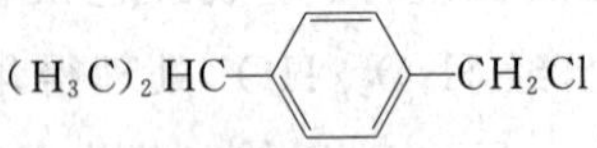

(10) 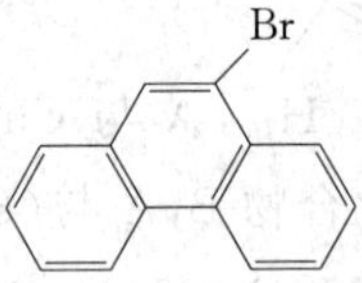

(11) 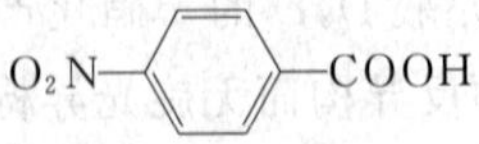

(12) 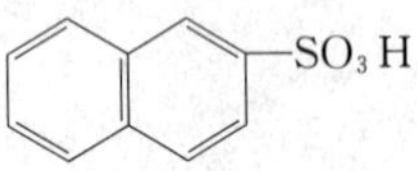

5.(1) 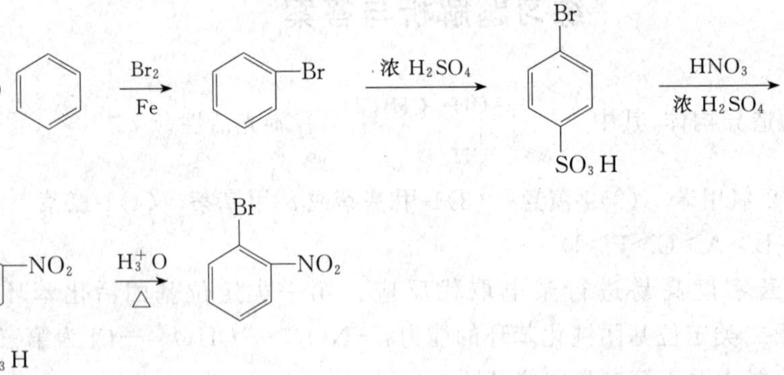

(2) 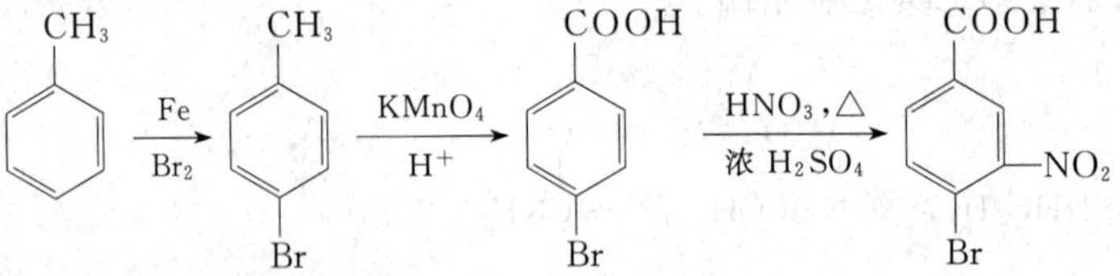

6.

(1) 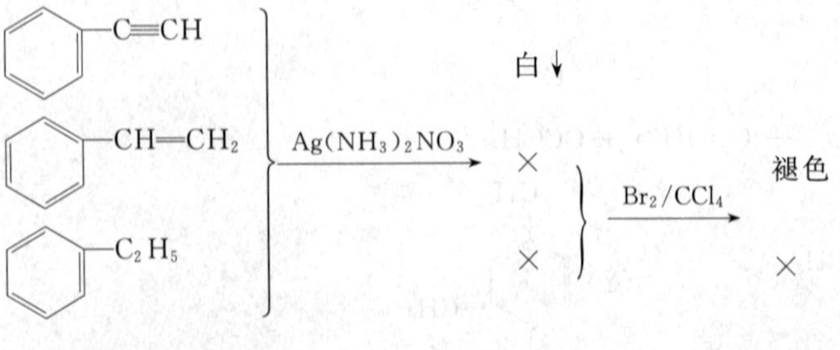

(2) 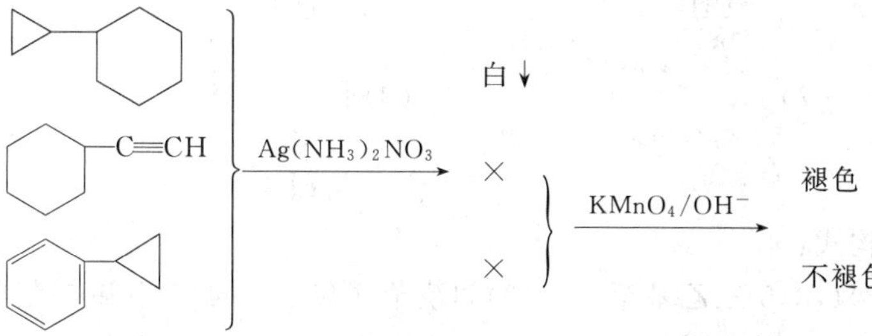

7.(1)、(2)、(4)、(7)、(8)有芳香性。

8. A. 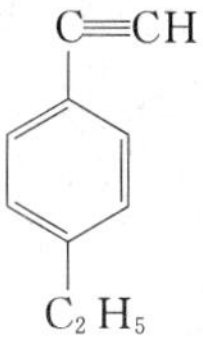　B. 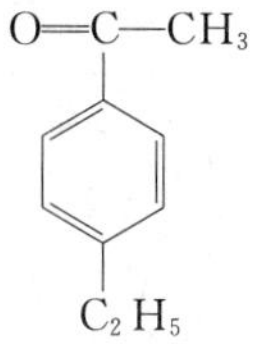　C. 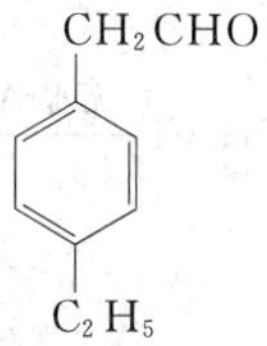

D. 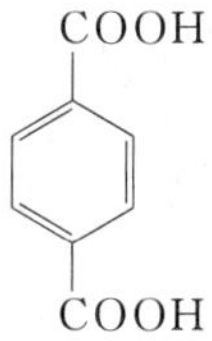　E. 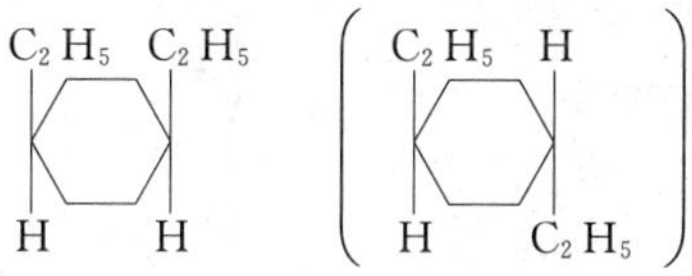

或 A. 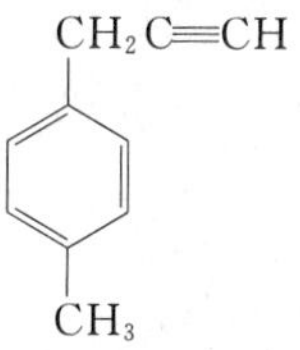　B. 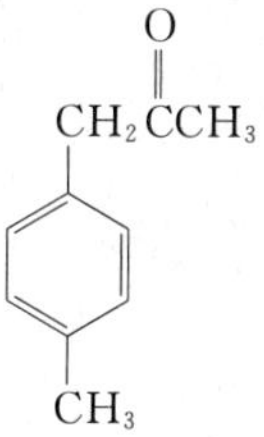　C. 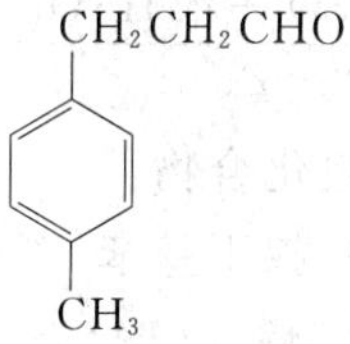　D. 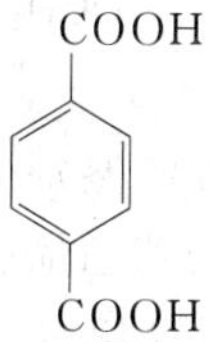

E. 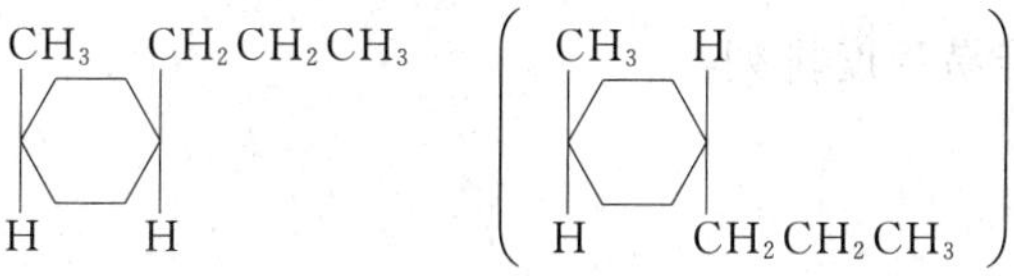

教材习题

1. 命名下列化合物：

(1) 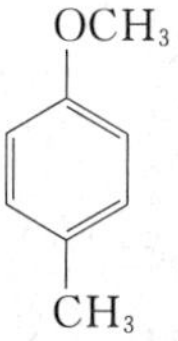　(2) 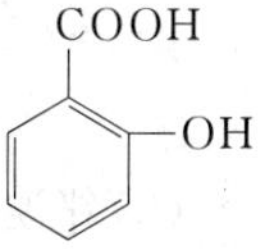　(3) 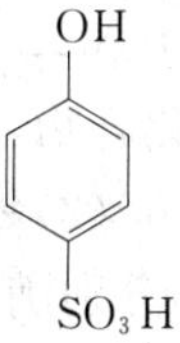

(4) 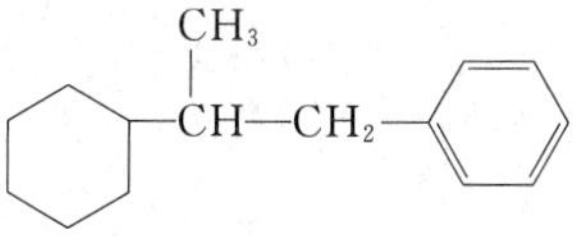　(5) 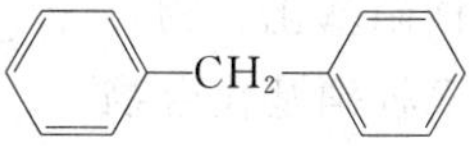

(6) 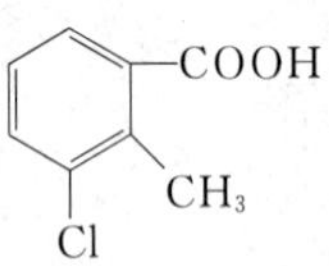
(7) 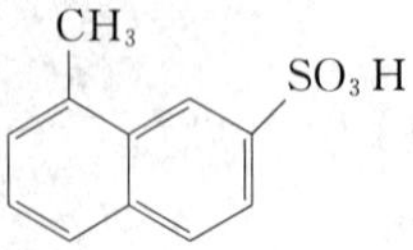
(8) 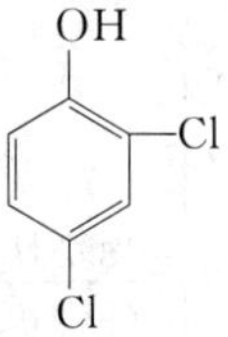

2. 写出下列化合物的结构式：

(1)邻硝基甲苯　(2)1,3,5-三乙基苯　(3)间溴苯磺酸　(4)5-甲基-1-萘甲酸

(5)对叔丁基甲苯　(6)3-乙基苯酚　(7)3-苯基丙烯　(8)α-溴萘

3. 完成下列反应：

(1) 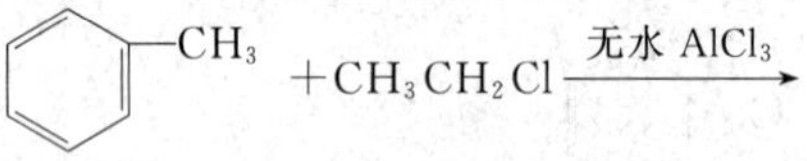

(2) 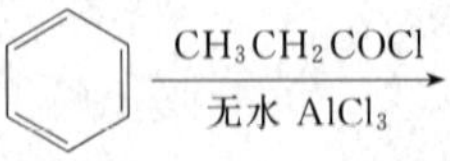

(3) 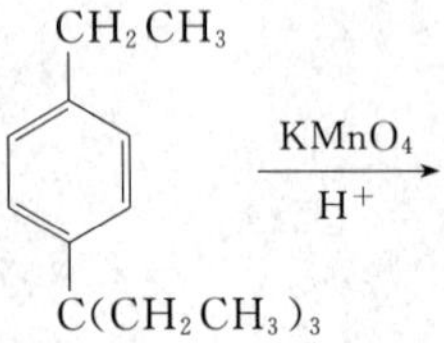

(4) 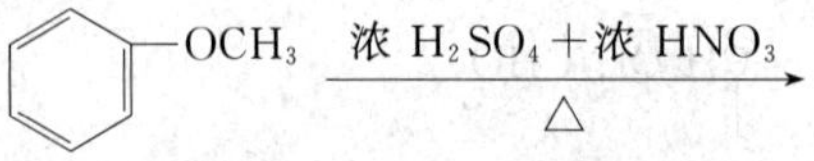

4. 用化学方法鉴别下列各组化合物：

(1)甲苯、苯乙烯、苯乙炔、叔丁基苯

(2)苯、1-戊炔、1,3-环己二烯

5. 将下列化合物按照发生硝化反应的难易程度排列：

甲苯、硝基苯、溴苯、苯。

6. 下列化合物哪些具有芳香性？

(1) 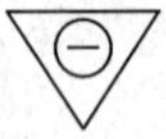
(2) 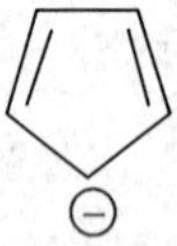
(3) 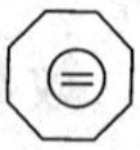
(4) 

(5) 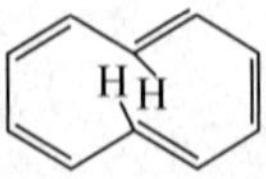
(6) 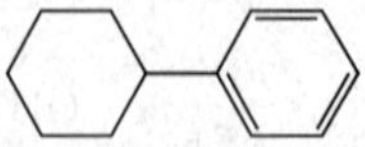

7. 以苯为原料制备下列化合物：

(1)对溴苯甲酸　(2)邻溴苯磺酸　(3)邻溴对硝基甲苯

8. 推断经混合酸硝化后，分别满足下列条件的三溴苯的结构：

(1)只得到一种硝基化合物

(2)得到两种硝基化合物

(3)可得到三种硝基化合物

教材习题答案

1. 命名下列化合物：

(1)4-甲基苯甲醚 (2)2-羟基苯甲酸 (3)4-羟基苯磺酸 (4)2-环己基-1-苯基丙烷

(5)二苯基甲烷 (6)2-甲基-3-氯苯甲酸 (7)8-甲基-2-萘磺酸 (8)2,4-二氯苯酚

2. 写出下列化合物的结构式：

(1) 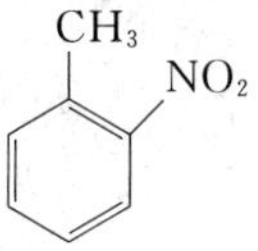 (2) 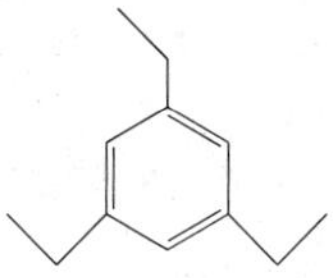 (3) 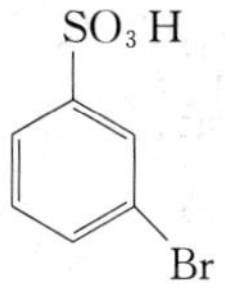 (4) 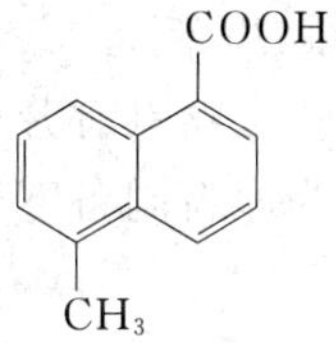

(5) 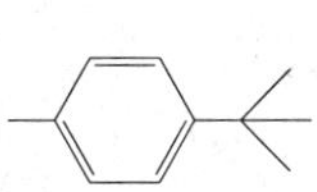 (6) 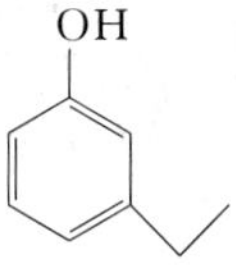 (7) 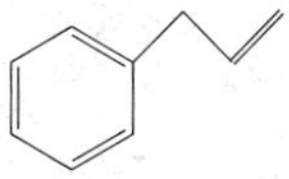 (8) 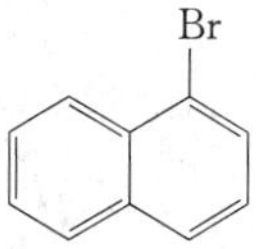

3. 完成下列反应：

(1) 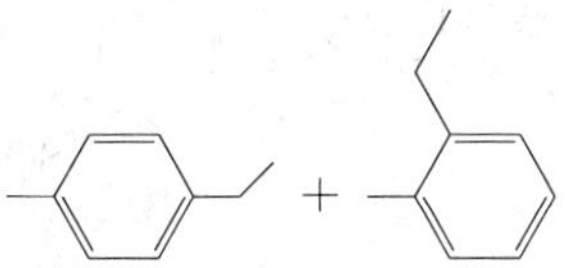 (2) 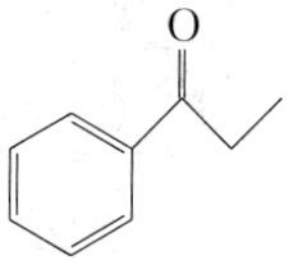 (3) 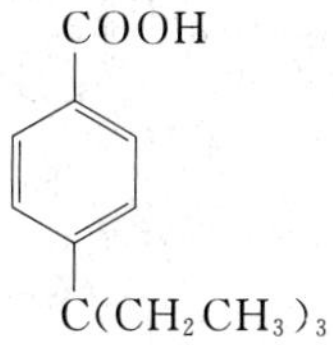

(4) 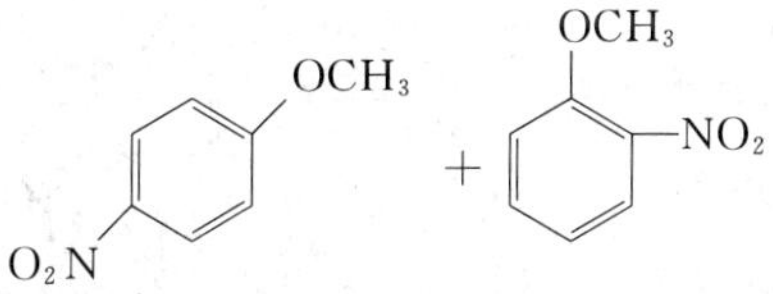

4. 用化学方法鉴别下列各组化合物：

(1)

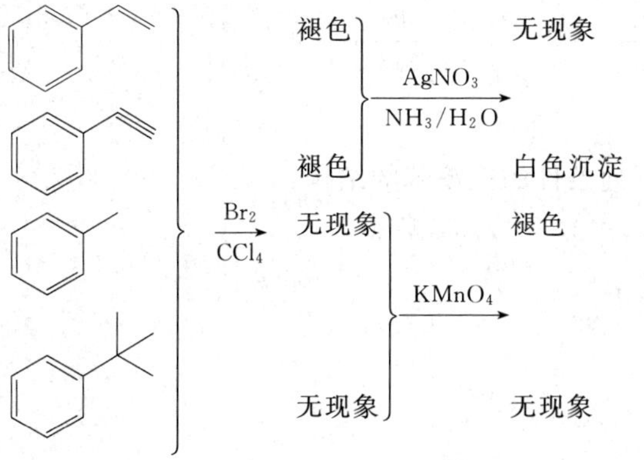

(2)

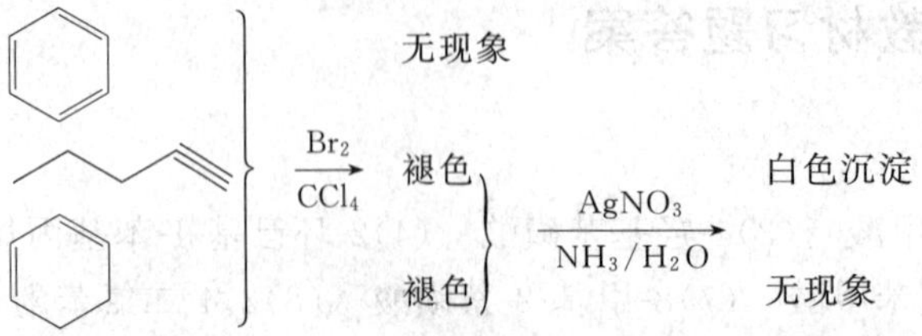

5. 将下列化合物按照发生硝化反应的难易程度排列：

由易到难：甲苯＞苯＞溴苯＞硝基苯

6. 下列化合物具有芳香性的是：(2)(3)(6)

7. 以苯为原料制备下列化合物：

(1)

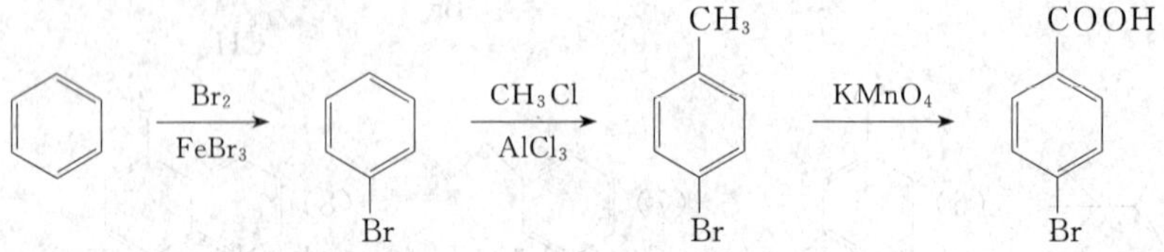

(2)

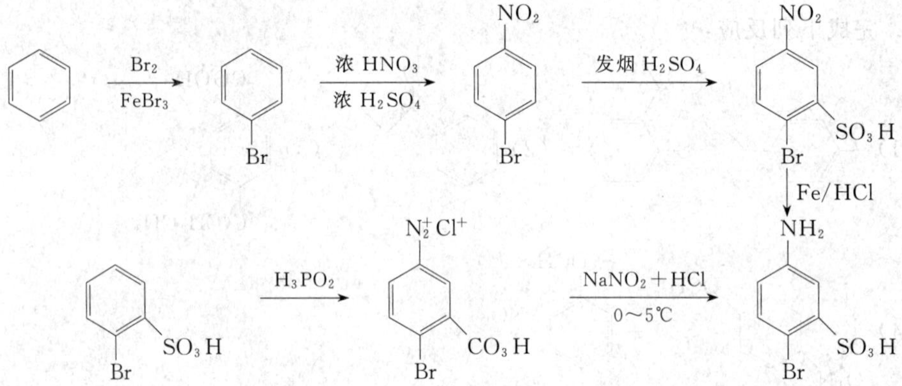

(3)

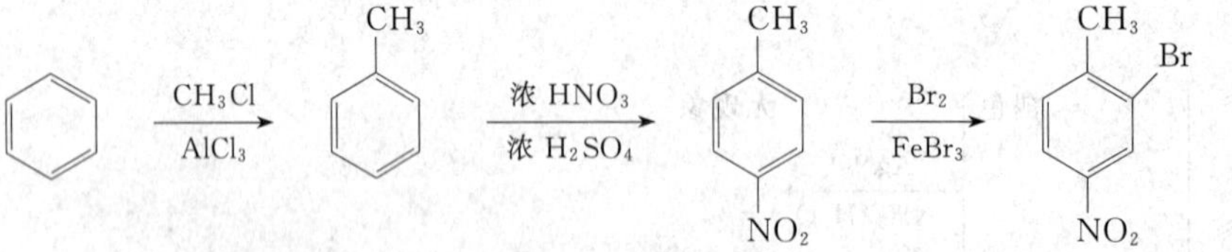

8. 推断经混合酸硝化后，分别满足下列条件的三溴苯的结构：

(1)1,3,5-三溴苯　(2)1,2,3-三溴苯　(3)1,2,4-三溴苯

Chapter 5 第5章

有机化合物分子的立体化学

Stereochemistry

主要知识点

一、有机化合物的同分异构种类

化合物的分子式相同，但有不同结构（构造、构型、构象），便形成同分异构体。

- 同分异构
  - 构造异构
    - 碳架异构
    - 位置异构
    - 官能团异构
    - 互变异构
  - 立体异构
    - 构型异构
      - 顺反异构
      - 对映异构
    - 构象异构

立体异构有构型异构和构象异构之分，构型异构又分为顺反异构和对映异构。构象异构和脂环化合物的顺反异构见第2章；烯烃的顺反异构见第3章。对映异构又称为光学异构。

对映异构体是指具有互为实物与镜像的对映关系，既不能完全重合又有相同的旋光能力，但旋光方向相反的两个立体异构体（组成与构造相同）。

对映异构体之间，物理性质相同，一般的化学性质也相同；但与具有光学活性的试剂作用时，可表现出不同的化学活性或选择性。

非对映异构体（也有旋光活性）的物理和化学性质有所不同。

二、对映异构体的构型表示

含有一个手性碳原子（手性中心）的分子，由于分子内不存在对称因素，该分子具有一对对映体。其构型表示有两种：

①透视式：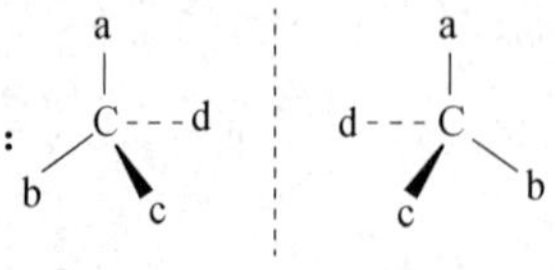

②Fischer 投影式：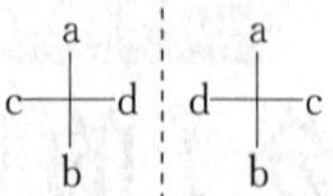

（交叉点是手性中心，横向基团指向读者，竖向基团远离读者，碳链在竖直方向，即横前竖后）

三、对映异构体的构型标记

1. *D*-*L* 标记

人为规定 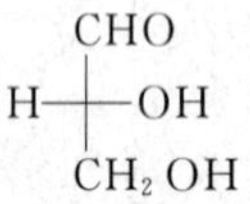 为 *D* 型甘油醛，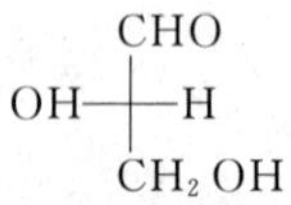 为 *L* 型甘油醛。其他化合物的构型以甘油醛的构型为参照标准，在保持手性碳原子构型不变的转变过程中，可由 *D* 型甘油醛转化来的化合物标记为 *D* 型，可由 *L* 型甘油醛转化来的化合物标记为 *L* 型。这种标记方法除在糖类、氨基酸构型中应用外已很少使用。

2. *R*-*S* 标记

首先按“次序规则”将手性碳原子上相连的四个原子或基团（如 a、b、c、d）按优先次序排列。如果 a＞b＞c＞d，则把次序最小的原子或基团 d 放在观察者的远方，其余三个在距观察者较近的方向。如果 a→b→c 按顺时针方向排列，称手性碳原子为 *R* 型；如果按逆时针排列，则为 *S* 型。

D-*L*、*R*-*S* 与（＋）、（－）无关。*D*-*L*、*R*-*S* 是构型标记方法，而（＋）、（－）表示旋光方向，是通过旋光仪测出来的。

在开链化合物中，分子含有 $n(n\geqslant 2)$ 个手性碳原子时，最多可有 2^n 个对映异构体；若这几个手性碳原子各不相同时，可以形成 2^{n-1} 对外消旋体；含多个手性碳原子的构型表示与标记的方法与含有一个手性碳原子的情况相似。

四、对映异构现象中的一些概念和术语

(1)旋光性物质：在偏振光通过某物质时，能使偏振光的偏振面发生旋转的性质称为旋光性，具有旋光性的物质称为旋光性物质。

(2)比旋光度：

$$[\alpha]_{\lambda}^{t}=\frac{\alpha}{\rho_{B}\cdot L}$$

式中，α 为旋光度；ρ_B 为样品的质量浓度，单位为 $g\cdot mL^{-1}$，如果样品为纯液体，则 ρ_B 改为 ρ（样品的相对密度），单位为 $g\cdot cm^{-3}$；L 为盛液管的长度，单位为 dm；t 为测定时的温度，单位为℃；λ 为旋光仪所用光源的波长（通常用钠光源，用 *D* 表示，波长约为 589 nm）。

比旋光度是旋光性物质的1个物理常数。比旋光度按右旋和左旋分别用(+)和(−)标记。

(3)手性分子:物质的分子与其镜像不能重叠,它们之间相当于左手和右手的对映关系,把这种特征称为物质的手性。具有手性的分子称为手性分子,手性分子具有旋光性。

(4)对称面(σ):如果有一个"平面"能把分子分割成互为镜像的两半,该平面就是分子的对称面。

(5)对称中心(i):若分子中有一点 i,分子中任何一个原子或基团向点 i 连线,在其延长线的相等距离处都能遇到相同的原子或原子团,则点 i 称为该分子的对称中心。具有对称面或对称中心的分子不具有手性,也不具有旋光性。

(6)手性碳原子:连有四个不同原子或基团的碳原子具有不对称性,称为手性碳原子或不对称碳原子,可用"*"标记,是分子的不对称中心或手性中心。手性是分子的性质,手性中心是指其中某一原子的空间特性。

(7)对映体:分子与其镜像不能重叠,互相对映,则该分子与其镜像分子互称对映异构体,简称对映体。分子有手性,就存在对映异构体。

(8)非对映体:构造相同,不互为对映体的立体异构体称为非对映体。

(9)外消旋体:等量对映体的混合物叫作外消旋体。

(10)内消旋体:如果分子有两个或两个以上手性中心,并有一个内在的对称面,这个分子叫作内消旋体,它不具有旋光性。

(11)外消旋体的拆分:用某种方法将外消旋体分开成纯的左旋体和右旋体的过程叫作外消旋体的拆分。

(12)不对称合成:反应物分子中有一个对称结构单元,用特定的试剂或催化剂将它转化为一个不对称的结构单元,产生不等量对映异构体的反应称为不对称合成。

典型例题

【例1】 下列各对化合物,在指定的物理性质上是否相同?

(1)(R)-2-氯丁烷与(S)-2-氯丁烷

(2)D-苏阿糖与 D-赤藓糖

(3)内消旋酒石酸与外消旋酒石酸

A. 熔点或沸点　　B. 旋光活性　　C. 溶解度

解　(1)相同　旋光度相同,方向相反　相同

(2)不相同　不相同　不相同

(3)不相同　都没有旋光活性　不相同

【例2】 写出下列化合物的 Fischer 投影式和 Newman 投影式:

(1)(1R,2S)-1,2-二氯-1,2-二苯基乙烷

(2)(2S,3S)-2,3-丁二醇

解　在写出正确的 Fischer 投影式之后,按照 Fischer 投影式是重叠的 Newman 式的对

应关系，写出相应的 Newman 投影式；再考虑空间位阻或氢键的形成等因素，旋转投影轴，写出比较稳定的 Newman 投影式。

（1） 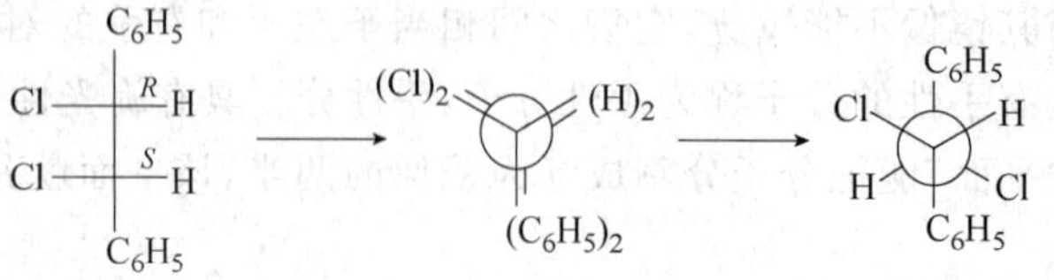

（2） 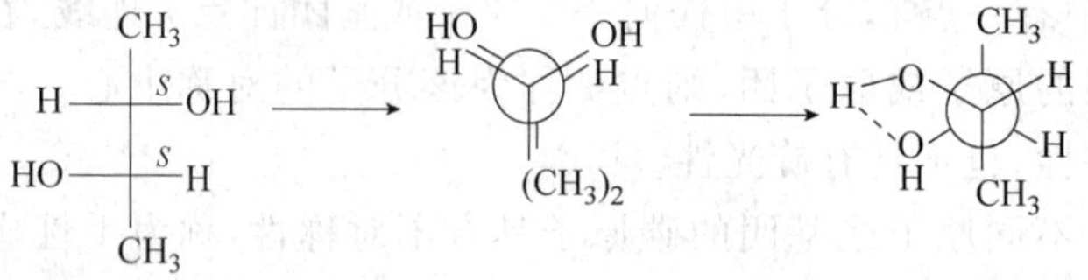

【例 3】 指出下列各对化合物之间的关系是否为构造异构体、对映体、非对映体、顺反异构体、相同化合物。

（1） 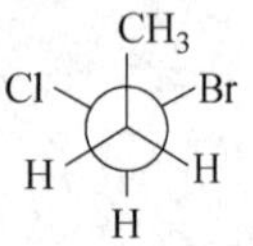 和 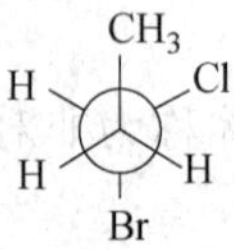 （2） 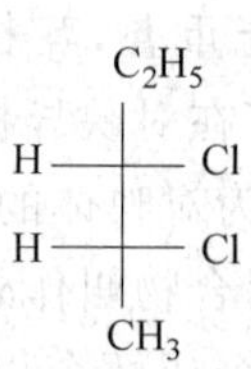 和 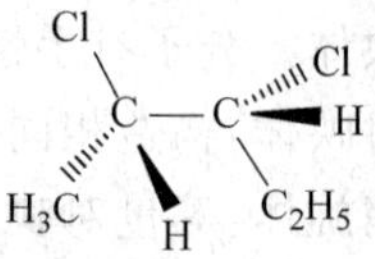

（3） 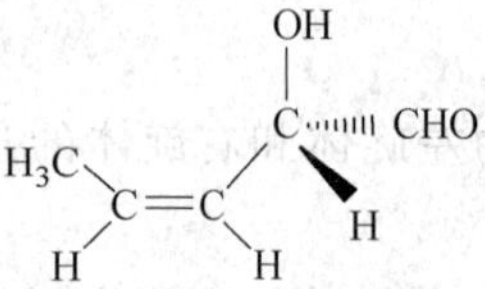 和 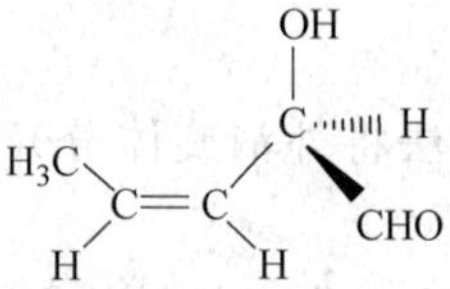

（4） 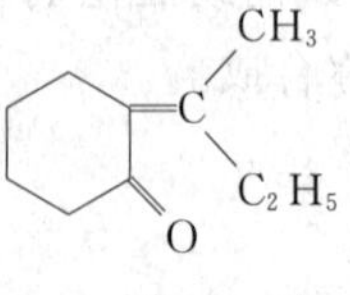 和 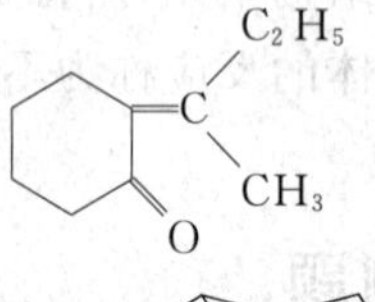

（5） 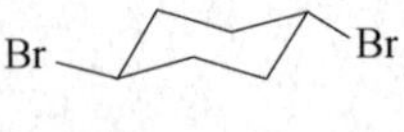 和 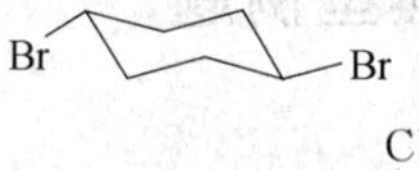

（6）  和  （7） 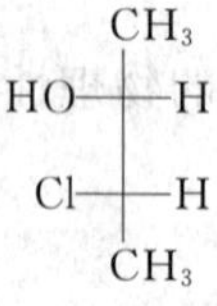 和 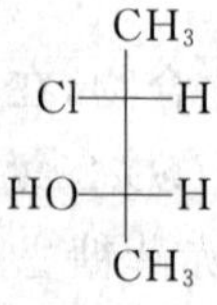

（8） 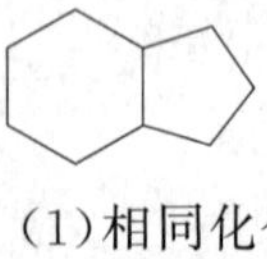 和 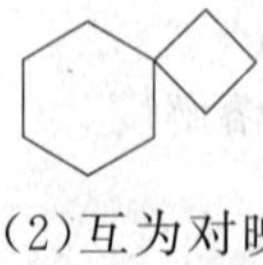

解 （1）相同化合物；（2）互为对映体；（3）互为非对映体（包含顺反异构）；（4）Z、E 异构体；（5）相同化合物；（6）互为对映体；（7）互为对映体；（8）互为构造异构体（是同分异构）。

【例 4】 下列化合物中各有几个手性碳原子？各有几个立体异构体？

（1） 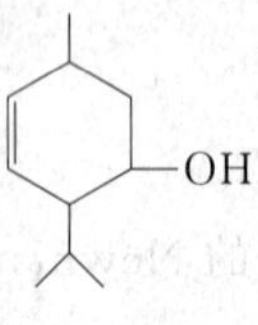 （2） 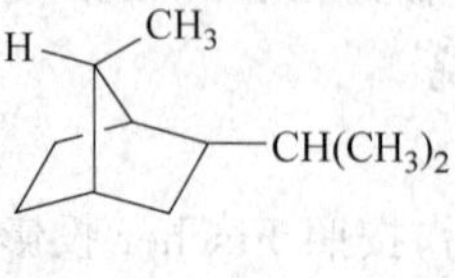 （3） 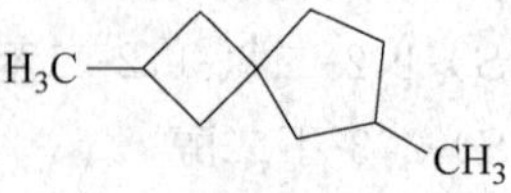

(4) 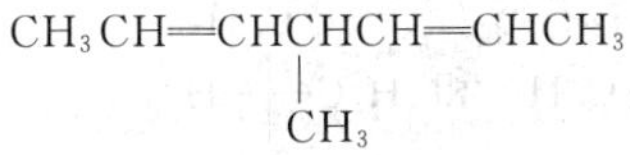　　(5) 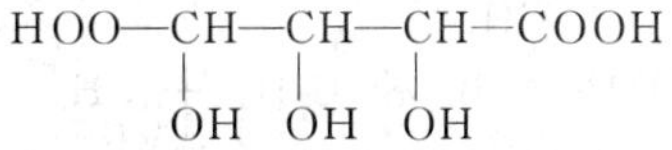

解 此种类型的题目，应当把顺反异构、旋光异构、对称因素等综合考虑。

(1)分子中有 3 个手性中心，应有 8 个构型异构体；六元环的双键构型是固定的。

(2)分子中虽有 4 个手性碳原子，但两个桥头手性碳原子的构型是固定的，不能翻转，只能按一个不对称因素计，所以有 8 个构型异构体。

(3)螺环分子中有 2 个手性因素(对称中心、对称轴)，应有 4 个构型异构体。

(4)该化合物分子中有两个双键，均能产生顺反异构体，但由于是对称结构，故有三个顺反异构体，构型标记分别为(*Z*,*Z*)、(*Z*,*E*)、(*E*,*E*)。当两个双键均为 *Z* 型或 *E* 型时，化合物分子中无手性碳原子；当两个双键分别为 *Z* 型、*E* 型时，化合物中含有一个手性碳原子，因此存在一对对映体，即

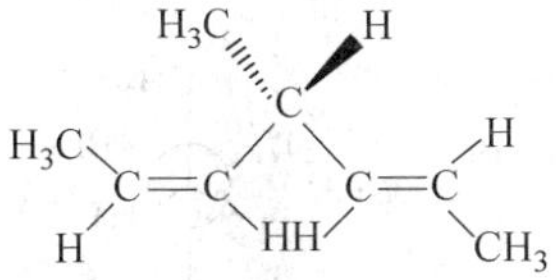
与
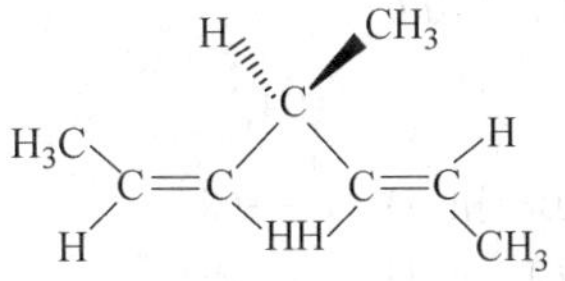

S 型(*Z* 优于 *E*)　　*R* 型

综上所述，化合物(4)应有 4 个构型异构体。

(5)该化合物分子中，C-2、C-4 为相同构造的手性碳原子，C-3 是否是手性碳原子，取决于 C-2、C-4 的构型。当 C-2、C-4 构型相同时，C-3 是非手性碳原子(如化合物 A、B)；当 C-2、C-4 构型不同时，C-3 为手性碳原子(如化合物 C、D)，分子中由于具有对称面而无光学活性：

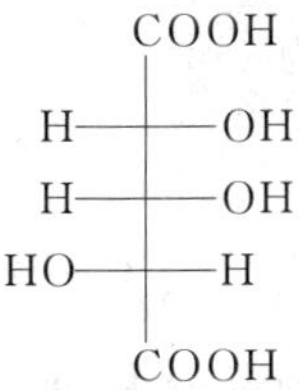
(2*R*,4*R*)
A

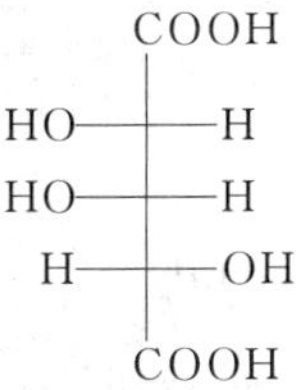
(2*S*,4*S*)
B

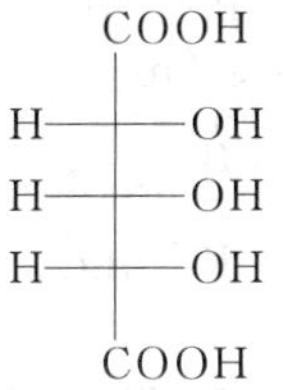
(2*R*,3*r*,4*S*)
C

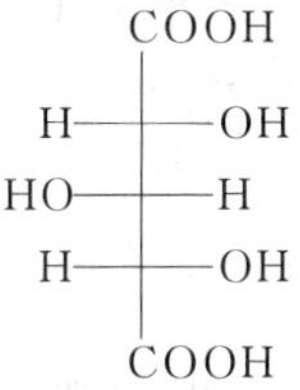
(2*R*,3*s*,4*S*)
D

化合物 C、D 中的 C-3 被称为“假手性碳原子”，通常用小写英文字母 *r*、*s* 表示其构型，与假手性碳原子相连的基团中，两个构造相同、构型不同的基团，规定 *R* 型基团优于 *S* 型基团。化合物(5)共有 4 个构型异构体。

练习题

1. 甲基环己烷的一氯代产物中哪个有旋光活性？

2. 指出下列几对投影式是否是同一化合物。

(1) 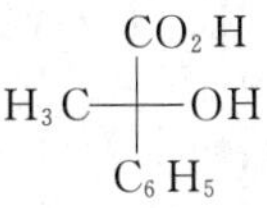 和 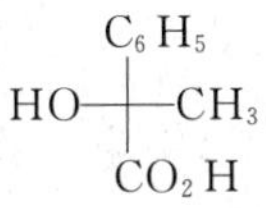　　(2) 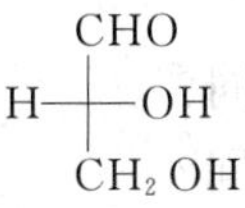 和 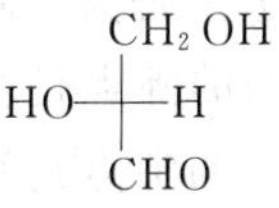

（3）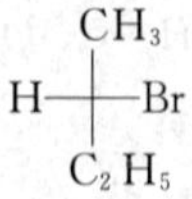 和 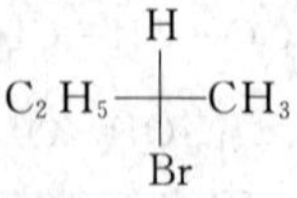　　（4）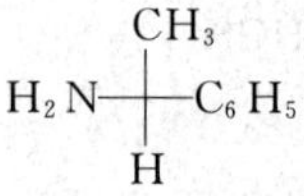 和 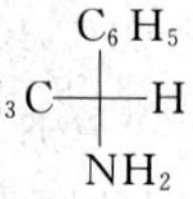

3. 写出下列化合物的 Fischer 投影式，并用 R、S 标注构型。

（1）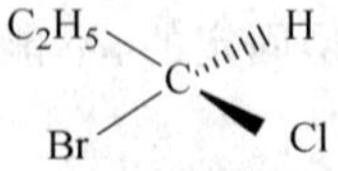　　（2）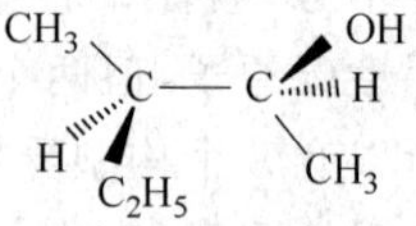

（3）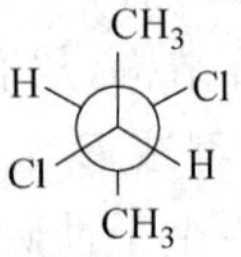　　（4）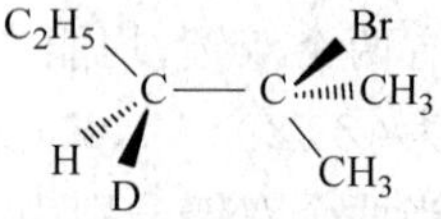

4. 下列各对化合物属于非对映异构体、对映异构体、顺反异构体、构造异构体，还是同一化合物或不同化合物？

（1）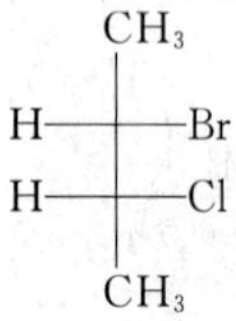 和 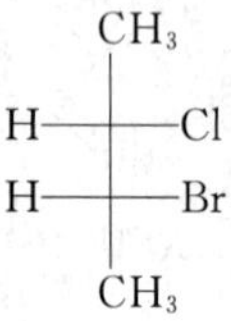　　（2）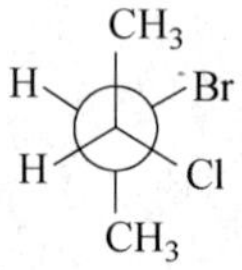 和 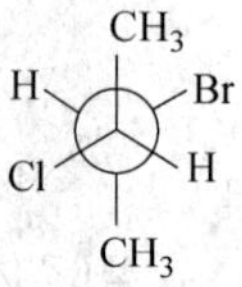

（3） 和 　　（4）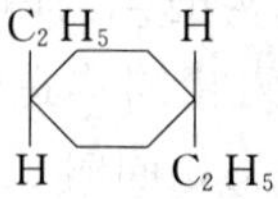 和 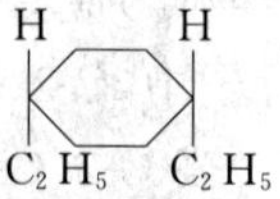

（5）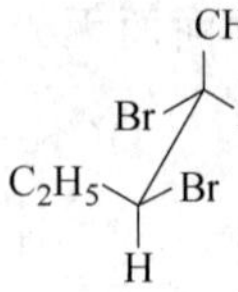 和 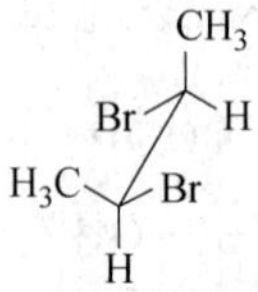

（6）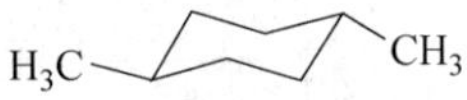 和 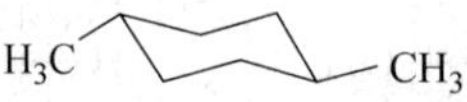

5. 麻黄素构造式为 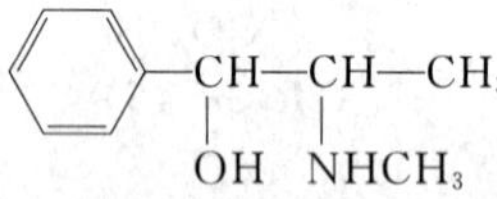，请写出（R，R）构型的透视式、锯架式、Fischer 投影式、Newman 投影式。

6. 考查下面列出的 4 个 Fischer 投影式，回答问题。

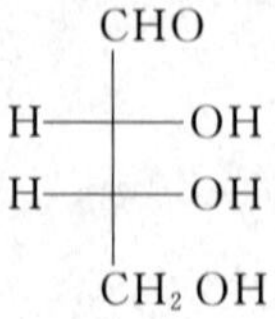
(A)

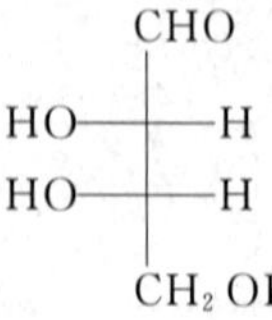
(B)

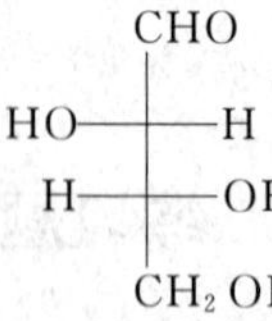
(C)

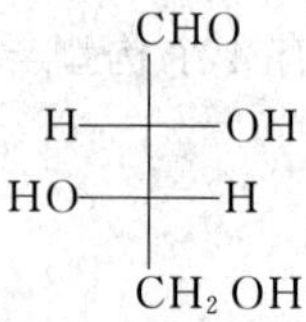
(D)

（1）(B)和(C)是否为对映体？

（2）(A)和(D)是否为对映体？

（3）(A)和(B)的沸点是否相同？

（4）(A)和(C)的沸点是否相同？

(5)有无内消旋体存在?

(6)(A)、(B)、(C)、(D)四者等量混合后有无旋光性?

7. 写出下列化合物的立体结构式:

(1)(*R*)-2-溴丁烷 (2)(*S*)-3-氯-1-戊烯

(3)(*R*)-2-甲基环己酮 (4)(2*R*,3*S*)-2,3-二羟基丁二酸

8.(*S*)-2-甲基-1-氯丁烷在光照下进行氯代反应,生成2-甲基-1,2-二氯丁烷和2-甲基-1,4-二氯丁烷。试写出它们的结构式,并指出它们有无光学活性。

9. 写出(2*R*,3*S*)-3-氯-2-溴己烷的Fischer投影式,并写出其优势构象的锯架式和Newman投影式。

练习题解析与答案

1.

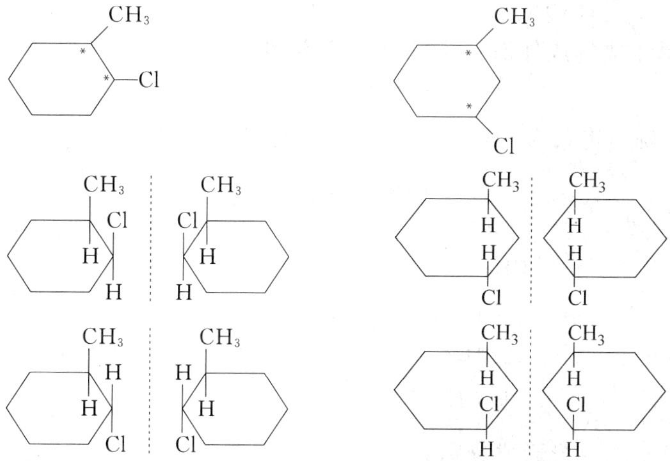

2.(1)同一化合物;(2)同一化合物;(3)对映体;(4)对映体。

3.

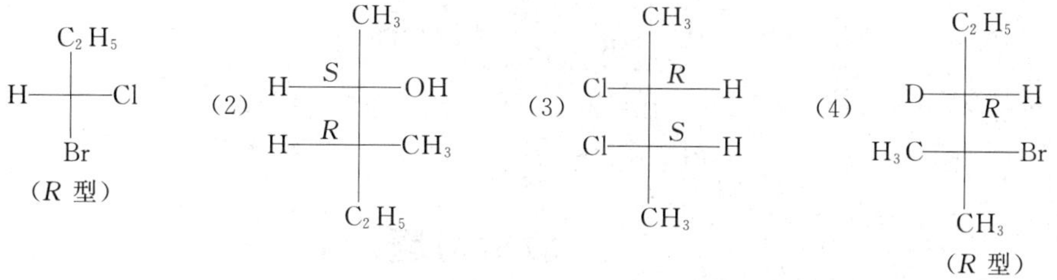

把立体透视式或锯架式写成Newman投影式,然后转化为重叠式,便可写出正确的Fischer投影式。

4.(1)对映体;(2)非对映体;(3)构造异构体;(4)顺反异构体;(5)不同化合物;(6)同一化合物。

5.

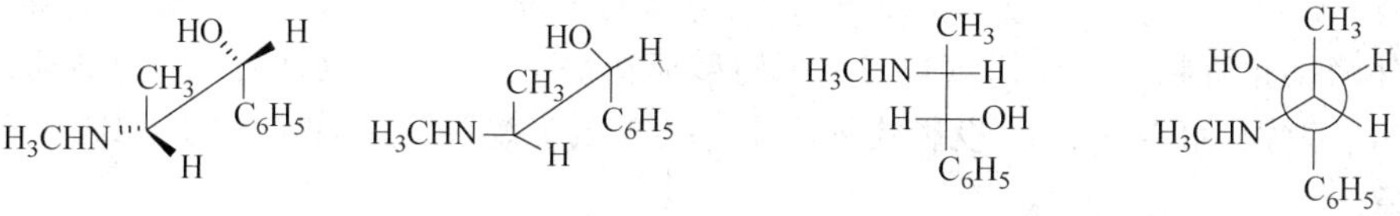

6. (1)否；(2)否；(3)是；(4)否；(5)无；(6)无。

7. (1) 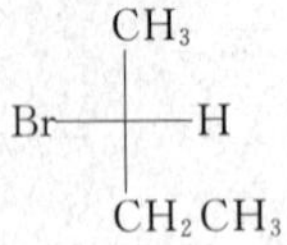

(2) 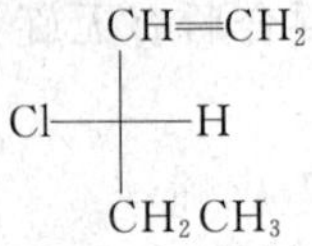

(3) 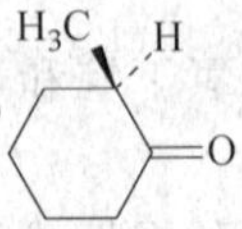

(4) 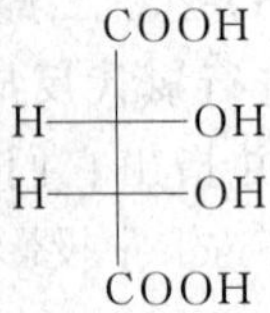

8. (S)-2-甲基-1-氯丁烷光照下进行氯代反应生成 2-甲基-1,2-二氯丁烷的结构式如下（两种结构）：

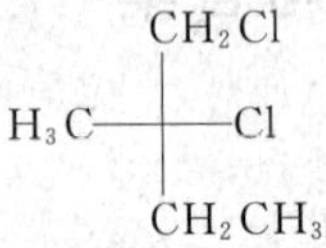 和 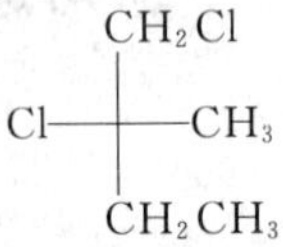

这两种物质是对映体，等量生成构成外消旋体，没有光学活性。

生成的 2-甲基-1,4-二氯丁烷结构式为 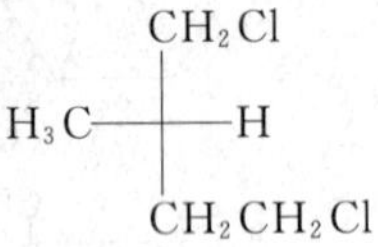，有光学活性。

9. 化合物的 Fischer 投影式为：

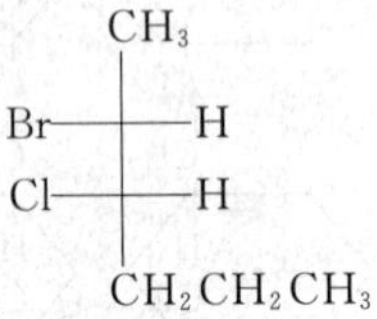

其优势构象的锯架式和 Newman 投影式分别为：

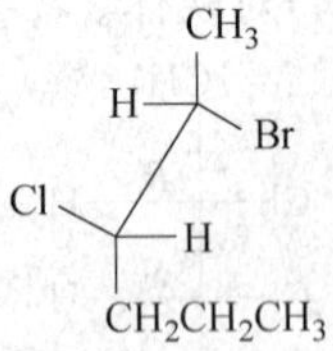

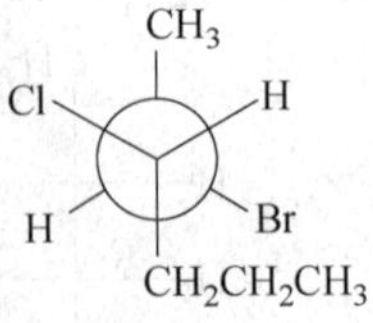

教材习题

1. 解释下列名词的意义：

(1)构象与构型　(2)优势构象　(3)旋光活性
(4)旋光度与比旋光度　(5)左旋与右旋　(6)手性碳原子
(7)手性分子　(8)对映异构与非对映异构　(9)内消旋化合物
(10)外消旋化合物　(11)*D*/*L* 构型标记法　(12)*R*/*S* 构型标记法

2. 以 C_2-C_3 为轴，用 Newman 投影式表示出(S)-2-氯丁烷（$CH_3CH(Cl)CH_2CH_3$）的几种典型构象。

3. 判断下列化合物是否具有对映异构体和非对映异构体，若有，则计算旋光异构体的数目：

(1) 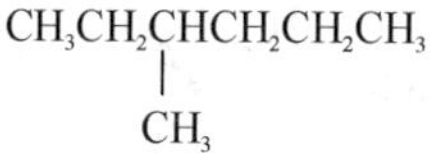

(2) 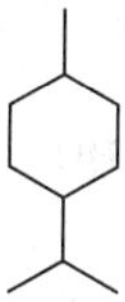

(3) 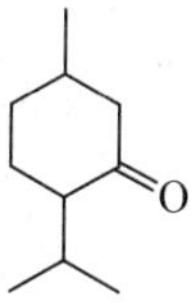

(4) 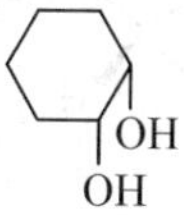

(5) 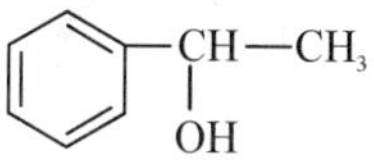

(6) $CH_3CH{=}C{=}CHCH_3$

(7) 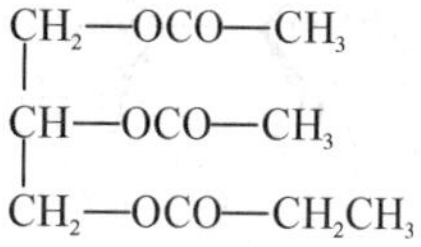

(8) 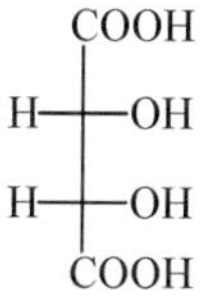

(9) $C_2H_5CH{=}C{=}CH_2$

(10) 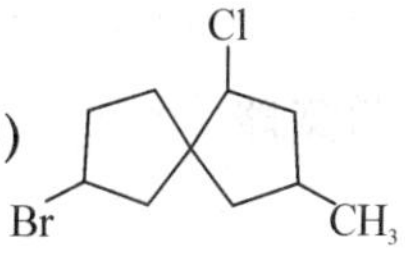

4. 标记下列化合物中手性碳原子的构型，判断是否手性分子：

(1) 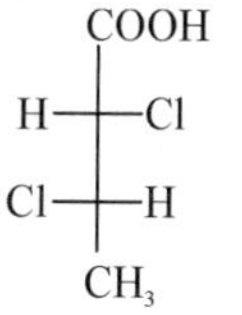

(2) 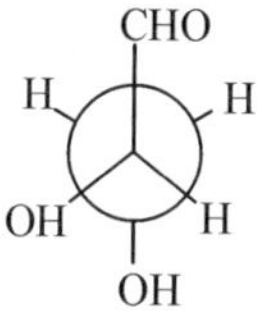

(3) 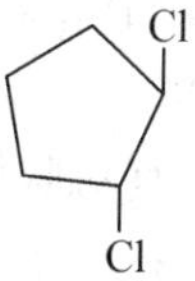

(4) 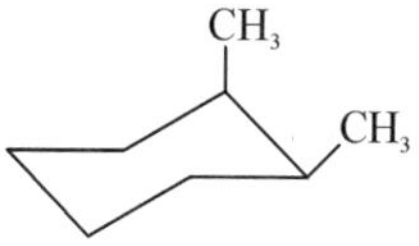

(5) 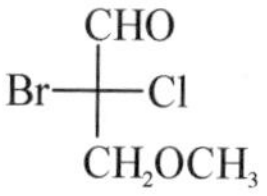

(6) 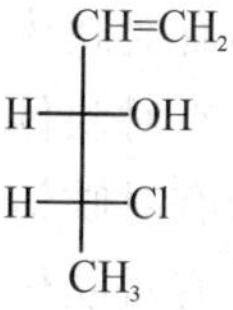

5. 用 Fischer 投影式表示下列化合物的所有立体异构体，并指明内消旋化合物和对映体：

(1) 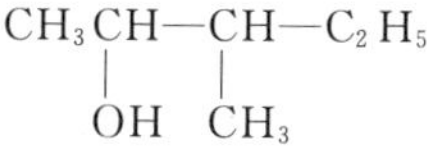

(2) 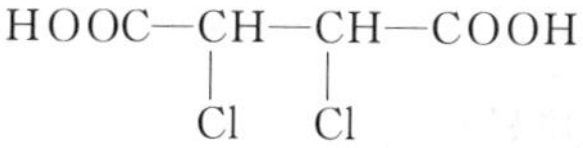

(3) 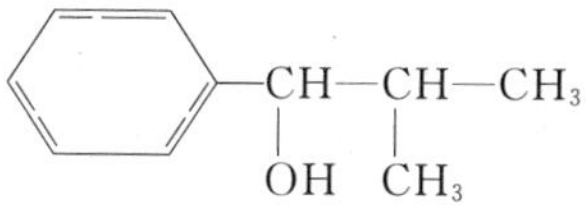

(4) $C_2H_5CH(CH_3)CH(CH_3)C_2H_5$

(5) 2-丁醇

(6) 2-氯-3-溴戊烷

6. 判断下列结构式哪些与 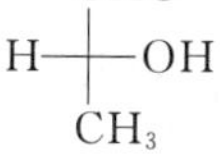 是同一化合物，哪些是对映异构体：

(1) 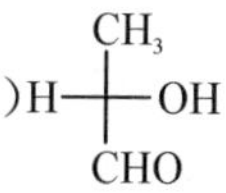

(2) 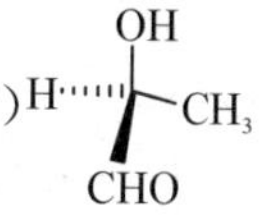

(3) 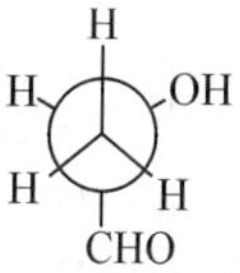

(4) 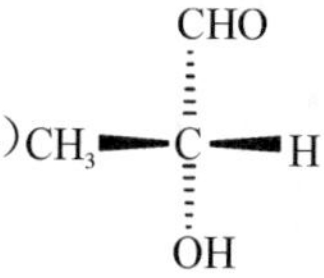

(5) 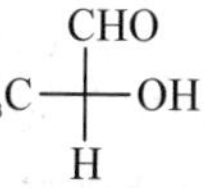

(6) 

7. 将下列透视式写成 Fischer 投影式，并用 R，S 标记各化合物中的手性碳原子：

(1) 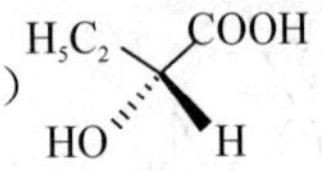
(2) 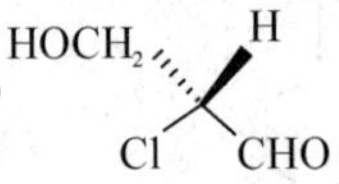
(3) 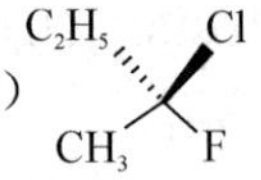

(4) 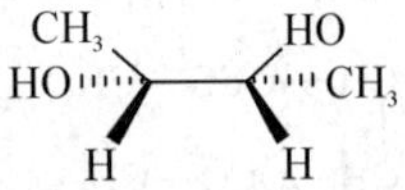
(5) 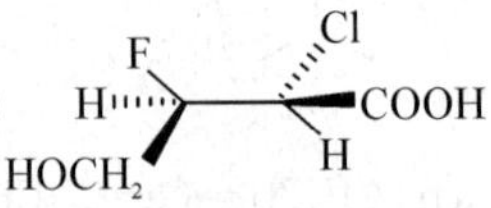
(6) 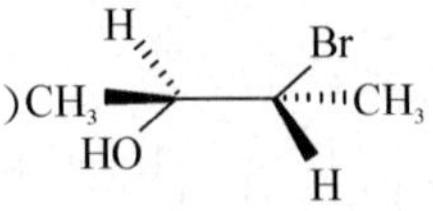

教材习题答案

1. 答案略。

2.

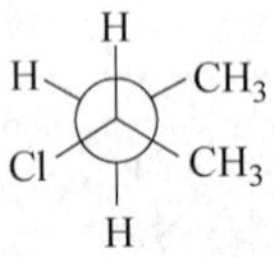
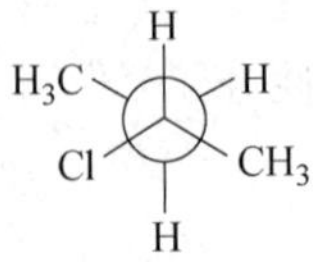

3. (1)有对映体，2 个；

(2)无；

(3)有对映体与非对映异构体，4 个；

(4)有对映体与非对映异构体，3 个；

(5)有对映体，2 个；

(6)有对映体，2 个；

(7)有对映体，2 个；

(8)无对映体，非对映异构体 2 个；

(9)无；

(10)有对映体与非对映异构体，16 个。

4. (1)($2S$,$3S$)，手性分子；

(2)(S)，手性分子；

(3)($1R$,$2R$)，手性分子；

(4)($1S$,$2R$)，内消旋分子；

(5)(S)，手性分子；

(6)($3S$,$4R$)，手性分子。

5.

(1) 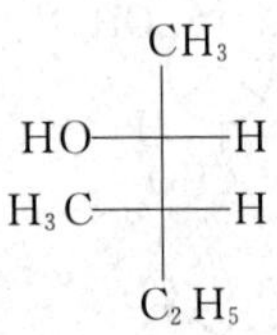
(a)

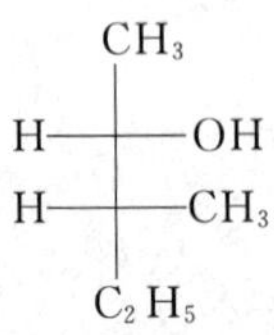
(b)

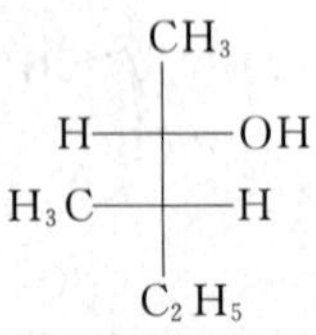
(c)

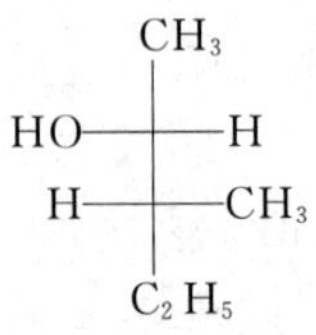
(d)

(a)与(b)是一对对映体，(c)与(d)是一对对映体。

(2)

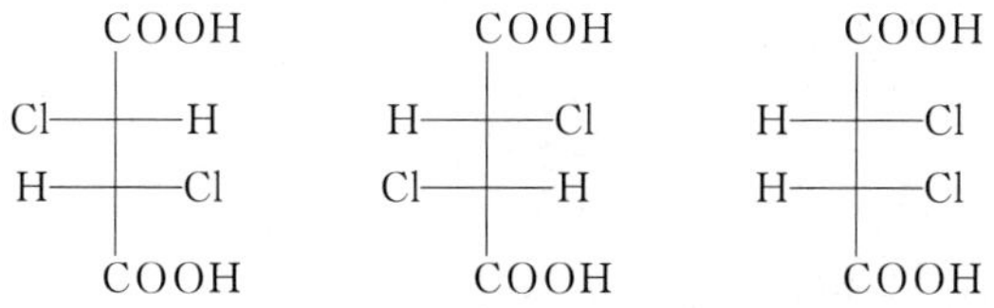

(a) (b) (c)

(a)与(b)是一对对映体,(c)为内消旋体。

(3)

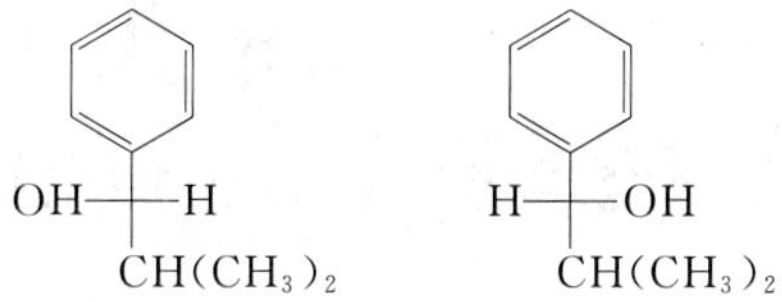

二者是一对对映体。

(4)

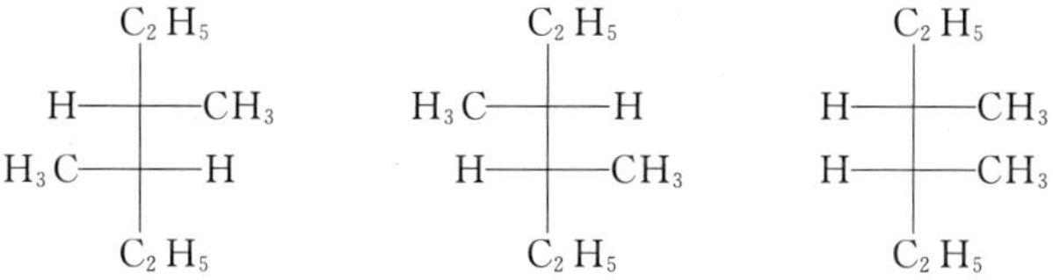

(a) (b) (c)

(a)与(b)是一对对映体,(c)为内消旋体。

(5)

(3)

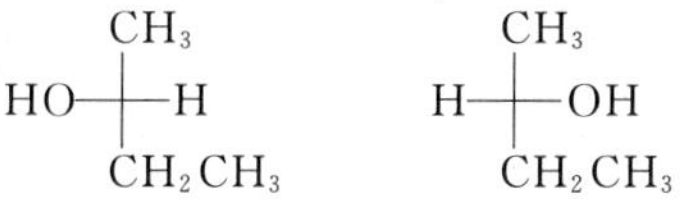

二者是一对对映体。

(6)

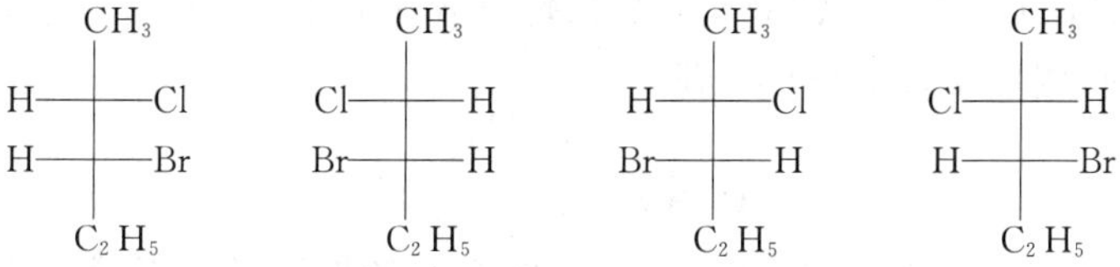

(a) (b) (c) (d)

(a)与(b)是一对对映体,(c)与(d)是一对对映体。

6.(3)、(4)是同一化合物,其他均为其对映异构体。

7.

(1)

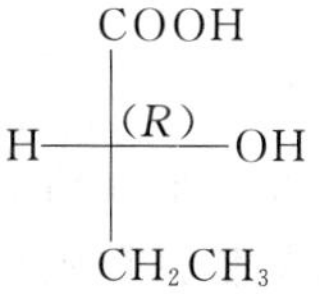

(2)

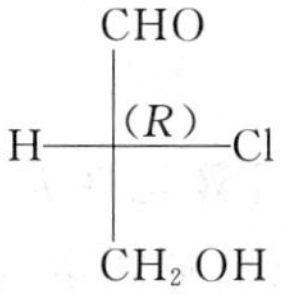

(3)

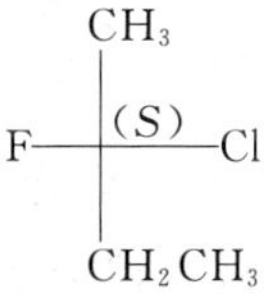

(4)

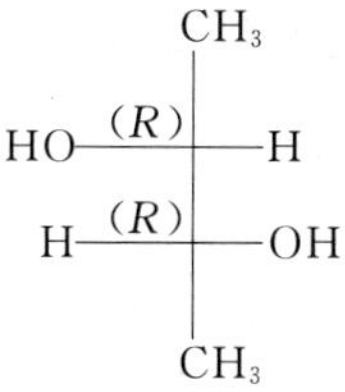

(4)

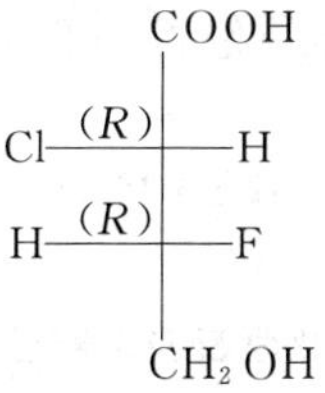

(6)

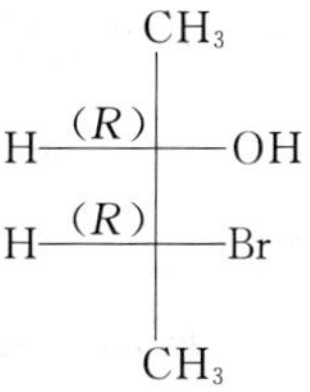

Chapter 6 第6章

卤代烃

Halohydrocarbons

主要知识点

一、结构与 C—X 键可极化性

卤代烷是烷基和卤原子(F、Cl、Br、I)通过 σ 键相连组成。烷基碳原子为 sp^3 杂化，卤原子为不对称性 sp^3 杂化，其与碳原子成键的 sp^3 杂化轨道 p 成分多些。C—X 键是极性共价键，卤原子带部分负电荷，碳原子带部分正电荷：

$$\overset{\delta^+}{C} \longrightarrow \overset{\delta^-}{X}$$

由于 Cl、Br、I 的电负性依次降低，因此，C—X 键的极性依次降低。但是随着卤原子的半径增大，C—X 键键长变长，键能变小，C—X 键的可极化性依次增大，所以 C—X 键的反应活性为 RI＞RBr＞RCl。氟由于原子半径较小，键能很高，化学性质与其他卤代烃有很大差别。

二、卤代烃化学性质

在卤代烃分子中，由于 C—X 键是极性键，可极化性大，且卤素负离子作为离去基团比较稳定，容易离去，因此易被其他原子或基团取代，通过取代反应转化为多类有机化合物或金属-有机化合物，卤代烃发生化学反应时断键的位置和有机化学反应类型如图 6-1 所示。

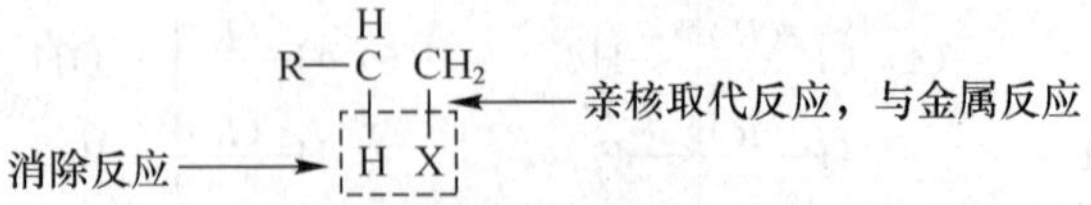

图 6-1 卤代烃发生化学反应时断键位置

(一)亲核取代反应

卤代烃分子中，由于 α-C 带正电性，容易被带有负电荷或具有未共用电子对的亲核试剂（Nu^- 或 Nu：）进攻，卤素带着 C—X 键一对电子以卤素负离子形式离去，α-C 与亲核试剂共用亲核试剂的一对电子形成一新的 σ 键，反应通式如下：

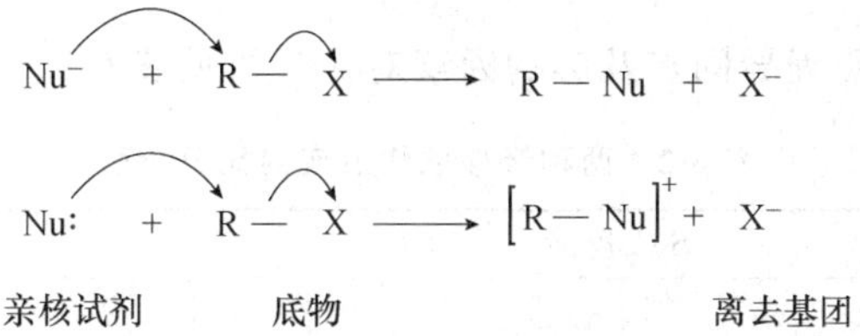

几种典型的亲核试剂与卤代烃之间的亲核取代反应及用途详见表 6-1。

表 6-1　卤代烃亲核取代反应详解

反应名称	亲核试剂	产物结构	用　途
水解	OH^-	醇	(1)制备醇；(2)研究亲核取代反应机理
醇解	RONa	醚	Williamson 法合成混醚；卤代烷必须是伯卤代烷；也可用于合成单芳基醚或硫醚。
氨解	NH_3	胺	用于合成胺，胺可继续与 RX 作用在氮上引入更多的烷基，可制备仲胺、叔胺和季铵盐。
氰解	NaCN	腈	这是有机合成中增长碳链的方法之一。腈水解后转变羧基、氨基甲酰基等。（注：氰化钠有剧毒）
$AgNO_3$-乙醇 aq	NO_3^-	硝酸酯和卤化银	用于鉴别不同类型的卤代烃。烷基结构相同时：RI>RBr>RCl，且沉淀颜色不同；卤原子相同时：3°>2°>1°，烯丙基卤代烃、苄基卤代烃和 3°卤代烷与 $AgNO_3$ 立即沉淀，2°卤代烷过一会儿沉淀，1°卤代烷需加热后产生沉淀。

(二)亲核取代机理及其影响因素

根据化学动力学和立体化学等许多实验结果表明，卤代烷的亲核取代反应（Nucleophilic Substitution）(S_N)通常有两种机理：双分子亲核取代反应（Bimolecular Nucleophilic Substitution）(S_N2) 和单分子亲核取代反应（Unimolecular Nucleophilic Substitution）(S_N1)。

S_N1 亲核取代反应通式：

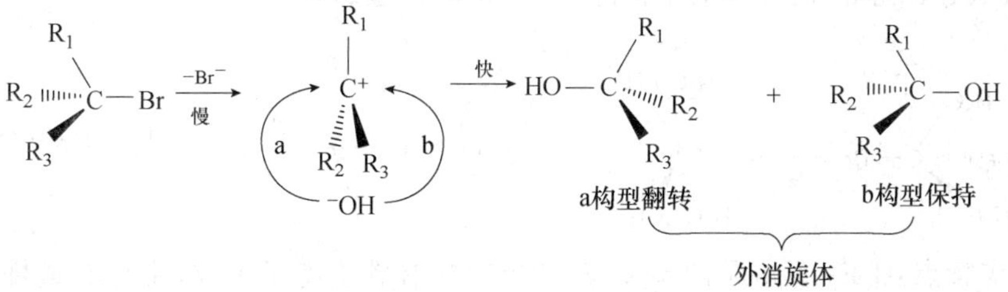

S_N2 亲核取代反应通式：

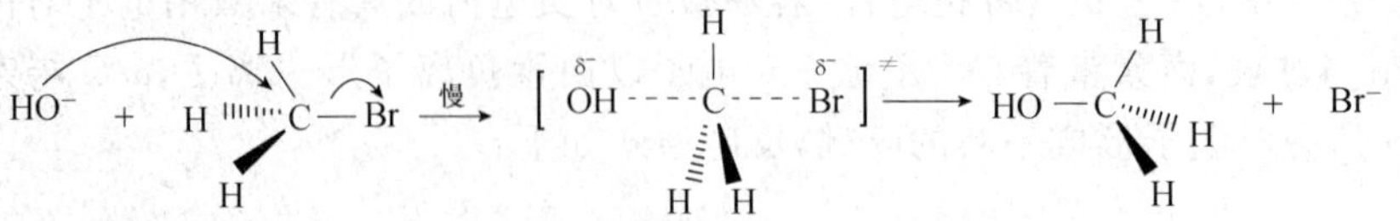

两种亲核取代反应历程异同点及影响因素对比分析见表 6-2。

表 6-2 两种亲核取代反应对比分析表

项目	S_N1 反应	S_N2 反应
反应步骤	2 步反应	1 步反应
反应速度	只与卤代烃浓度相关	与卤代烃和亲核试剂浓度都有关
中间体	碳正离子，常伴有重排现象	一个过渡态
中间体 α-C 杂化状态	sp^2	sp^2
产物立体化学特征	外消旋化	瓦尔登转化
底物结构	与碳正离子稳定性一致	过渡态空间位阻大时不利
	$R_3C—X > R_2CH—X > RCH_2—X > CH_3—X$	$CH_3—X > RCH_2—X > R_2CH—X > R_3C—X$
离去基团	离去倾向大有利：RI＞RBr＞RCl	
亲核试剂	亲核性强弱影响不大	亲核能力越强，反应越快
溶剂	质子型极性溶剂＞非质子型极性溶剂	非质子型极性溶剂＞质子型极性溶剂

（三）消除反应

由于 C—X 键的极性及卤原子的吸电子诱导效应，不仅 α-C 带正电荷，β-H 也有一定的"酸性"，在强碱作用下卤代烃可消去 β-H 和卤原子，即脱去卤化氢分子生成烯烃。该反应称为消除反应。

在一个分子中脱去一个小分子(如 H_2O，HX，X_2 等)，同时产生不饱和重键的反应称为消除反应。消除反应是制备烯烃的一种方法。

卤代烃消除反应活性：3°RX＞2°RX＞1°RX。

卤代烃消除取向：仲卤代烃和叔卤代烃可能有两种或以上类型的 β-H，实验证明，卤代烃脱卤化氢总是从含氢较少的 β-C 上脱去氢原子，主要生成双键碳原子上连有较多取代基的烯烃。这是一条经验规律，即札依采夫(Zaitsev)规则。

消除反应通常也有两种机理：双分子消除反应(bimolecular elimination)(E2)和单分子消除反应(unimolecular elimination)(E1)。

3°卤代烷在乙醇钠-乙醇溶液中消除是 E1 消除反应历程：

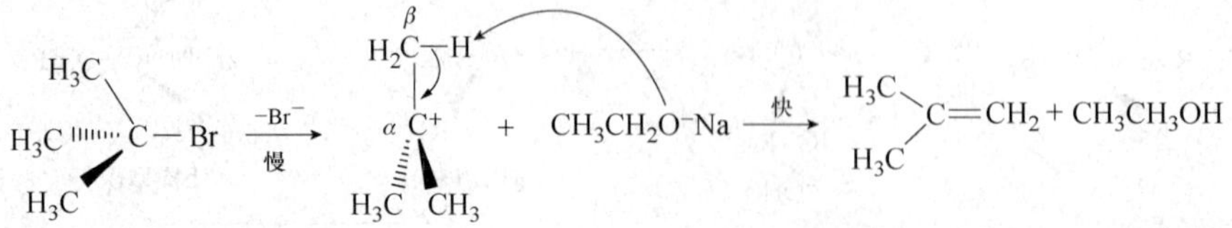

E1 反应特点：①E1 反应是两步反应；②中间体有碳正离子生成，常伴有重排反应发生；

③当卤代烃有两种不同类型的 β-H，消除按照札依采夫(Zaitsev)规则；④当产物烯烃有顺反异构时，以稳定的 E 型产物为主。

2-溴丁烷在乙醇钠-乙醇溶液中消除是 E2 消除反应历程：

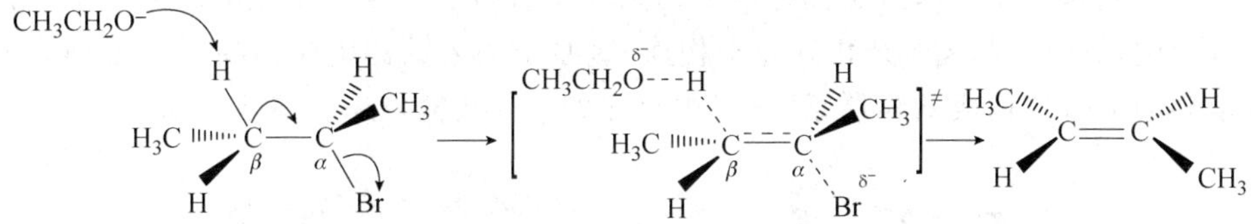

E2 反应特点：①E2 反应是一步反应，有一个能量比较高的过渡态，无重排现象；②反应在浓的强碱溶液中进行；③当卤代烃有两种不同类型的 β-H，消除按照札依采夫(Zaitsev)规则；④被消除的两个基团必须处于反式共平面位置(即反式消除)。当有两种反式共平面的构象可选择时，稳定的构象为主要消除构象，稳定的消除产物为主要消除产物。

消除反应影响因素：①无论是 E1 还是 E2 反应，3°RX＞2°RX＞1°RX；②离去基团的离去倾向越大对两个反应都有利；③亲核试剂的碱性和浓度越大越有利于 E2，对 E1 影响不大；④溶剂极性大更有利 E1 反应。

亲核取代反应和消除反应是一对竞争反应，亲核试剂进攻 α-C 引起取代反应，进攻 β-H 引起消除反应。竞争以何反应为主，取决于烃基结构、亲核试剂碱性强弱、溶剂极性和反应温度等诸多因素。

(四)与金属反应

卤代烃与金属镁在绝对乙醚中反应，生成烃基卤化镁，又称格利雅(Grignard)试剂，简称格氏试剂。格氏试剂中 C—Mg 键是极性共价键，共价键电子云偏向碳原子，碳带部分负电荷，作为亲核中心，具有极强的碱性和亲核性，这大大改变了卤代烃中碳作为亲电中心的性质。格氏试剂的形成过程如下所示：

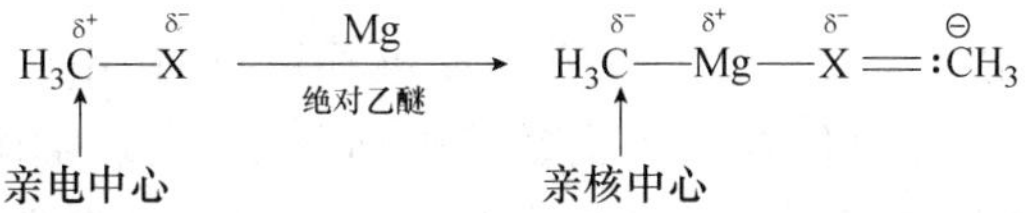

格氏试剂的性质包括以下三方面：

(1)碱性　可以与博朗斯特酸发生酸-碱反应，如水、醇、酸、氨、卤化氢、炔等试剂，因此在制备格氏试剂时溶剂一定要预先除去这些含活性氢试剂；同时，格氏试剂夺取氢的反应是定量进行的，在有机分析中可利用该反应测定化合物中所含活性氢的数目。

(2)亲核性　作为亲核试剂，格氏试剂可与卤代烃发生亲核取代反应；可与醛、酮、酰氯、酯等反应生成醇；与环氧乙烷反应生成增加两个碳链的伯醇；与二氧化碳亲核加成得到增加一个碳原子的羧酸；与腈反应生成酮。制备时体系注意除二氧化碳。

(3)氧化　格氏试剂可以和空气中的氧气反应，被氧化生成醇。因此，制备格氏试剂时反应体系注意除氧。

三、双键和苯环对 C—X 键活性的影响

(一)乙烯型卤代烯烃和苯基型卤代芳烃

乙烯型卤代烯烃和苯基型卤代芳烃中的卤原子直接连在 sp^2 杂化的碳原子上。以氯乙烯和氯苯为例,氯原子与 sp^2 杂化碳原子相连,氯原子的未共用电子对所在的 p 轨道与碳碳双键或苯环的 π 轨道构成共轭体系,分子中存在着 p-π 共轭效应。如下所示:

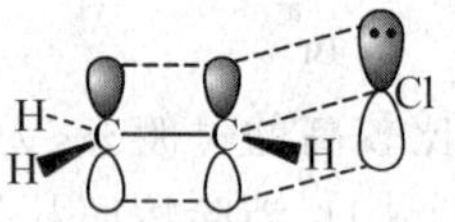

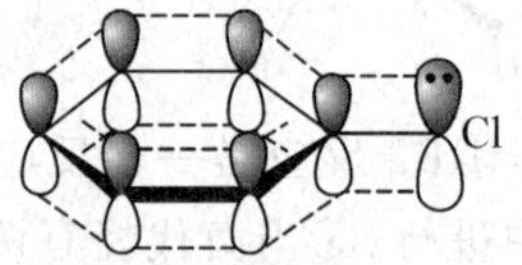

由此可见,乙烯型和苯基型卤代烃分子中的 C—X 键很难断裂形成乙烯基和苯基正离子。相对卤代烷而言,乙烯型和苯基型卤代烃分子中卤原子不活泼。

(二)烯丙型和苄基型卤代烃

烯丙型和苄基型卤代烃的 C—X 键容易断裂。它们无论进行 S_N1(主要)还是 S_N2 反应,其氯原子均表现出活泼性。

S_N1 反应中,两种离子中带正电荷碳原子的空 p 轨道与碳碳双键或苯环的 π 轨道构成共轭体系,电子离域的结果,正电荷不再集中在原来的带正电荷的碳原子上,而是分布在构成共轭体系的所有碳原子上,降低了碳正离子的能量,使之得到稳定,故烯丙基和苄基氯结构中的氯原子比较活泼。

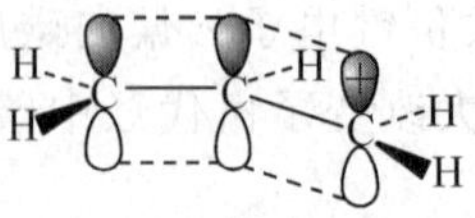

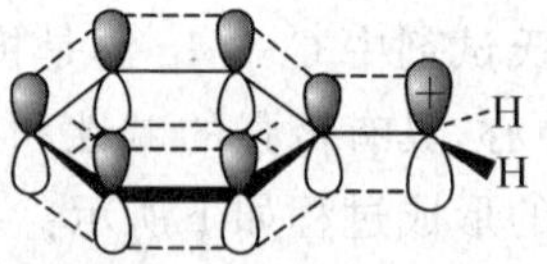

当烯丙基氯和苄基氯的亲核取代反应按 S_N2 机理进行时,由于影响 S_N2 反应活性的主要因素是空间效应,而这两类卤代烃与无支链的伯卤代烷相似,空间效应较小,有利于反应的进行。另外,也由于过渡态双键或苯环的 π 轨道与正在形成的和断裂的键轨道在侧面相互交盖,使负电荷更加分散,过渡态能量较低,更稳定而容易生成,从而有利于反应的进行,同样表现出氯原子比较活泼。

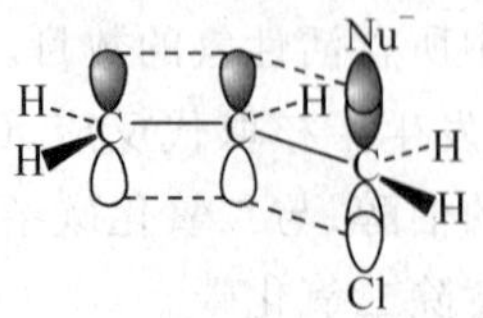

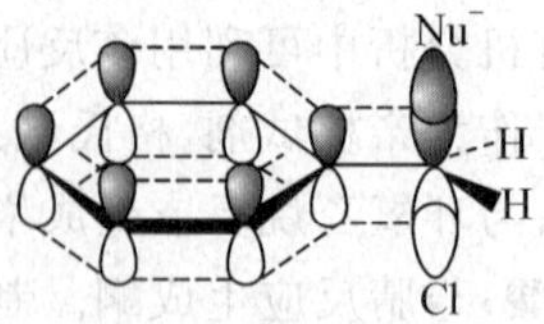

实验表明,烯丙型和苄基型卤代烃分子中的卤原子很活泼,容易进行卤代烷所发生的亲核取代和消除等多种反应。例如,它们与 $AgNO_3$-醇溶液作用,很容易生成卤化银沉淀,可用来鉴别这类卤代烃。

典型例题

【例 1】 用系统命名法命名下列化合物。

(1) 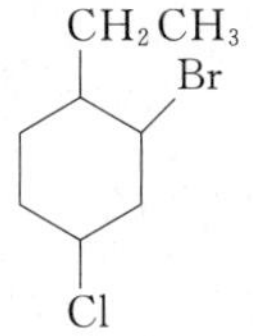　(2) 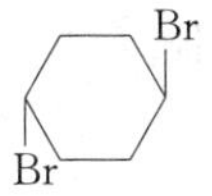　(3) 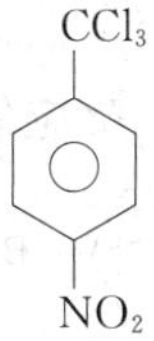　(4) 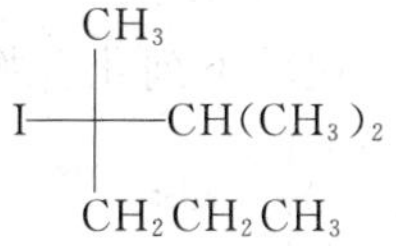

解　卤代烃命名时，将卤素当作取代基，按照其所连的烷烃、环烷烃、烯烃、炔烃或芳香烃母体进行命名。当卤素连在芳环侧链时，以芳环和卤素为取代基，侧链为母体命名。

(1)1-乙基-4-氯-2-溴环己烷　　(2)反-1,4-二溴环己烷

(3)对硝基苯基三氯甲烷　　(4)(*R*)-2,3-二甲基-3-碘己烷

【例 2】 比较下列化合物，分别按 S_N1，S_N2，E_1，E_2 机理反应的速率大小排序：

A. $CH_3CH_2CH_2\overset{Br}{\overset{|}{C}}HCH_3$　　B. $CH_3CH_2CH_2CH_2CH_2—Br$

C. $CH_3CH_2\overset{Br}{\overset{|}{C}}(CH_3)_2$　　D. $CH_3CH_2CH{=}CBrCH_3$

解　在 S_N1 反应中，C—X 键异裂生成中间体 C^+，C^+ 稳定性越好，卤代烷的反应速率越快。根据 C^+ 稳定性的顺序，卤代烃发生 S_N1 反应的活性顺序是苄基型、烯丙基型卤代烃＞叔卤代烷＞仲卤代烷＞伯卤代烷＞乙烯型和苯基型卤代烃。在 S_N2 反应中，α-C 上取代基越多，体积越大，空间位阻越大，反应速度越慢；卤代烃的反应活性顺序是：苄基型、烯丙基型卤代烃＞伯卤代烷＞仲卤代烷＞叔卤代烷＞乙烯型和苯基型卤代烃。乙烯型和苯基型卤代烃，由于 p-π 共轭效应存在，导致不饱和碳原子上的卤原子的反应活性无论在 S_N1 反应还是 S_N2 反应中都很低。不利于 S_N2 反应的卤代烃结构都有利于 E 反应。在消除反应中，β-H 数目增加及生成双键过渡态的活化能低的卤代烷反应速度快。

S_N2：B＞A＞C＞D　　S_N1：C＞A＞B＞D

E2：C＞A＞B＞D　　E1：C＞A＞B＞D

【例 3】 完成下列反应，指出反应属于哪种机理。

(1) $CH_3CH_2CH_2CH_2Br + NaOCH_3 \xrightarrow[50℃]{CH_3OH}$

(2) $(CH_3CH_2CH_2)_2CH—Br + NaOCH(CH_3)_2 \xrightarrow[80℃]{(CH_3)_2CHOH}$

解　(1)伯卤代烷主要按照 S_N2 反应进行，溶液中有碱性试剂甲醇钠，也会有少量的 E2 消除产物。$CH_3CH_2CH_2CH_2OCH_3$(主)S_N2，$CH_3CH_2CH{=}CH_2$(次)E2。

(2)仲卤代烷有两个取代基体积较大，亲核试剂体积和碱性都较大，因此主要产物是 E2 消除，取代产物少。$CH_3CH_2CH{=}CHCH_2CH_2CH_3$(主)$E_2$，$(CH_3CH_2CH_2)_2—CHOCH\text{-}(CH_3)_2$(次)$S_N2$。

【例 4】 比较下列负离子的亲核性强弱。

A. $(CH_3)_3CO^-$　　B. $CH_3CH_2O^-$　　C. $C_6H_5O^-$　　D. OH^-

解 亲核原子相同时,碱性和亲核性成正比。负电荷越集中碱性和亲核性越强,负电荷越分散碱性和亲核性越弱。但当烷基体积较大时,碱性强而其亲核性弱。

答案:B>A>D>C。

【例 5】 比较下列化合物进行 S_N1 反应的活性大小。

A. 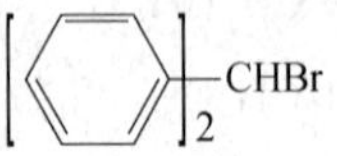　B. 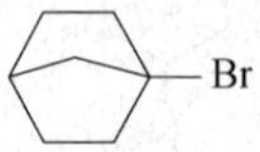

C. 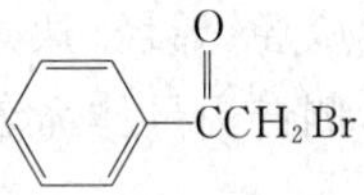　D. 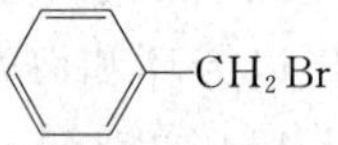

解 S_N1 反应的活性大小和中间体碳正离子的稳定性相关。碳正离子越稳定,S_N1 反应速度越快。

答案:A>D>C>B。

【例 6】 下列叙述中符合 S_N1 反应特征的是(　　)。

A. 反应是一步发生的协同反应

B. 在反应势能图中只有一个能量最高的过渡状态

C. 三级卤代烷反应速率最快

D. 反应中构型转化

E. 试剂的碱性强对反应有利

答案:C。

【例 7】 下列化合物中符合 S_N2 反应特征的是(　　)。

A. 叔卤代烷比二级卤代烷快

B. 反应在动力学上是一级

C. 反应中间体是碳正离子

D. 反应速率与亲核试剂的浓度成正比

答案:D

【例 8】 下列异构体中,能进行 S_N2 反应而无 E2 消除反应的是(　　)。

A. 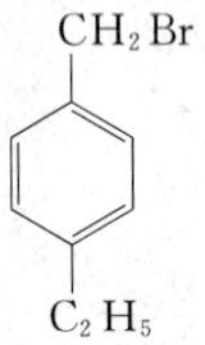　B. 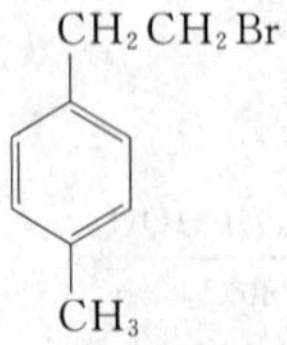　C. 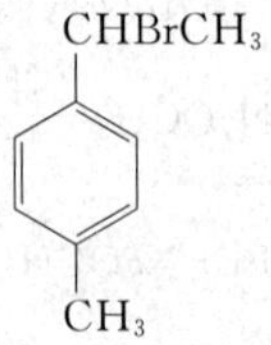　D. 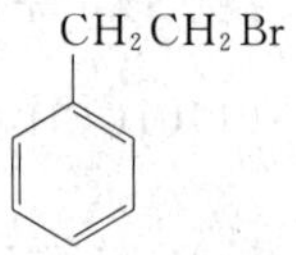

解 S_N2 反应和 E2 是一对竞争反应,只有不含 β-H 结构的卤代烃才可以只进行 S_N2 反应而无 E2 反应。

答案:A。

【例 9】 按指定要求合成下列化合物。

(1)由苯制取苯乙酸。

(2)由溴代环己烷为原料合成 3-溴环己烯。

解 (1)苯乙酸不能由烷基苯氧化制备。在这一章里我们学习了用腈水解制备苯乙酸的方法。苯乙腈水解可以制备苯乙酸。苯乙腈可由苄基氯与氰化钠反应制备。苄基可以由氯甲基化反应或甲基苯 α-H 卤代制备。

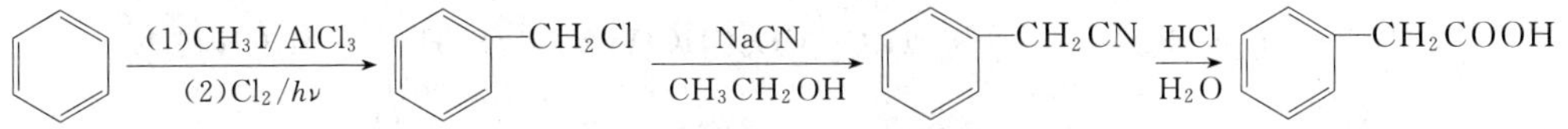

(2)产物中有双键,已知醇羟基通过消除反应可得双键。产物中卤原子在双键的 α-位,通过 α-H 取代反应可以获得 C—X 键。故根据产物的特点,先进行消除反应得到双键,然后双键再进行 α-H 卤代可制得产物。

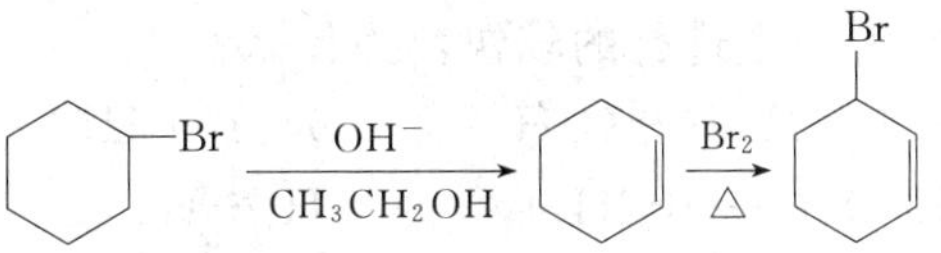

【例 10】 (鉴别题)通过化学方法鉴别下列一组化合物。

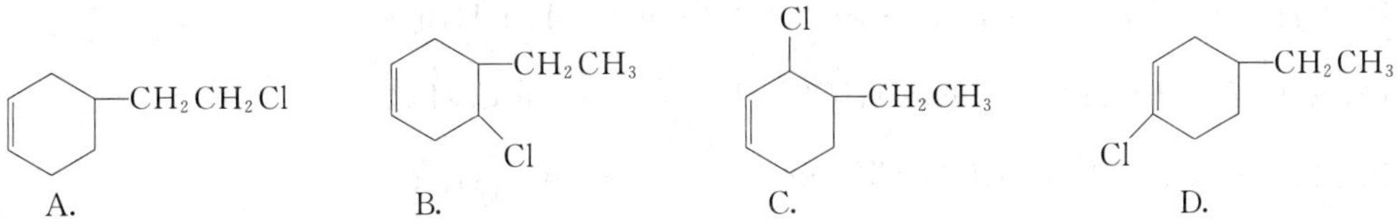

解 题中给出的几种化合物是不同类型的卤代烯烃。可采用硝酸银的乙醇溶液鉴别 C—Cl 键的活性。

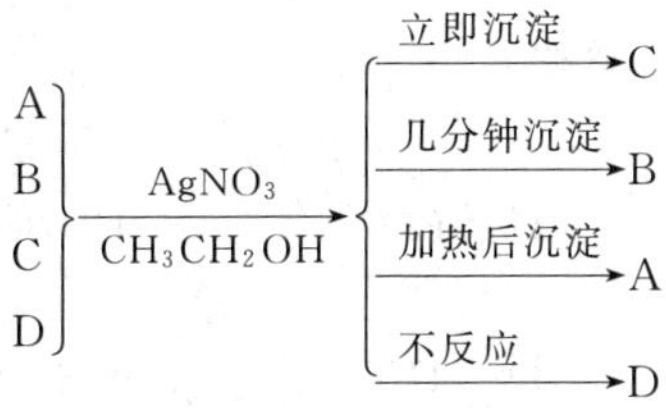

【例 11】 (推导结构题)某化合物 A 与溴作用生成含有 3 个卤原子的化合物 B。A 能使稀、冷高锰酸钾溶液褪色,生成含有一个溴原子的 1,2-丁二醇。A 很容易与氢氧化钠水溶液作用,生成 C 和 D。C 和 D 氢化后分别给出两种互为异构体的饱和一元醇 E 和 F,E 是手性分子,而 F 无手性。写出 A～F 的构造式。

解 A 与溴作用生成含有 3 个卤原子的化合物,说明 A 自身有一个溴原子;A 能使稀、冷高锰酸钾溶液褪色,生成含有一个溴原子的 1,2-二醇说明 A 是一个端位烯烃;A 很容易与氢氧化钠作用生成醇,这是 C—Br 键的水解反应,产物有两种说明反应过程有重排,推测可能是烯丙基卤的重排;醇脱水得到烯烃后被还原生成正丁烷,说明 A 是 4 个碳原子的卤代烯烃,且是烯丙型卤代烯烃。

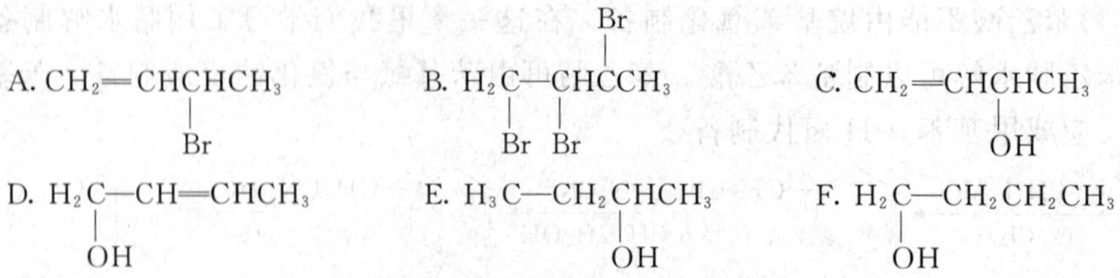

练习题

1. 比较下列各对反应，哪一个进行的较快？为什么？

(1) A. $(CH_3)_3C—I + CH_3OH \longrightarrow (CH_3)_3C—OCH_3 + HI$

B. $(CH_3)_3C—Cl + CH_3OH \longrightarrow (CH_3)_3C—OCH_3 + HCl$

(2) A. $(CH_3)_3C—Br + H_2O \xrightarrow{OH^-} (CH_3)_3C—OH + HBr$

B. $(CH_3)_3C—Br + HOC_2H_5 \xrightarrow{OH^-} (CH_3)_3C—OC_2H_5 + HBr$

(3) A. $CH_3CH_2CH_2CH_2CH_2CH_2Cl + NaI \xrightarrow{C_2H_5OH} n\text{-}C_6H_{13}I$

B. $CH_3CH_2CH_2CH_2CH_2CH_2Cl + NaI \xrightarrow{CH_3COCH_3} n\text{-}C_6H_{13}I$

(4) 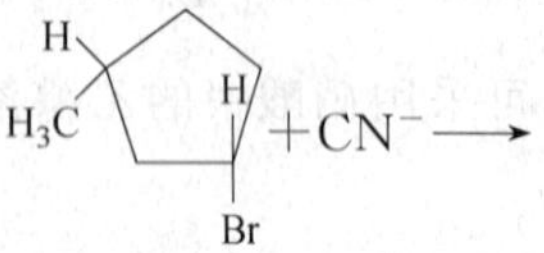

2. 比较下列负离子的亲核性强弱。

A. 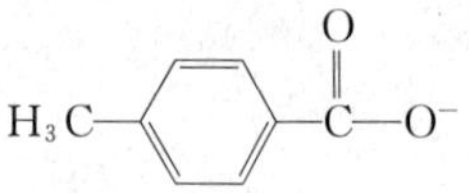　B. 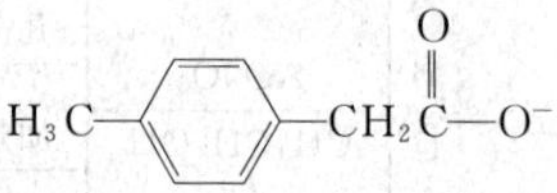

C. 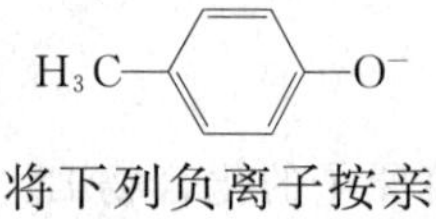　D. 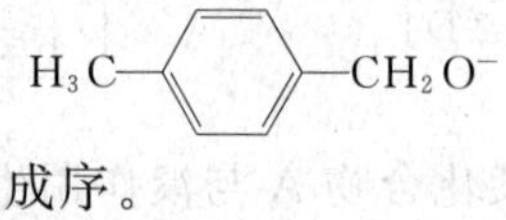

3. 将下列负离子按亲核性大小排列成序。

A. 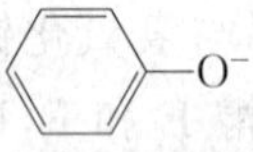　B. 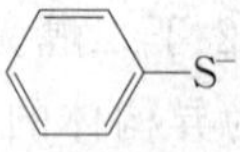　C. 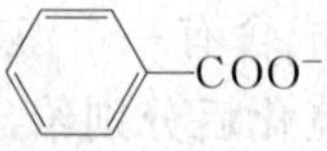　D. 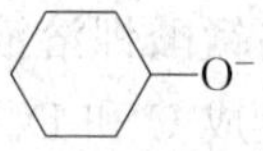

4. 下列化合物能与镁的乙醚溶液发生反应生成格氏试剂的是(　　)。

A. 　B. 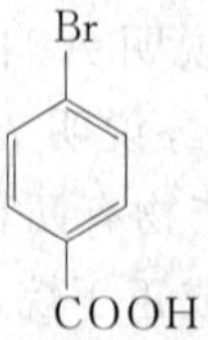　C. 　D. 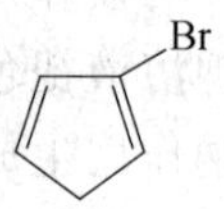

5. 比较下列化合物作为离去基团时离去能力大小。

A. 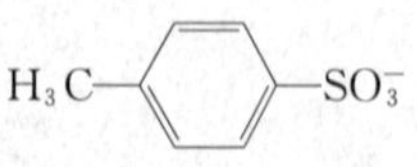　B. 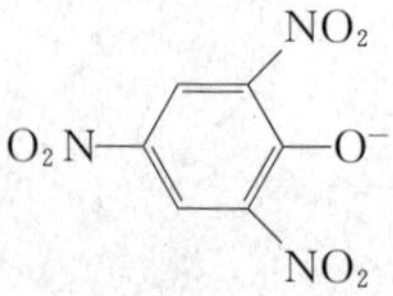

C. 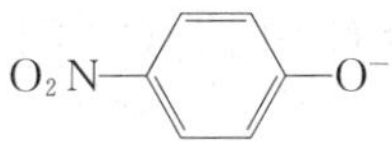　　D. 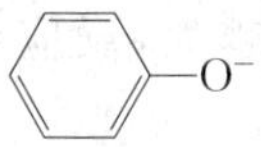

6. 下列各异构体中，不与硝酸银醇溶液发生反应的是(　　)。

A. 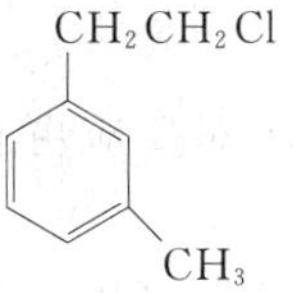　B. 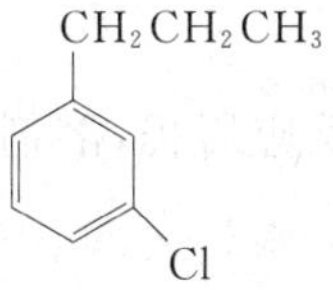　C. 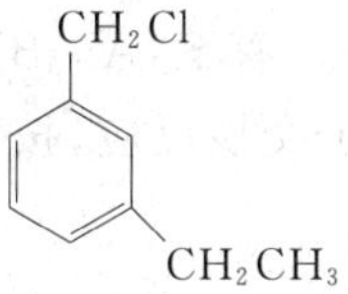　D. 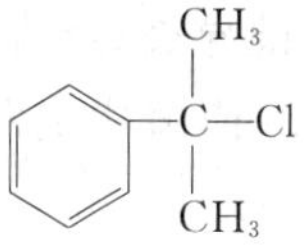

7. 完成下列反应式，指出反应历程(S_N2、S_N1、E1 或 E2)。

(1) $CH_3CH_2CH_2CH_2Br + CH_3O^- \xrightarrow[CH_3OH]{50℃}$

(2) $CH_3CH_2CH_2CH_2Br + (CH_3)_3CO^- \xrightarrow[CH_3OH]{50℃}$

(3) $CH_3CH_2\underset{\underset{Br}{|}}{C}HCH_2CH_3 + CH_3CH_2O^- \xrightarrow[CH_3CH_2OH]{50℃}$

(4) (S)-2-溴辛烷 $+ I^- \xrightarrow[CH_3OH]{50℃}$

8. 由 2-丁烯合成：(A) $HC{\equiv}C{-}CH_2{-}CH{=}CH{-}CH_2{-}C{\equiv}CH$ 和

(B) $CH_3CH{=}CHCH_2CH_2CH{=}CHCH_3$

9. 用反应机理解释下列反应。

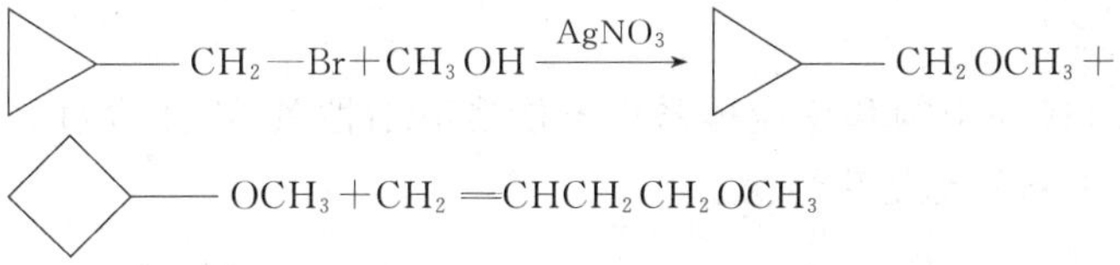

10. 鉴别题，用化学方法鉴别下列各组化合物。

A. 　B. 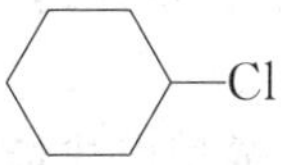　C. 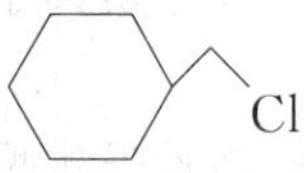

11. 推导结构题。

某烃 C_4H_8(A)，在较低温度下与氯作用生成 $C_4H_8Cl_2$(B)，在较高温度下作用则生成 C_4H_7Cl(C)。C 与 NaOH 水溶液作用生成 C_4H_7OH(D)，C 与 NaOH 醇溶液作用生成 C_4H_6(E)，E 能与顺丁烯二酸酐反应，生成 $C_8H_8O_3$(F)。试写出 A～F 的构造。

*12. 写出下列反应的机理。

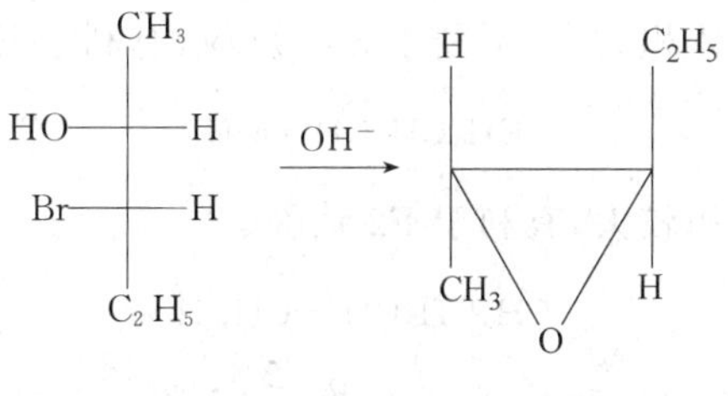

练习题解析与答案

1. (1)卤代烃中不同卤原子的反应活性和 C—X 键的可极化性大小成正比。卤原子半径越大,电负性越小,可极化性越大,反应活性越大。因此,C—I>C—Br>C—Cl>C—F。答案:A>B。

(2)叔卤代烷与中性亲核试剂按 S_N1 反应历程,反应中极性较强的溶剂有利于叔卤代烷 C—X 键异裂,反应速度更快。答案:A>B。

(3)伯卤代烷发生卤原子交换反应,按 S_N2 反应历程,溶剂的极性小对反应更有利。答案:B>A。

(4)仲卤代烷,空间位阻较小,主要进行 S_N2 反应,产物构型翻转。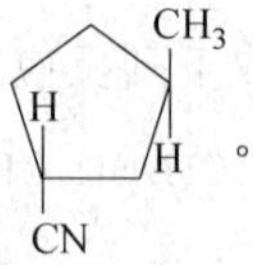。

2. 负离子连在共轭体系中,由于电子离域负离子得到分散而稳定,亲核性变弱。共轭效应越好,亲核性越弱。D 中氧负离子的取代基只有吸电子诱导效应,而没有共轭效应,负离子最集中,亲核性最强。氧负离子连在羰基上,羰基具有吸电子共轭效应,电子的分散程度比苯环更好,因此负离子的亲核性更弱。但是,苯环上连有斥电子基团使苯环上电子云密度增加,苯环上电子离域到羧羰基负离子上,使氧负离子电子云密度增加,亲核性较羧酸根中氧负离子强。

答案:D>C>B>A。

3. 同主族元素中,碱性和亲核性成反比。即随原子序数增加碱性减弱而亲核性增强。

答案:D>B>A>C。

4. 制备和使用格氏试剂时卤代烃结构和反应体系中不能含有活性氢,不能含氧、二氧化碳及不饱和羰基结构。D 中亚甲基氢也是活性氢。

答案:C。

5. 离去基团的离去能力正比于负离子的稳定性,稳定性越好越容易离去。

答案:A>B>C>D。

6. 卤代烃中不与硝酸银醇溶液发生反应的是乙烯型卤代烯烃和苯基型卤代芳烃。

答案:B

7. 完成下列反应,指出反应历程(S_N2、S_N1、E1 或 E2)。

(1)伯卤代烷与醇钠在醇溶液中发生 S_N2 反应。

$$CH_3CH_2CH_2CH_2OCH_3$$

(2)亲核试剂叔丁醇钠体积太大,不利于 S_N2 反应,有利于 E2 消除。

$$CH_3CH_2CH{=}CH_2$$

(3)仲卤代烷的烷基体积较大,有利于 E2 消除

$$CH_3CH_2CH{=}CHCH_3$$

(4)叔卤代烷在醇溶液中发生卤原子交换反应按 S_N1 机理进行,产物是外消旋体:(*S*)-2-碘辛烷和(*R*)-2-碘辛烷。

8. 分析原料与产物的结构,不难发现 A 产物是在原料的两端对称性地加上相同三键基团。由此,我们可以通过在原料两侧构建相同的 C—X 键之后,再与炔化钠进行亲核取代反

应。B产物也具有对称结构，是将两个2-烯烃直接连接起来，即偶联反应，是有机金属化合物的特性反应。

A合成路线：

$$CH_3CH{=}CHCH_3 + Br_2 \longrightarrow CH_3\underset{Br}{\underset{|}{C}}H{-}\underset{Br}{\underset{|}{C}}HCH_3 \xrightarrow[\text{醇}\ \triangle]{KOC(CH_3)_3}$$

$$CH_2{=}CH{-}CH{=}CH_2 \xrightarrow{Br_2} BrCH_2CH{=}CHCH_2Br$$

$$\xrightarrow{NaC{\equiv}CH} CH{\equiv}C{-}CH_2CH{=}CHCH_2C{\equiv}CH$$

B合成路线：

$$CH_3CH{=}CHCH_3 \xrightarrow{NBS} CH_3CH{=}CHCH_2Br \xrightarrow[\text{干醚}]{Li}$$

$$CH_3CH{=}CHCH_2Li \xrightarrow{CuI} (CH_3CH{=}CHCH_2)_2{-}CuLi$$

$$\xrightarrow{CH_3CH{=}CHCH_2Br} CH_3CH{=}CHCH_2CH_2CH{=}CHCH_3$$

9. 硝酸银与卤代烃作用是按 S_N1 反应进行。因此，中间体是碳正离子，伴有重排现象，单分子取代和单分子消除是一对竞争反应，也可能存在消除产物。同时，溶剂醇可以作为亲核试剂进攻伯卤代烷发生 S_N2 反应。

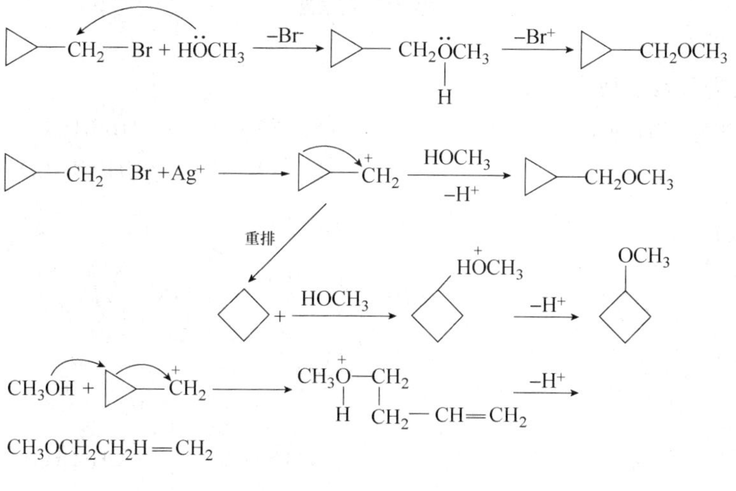

10.

$$\left.\begin{matrix}A\\B\\C\end{matrix}\right\} \xrightarrow[CH_3CH_2OH]{AgNO_3} \left\{\begin{matrix}\xrightarrow{\text{立即沉淀}} A\\ \xrightarrow{\text{几分钟沉淀}} B\\ \xrightarrow{\text{加热后沉淀}} C\end{matrix}\right.$$

11. 推导结构题。

A. $CH_2{=}CHCH_2CH_3$　　B. $\underset{\mid \atop Cl}{CH_2}\underset{\mid \atop Cl}{CH}CH_2CH_3$　　C. $CH_2{=}CH\underset{\mid \atop Cl}{CH}CH_3$

D. $CH_2{=}CH\underset{\mid \atop OH}{CH}CH_3$　　E. $CH_2{=}CHCH{=}CH_2$　　F.

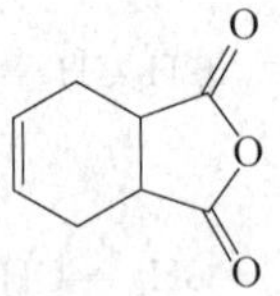

*12. β-卤代醇结构在碱性条件下可以发生分子内亲核取代反应，即邻基参与效应。当羟基与卤原子处于反式共平面的构象时，对取代反应最有利。卤原子所在的碳原子构型翻转。

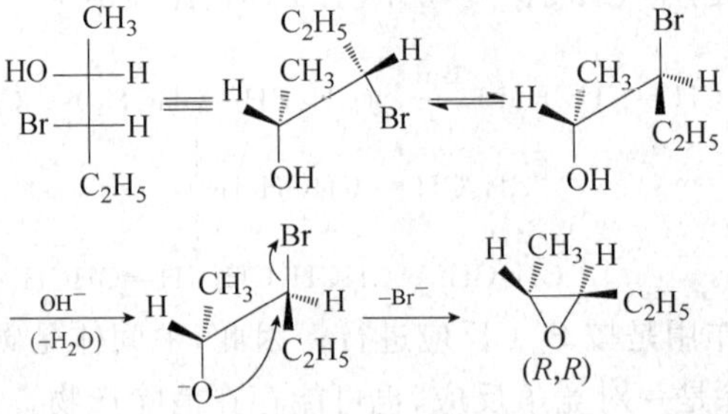

教材习题

1. 用系统命名法命名下列化合物：

(1) $CH_3CH(CH_3)CHClCH_3$　　(2) $CH_3CH_2CHBrCH(CH_3)CH_3$

(3) $CHCl_3$　　(4) $CH_3CHBrCH(CH_2Cl)CH_2CH_2CH_3$

(5)

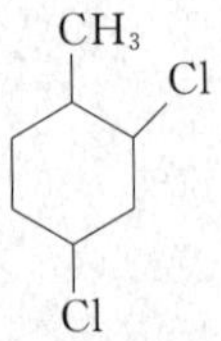

(6)

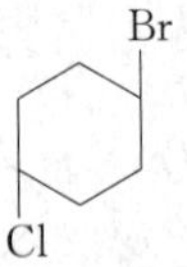

(7)

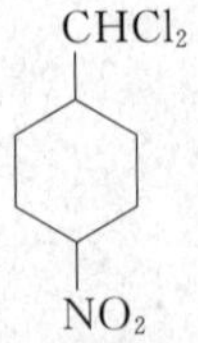

(8)

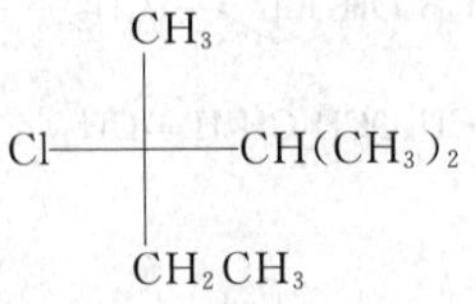

2. 写出下列化合物的结构式：

(1)二氟二氯甲烷　　(2)烯丙基氯

(3)2-苯基乙基溴　　(4)(*R*)-4-甲基-5-乙基-1-溴辛烷

(5)(1S,3S)-1,3-二溴环己烷　　(6)环戊基溴

3. 完成下列反应式：

(1) $CH_3CH{=}CH_2 + HBr \longrightarrow ? \xrightarrow{NaCN} ?$

(2) $CH_3CH{=}CH_2 + HBr \xrightarrow{R_2O_2} ? \xrightarrow{H_2O(KOH)} ?$

(3) $CH_3CH{=}CH_2 + Cl_2 \xrightarrow{773K} ? \xrightarrow{Cl_2,H_2O} ?$

(4) 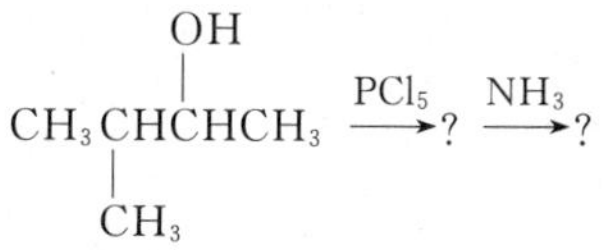

(5) 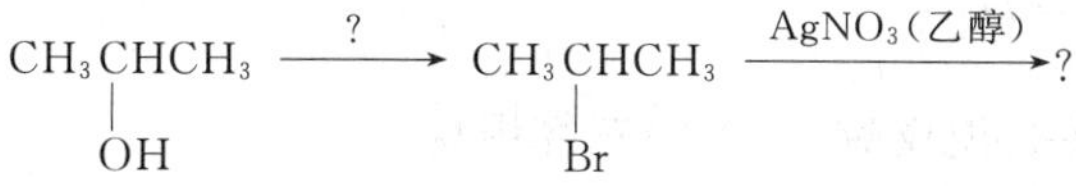

(6) $C_2H_5MgBr + CH_3CH_2CH_2CH_2CH{=}CH \longrightarrow ?$

(7) $ClCH{=}CHCH_2Cl + CH_3COONa \xrightarrow{CH_3COOH} ?$

(8) 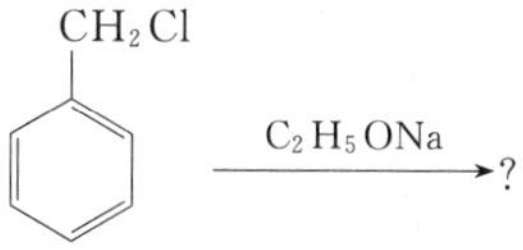

(9) 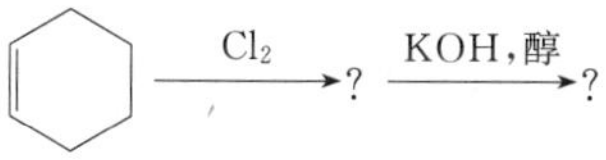

4. 将下列各组化合物按照与指定试剂的反应活性大小排列顺序：

(1)氢氧化钠水溶液　1-氯丁烷，氯苯，苄基氯

(2)2%硝酸银的乙醇溶液　苄基氯，对氯苄基氯，对甲氧基苄基氯，对甲基苄基氯

5. 用简单化学方法区别下列各组化合物：

(1)3-溴-2-戊烯，4-溴-2-戊烯，5-溴-2-戊烯　　(2)1-氯丁烷，1-碘丁烷

(3)氯苯，苄基氯，邻氯乙苯　　(4)正丁基氯，叔丁基氯

6. 比较下列各组化合物的反应速度，并给出合理的解释：

(1)S_N1 反应　a. 正丁基溴，叔丁基溴，仲丁基溴　b. 邻溴乙苯，α-溴乙苯，β-溴乙苯

(2)S_N2 反应　a. 正丙基溴，新戊基溴，异丁基溴　b. 仲丁基溴，叔丁基溴，正丁基溴

7. 将下列各组化合物按消去卤化氢难易排列成序：

(1)E2　2-甲基-3-氯丁烷，3-甲基-1-氯丁烷，2-甲基-2-氯丁烷

(2)E1 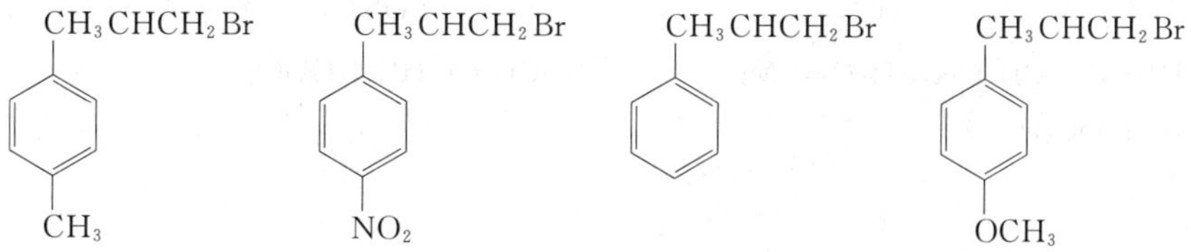

8. 合成下列化合物：

(1)由 2-溴丙烷合成 2,2-二氯丙烷。

(2)由丙烯合成烯丙醇。

(3)由环己醇合成 3-溴环己烯。

9. 某开链烃 A 的分子式为 C_6H_{12}，具有旋光性，加氢后生成相应的饱和烃 B，A 与溴化氢反应生成 $C_6H_{13}Br$。试写出 A、B 可能的构造式和各步反应式，并指出 B 有无旋光性。

10. 某烃 C_3H_6(A)在低温时与氯作用生成 $C_3H_6Cl_2$(B)，在高温时则生成 C_3H_5Cl(C)。使

(C)与碘化乙基镁作用得 C_5H_{10}(D)，后者与 NBS 作用生成 C_5H_9Br(E)。使(E)与氢氧化钾的乙醇溶液共热，主要生成 C_5H_8(F)，后者又可与丁烯二酸酐发生双烯合成得(G)，写出各步反应式以及由(A)至(G)的构造式。

教材习题答案

1. 用系统命名法命名下列化合物：

(1)2-甲基-3-氯丁烷　(2)2-甲基-3-溴戊烷　(3)三氯甲烷

(4)3-氯甲基-2-溴己烷　(5)1-甲基-2,4-二氯环己烷　(6)(反)-1-氯-4-溴环己烷

(7)4-硝基环己基二氯甲烷　(8)(2*R*)-3-甲基-2-乙基-2-氯丁烷

2. 写出下列化合物的结构式：

(1)CF_2Cl_2　(2)$CH_2{=}CHCH_2Cl$

(3) 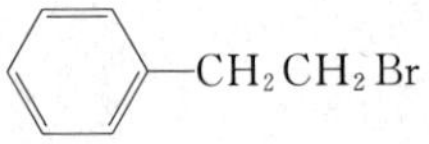　(4) 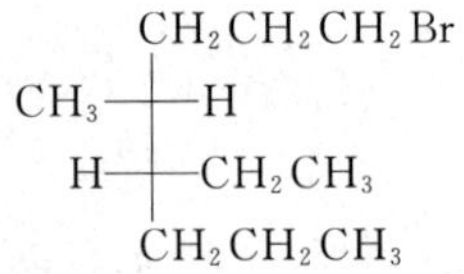

(5) 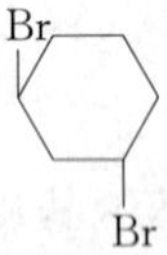　(6) 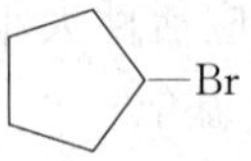

3. 完成下列反应式：

(1) $CH_3CH(Br)—CH_3$；$CH_3CH(CN)—CH_3$　(2)$CH_3CH_2CH_2Br$；$CH_3CH_2CH_2OH$

(3)$CH_2{=}CH—CH_2—Cl$；$CH_2(OH)—CH(Cl)—CH_2—Cl$ 或 $CH_2(Cl)—CH(Cl)—CH_2(Cl)$

(4) $CH_3CH(CH_3)CH(Cl)CH_3$；$CH_3CH(CH_3)CH(NH_2)CH_3$　(5)HBr；$CH_3CH(ONO_2)CH_3$ $+AgBr\downarrow$

(6)$C_2H_6+CH_3CH_2CH_2CH_2C{\equiv}CMg$　(7)$ClCH{=}CHCH_2OOCCH_3$

(8) 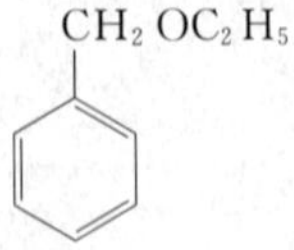　(9) 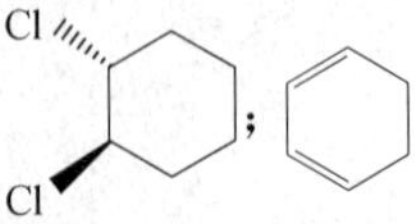

4. 将下列化合物按着与指定试剂的反应活性大小排列顺序：

(1)苄基氯＞1-氯丁烷＞氯苯；

(2)对甲氧基苄基氯＞对甲基苄基氯＞苄基氯＞对氯苄基氯。

5. 用简单化学方法区别下列各组化合物：

(1)加入硝酸银的乙醇溶液，立即产生沉淀的是 4-溴-2-戊烯，加热之后产生沉淀的是 5-溴-2-戊烯，无变化的是 3-溴-2-戊烯。

(2)加入硝酸银的乙醇溶液，产生黄色沉淀的是1-碘丁烷，产生白色沉淀的是1-氯丁烷。

(3)加入硝酸银的乙醇溶液，立即产生沉淀的是苄基氯；加入高锰酸钾溶液加热，紫色褪去的是邻氯乙苯，无变化的是氯苯。

(4)加入硝酸银的乙醇溶液，立即产生沉淀的是叔丁基氯；加热之后产生沉淀的是正丁基氯。

6. 比较下列化合物的反应速度，并给出合理的解释：

(1)a. 叔丁基溴＞仲丁基溴＞正丁基溴　b. α-溴乙苯＞β-溴乙苯＞邻溴乙苯

(2)a. 正丙基溴＞异丁基溴＞新戊基溴　b. 正丁基溴＞仲丁基溴＞叔丁基溴

7. 将下列各组化合物按消去卤化氢难易排列成序：

(1)2-甲基-2-氯丁烷＞2-甲基-3-氯丁烷＞3-甲基-1-氯丁烷；

(2) 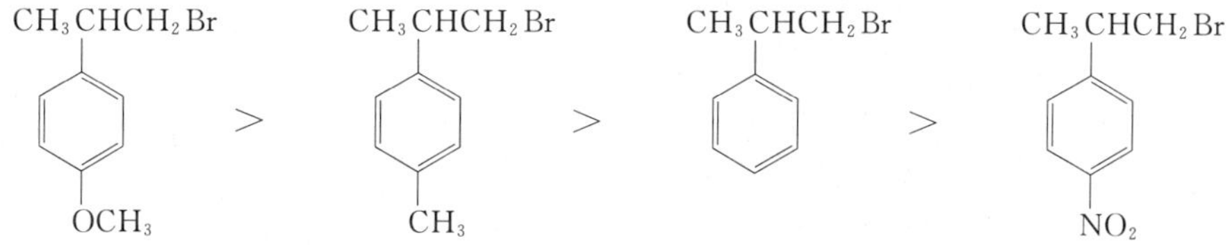

8. 合成下列化合物。

(1) $CH_3CH(Br)CH_3 \xrightarrow[CH_3CH_2OH]{NaOH} CH_3CH{=}CH_2 \xrightarrow[CCl_4]{Br_2} CH_3CH(Br)CH_2Br \xrightarrow[CH_3CH_2OH]{NaOH} CH_3C{\equiv}CH$

$\xrightarrow{2HCl} CH_3CCl_2CH_3$

(2) $CH_3CH{=}CH_2 \xrightarrow[h\nu]{Br_2} CH_2(Br)CH{=}CH_2 \xrightarrow[H_2O]{NaOH} CH_2(OH)CH{=}CH_2$

(3) 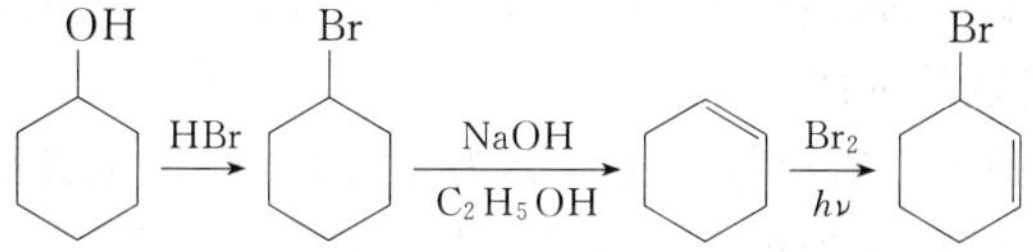

9.

A. $CH_2{=}CH{-}CH(CH_3)CH_2CH_3$　B. $CH_3CH_2CH(CH_3)CH_2CH_3$

10.

A. $CH_2{=}CH{-}CH_3$　B. $CH_2(Cl){-}CH(Cl){-}CH_3$

C. $Cl{-}CH_2{-}CH{=}CH_2$　D. $C_2H_5{-}CH_2CH{=}CH_2$

E. $C_2H_5{-}CH(Br)CH{=}CH_2$　F. $CH_3CH{=}CH{-}CH{=}CH_2$　G. 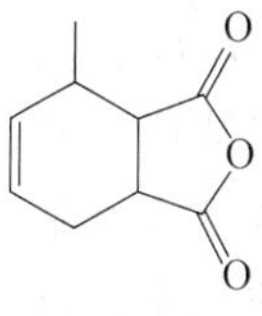

Chapter 7 第7章

醇、酚和醚

Alcohol Hydroxybenzene Ether

主要知识点

一、醇、酚和醚的命名

1. 醇和酚的命名

对于结构比较简单的醇和酚，采用"烃基＋醇或酚"的命名方式。

对于结构比较复杂的醇酚则采用系统命名法。

醇的命名：取代基位置与名称＋醇母体的位次与名称。主链选择原则和编号方式都以醇作为官能团来确定。不饱和醇的母体是某烯醇；芳香醇命名时以苯环为取代基。

酚的命名：羟基连在苯环上，母体是苯酚，酚羟基所连的碳为1号碳，以确定其他取代基的位置；羟基连在其他芳环上，必须注明羟基在芳环上的位次，且保证位次最小。

多元醇和酚命名：在母体醇和酚前面用数字分别注明多个羟基的位次，再用汉字数字表明羟基的个数。

当醇和酚遇到更优官能团时，按照多官能团化合物命名原则命名，羟基作为取代基处理。

2. 醚和环氧化合物的命名

结构简单的醚以醚为母体命名。不同类型的醚命名格式如下：

环醚：母体是环氧某烷，母体前须注明氧在烃基链上的位置。

脂肪族醚：烃基＋醚。单醚：(二)烃基醚；混醚：两个烃基按照次序规则较优烃基在后，称为某基某基醚。

芳香族单醚：二芳基＋醚。

芳香族混醚：芳基＋脂肪族烃基＋醚。

结构复杂的醚：以结构简单的一侧烃氧基为取代基，复杂烃基为母体。

二、醇、酚和醚的结构

醇和酚的官能团都是羟基(—OH)，但是，醇分子中与羟基氧原子直接相连的碳原子是 sp^3 杂化，因此，醇中氧原子也是 sp^3 杂化，氧原子的两对孤对电子占据 sp^3 杂化轨道；酚中与氧原子直接相连的是芳环上 sp^2 杂化碳原子，因此，酚中氧原子也是 sp^2 杂化，氧原子的一对孤对电子占据 sp^2 杂化轨道，另一对孤对电子占据未杂化 p 轨道，p 轨道的 1 对电子与芳环离域大 π 键电子形成 p-π 共轭体系，氧原子上的 p 电子通过离域向苯环上转移，因此，苯酚中 C—O 单键键长(0.136 nm)比甲醇中 C—O 单键键长(0.142 nm)变短；酚中 O—H 极性共价键极性变大，H 原子更易离去，酚比醇的酸性强；同时，苯环电子云密度增加，亲电取代反应活性变大。

醚的官能团是 C—O—C 单键，氧原子的杂化状态和两侧的碳原子杂化状态相关。对于饱和脂肪族醚，氧是 sp^3 杂化；对于不饱和醚和芳香醚，氧原子是 sp^2 杂化，氧原子未杂化 p 轨道孤对电子和烯烃 π 键或芳环大 π 键形成 p-π 共轭体系，不饱和 C—O 键比饱和 C—O 键更稳定，键长短，键能大，化学性质稳定不易断开。环醚化合物结构与环烷烃相似。环氧乙烷比环丙烷的开环活性更大。

三、醇的性质

醇发生化学反应时化学键断裂位置和反应类型如图 7-1 所示。

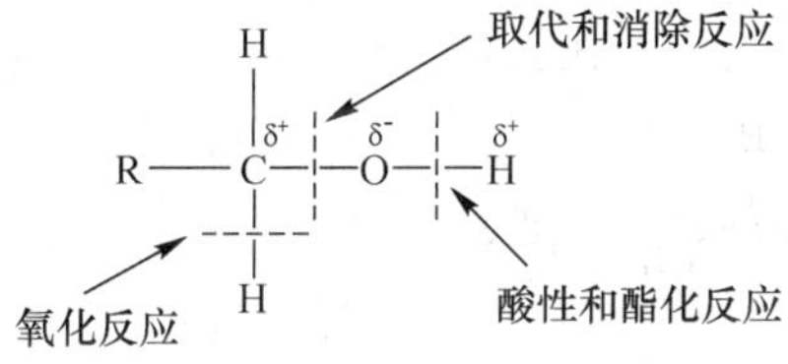

图 7-1 醇发生化学反应时化学键断裂位置

(一)酸性和碱性

醇是弱酸，其 pK_a = 15.5～18.0，如：

	水	甲醇	乙醇	异丙醇
pK_a	15.7	15.5	15.9	17.1

这是因为烷基的给电子诱导效应使 O—H 键极性变弱。因此，醇与金属作用生成醇钠和氢气，反应比水慢。不同结构的醇反应速度大小为甲醇＞伯醇＞仲醇＞叔醇。利用这一特性，实验室可用乙醇与钠反应制备乙醇钠，常用异丙醇处理废弃的少量金属钠。

醇(除甲醇外)的酸性比水弱，其共轭碱烷氧基负离子的碱性比 HO^- 强，所以醇钠遇水分解。醇钠具有强碱性，可溶于过量的醇中用作碱性试剂和亲核试剂。

醇羟基氧原子含有孤对电子，可作为碱。乙醇能与强酸(硫酸)解离的 H^+ 结合生成鎓盐，该鎓盐能溶于浓硫酸。醇与强酸的若干重要反应都是通过生成鎓盐结构完成的。此外，醇的碱性能与氯化钙、氯化镁等物质形成螯合物，利用这一性质可以除去烃中少量的醇。

(二)羟基被取代生成卤代烃

(1)醇与氢卤酸作用。

(2)醇与二氯亚砜反应。

(3)醇与卤化磷反应。

醇与氢卤酸反应,氢卤酸的活性顺序是:HI>HBr>HCl>HF;醇的活性顺序是:苄醇,烯丙醇,叔醇>仲醇>伯醇;浓盐酸与无水氯化锌所配置的溶液Lucas(卢卡斯)试剂,与不同的醇在常温下反应,现象差别明显。苄醇、烯丙醇和叔醇立即反应变浑浊,仲醇次之,伯醇最慢,可根据出现浑浊的快慢鉴别6个碳以下的醇。

苄醇、烯丙醇、叔醇和仲醇与氢卤酸反应一般按 S_N1 亲核取代反应机理,由于有碳正离子生成,反应常以重排产物为主,如3-甲基-2-丁醇与氢溴酸反应:

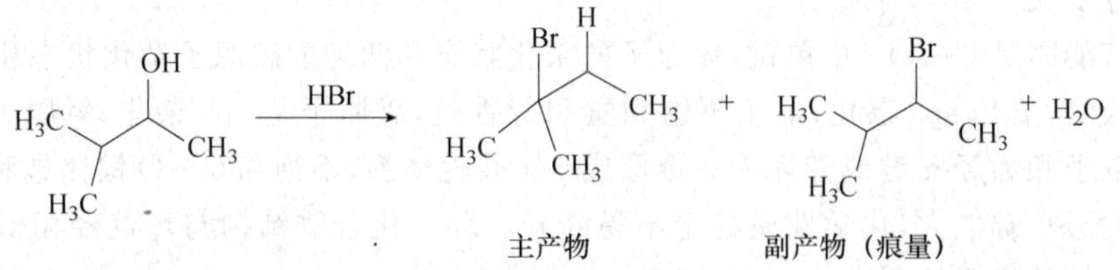

反应历程如下:

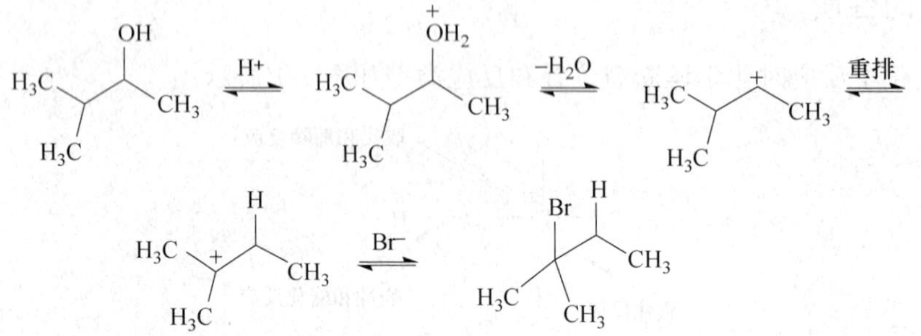

伯醇一般按 S_N2 机理进行,如正丁醇:

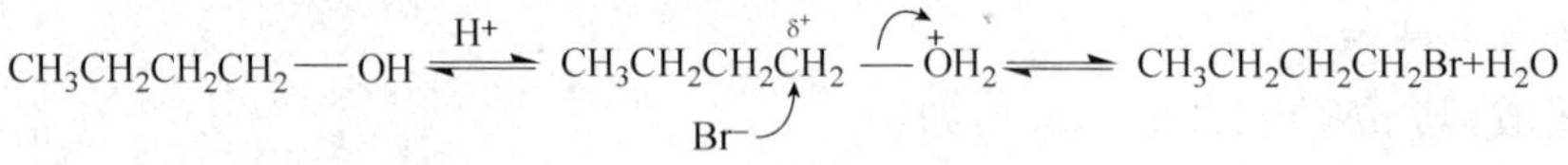

(三)脱水反应

1. 醇分子内脱水生成烯烃

醇在硫酸、磷酸和对甲苯磺酸等存在下,经加热发生消除反应,脱水生成烯烃。不同的醇脱水生成烯烃由易到难的顺序为:叔醇>仲醇>伯醇。醇脱水反应符合札依采夫规则,且产物构型以反式为主。醇分子内脱水主要是E1反应机理,如正丁醇脱水得到2-丁烯:

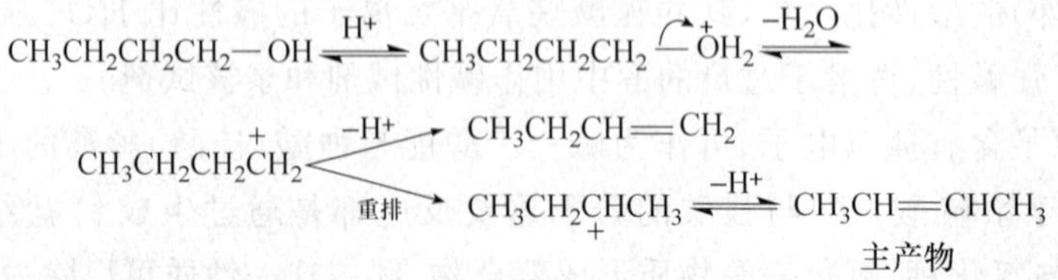

若是脂环醇，经碳正离子重排，可能导致扩环，如环戊烷甲醇脱水得到环己烯：

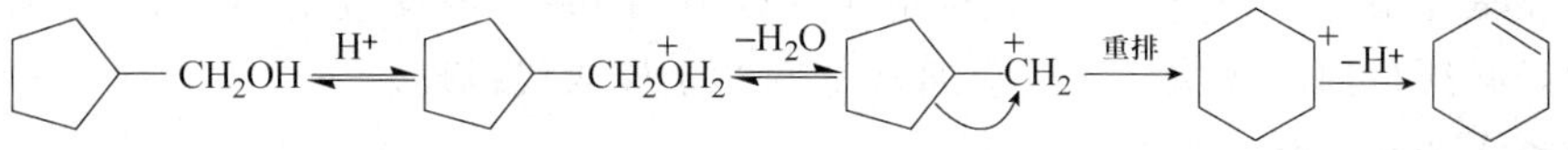

2. 醇分子间脱水反应生成醚

醇分子间脱水温度低于分子内脱水温度，主要是伯醇发生分子间脱水生成单醚，反应一般按 S_N2 机理进行，如正丁醇脱水制备正丁醚反应历程如下：

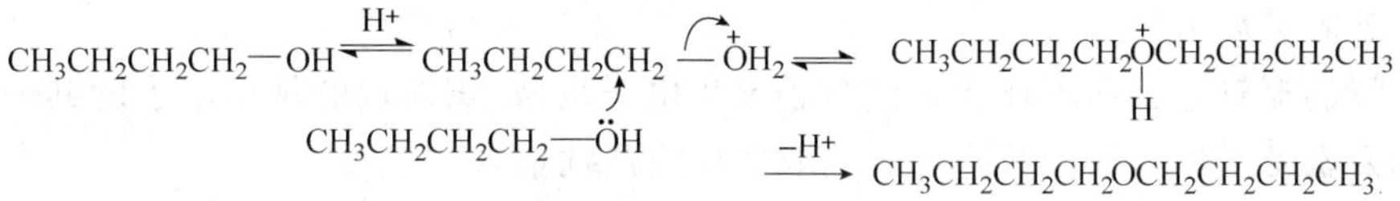

(四)氧化反应

含 α-H 的伯醇、仲醇可以被氧化或脱氢，分别生成醛或酮。醛易被进一步氧化，因此，反应时应将醛及时从体系中排出，或选择不能氧化醛的特殊氧化剂。醇的脱氢反应一般用于工业生产，常用铜或铜铬氧化物做脱氢剂。

多元醇的氧化：邻二醇经高碘酸或四乙酸铅氧化，两个羟基间的 C—C 单键断开，生成两分子羰基化合物。高碘酸还原产物是碘酸，二者是定量氧化还原反应，因此，通过碘酸银标记高碘酸消耗量可以推测分子中邻二醇的数量，这一点常用于碳水化合物结构鉴定。

四、酚的性质

(一)酚的酸性

酚的酸性比水和醇强，其 $pK_a=9.94$，但它的酸性比碳酸($pK_a=6.4$)弱。酚在氢氧化钠和碳酸钠溶液中转变成酚盐，但不与碳酸氢钠反应。利用这一性质可实现苯酚和苯甲酸的分离。

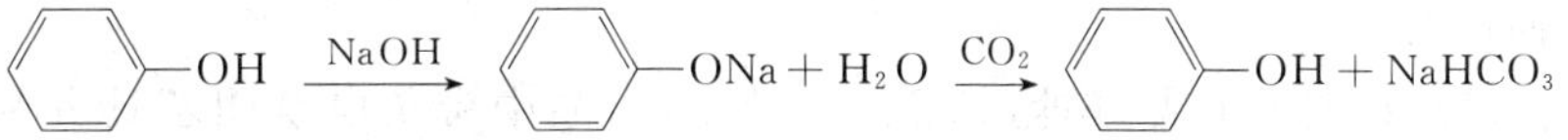

芳环上连有吸电子基团可增加酚的酸性，反之，连有给电子基团酸性减弱，此外，芳环上取代基相对于酚羟基的位置也很重要，如下所示各取代苯酚的酸性：

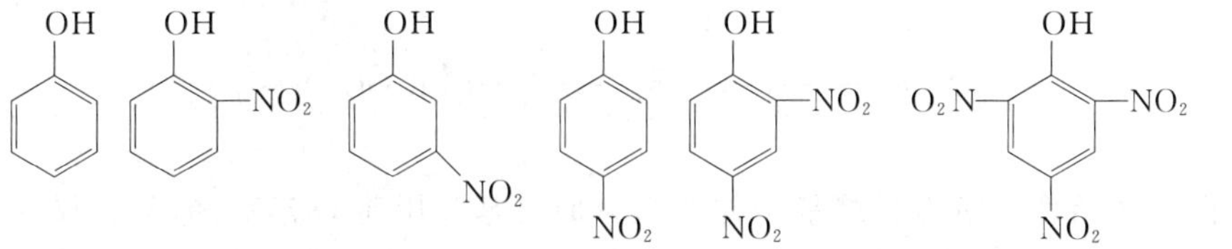

pK_a　9.99　7.23　8.40　7.15　4.00　0.71(苦味酸)

芳环上取代基对酚酸性的影响，主要表现在对酚氧负离子稳定性的影响。当苯环上连有吸电子基团，有利于氧负离子到苯环上离域，负电荷得到分散而稳定，酸性增强；而苯环上连有斥电子基团使苯环上电子云密度增加，不利于氧负离子到苯环上离域，负电荷不能得到分散，酚氧负离子不稳定，不易生成，对应的酚中氢质子不易解离，酸性减弱。

(二)酚醚的生成

苯酚在碱性条件下,与伯卤代烷反应生成烷基芳基醚,该反应是 Williamson 合成混醚法。卤代烃必须是伯卤代烷。该反应通常是 S_N2 亲核取代机理。

(三)酚与三氯化铁显色反应

苯酚遇三氯化铁显蓝紫色。不同结构的酚遇三氯化铁显色不同,可生成红、绿、蓝和紫等不同颜色的化合物。硝基酚一般不显色。除苯酚外,含有烯醇式结构的化合物也可与三氯化铁络合发生显色反应。因此,该反应可用于鉴别苯酚衍生物及含烯醇式结构的物质。

(四)苯酚芳环上的反应

羟基氧的孤对电子和苯环上 π 键电子发生电子离域,氧体现的是斥电子的共轭效应,苯环上电子云密度增加,因此,芳环上亲电取代反应活性增大。

(1)苯酚遇到溴水立即生成 2,4,6-三溴苯酚白色沉淀,该反应用于检验和鉴别苯酚。

(2)苯酚很活泼,用稀硝酸在低温下即可发生硝化反应,但同时苯酚易被硝酸氧化。

(3)苯酚易发生磺化反应,低温下生成邻羟基苯磺酸;温度略高则以对羟基苯磺酸为主。苯酚也易被硫酸氧化,产率不高。

五、醚的性质

醚的化学性质比较稳定,只在强酸性条件下反应。

1. 锌盐的生成

醚中氧原子有孤对电子,作为 Lewis 碱与其他缺电子的原子或基团(Lewis 酸)结合而形成的物质称为锌盐。锌盐是弱碱强酸盐,仅在浓酸中能稳定存在,与水很容易分解生成醚。利用此性质可以将醚从烷烃和卤代烃中分离出来。

$$R-O-R \xrightarrow{H^+} \left[R-\overset{H}{\underset{+}{O}}-R\right]X^- + H_2O \longrightarrow R-O-R + H_3O^+ + X^-$$

2. 醚键的断裂

醚遇强酸结合酸质子生成锌盐后,C－O 键变弱,酸中带负电基团若具有亲核性,可以和锌盐之间发生亲核取代反应,醚键可断开,如氢碘酸和氢溴酸可以使醚键断裂,生成卤代烃和醇。

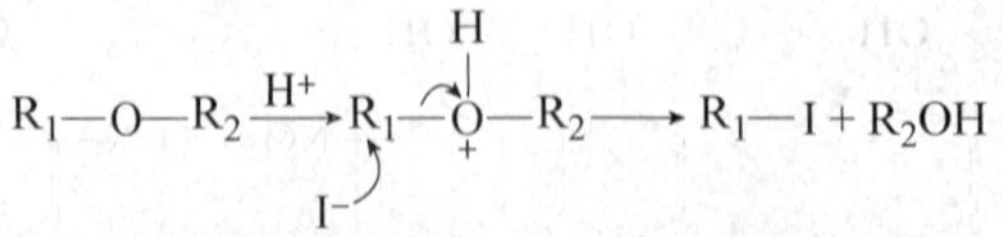

混合醚键断裂的活性顺序为叔烷基＞仲烷基＞伯烷基＞甲基＞芳基、烯基。叔烷基活性最大,主要是按照 S_N1 亲核取代机理进行。伯烷基按照 S_N2 亲核取代机理。芳基醚键很难断裂,单芳基醚与氢碘酸反应生成苯酚和碘代烃;二芳基醚键很稳定,不能被酸断裂。

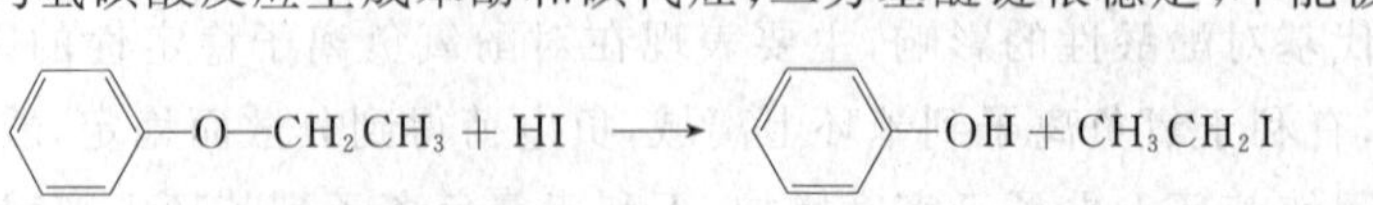

3. 过氧化物生成

许多烷基醚与空气接触或经光照后，α-H 会慢慢氧化，生成不易挥发的过氧化物。过氧化物不稳定，遇剧烈振荡或加热会发生爆炸。因此，在蒸馏醚之前一定要检验是否有过氧化物。

检验过氧化物的方法：①碘化钾-淀粉试纸，有过氧化物试纸变蓝。②硫酸亚铁的硫氰化钾溶液，Fe^{2+} 遇过氧化物氧化成 Fe^{3+}，Fe^{3+} 与 SCN^- 作用生成血红色络合物。

除去过氧化物的方法：加入适量的亚硫酸钠、硫酸亚铁使过氧化物分解。市售无水乙醚中加有二乙基氨基硫代甲酸钠做抗氧剂。

六、环氧化合物性质

环氧化合物分子中由于有环张力存在，性质非常活泼，在酸或碱催化下都可以开环。碱性条件下开环反应如图 7-2 所示：

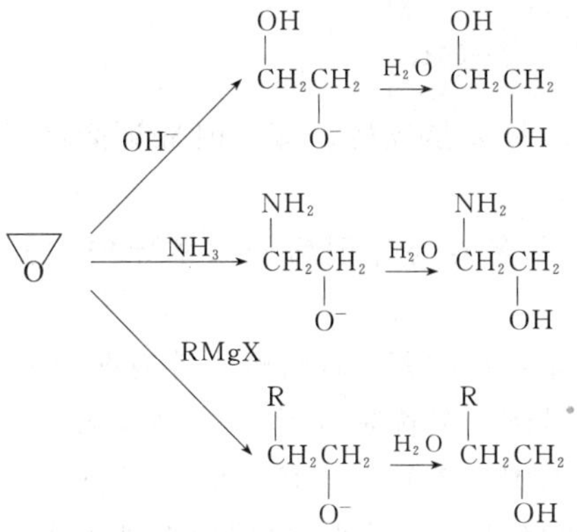

图 7-2 环氧乙烷碱性条件下开环

格氏试剂与环氧乙烷作用产物是增加两个碳原子的伯醇结构，是制备伯醇的重要方法之一。

环氧乙烷酸性条件下开环反应如图 7-3 所示：

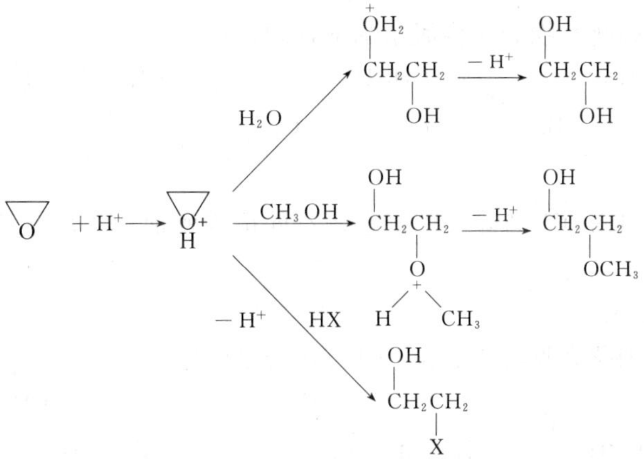

图 7-3 环氧乙烷酸性条件下开环

典型例题

【例 1】 命名下列各组化合物。

(1) 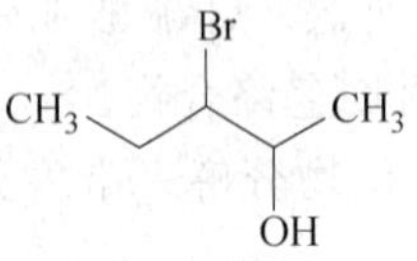 (2) 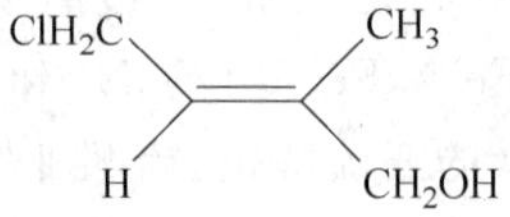 (3) 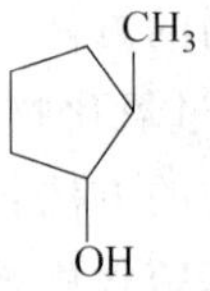

(4) 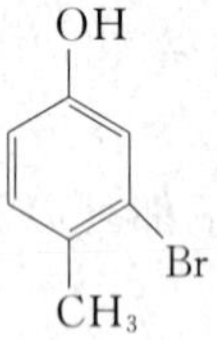 (5) 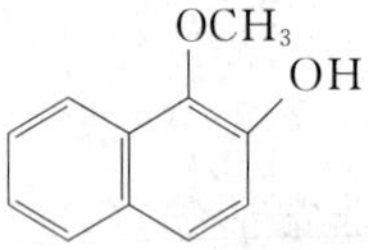 (6) 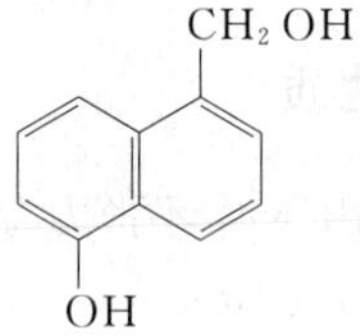

(7) 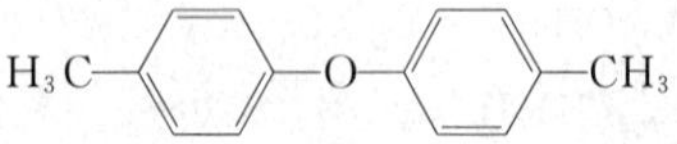

解 (1)这是一个饱和醇，母体是戊醇。编号时保证醇羟基位号最小。名称是：3-溴-2-戊醇。

(2)这是一个不饱和醇，命名时要标记烯烃构型异构。名称是：(*E*)-2-甲基-4-氯-2-丁烯醇。

(3)这是一个脂环醇，母体是环戊醇。环烷烃上连有两个取代基时存在顺、反异构现象。羟基连在环上的碳原子为 1 号碳。名称是：(反)-2-甲基环戊醇。

(4)以苯酚为母体，酚羟基碳为 1 号碳。名称是：4-甲基-3-溴苯酚。

(5)母体是萘酚。保证酚羟基位次最小，故甲氧基所在的 α-C 是 1 号碳。名称是：1-甲氧基-2-萘酚。

(6)萘环上两个官能团以醇官能团较优，母体是萘甲醇，醇羟基所在的 α-C 是 1 号碳。名称是 5-羟基-1-萘甲醇。

(7)二芳基单醚结构命名格式："二＋芳基名称＋醚"。名称：二对甲苯基醚。

【例 2】 比较下列化合物分子内脱水的活性顺序。

A. 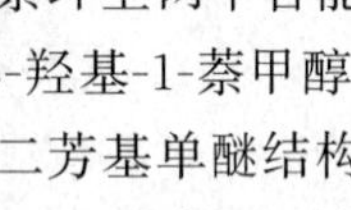 B. 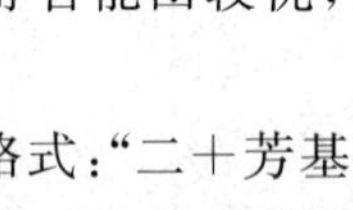 C. 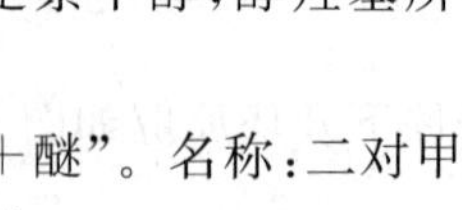 D. 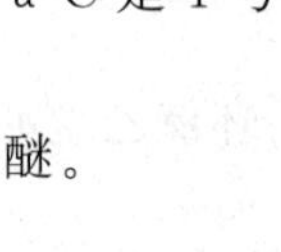

解 醇分子内脱水是 E1 消除反应机理。不同结构的饱和醇反应活性顺序是叔醇＞仲醇＞伯醇。

答案：D＞A＞B＞C。

【例 3】 比较下列化合物与 Lucas 试剂反应难易顺序。

A. 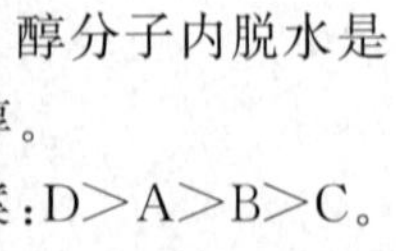 B. 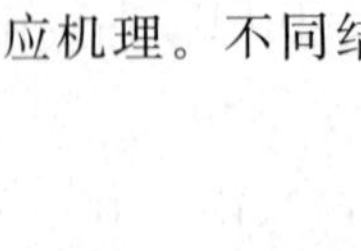 C. 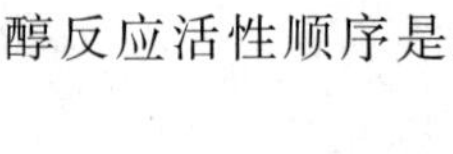

解 醇与 Lucas 试剂反应，是羟基被取代的反应，一般按照 S_N1 反应机理进行，所以反应速度最快的是叔醇>仲醇>伯醇。

答案：A>B>C。

【例 4】比较下列化合物被氧化的难易顺序。

A. $(CH_3)_3COH$　　B. $CH_3CH(OH)CH_2CH_3$　　C. $CH_3CH_2CH_2CH_2OH$

解　只有伯醇和仲醇可以被氧化，且伯醇比仲醇易氧化。所以由易至难的顺序是 C>B>A。

【例 5】　下列化合物与 HIO_4 反应，生成两种氧化物的是(　　)。

A. 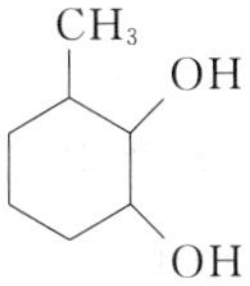　B. 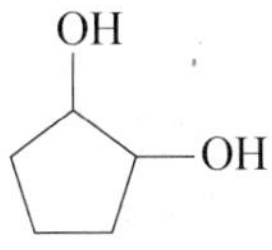　C. 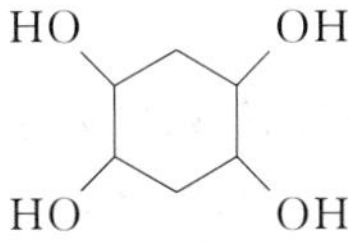　D. 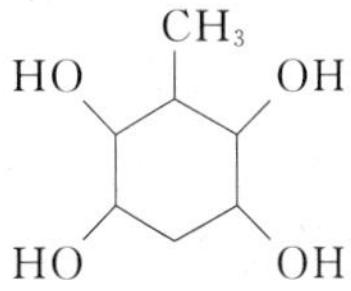

解　HIO_4 对邻二醇结构具有独特的氧化能力。将邻二醇键等当量断开，端位羟基变成醛，两侧都具有邻二醇羟基的碳被氧化成甲酸。

答案：D。

【例 6】　下列化合物酸性最强的是(　　)。

A. 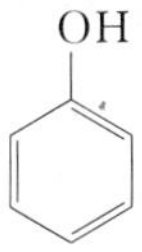　B. 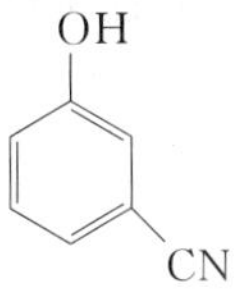　C. 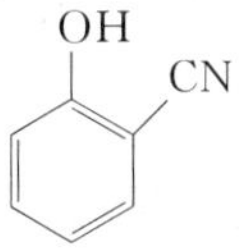　D. 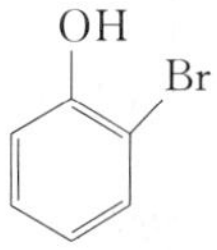

解　酚的酸性是指酚羟基给出氢质子的能力。可通过比较共轭碱稳定性分析酸性强弱。即通过分析酚给出氢质子后形成的酚氧负离子的稳定性分析其酸性。负离子越稳定越好，共轭酸酸性越强。氧负离子稳定性和氧上的负电荷分散程度成正比，负电荷越分散越稳定。苯环上连有吸电子基，吸电子诱导和共轭效应越强越有利于氧负离子分散。上述结构中—CN 连在羟基邻位上吸电子共轭效应最强。

答案：C。

【例 7】　写出苯甲醚与氢碘酸作用主要产物。

解　醚与氢碘酸和氢溴酸会发生醚键断开的反应。对于单芳基醚结构，氧和苯环之间存在共轭效应，因此芳氧键键能较大，不易断开。断键在烷氧基一侧，伯烷基按 S_N2 机理进行，叔烷基按 S_N1 机理进行。因此，产物是苯酚和碘甲烷。

【例 8】　写出 1,2-环氧丙烷在酸性甲醇溶液中反应的产物。

解　环氧化合物很活泼，在酸或碱性条件下都易开环发生加成反应。酸性条件下，按 S_N1 机理进行。即环上氧原子先结合质子生成鎓盐结构，C—O 键极性变大从而开环，易形成较稳定的 C^+，即取代基较多的碳带正电荷稳定，甲醇作为亲核试剂进攻 C^+ 完成加成。

产物是：CH_3CHCH_2OH（其中 CH 上连 OCH_3）

$$CH_3\underset{\substack{|\\OCH_3}}{CH}CH_2OH$$

【例 9】　完成下列反应式。

(1) $CH_3—CH═CH—CH_2OH \xrightarrow{HBr} ?$

(2) $$\underset{\substack{|\\OH}}{CH_3CH}\underset{\substack{|\\OH}}{CH}\underset{\substack{|\\OH}}{CH_2} \xrightarrow{HIO_4}$$

(3) 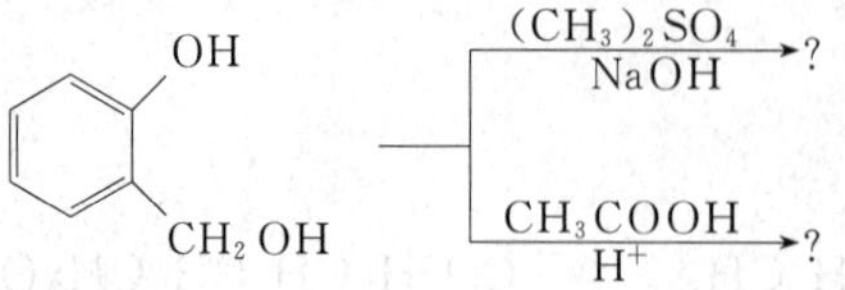

(4) 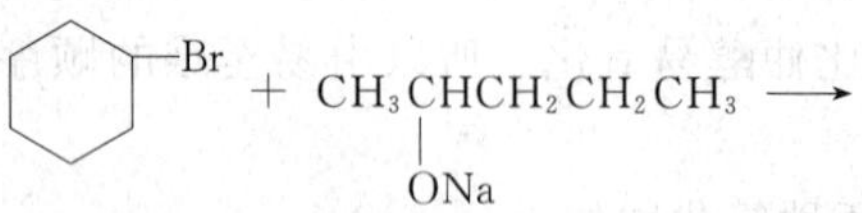

(5) 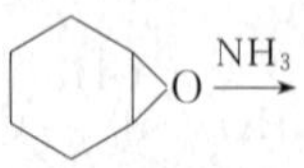

解 (1)烯丙醇和氢卤酸按照 S_N1 反应机理，羟基质子化后脱水形成烯丙基碳正离子，碳正离子会发生重排。因此，产物是：$CH_3CH=CH-CH_2Br+CH_3\underset{\text{Br}}{\underset{|}{C}H}CH_2=CH_2$。

(2)高碘酸氧化邻二醇结构。产物是：$CH_3CHO+HCOOH+HCHO$。

(3)碱性条件下，由于酚的酸性强，先形成酚钠做亲核试剂和硫酸二甲酯发生亲核取代。产物是：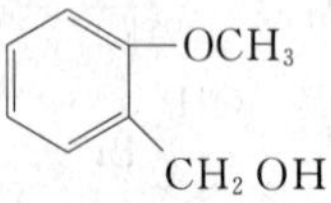；酸性条件下，醇的碱性强，结合酸质子后脱水形成苄基碳正离子，受到羧羟基氧进攻形成酯。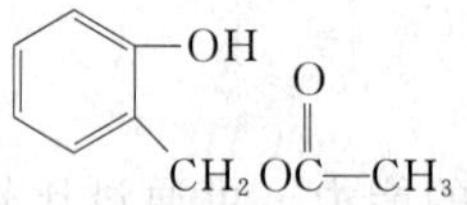。

(4)仲卤代烷在醇钠的碱性溶液中主要是消除反应。所以产物是：环己烯。

(5)氨与对称环氧化合物发生亲核加成反应，氨分子可以从平面的两侧进攻，因此，产物是一对对映体。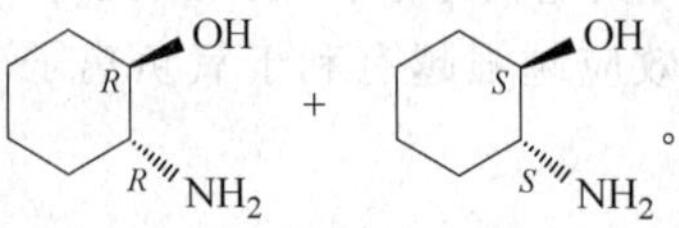。

【例 10】 写出下列反应的可能机理。

(1) 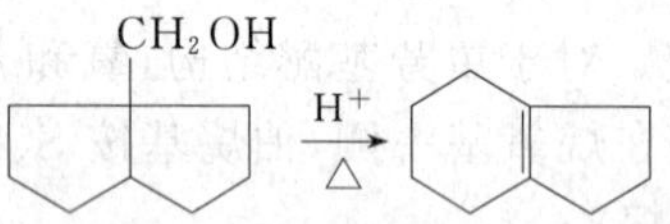

(2) 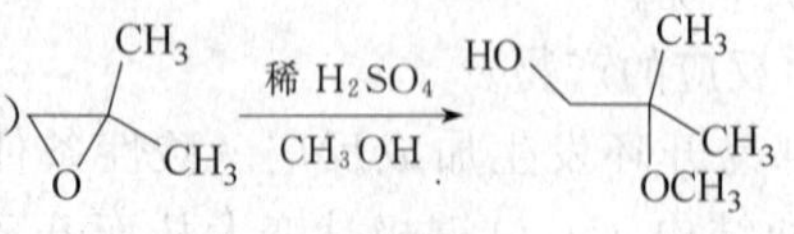

解 (1)醇分子内消除按 E1 机理，碳正离子发生重排。

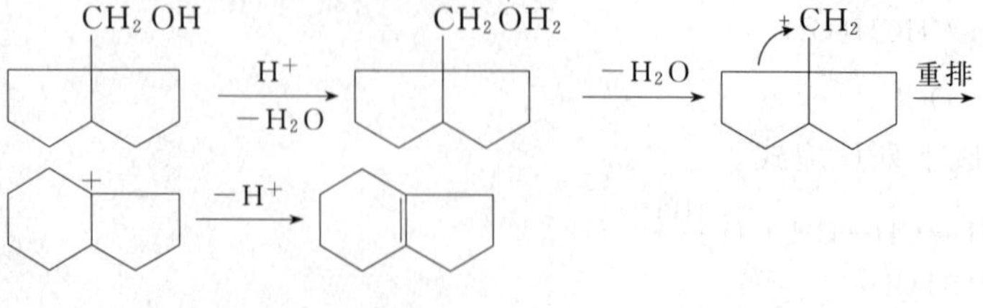

(2)不对称环氧化合物在酸性条件下开环，按 S_N1 机理。

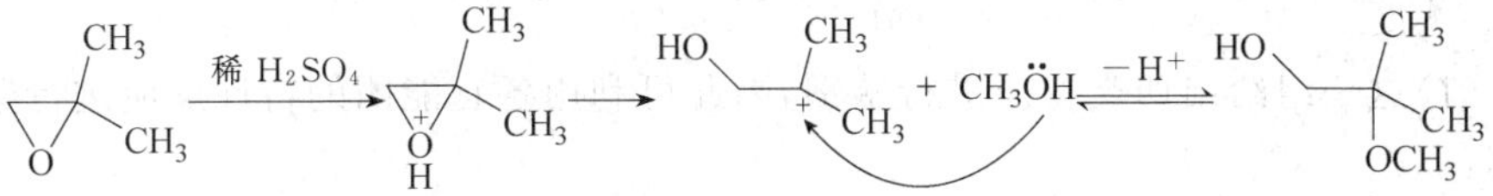

【例 11】　合成下列化合物。

(1)用不多于 3 个碳的有机化合物为原料合成 $(CH_3)_2CHOCH_2CH_3$

(2)以苯和其他物质为原料合成 2,6-二氯苯酚。

(3)以苯为原料制备 β-苯基乙醇。

解　(1)目标化合物是脂肪族混醚。可采用 Williamson 合成混醚法，该法的关键是卤代烃必须是伯卤代烷。因为与氧原子直接相连的碳原子分别是伯碳和仲碳，因此，设计伯碳来自卤代烷烃，仲碳来源于醇钠。

路线：

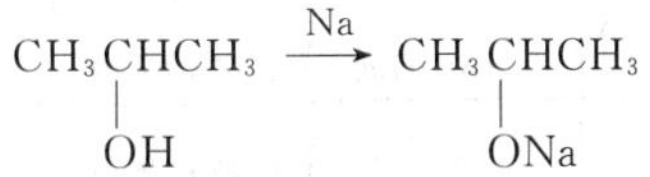

$$(CH_3)_2CHONa + CH_3CH_2Br \longrightarrow CH_3CH_2OCH(CH_3)_2$$

(2)根据三个基团在苯环的位置可知应先合成苯酚，后氯代。酚羟基是邻对位定位基，在氯代前对位进行磺化占位后氯代即可得到目标产物：

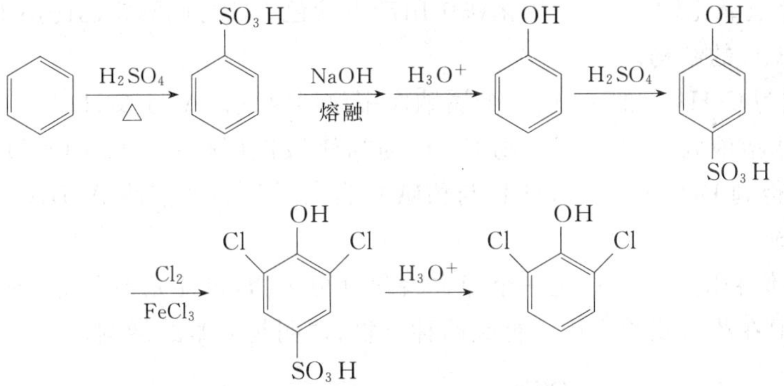

(3)目标产物是在原料苯环上增加两个碳原子，且是伯醇结构，因此可由格氏试剂和环氧乙烷加成制备。

路线：

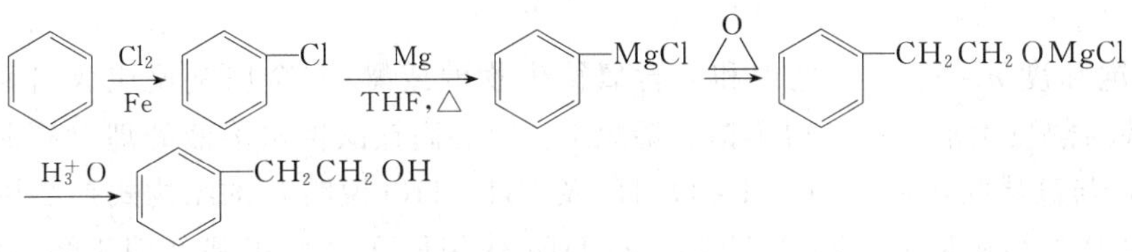

【例 12】　根据化学方法鉴别下列各组物质。

(1) A. 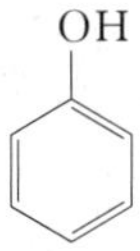　　B. $CH_2{=}CHCH_2Br$　　C. $CH_2{=}CHCH_3$　　D. $CH_3OCH_2CH_3$

(2) A. 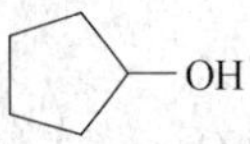 B. 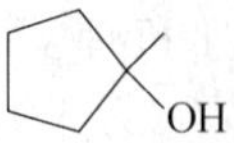 C. 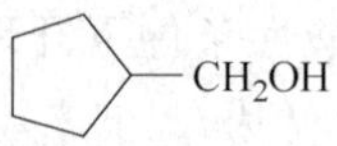

解 (1)这一组给出四类物质进行鉴别，因此可利用各官能团的特性反应进行鉴别。

答案：

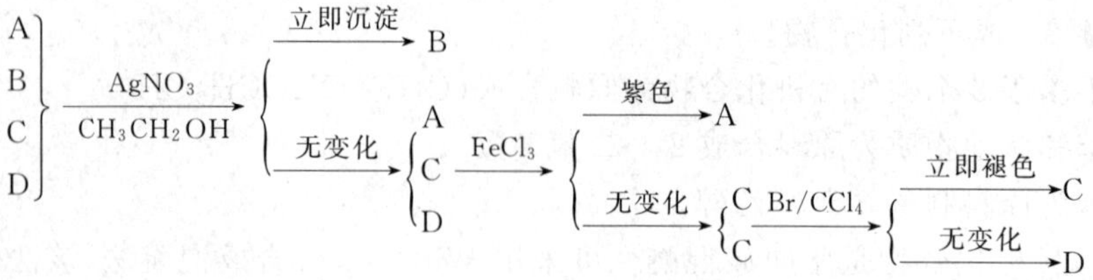

(2)这三种化合物都是脂环族醇，但是由于醇羟基所连的碳原子类型不同，因此化学活性有差别。不同类型醇的鉴别试剂用 Lucas 试剂。

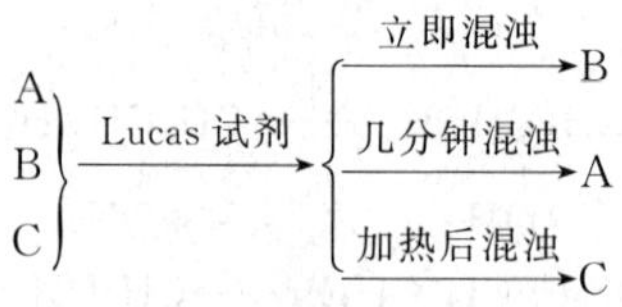

【例 13】 推导结构题。

(1)分子式为 C_7H_8O 的芳香族化合物 A，与金属钠无反应。在浓氢碘酸作用下得到 B 及 C。B 能溶于氢氧化钠，并与三氯化铁作用产生紫色。C 与硝酸银乙醇溶液作用产生黄色沉淀，推测 A、B、C 的结构。

(2)分子式为 $C_5H_{12}O$ 的 A，能与金属钠作用放出氢气。A 与浓 H_2SO_4 共热生成 B。用冷的高锰酸钾水溶液处理 B 得到产物 C。C 与高碘酸作用得到 CH_3COCH_3 及 CH_3CHO。B 与 HBr 作用得到 D($C_5H_{11}Br$)，将 D 与稀碱共热又得到 A。推测 A、B、C、D 的结构，并写出相关的反应式。

解 (1)不饱和度 $n=4$，这是一个芳香族含氧衍生物，可能是芳香醇、酚或芳基醚；其与金属钠无反应但在浓氢碘酸作用下得到两种产物，说明是芳基醚结构。

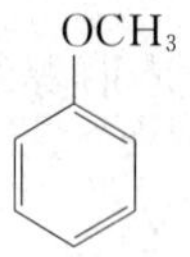

A

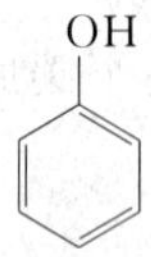

B

CH_3I

C

(2)不饱和度 $n=0$，说明是饱和的含氧衍生物醇或醚；与金属钠反应放出氢气说明是醇。与硫酸共热发生消除反应得不饱和烯烃 B。冷的高锰酸钾水溶液处理 B 得到顺式邻二醇产物 C；C 与高碘酸作用得到 CH_3COCH_3 及 CH_3CHO 说明 C 的结构式是 2-甲基-2,3-丁二醇。所以 B 的结构是 2-甲基-2-丁烯；B 与 HBr 作用得到 D：2-甲基-2-溴丁烷，将 D 与稀碱共热又得到 A：2-甲基-2-丁醇。

练习题

1. 比较下列化合物在酸催化下脱水反应的难易次序。

A. 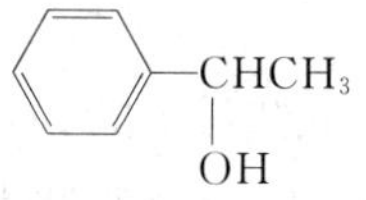　B. 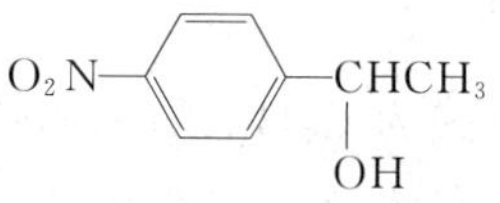　C. 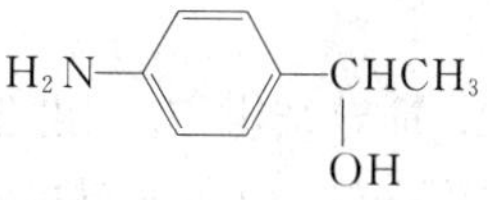

2. 下列化合物碱性最强的是(　　)。

A. 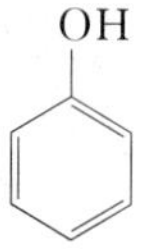　B. 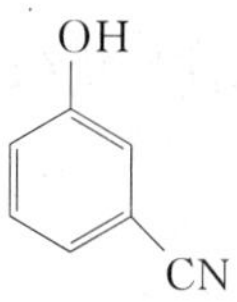　C. 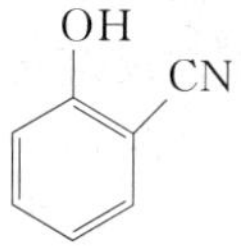　D. 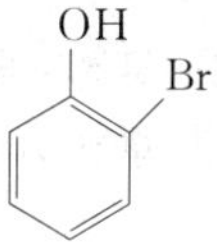

3. 比较下列化合物与 CH_3COOH 酯化反应的速率大小。

A. $(CH_3)_3COH$　B. CH_3CH_2OH　C. $(CH_3)_2CHOH$　D. CH_3OH

4. 将下列化合物按沸点高低排序。

A. 正丁醇　B. 乙醚　C. 仲丁醇　D. 叔丁醇

5. $CH_2=CHCH_2OH \xrightarrow{[O]} CH_2=CHCHO$ 合适的氧化体系是(　　)。

A. $KMnO_4/H_2O$　B. $K_2Cr_2O_7/H^+$　C. H_2O_2　D. CrO_3/吡啶

6. 1,2-环氧丙烷与乙基格氏试剂反应,产物是什么?

7. 完成下列反应式。

(1) $(CH_3)_3C—CH_2OH \xrightarrow[ZnCl_2]{HCl}$

(2) 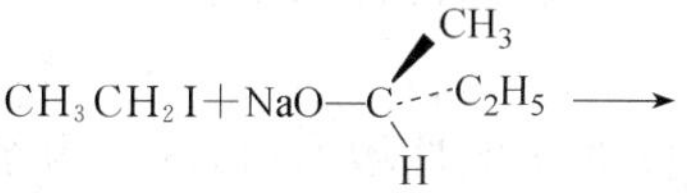

(3) 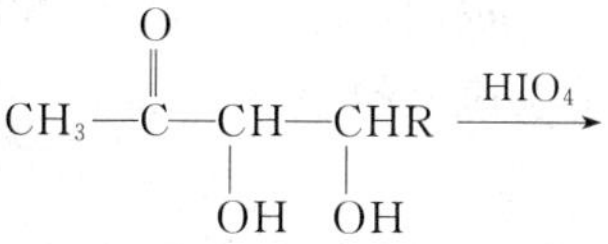

(4) 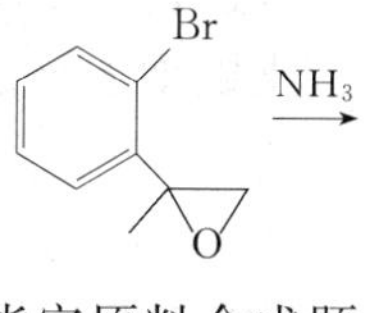

8. 指定原料合成题。

(1) $HOCH_2CH=CHCH_2Cl \longrightarrow$ 

(2) 由不多于四个碳的烃合成 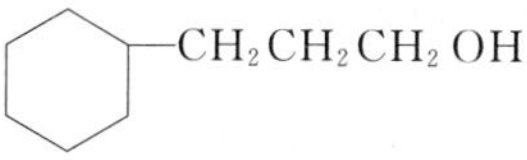

9. 用化学方法鉴别下列一组化合物:

A. 丙烯醇　B. 丙醇　C. 正丙基氯　D. 烯丙基氯

10. 写出下列反应机理。

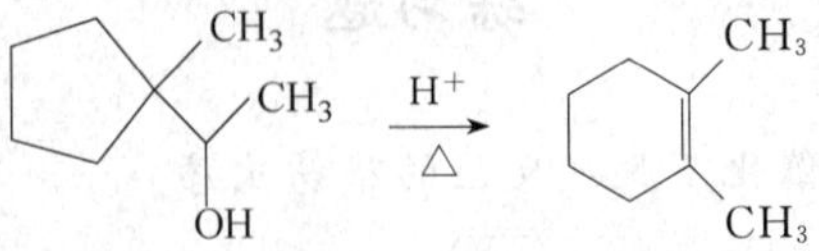

11. 推导结构：有一化合物 A 分子式为 $C_5H_{11}Br$，和 NaOH 水溶液共热后生成 B($C_5H_{12}O$)，B 具有旋光性，能和钠反应放出氢气，和浓硫酸共热生成 C(C_5H_{10})。C 经臭氧化和在还原剂存在下水解则生成丙酮和乙醛。试推测 A、B、C 的结构。

*12. 以卤代烃为原料，通过格式试剂反应可以制备不同结构的伯、仲或叔醇。

*13. 试以乙烯为原料合成 2-丁烯。

练习题解析与答案

1. 羟基连在苯环的 α-C 上，羟基质子化后脱去一分子水，反应中间体是苄基型碳正离子，与苯环形成 p-π 共轭体系。苯环上连有第一类定位基时，苯环电子云密度增加，共轭效应增强，碳正离子稳定越好，消除反应进行的越快。反之，连有吸电子基团时反应变慢。

答案：C>A>B。

2. 酚的碱性指的是酚羟基氧的孤对电子结合质子的能力。氧上的电子云密度越大，碱性越强。氧的孤对电子和苯环之间形成 p-π 共轭体系，表现斥电子共轭效应，氧上电子云密度下降。若苯环上连有斥电子基团则不利于氧的电子到苯环上离域，氧电子云密度下降的少，碱性强，反之，连有吸电子基则导致其碱性变弱。—CN 和溴连在苯环上都是苯环的钝化基团，使苯环电子云密度下降，都有利于氧的电子到苯环上离域，碱性都变弱。

答案：A。

3. 乙酸酯化的反应过程是羧羰基结合质子，羰基碳的正电性增强后，醇作为亲核试剂进攻羰基碳，羰基碳由原来的 sp^2 杂化加成变成 sp^3 杂化，空间位阻变大。因此，醇的烃基结构越大，进攻羧酸的羰基碳原子受到的阻碍也越大，酯化反应速率越慢。

答案：D>B>C>A。

4. 分子量相当的有机物沸点正比于分子间作用力。醇分子间能形成氢键，分子间作用力较大，醚不能形成氢键。三种同分异构体的醇，氢键作用相当，但是，支链增多分子间距离变大影响分子间作用力，因此，支链越多，沸点越低。

答案：A>C>D>B。

5. 选择氧化体系，一方面要考虑该体系能否将醇氧化成醛且对双键无影响；另一方面要考虑该氧化体系能否将产物醛进一步氧化成酸，如果能，也不适合。$KMnO_4/H_2O$ 和 $K_2Cr_2O_7/H^+$ 体系都是强化剂，不仅氧化醇、醛，还可以氧化重键；H_2O_2 可进一步把醛氧化成酸。

答案：D。

6. 环氧化合物在碱性条件下开环加成按 S_N2 机理进行。亲核试剂空间位阻小，即从取代基较少的一侧进攻环上碳原子，发生开环加成。

产物结构是：$CH_3CH(OH)CH_2CH_2CH_3$。

7. 完成下列反应式。

(1)该伯醇 β-C 上取代基较多，是按 S_N1 反应机理进行，生成的伯碳正离子重排成更稳定的叔碳正离子后和亲核试剂结合。产物是：$CH_3—C(CH_3)(Cl)—CH_2—CH_3$。

(2)伯卤代烷与醇钠发生亲核取代反应，醇钠中手性碳构型不变。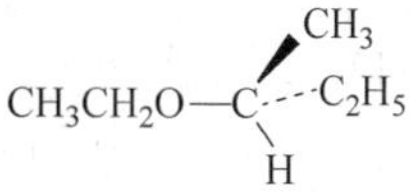

(3)高碘酸氧化邻二醇结构。产物是：$CH_3COOH+HCOOH+RCHO$。

(4)氨与不对称环氧化合物发生亲核加成反应，氨分子进攻取代基较少，即空间位阻小的环上碳原子。产物：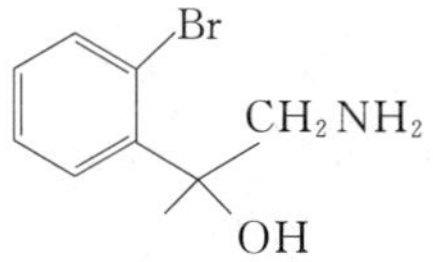

8. 指定原料合成题。

(1)给定原料结构中含有烯丙醇和烯丙基卤结构，产物是醚，可由分子内亲核取代反应制备产物。

路线：

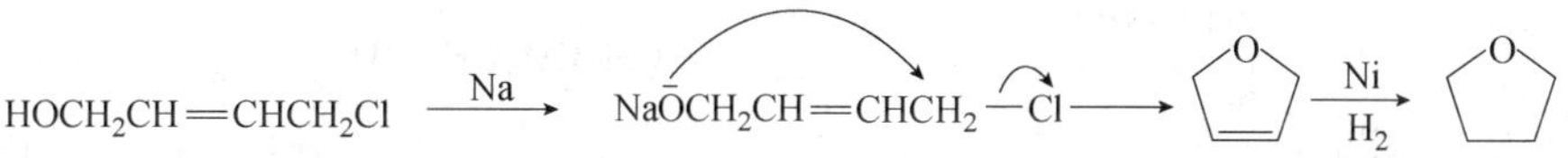

(2)产物是伯醇，且

$CH_2=CH—CH_3 \xrightarrow{NBS} CH_2=CH—CH_2Br$

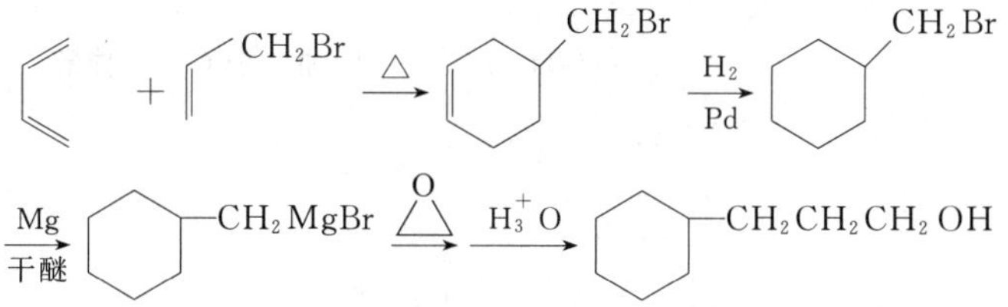

9.

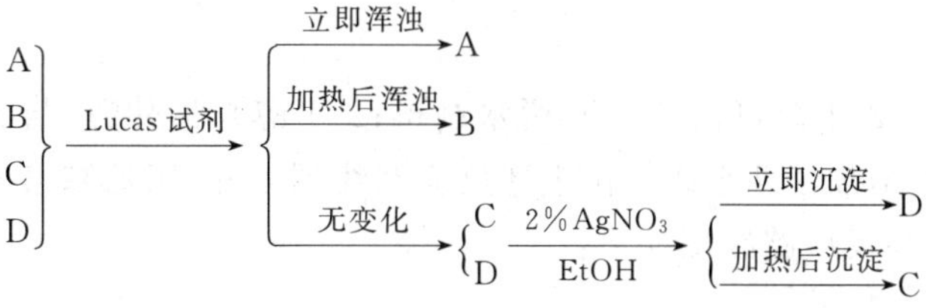

10. 本题的关键是环上碳原子参与重排，形成稳定的叔碳正离子。

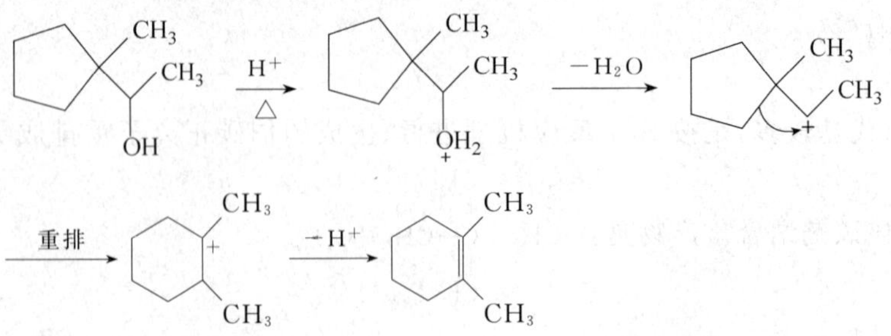

11.

A. $CH_3-CH(CH_3)-CH(Br)-CH_3$

B. $CH_3-CH(CH_3)-CH(OH)-CH_3$

C. $CH_3-C(CH_3)=CH-CH_3$

*12.

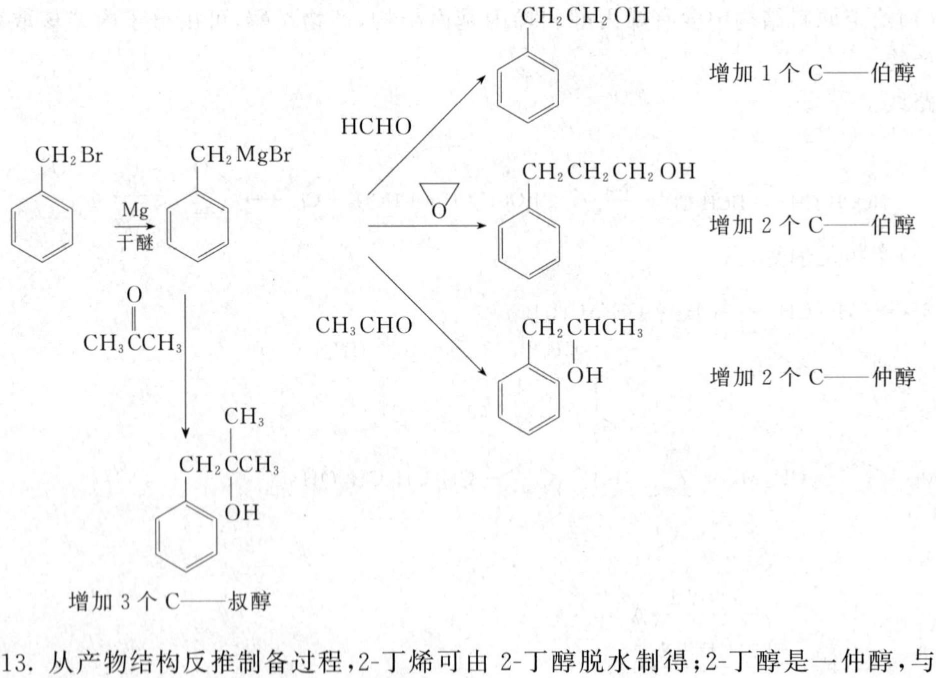

*13. 从产物结构反推制备过程，2-丁烯可由 2-丁醇脱水制得；2-丁醇是一仲醇，与 2 个碳原料结构比较发现，是原料碳链上增加了两个碳。由上述反应路线图可知，用乙基格式试剂与乙醛反应可以制备 2-丁醇。完整反应路线图如下：

$$H_2C=CH_2 \xrightarrow{HBr} CH_3CH_2Br \xrightarrow[\text{干醚}]{Mg} CH_3CH_2MgBr$$

$$H_2C=CH_2 \xrightarrow[H^+]{H_2O} CH_3CH_2OH \xrightarrow[\text{吡啶}]{CrO_3} CH_3CHO$$

$$\left.\right\} \xrightarrow[\text{干醚}]{Mg} \xrightarrow[H^+]{H_2O} CH_3CH_2CH(OH)CH_3$$

教材习题

1. 命名下列化合物：

(1) 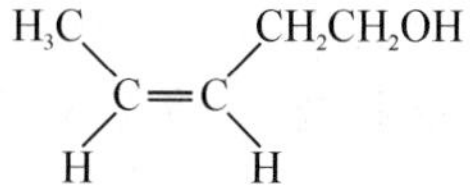　　(2) 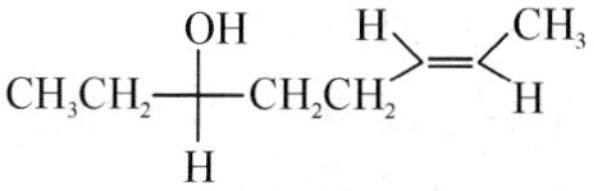　　(3) 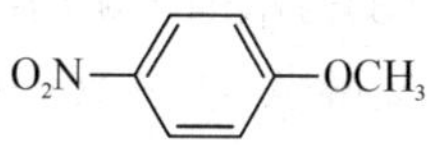

(4) 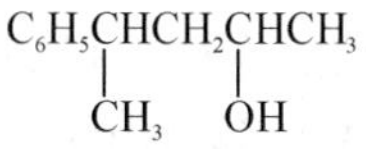　　(5) $CH_3OCH_2CH_2OCH_3$　　(6) 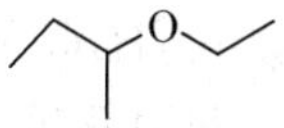

(7) 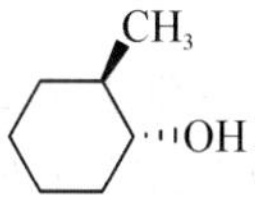　　(8) 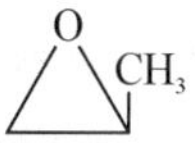　　(9) 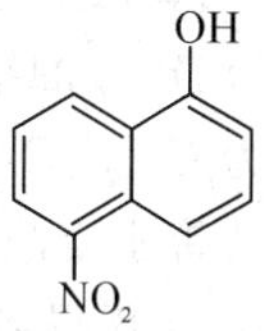

2. 预测下列化合物与卢卡斯试剂反应速度的顺序：

A. 正丙醇　　B. 2-甲基-2-丁醇　　C. 3-戊醇

3. 比较下列化合物沸点的高低，并解释原因：

A. CH_2OH—CH_2OH　　B. CH_2OCH_3—CH_2OH　　C. CH_2OCH_3—CH_2OCH_3

4. 用简便且有明显现象的化学方法鉴别下列各组化合物：

(1) A. $CH\equiv CCH_2CH_2OH$　　B. $CH_3C\equiv CCH_2OH$

(2) A. 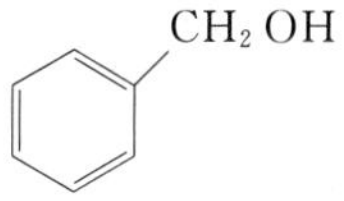　　B. 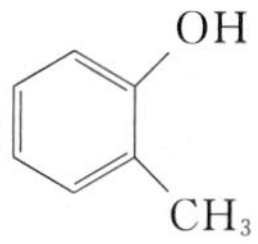

(3) A. $CH_3CH_2CH_2CH_2OH$　　B. $CH_3CH_2OCH_2CH_3$　　C. $CH_3CH_2CH_2CH_2Cl$

(4) A. $CH_3CH_2CHOHCH_3$　　B. $CH_2=CHCH_2OH$　　C. $(CH_3)_3COH$

5. 分离或除去少量杂质：

(1) 除去乙醚中混有少量乙醇

(2) 分离戊烷、1-戊炔、1-甲氧基-3-戊醇

(3) 分离苯甲醚和对甲苯酚

(4) 除去环己醇中含有少量苯酚

6. 完成下列反应，写出反应的反应物或产物：

(1) $(CH_3)_2CHCH_2CH_2OH + HBr \longrightarrow$　　(2) $(CH_3)_3CCH_2OH \xrightarrow[\triangle]{H_2SO_4}$

(3) 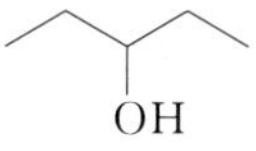 $\xrightarrow[\triangle]{H_2SO_4}$　　(4) 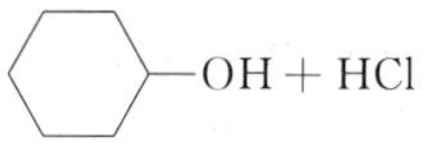 $+ HCl \xrightarrow{无水\ ZnCl_2}$

(5) 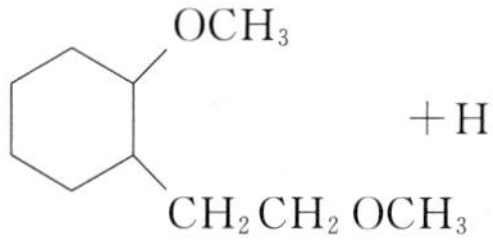 $+ HI$(过量)$\longrightarrow$　　(6)  $+ Br_2 \longrightarrow$

7. 选择合适的试剂,完成下列反应:

(1)$CH_3CH_2CH_2OH \longrightarrow CH_3C\equiv CH$

(2)$CH_3CH_2CH_2OH \longrightarrow CH_3CH_2CH_2OCH(CH_3)_2$

(3)$CH_3CH_2CH_2CH_2OH \longrightarrow CH_3CH_2\overset{OH}{\overset{|}{C}}HCH_3$

8. 某醇 A($C_5H_{12}O$)经臭氧氧化后生成酮 B,脱水则生成一种不饱和烃 C,将 C 氧化可生成酮 D 和羧酸 E,试推测化合物 A-E 的结构。

9. 分子式为 C_7H_8O 的芳香族化合物 A,与金属钠无反应。在浓氢碘酸作用下得到 B 及 C。B 能溶于氢氧化钠,并与三氯化铁作用产生紫色。C 与硝酸银乙醇溶液作用产生黄色沉淀,推测 A,B,C 的结构。

10. 分子式为 $C_5H_{12}O$ 的 A,能与金属钠作用放出氢气。A 与浓 H_2SO_4 共热生成 B。用冷的高锰酸钾水溶液处理 B 得到产物 C。C 与高碘酸作用得到 CH_3COCH_3 及 CH_3CHO。B 与 HBr 作用得到 D($C_5H_{11}Br$),将 D 与稀碱共热又得到 A。试推测 A、B、C、D 的结构。

教材习题答案

1. 命名下列化合物:

(1)顺-3-戊烯-1-醇或(*Z*)-3-戊烯-1-醇　　(2)(3*R*,6*E*)-6-辛烯-3-醇

(3)对硝基苯甲醚　　(4)4-甲基-2-戊醇

(5)乙二醇二甲醚　　(6)乙基仲丁基醚

(7)反-2-甲基环己醇　　(8)1,2-环氧丙烷

(9)5-硝基-1-萘酚

2. B>C>A。

3. A>B>C。

4. 用简便且有明显现象的方法鉴别下列各组化合物:

(1)分别加入氢氧化银的氨溶液,产生白色沉淀的是 3-丁炔醇,无变化的是 2-丁炔醇。

(2)分别加入 Lucas 试剂,立即变浑浊的是苄醇,无变化的是邻甲苯酚。

(3)分别加入 Lucas 试剂,加热变浑浊的是正丁醇;再分别加入 2% $AgNO_3$/EtOH 溶液,加热产生白色沉淀的是 1-氯丁烷;无任何变化的是乙醚。

(4)加入 Lucas 试剂,立即变浑浊的是叔丁醇和烯丙醇,几分钟后变浑浊的是 2-丁醇;再分别加 Br_2/CCl_4 后褪色的是烯丙醇。

5. 分离提纯下列各组化合物。

(1)用等体积饱和氯化钙水溶液洗涤乙醚,分液然后干燥。

(2)
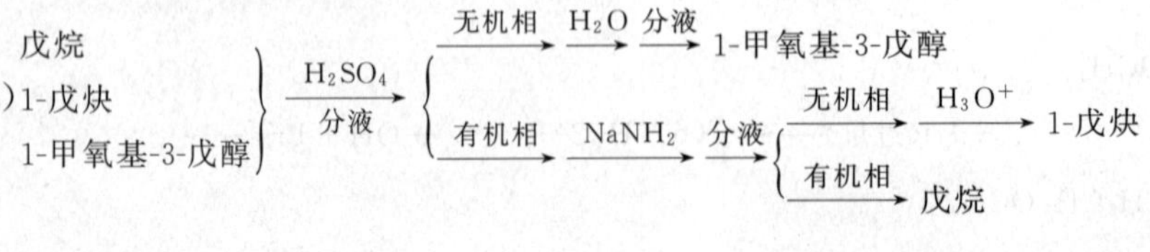

(3) 苯甲醚、对甲苯酚 $\xrightarrow[\text{分液}]{\text{NaOHaq}}$ { 有机相 → 苯甲醚；无机相 → 对甲苯酚钠 $\xrightarrow[\text{抽滤}]{\text{浓盐酸酸化}}$ 对甲苯酚 }

(4)加氢氧化钠溶液分液，苯酚溶于水相，环己醇不溶。

6. 完成下列反应，写出反应的反应物或产物：

(1) $(CH_3)_2CHCH_2CH_2Br$ (2) $(CH_3)_2C{=}CHCH_3$ (3) 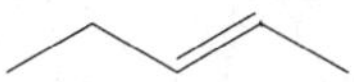

(4) 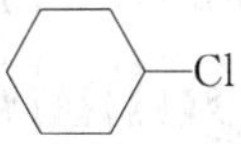 (5) 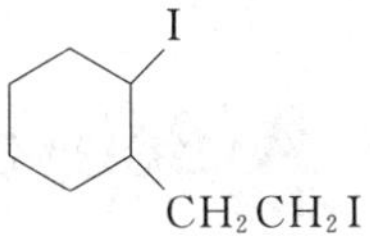 (6) 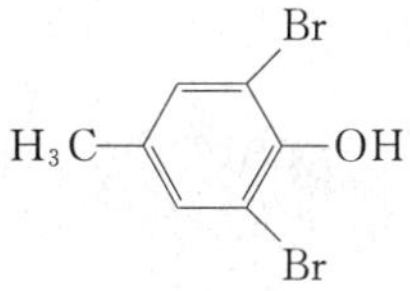

7. 选择合适试剂完成下列反应：

(1) $CH_3CH_2CH_2OH \xrightarrow{H_2SO_4} CH_2{=}CHCH_3 \xrightarrow{Br_2} CH_3CHBrCH_2Br \xrightarrow[CH_3CH_2OH]{NaOH} CH_3C{\equiv}CH$

(2)

$CH_3CH_2CH_2OH \xrightarrow[\triangle]{H_2SO_4} CH_2{=}CHCH_3 \xrightarrow{H_3O^+} CH_3CHOHCH_3 \xrightarrow{Na} CH_3CHONaCH_3$

$CH_3CH_2CH_2OH \xrightarrow{HBr} CH_3CH_2CH_2Br$

$\longrightarrow CH_3CH_2CH_2OCH(CH_3)_2$

(3)

$CH_3CH_2CH_2CH_2OH \xrightarrow{H_2SO_4} CH_3CH{=}CHCH_3 \xrightarrow{H_3O^+} CH_3CH_2CH(OH)CH_3$

8.

A. $CH_3—CH(CH_3)—CH(OH)—CH_3$ B. $CH_3—CH(CH_3)—C(=O)—CH_3$ C. $CH_3—C(CH_3){=}CH—CH_3$

D. $CH_3—C(=O)—CH_3$ E. $CH_3—C(=O)—OH$

9.

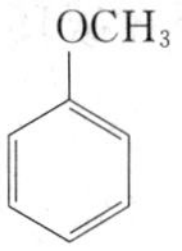
A

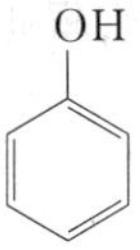
B

CH_3I
C

10.

A. $CH_3—C(OH)(CH_3)—CH_2—CH_3$ B. $CH_3—C(CH_3){=}CH—CH_3$

C. $CH_3—C(OH)(CH_3)—CH(OH)—CH_3$ D. $CH_3—C(Br)(CH_3)—CH_2—CH_3$

Chapter 8 第8章

醛、酮、醌

Aldehyde Ketone Quinone

主要知识点

一、醛、酮

（一）醛酮的结构、分类和命名

1. 结构

羰基（$\rangle\!\!=\!O$）是醛酮的结构特征，醛酮的区别在于羰基一侧是否连有氢原子，连有氢原子为醛，连有烃基为酮。

2. 分类

醛羰基另一侧根据基团不同分为脂肪醛、芳香醛；酮根据两侧烃基可分为脂肪酮、芳香酮；根据烃基中是否含有不饱和重键分为饱和醛酮和不饱和醛酮；根据羰基是否在碳环内或烃基中是否含有脂环可分为脂环酮和链状醛酮。

根据羰基的个数可分为一元醛酮或多元醛酮。

3. 命名

醛酮的普通命名法、俗名、系统命名法。

（1）醛的普通命名法　将包括羰基在内对应碳链烃基的普通命名法后加一“醛”字。

（2）酮的普通命名法　羰基命名为“甲酮”，羰基两侧烃基根据先简单后复杂，先饱和后不饱和，先芳香烃基后饱和烃基顺序书写，命名为“××烃基××烃基甲酮”。其中甲酮中“甲”字可省略（苯基乙基甲酮除外）。

（3）俗名　根据醛酮来源命名。

（4）系统命名法

①选主链　羰基及若含有其他不饱和键，二者都应包括在主链内；芳香醛酮苯环一般作

为取代基。羰基在脂环内的脂环酮环为母体,羰基在脂环外的脂环酮环为取代基。

②编号 按照官能团顺序规则及最低序列原则,从靠近羰基一侧开始编号,羰基在脂环内的脂环酮羰基编号为1,多元醛酮在顾及羰基的情况下,其他取代基或不饱和键的位置要尽可能小。

取代基可用希腊字母也可用阿拉伯数字编号。注意希腊字母编号不包括羰基碳原子。

③书写 “*n*-××烃基-*m*-××醛(酮)”,“*n*-××烃基-*m*-不饱和键-*l*-××醛(酮)”。

4. 羰基的结构

(1)价键组成和杂化形式 羰基C═O双键包括一个σ键和一个π键,碳原子和氧原子都为sp^2杂化。

(2)键的极性 C═O为极性双键,电子云偏向于氧原子,碳带正电性,氧带负电性。

(二)醛和酮的部分物理性质

1. 沸点

羰基是极性共价键,醛酮是极性共价化合物,分子间产生偶极-偶极作用力,所以醛酮的沸点比相应分子量的非极性烷烃要高。因为偶极-偶极作用力小于氢键,因此醛酮的沸点小于相应分子量的醇。

2. 溶解性

羰基与水分子之间存在偶极-偶极作用力,同时羰基氧原子可与水分子中的氢原子形成氢键,因此较低级的醛酮可溶于水,随着分子中烃基部分增大在水中溶解度迅速减小。

(三)醛酮的化学性质

1. 羰基的亲核加成反应

(1)与氢氰酸加成 生成α-羟基腈,可用于α-羟基羧酸的合成。

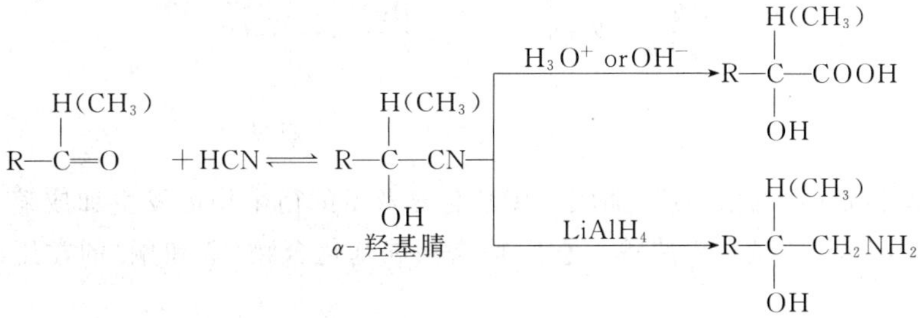

能与HCN进行加成反应的有醛、脂肪族甲基酮以及8个碳以下的环酮。羰基化合物与氢氰酸的加成可以增长碳链。加成产物α-羟基腈水解可以得到α-羟基酸。加成产物在浓H_2SO_4存在下脱水可以得到不饱和酸。

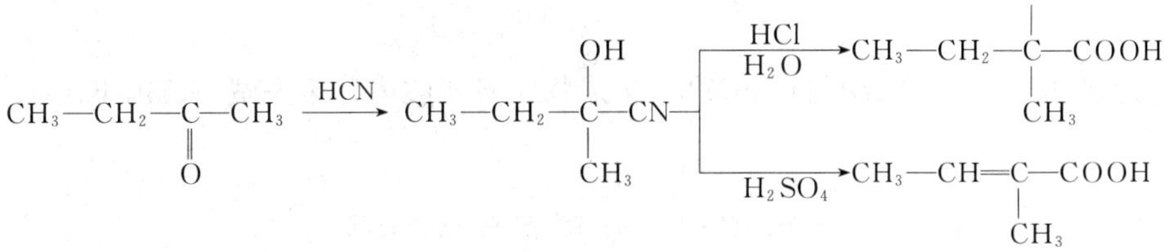

(2)与亚硫酸氢钠加成 生成α-羟基磺酸钠白色晶体,可用于鉴别和纯化醛酮,也可用

于替代氢氰酸与醛酮制备 α-羟基腈。

醛、脂肪族甲基酮及8个碳以下的环酮与过量的饱和亚硫酸氢钠溶液(40%)发生加成反应,生成白色的 α-羟基磺酸钠。产物容易提纯,α-羟基磺酸钠与稀盐酸供热后,又分解为原来的醛和酮。

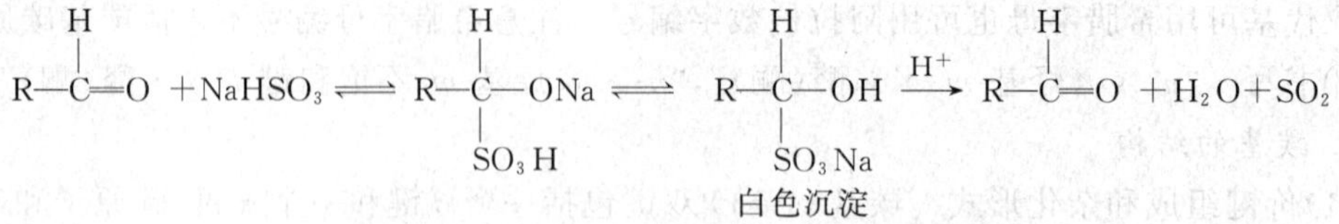

(3)与格氏试剂加成后水解　生成醇,可用于伯、仲、叔醇的制备。

醛、酮分子中羰基的双键与格氏试剂(RMgX)发生加成反应时,烃基加在羰基碳原子上,而—MgX部分则加到羰基氧原子上,加成物经水解后得到醇。不同的羰基化合物和格氏试剂反应,如下式所示的可分别得到伯、仲、叔醇。

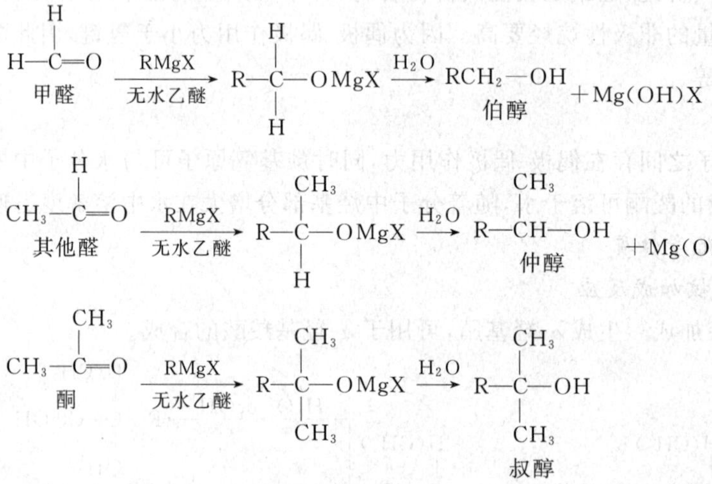

(4)与羰基试剂(氨的衍生物)加成　羰基与氨及氨的衍生物可发生加成缩合反应,如羟氨、苯肼,特别是2,4-二硝基苯肼等。它们是检验羰基化合物(醛和酮)的常用试剂,称它们为羰基试剂。

这些衍生物可用 $H_2N—B$ 代表,它与醛、酮的反应为:

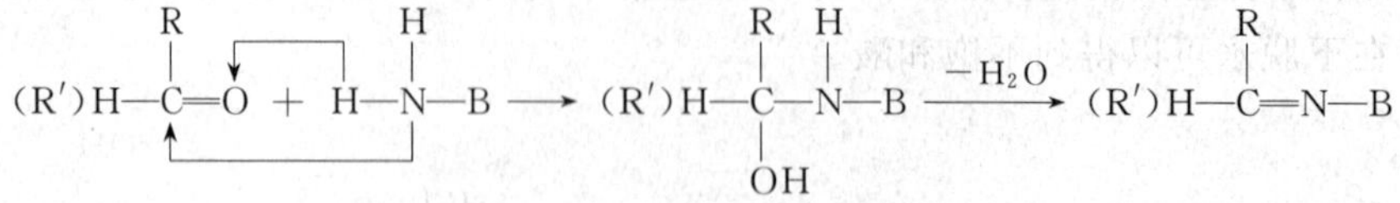

①与伯胺的反应　醛、酮与伯胺反应,生成物叫醛亚胺或称希夫碱(Schiff-base)。

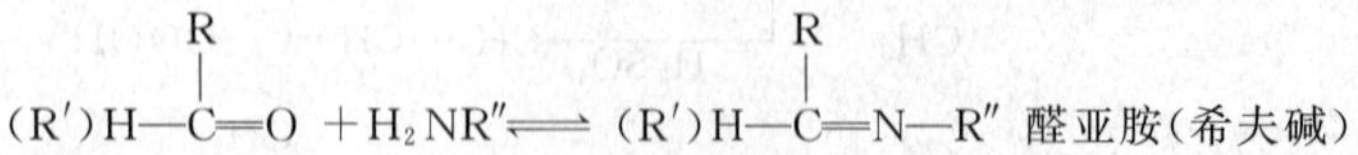

②与羟氨的反应　醛、酮与羟氨反应生成肟。

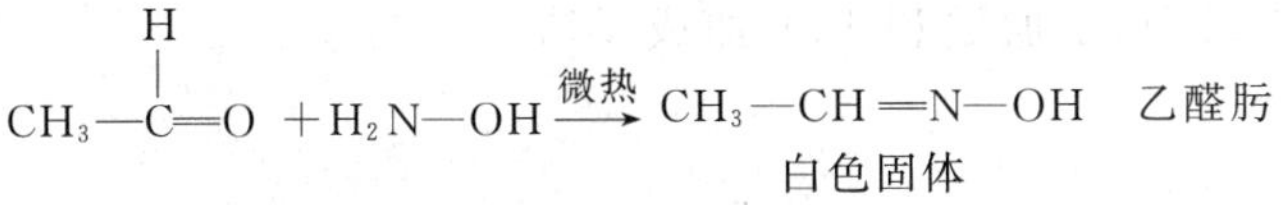

③与肼及苯肼等的反应　醛、酮与 2,4-二硝基苯肼反应生成 2,4-二硝基苯腙。

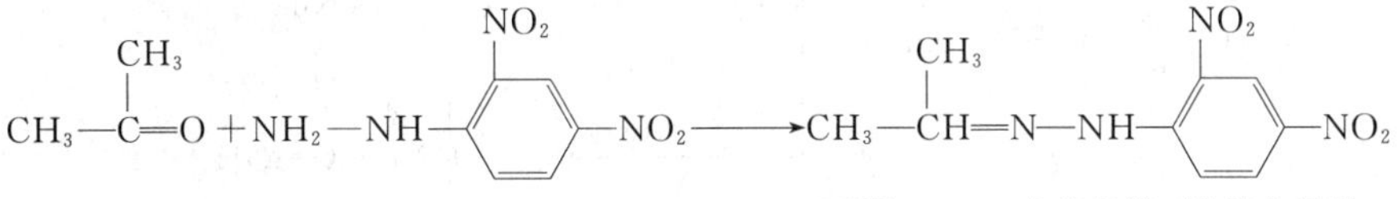

④与氨基脲的反应　醛、酮与氨基脲反应，生成缩氨脲。

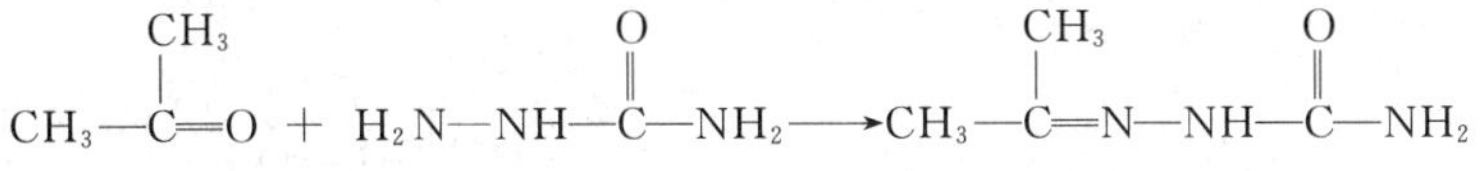

苯腙及缩氨脲大多数是固体，有固定的熔点，产率高，易于提纯，所以这些反应常用来鉴别醛、酮。对于易溶于水的低级醛、酮，由于其他衍生物熔点较低，不易测准，用 2,4-二硝基苯肼更为合适，因为大多数醛、酮都能生成黄色或橙色的不溶于水的 2,4-二硝基苯腙晶体。

(5)与醇加成

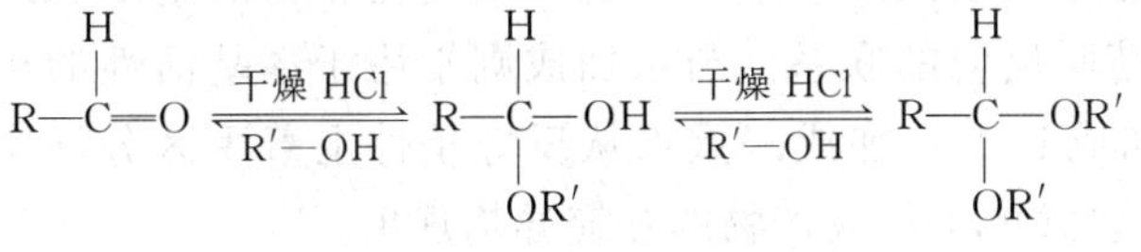

在同样条件下，酮一般不和一元醇加成，但在酸催化下酮能与乙二醇等二元醇反应生成环状缩酮。

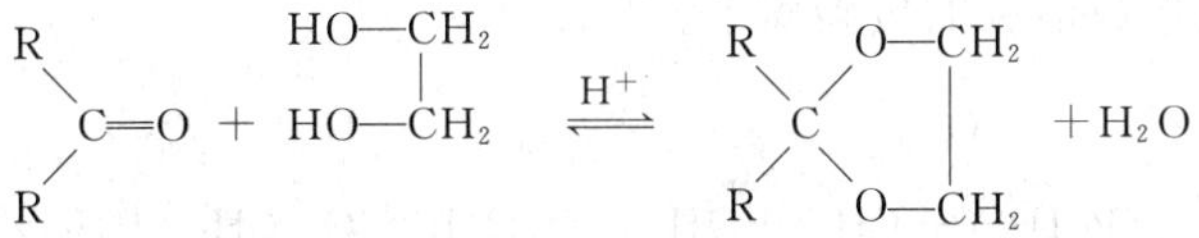

同一分子内若既有羰基又有羟基，且距离合适则可以在分子内进行醛醇的加成形成环状半缩醛。

(6)个别羰基化合物与水加成　醛、酮在一定条件下与水加成形成双二醇(同一个碳原子上连接两个羟基的醇)，羰基上连有吸电子基有利于水合反应的进行。甲醛、三氯乙醛等容易发生水合反应。

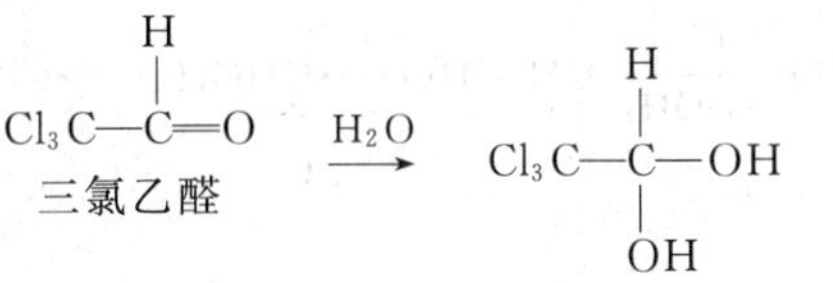

(7)α,β-不饱和醛酮的加成反应　共轭不饱和醛酮中的碳碳双键和碳氧双键形成

1,4-共轭体系。可与亲核试剂发生 1,2-加成和 1,4-加成反应。

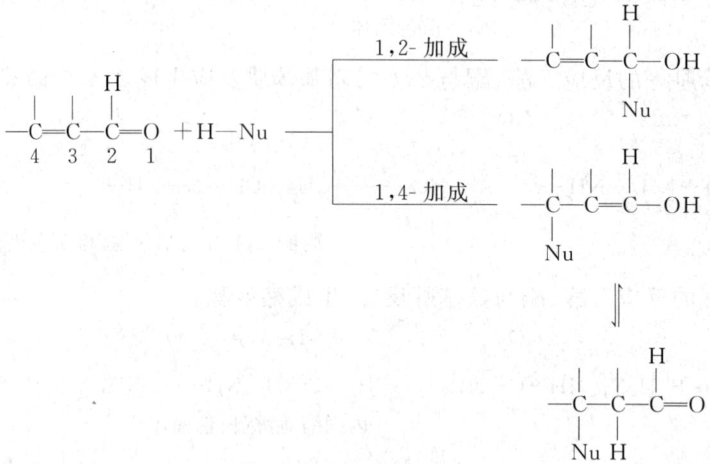

低温、强亲核性及羰基上不连有大基团时容易发生 1,2-加成，高温、弱亲核性试剂及连有大基团时容易发生 1,4-加成。

氢氰酸、格式试剂、与醇的加成反应重点在于合成方面的应用，与醇反应还应注意在糖类中的应用。与亚硫酸氢钠、氨基衍生物等羰基试剂反应重点在于羰基化合物的鉴别和纯化应用，与苯肼反应还要注意与糖类中糖脎反应的联系。与水加成则常用于羰基活性的比较。α,β-不饱和醛酮的加成反应（1,2-加成和 1,4-加成），重点从反应条件上着手区分反应类型（温度、试剂亲核性、反应物结构）。注意 1,4-加成产物的互变异构现象。

2. α-氢的反应

醛、酮分子中与羰基相连的碳原子称为 α-碳原子，α-碳原子上的氢原子，称为 α-氢原子。α-氢原子由于羰基的诱导效应和 σ-π 超共轭效应的影响，变得比较活泼。在碱的催化下，具有 α-氢的醛、酮可以形成活泼的负碳离子。

$$\text{(R)H}-\overset{\overset{\text{O}}{\|}}{\text{C}}-\text{CH}_3 + \text{OH}^- \rightleftharpoons \text{H(R)}-\overset{\overset{\text{O}}{\|}}{\text{C}}-\text{CH}_2^- + \text{H}_2\text{O}$$

负碳离子很不稳定，它被亲电试剂卤素进攻时，引起 α-氢的卤代反应；它作为亲核试剂向另一分子醛、酮的羰基碳原子进攻时，则引起羟醛缩合反应。

(1)卤代反应　在酸性或碱性条件下 α-氢可被卤素取代，其中酸性条件下生成一取代产物，碱性条件下则易发生多取代，甲基酮结构发生卤仿反应。

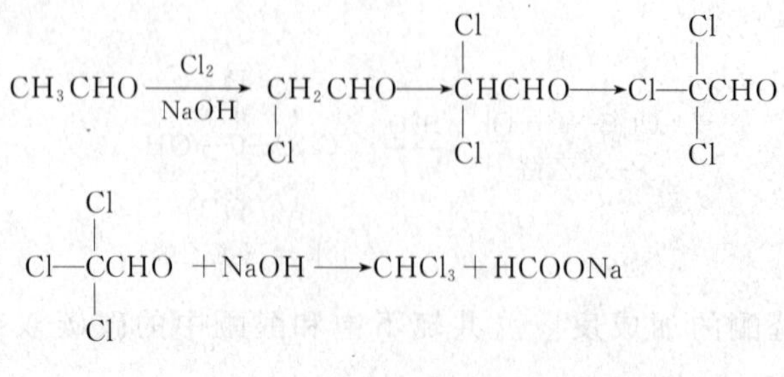

碘仿为黄色晶体，碘仿反应可用于推断结构，鉴别甲基酮或 $CH_3CH(OH)$结构的仲醇或制备少一个碳原子的羧酸。

(2)羟醛缩合　含有 α-氢的醛或酮在稀碱作用下，两分子醛或酮结合形成一分子 β-羟基醛或羟基酮，β-羟基醛(酮)分子中还有 α-氢，该 α-氢同时受羰基和羟基影响而更为活泼，在稍微受热的情况下，便可与 β-羟基消除一分子水，变成不饱和的醛或酮。

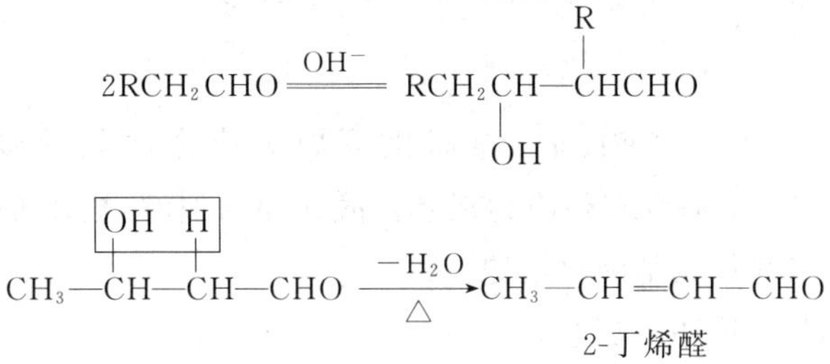

2-丁烯醛

没有 α-氢的醛如甲醛、苯甲醛可以与含有 α-氢的醛、酮进行交叉羟醛缩合反应。

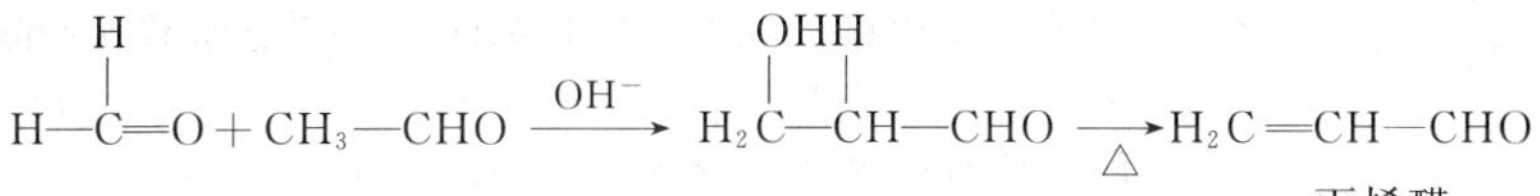

丙烯醛

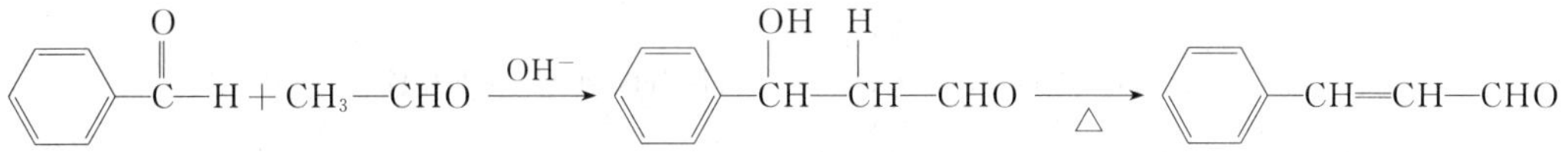

肉桂醛

(3)羟醛缩合中的互变异构　醛在稀酸条件下可通过烯醇式完成羟醛缩合，且更容易脱水生成 α,β-不饱和醛。

3. 氧化反应

醛的羰基上连有一个可被氧化的氢原子，所以容易被氧化，可以被许多弱氧化剂氧化生成相应的羧酸。而酮则难以被氧化。

弱氧化剂：吐伦试剂、斐林试剂、本尼地试剂。

吐伦试剂：银氨溶液。所有醛都有银镜或黑色银粒产生，可鉴别醛酮。

$$RCHO + 2[Ag(NH_3)_2]OH \xrightarrow{\triangle} 2Ag\downarrow + RCOONH_4 + 3NH_3 + H_2O$$

斐林试剂：由硫酸铜(A)和酒石酸钾钠的氢氧化钠溶液(B)等体积构成，随用随配。脂肪醛反应生成砖红色沉淀。

本尼地试剂：硫酸铜和柠檬酸钠的碳酸钠溶液构成。脂肪醛、α-羟基醛反应生成砖红色沉淀。

$$RCHO + Cu^{2+} + OH^- + H_2O \xrightarrow{\triangle} RCOO^- + Cu_2O\downarrow + 4OH^-$$

芳香醛：O_2 或 Fe^{3+} 氧化为芳香酸。

酮：强氧化剂(重铬酸钾、高锰酸钾、硝酸、硫酸)氧化，烃链断裂生成小分子羧酸。

环酮：强氧化剂(重铬酸钾、高锰酸钾、硝酸、硫酸)氧化，生成二酸。

$$CH_3\overset{O}{\overset{\|}{C}}CH_2CH_2CH_3 \xrightarrow[\triangle]{[O]} CH_3CH_2\overset{O}{\overset{\|}{C}}OH + CH_3\overset{O}{\overset{\|}{C}}OH$$

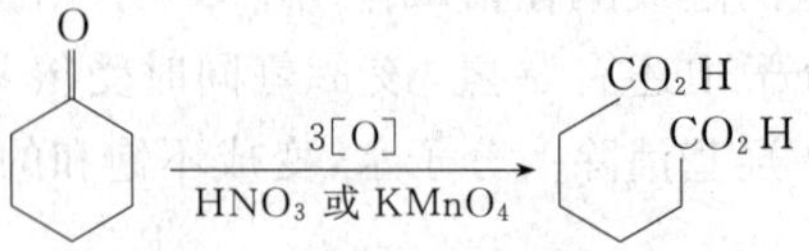

4. 还原反应

(1)羰基还原为羟基　在铂、钯、镍催化下加氢或金属氢化物异丙醇铝/异丙醇，$LiAlH_4$、$NaBH_4$ 存在下，羰基可被还原为羟基。醛还原为伯醇，酮还原为仲醇。

①H_2，Ni　不饱和键和羰基同时还原。

②$LiAlH_4$，$NaBH_4$　只还原羰基。

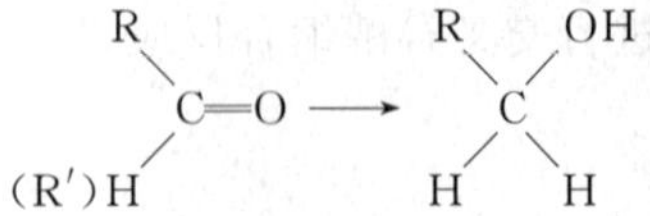

醛⟶伯醇　H_2，Ni ⟶不饱和醛酮中双键也被还原

酮⟶仲醇　$NaBH_4$ 或 $LiAlH_4$ ⟶不还原不饱和醛酮中的双键

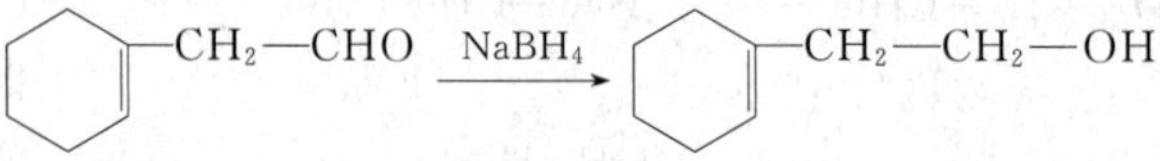

$$CH_3CH{=}CH{-}CHO \xrightarrow{LiAlH_4} CH_3CH{=}CH{-}CHOH$$

(2)羰基还原为亚甲基

①克莱门森(Clemmenson)还原反应　在锌汞齐与浓盐酸作用下，醛、酮的羰基被还原成亚甲基。适用于低分子量的酮和对碱敏感的羰基化合物，反应常在水、乙醇、乙酸、甲苯等溶剂中进行。分子中的碳碳双键(除了 α,β-不饱和键外)、羧基、酯基等均不受影响。它主要用于酮的还原。如：

$$R{-}\overset{O}{\overset{\|}{C}}{-}R' \xrightarrow[HCl]{Zn\text{-}Hg} R{-}CH_2{-}R'$$

②Wolf-Kishner-黄鸣龙反应　在醛酮与 KOH、NaOH 及 85%的水合肼混合后在一种高沸点溶剂(如二甘醇、三甘醇)中回流加热生成腙，然后加热蒸出过量的水合肼，继续加热使腙分解，放出氮气，羰基则被还原为亚甲基。

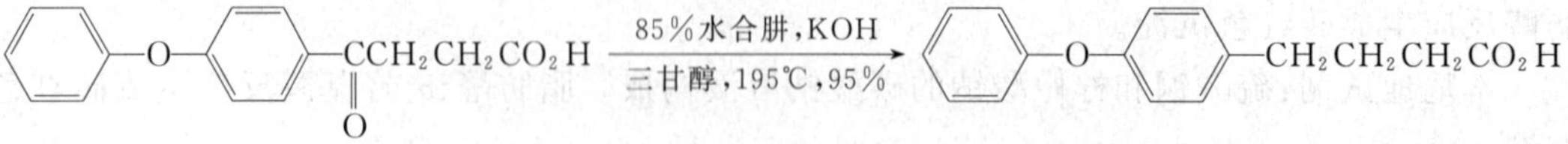

适用于分子量较大(如甾族化合物)或对酸敏感(如呋喃环或某些官能团)的羰基化合物。

5. 歧化反应

没有 α-氢的醛，如甲醛、苯甲醛、乙二醛等在碱性溶液中能起自身氧化还原反应，称为歧化反应，又叫作康尼查罗反应。

$$2RCHO \xrightarrow[\triangle]{\text{浓 }NaOH} RCOONa + RCH_2OH$$

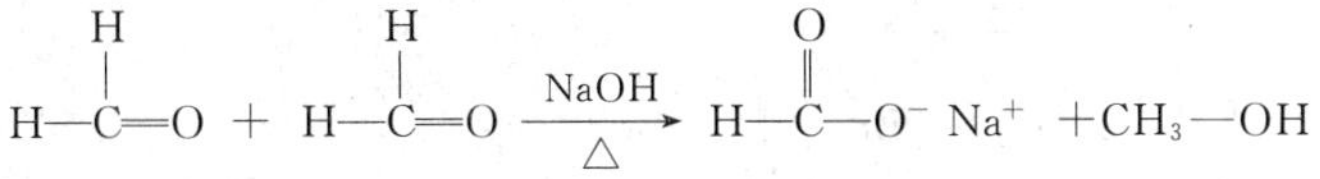

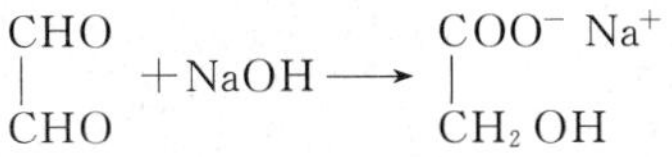

注意：甲醛和另一种没有 α-氢的醛进行歧化反应时，甲醛总是被氧化成甲酸，而另一种醛被还原成醇。

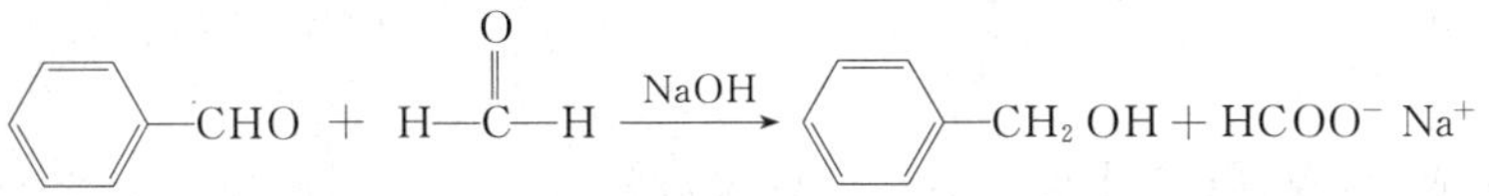

(四)亲核加成反应机理

C═O 是极性不饱和键，且氧带负电性，碳带正电性。羰基的加成为亲核加成反应，即首先带负电荷的基团进攻羰基碳原子，形成氧负离子中间体，碳原子杂化形式由 sp^2 转化为 sp^3，然后带正电荷的基团进攻氧原子，完成亲核加成反应。

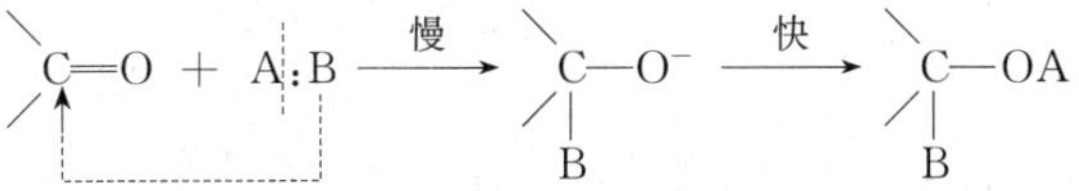

羰基一侧连有吸电子基有利于羰基极性增强，促进羰基的加成，使醛酮活性增强。斥电子基团，使碳氧双键中碳原子上的电子云密度增大，削弱羰基的活性。羰基碳原子连接的基团体积越大，越不利于亲核试剂的进攻。试剂的亲核性越强越有利于亲核加成。

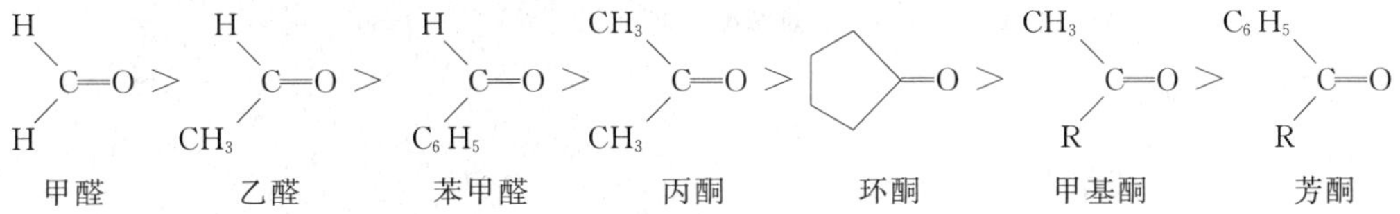

二、醌

(一)醌的结构特点和命名

(1)结构特点　含有共轭环己二烯二酮结构。

(2)分类　醌包括苯醌、萘醌、蒽醌和菲醌等。

(3)命名

苯醌：1,4-苯醌(对苯醌)、1,2-苯醌(邻苯醌)。

萘醌：1,4-萘醌、1,2-萘醌、2,6-萘醌。

蒽醌：1,2-蒽醌、1,4-蒽醌、9,10-蒽醌。

菲醌：9,10-菲醌。

(二)醌的化学性质

(1)亲电加成(1,2-加成)

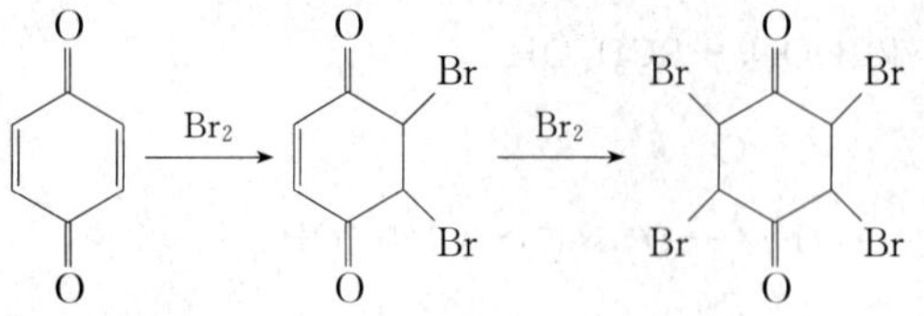

(2)Diels-Alder 加成反应

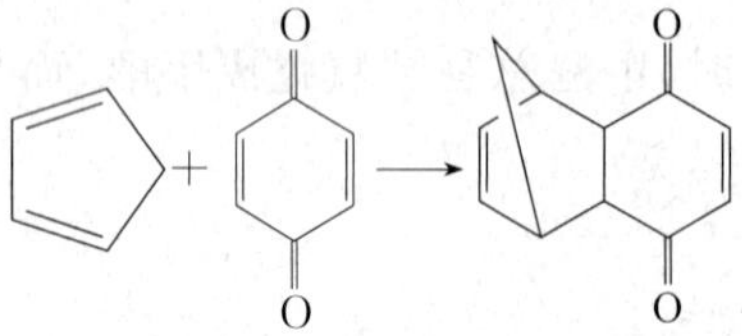

(3)1,4-加成(与醇、胺等已发生 1,4-加成反应)

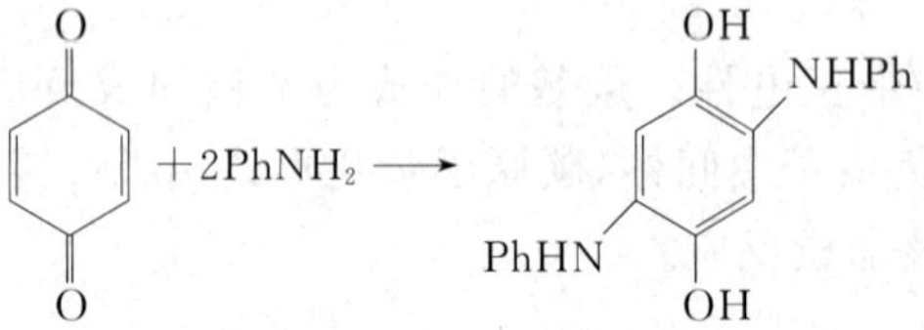

(4)亲核加成

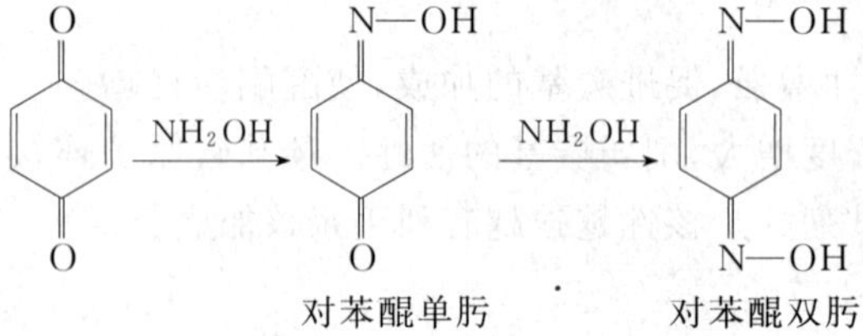

(5)还原反应

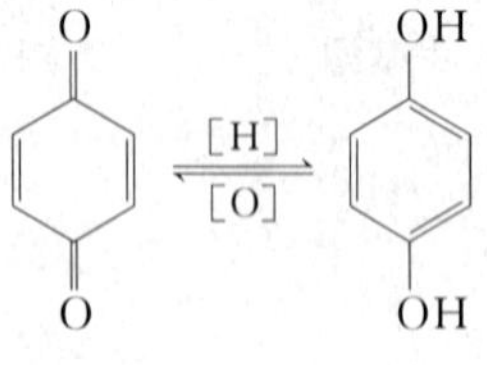

典型例题

【例 1】 下列化合物哪些能发生碘仿反应?

(1)2-丁醇　(2)3-戊醇　(3)丙醛　(4)丙酮　(5)乙醇

(6)苯乙酮　(7)2-己醇　(8)2-甲基丙醛

解 能够发生碘仿反应的结构是甲基酮结构或能氧化生成甲基酮结构的伯、仲醇。2-丁醇、丙酮、乙醇、2-己醇、苯乙酮均符合上述条件,所以能发生碘仿反应的是(1)、(4)、(5)、(6)、(7)。

【例 2】 下列化合物中哪些能发生 Cannizzaro 反应？哪些能发生羟醛缩合？用反应式表示。

(1) $(CH_3)_3CCHO$　　(2) CH_3CH_2CHO　　(3) CH_3COCH_3

(4) $CH_3-\underset{CH_2CH_3}{\overset{CH_2CH_3}{C}}-CHO$　　(5) 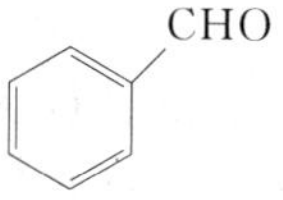　　(6) HCHO

解　对于醛酮能够发生 Cannizzaro 反应必须满足不存在 α-碳原子或 α-碳原子上没有氢原子，而羟醛缩合则要求同种分子之间必须有 α-碳原子且 α-碳原子上有氢原子，交叉羟醛缩合要求至少有一种醛酮有 α-碳原子且 α-碳原子上有氢原子。因此同种分子间能够发生 Cannizzaro 反应的是(1)、(4)、(5)、(6)；能够发生羟醛缩合的是(2)、(3)。(1)、(4)、(5)、(6)能够与有 α-碳原子且 α-碳原子上有氢原子的醛酮发生交叉羟醛缩合。写反应式要注意 Cannizzaro 反应为浓碱条件，而羟醛缩合为稀碱条件。

反应式如下：

(1) $2\,(CH_3)_3CCHO \xrightarrow{50\%NaOH} (CH_3)_3CCOONa + (CH_3)_3CCH_2OH$

(2) $2\,CH_3CH_2CHO \xrightarrow{稀\ OH^-} CH_3-CH_2-\overset{OH}{CH}-\underset{CH_3}{CH}-CHO$

(3) $2\,CH_3-\overset{O}{\overset{\|}{C}}-CH_3 \xrightarrow{稀\ OH^-} CH_3-\underset{CH_3}{\overset{OH}{C}}-CH_2-\overset{O}{\overset{\|}{C}}-CH_3$

(4) $2\,CH_3-\underset{CH_2CH_3}{\overset{CH_2CH_3}{C}}-CHO \xrightarrow{50\%NaOH} CH_3-\underset{CH_2CH_3}{\overset{CH_2CH_3}{C}}-COONa + CH_3-\underset{CH_2CH_3}{\overset{CH_2CH_3}{C}}-CH_2OH$

(5) 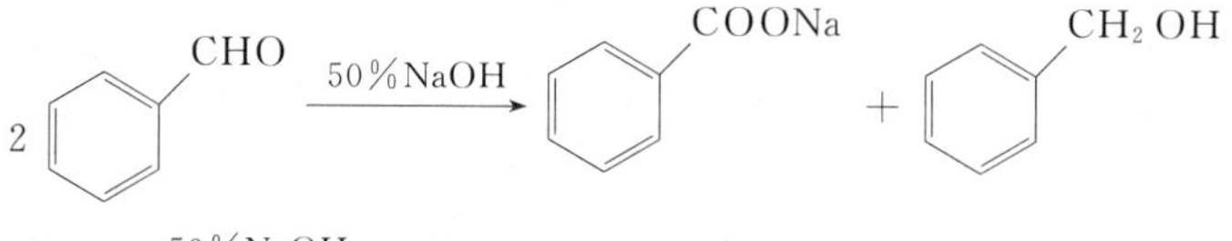

(6) $2HCHO \xrightarrow{50\%NaOH} HCOONa + CH_3OH$

【例 3】 排出下列化合物与氢氰酸加成的活性顺序。

(A) CH_3CHO　　(B) CH_2FCHO　　(C) $CH_3-\overset{O}{\overset{\|}{C}}-CH_3$

(D) $CH_3-\overset{O}{\overset{\|}{C}}-C_2H_5$　　(E) $CH_3-\overset{O}{\overset{\|}{C}}-C_6H_5$

解　根据不同基团对羰基亲核加成反应活性影响规律可知吸电子基团使羰基活性增强；斥电子基团使羰基活性减弱。基团体积越大，越不利于亲核试剂的进攻。试剂的亲核性越强越有利于亲核加成。因此上述化合物活性顺序为：

B>A>C>D>E

【例 4】 用简便化学方法鉴别下列化合物。

乙醛、苯甲醛、苯乙酮、甲醛

解 鉴别化合物要求必须熟练掌握相应化合物的特征反应的对应试剂和现象。醛能被弱氧化剂银氨溶液氧化,生成银镜;芳香醛不能被斐林试剂氧化;乙醛、苯乙酮属于甲基酮结构,能发生碘仿反应。

甲醛	$\xrightarrow{I_2/NaOH}$	无现象	$\xrightarrow{\text{Fehling 试剂}}$	砖红色↓
苯甲醛		无现象		无沉淀
苯乙酮		黄色固体	$\xrightarrow{Ag(NH_3)_2^+}$	无现象
乙醛		黄色固体		银镜

练习题

1. 用普通命名法和系统命名法命名下列化合物。

(1) CH_3CHCHO (Cl 连于 CH 上)

(2) 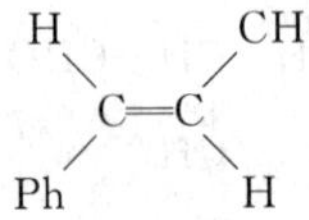

(3) 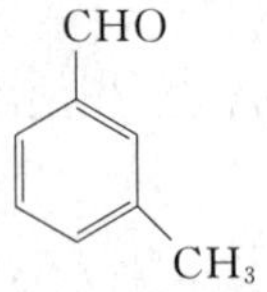

(4) $(CH_3)_2CHCHO$

(5) $ClCH_2COCH_2Cl$

(6) $CH_2=CHCH_2COCH_2CH_3$

2. 写出下列化合物的构造式。

(1)甲基异丁基甲酮 (2)丁二醛 (3)β-羟基丁醛

(4)1,3-环己二酮 (5)4-甲氧基苯乙酮

3. 用简单的化学方法区别下列各组化合物。

(1)环己酮,环己烯,环己醇

(2)2-己醇,3-己醇,苯乙酮

(3) $PhCH_2COCH_2CH_3$, $PhCHCH_2CH_2CH_3$ (OH 连于 CH 上)

4. 完成下列转化。

(1) $CH_3CHO+4HCHO \xrightarrow{OH^-}$

(2) 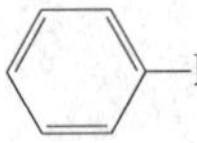—MgBr $+CH_3CHO \xrightarrow[2)H_3O^+]{1)\text{乙醚}}$

(3) $OHCCH_2CH_2CH_2CH_2CHO \xrightarrow[\triangle]{\text{稀 } OH^-}$

(4) 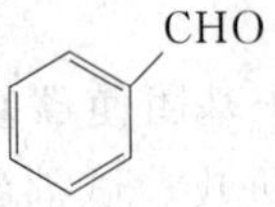 $+HCHO \xrightarrow{\text{浓 } OH^-}$

(5) $CH_3CH=CHCH_2CHO \xrightarrow{Ag(NH_3)_2OH}$

(6) 

5. 有一个化合物 A，分子式是 $C_8H_{14}O$，A 可以很快使溴水褪色，可以与苯肼反应，A 氧化生成一分子丙酮及另一化合物 B。B 具有酸性，同 NaOCl 反应则生成氯仿及一分子丁二酸。试写出 A 与 B 可能的构造式。

6. 由所给原料合成下列化合物。

(1)由乙炔合成 2-丁烯-1-醇。

(2)由乙炔合成苯乙酮(要求用格氏试剂)。

(3)由乙炔合成 3-甲基-3-戊醇(要求用格氏试剂)。

(4)由乙炔合成丙酸。

(5)由苯甲醛和乙炔合成 3-苯基丙醇。

练习题解析与答案

1.

普通命名	系统命名	普通命名	系统命名
(1)α-氯丙醛	2-氯丙醛	(2)反-肉桂醛	(*E*)-3-苯基丙烯醛
(3)间甲基苯甲醛	3-甲基苯甲醛	(4)异丁醛	2-甲基丙醛
(5)α,α′-二氯丙酮	1,3-二氯丙酮	(6)乙基烯丙基酮	5-己烯-3-酮

2. (1)$CH_3COCH(CH_3)_2$　(2)$HOCCH_2CH_2CHO$　(3) $CH_3CH(OH)CH_2CHO$

(4) 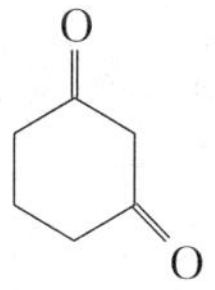

(5) 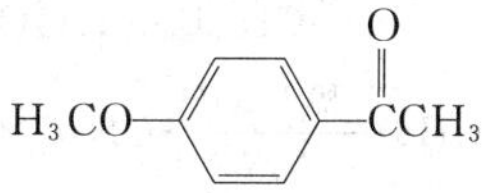

3.

(1) 环己酮、环己烯、环己醇 $\xrightarrow{Br_2/CCl_4}$ 环己烯　褪色；环己酮　无现象，环己醇　无现象 $\xrightarrow{2,4\text{-二硝基苯肼}}$ 黄色固体(环己酮)，无现象(环己醇)

(2) 2-己醇、3-己醇、苯乙酮 $\xrightarrow{I_2/NaOH\text{溶液}}$ 2-己醇　黄色晶体，苯乙酮　黄色晶体，3-己醇　无现象；2-己醇、苯乙酮 $\xrightarrow{\text{重铬酸钾溶液}}$ 溶液变绿(2-己醇)，无现象(苯乙酮)

(3) $PhCH_2COCH_2CH_3$、$PhCH(OH)CH_2CH_2CH_3$ $\xrightarrow{2,4\text{-二硝基苯肼}}$ 黄色固体，无现象

4.

(1) 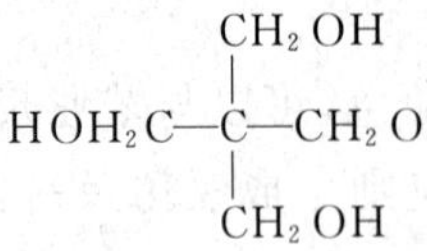

(2) 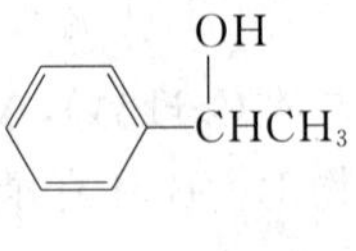

(3) 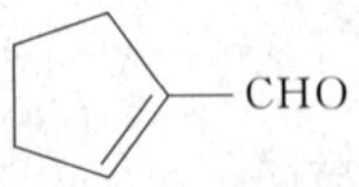

(4) 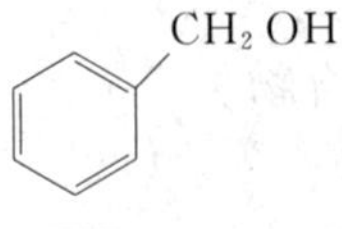 $+HCOO^-$

(5) $CH_3CH=CHCH_2COOH$

(6) 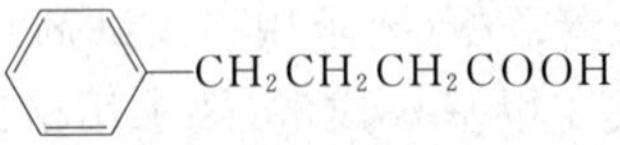

5. 化合物 A 分子式是 $C_8H_{14}O$，根据不饱和度计算公式可知 A 的不饱和度为 2，A 可以很快使溴水褪色，可以与苯肼反应，说明 A 有一个不饱和双键和一个羰基，属于不饱和醛酮。A 氧化生成一分子丙酮及另一化合物 B。这与不饱和键的氧化有关系，根据不饱和键氧化规律可知，当不饱和碳原子上有两个甲基时生成产物为丙酮。B 具有酸性，且同 NaOCl 反应则生成氯仿及一分子丁二酸，这说明 B 具有甲基酮结构，能发生卤仿反应，产物为少一个碳原子的羧酸。因为 B 本身有酸性，说明 B 为含有甲基酮结构的羧酸。根据产物为丁二酸，可以推测出 A 与 B 可能的构造式为：

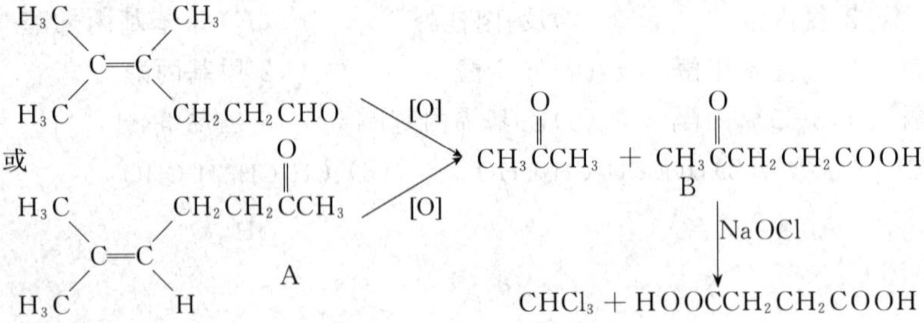

6.(1) $HC\equiv CH \xrightarrow[\text{稀 } H_2SO_4]{HgSO_4} CH_3CHO \xrightarrow[\triangle]{\text{稀 NaOH}} CH_3CH=CHCHO$

$\xrightarrow[\text{乙醚}]{LiAlH_4} CH_3CH=CHCH_2OH$

(2) 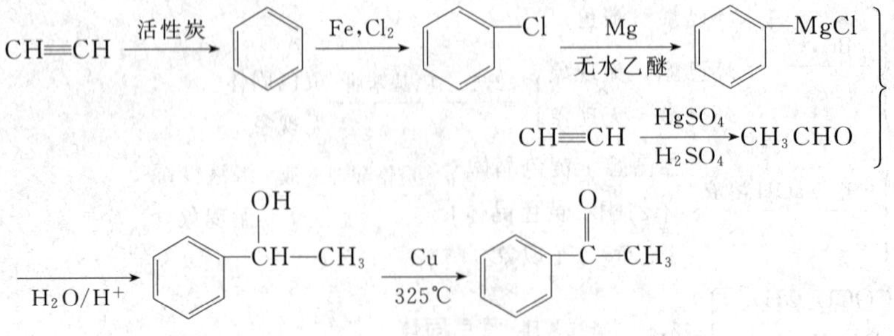

(3) 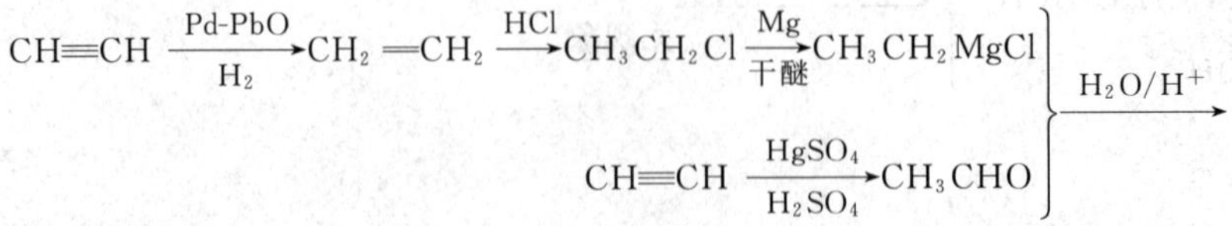

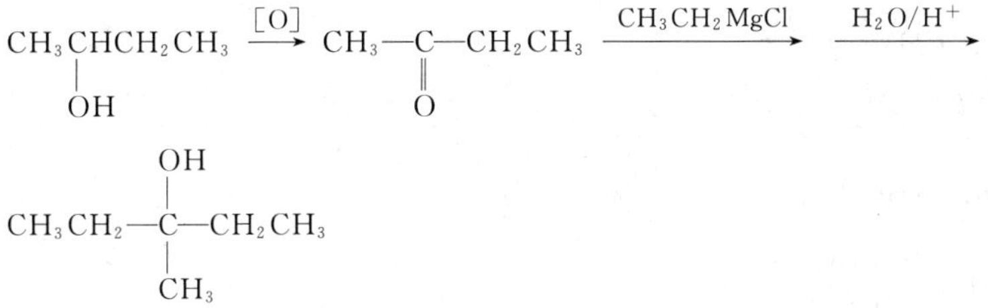

(4) $CH\equiv CH \xrightarrow[H_2]{Pd\text{-}PbO} CH_2=CH_2 \xrightarrow{HCl} CH_3CH_2Cl \xrightarrow{NaCN} CH_3CH_2CN \xrightarrow{H_3O^+} CH_3CH_2COOH$

(5) $HC\equiv CH \xrightarrow[H_2SO_4]{Hg^{2+}} CH_3CHO$

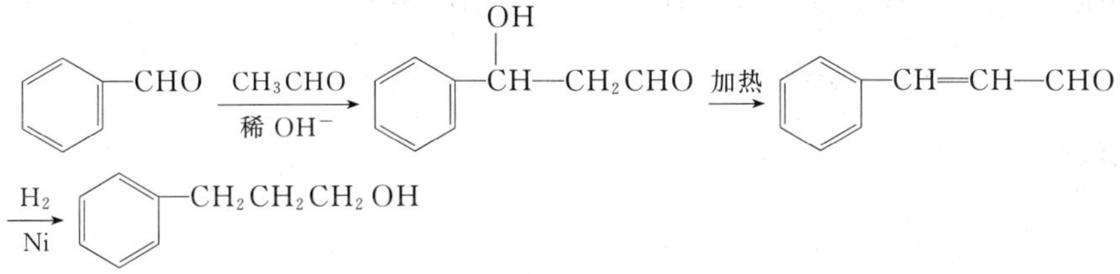

教材习题

1. 用 IUPAC 命名法命名：

(1) 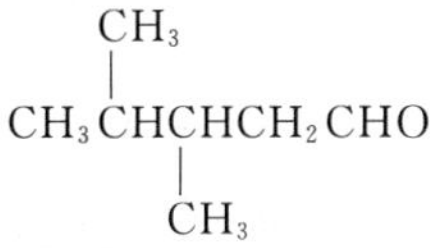

(2) 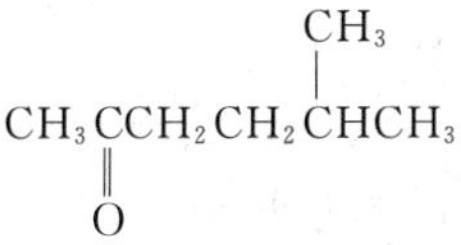

(3) $OHC(CH_2)_5CHO$

(4) 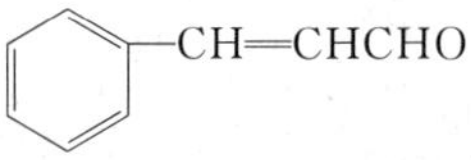

(5) 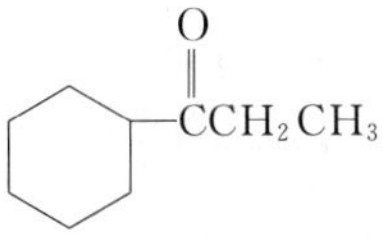

(6) 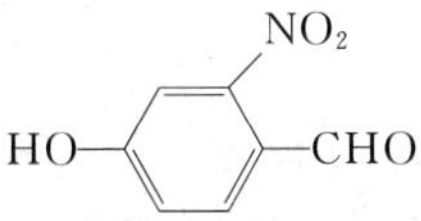

(7) 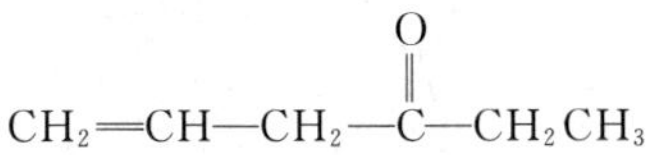

2. 写出下列化合物的构造式：

(1)2-丁烯醛　　(2)丙酮肟

(3)苯甲醛缩氨脲　　(4)肉桂醛

(5)2-甲基环戊酮　　(6)β-溴代丁酮

3. 完成下列反应方程式，写出主要产物：

(1) $CH_3CH_2CH_2CHO \xrightarrow{稀\ NaOH} \xrightarrow[H_2O]{LiAlH_4}$

(2) 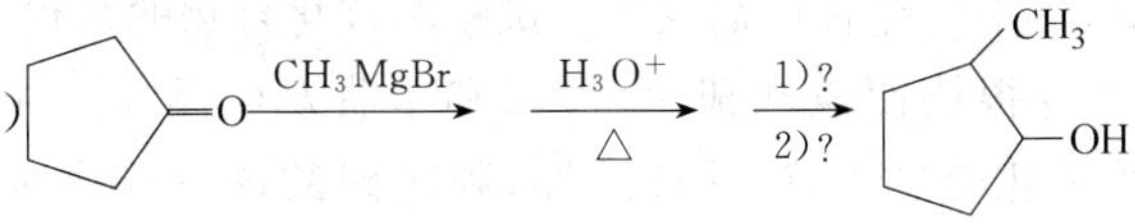

(3) 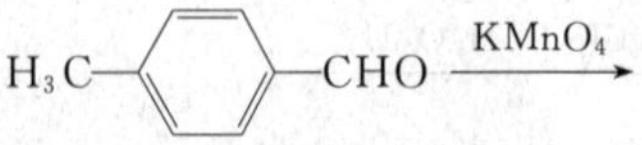

(4) $(CH_3)_3CCHO \xrightarrow{\text{浓 NaOH}}$

(5) 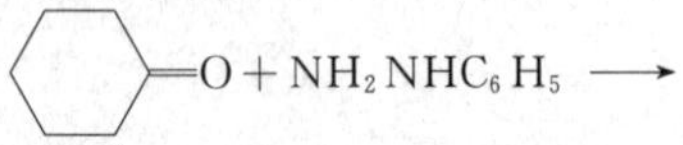

(6) 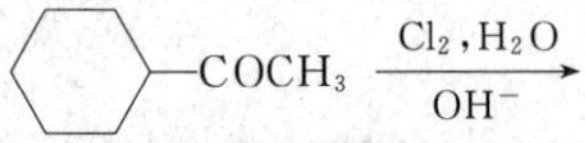

4. 用化学方法鉴别下列各组化合物：

(1)2-己酮与 3-己酮　　　　(2)苯甲醛与苯甲醇

5. 下列化合物哪些能与饱和 $NaHSO_3$ 溶液加成？哪些能发生碘仿反应？

CH_3CH_2OH　　$CH_3CH_2COCH_2CH_3$　　$CH_3CH_2CH_2CHO$

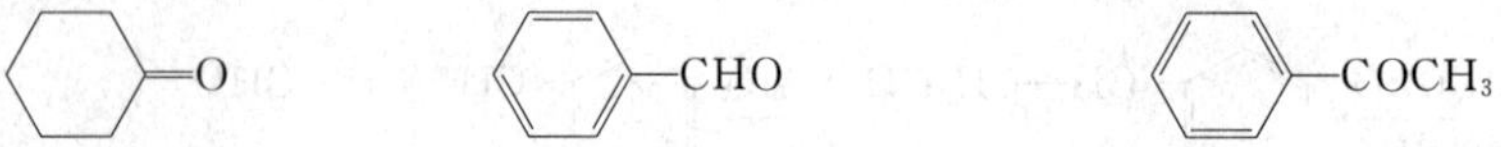

6. 完成下列转化：

(1) 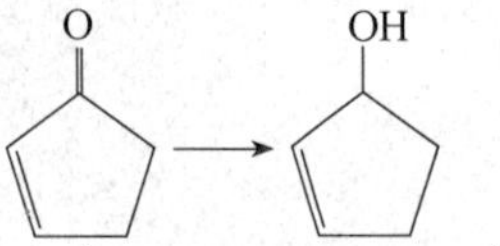

(2) 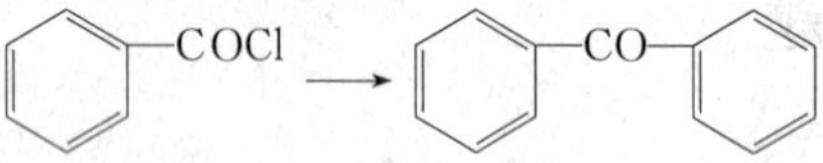

(3) $C_2H_5OH \longrightarrow CH_3\underset{\displaystyle OH}{\underset{|}{C}H}COOH$

(4) 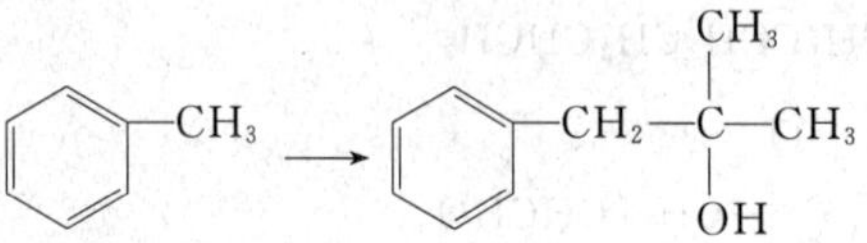

(5) 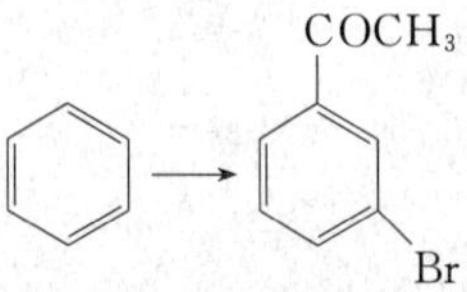

7. 下列化合物按烯醇式含量多少排列顺序：

$CH_3\overset{O}{\overset{\|}{C}}CH_2\overset{O}{\overset{\|}{C}}CH_2CH_3$　　$CH_3\overset{O}{\overset{\|}{C}}CH_2\overset{O}{\overset{\|}{C}}OCH_2CH_3$　　$CH_3\overset{O}{\overset{\|}{C}}CH_2CH_2CH_3$

8. 对甲氧基苯甲醛与对硝基苯甲醛哪个更易进行亲核加成？为什么？

9. 用三个碳以下的醇以及苯、甲苯为原料，合成下列化合物(无机试剂任选)：

(1)1-苯基-2-丁醇　　　　(2)2-甲基-2-戊醇

(3)2-苯基-2-丙醇　　　　(4)正戊醇

10. 某化合物的分子式为 $C_6H_{12}O$，能与羟胺作用生成肟，但不起银镜反应，在铂催化下进行加氢则得醇，此醇经脱水、臭氧化、水解等反应后，得到两种液体，其中之一能起银镜反应，但不起碘仿反应；另一种能起碘仿反应，但不与菲林试剂反应。试推断该化合物的结构。

11. 有一化合物 A 分子式为 $C_8H_{14}O$，可以很快使溴水褪色，可以和苯肼发生反应。A 用高锰酸钾氧化后得到一分子丙酮及另一化合物 B，B 具有酸性，和次碘酸钠反应生成碘仿和一分子酸,酸的结构是 $HOOCCH_2CH_2COOH$,试写出 A、B 的可能构造式。

12. 分子式为 $C_5H_{12}O$ 的 A,氧化后得 B($C_5H_{10}O$),B 能与 2,4-二硝基苯肼反应,并在与碘的碱溶液共热时生成黄色沉淀。A 与浓硫酸共热得 C(C_5H_{10}),C 经高锰酸钾氧化得丙酮及乙酸。推断 A、B、C 的结构。

教材习题答案

1. 用 IUPAC 命名法命名:

(1)3,4-二甲基戊醛　(2)5-甲基-2-己酮　(3)庚二醛　(4)3-苯基-2-丙烯醛

(5)1-环己基-1-丙酮　(6)2-硝基-4-羟基苯甲醛　(7)5-己烯-3-酮

2.

(1)$CH_3—CH{=}CH—CHO$　(2) 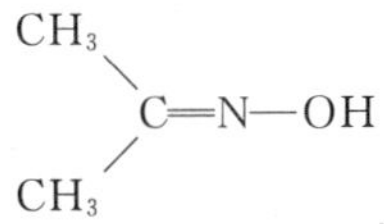　(3) 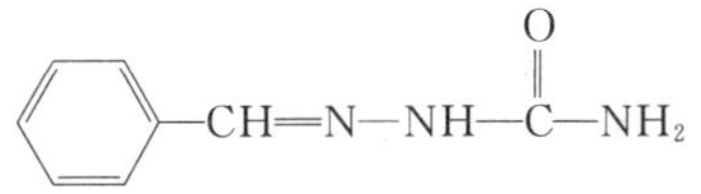

(4) 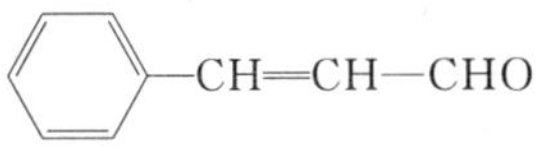　(5) 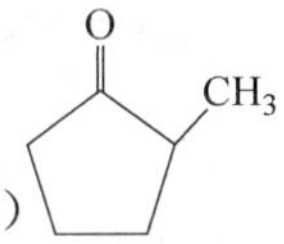　(6) 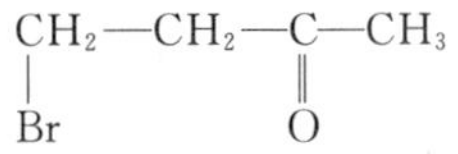

3. 完成下列反应方程式,写出主要产物:

(1)$CH_3CH_2CH_2CHO \xrightarrow[\triangle]{\text{稀 NaOH}} CH_3CH_2CH_2CH{=}C(CH_2CH_3)—CHO \xrightarrow[2)H_2O]{1)LiAlH_4}$

$CH_3CH_2CH_2CH{=}C(CH_2CH_3)—CH_2OH$

(2) 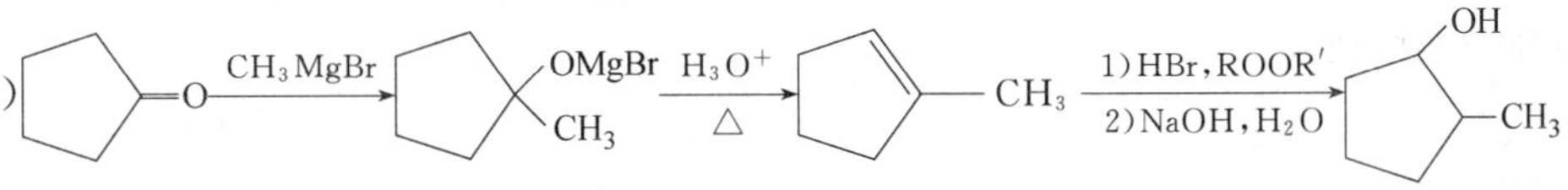

(3) 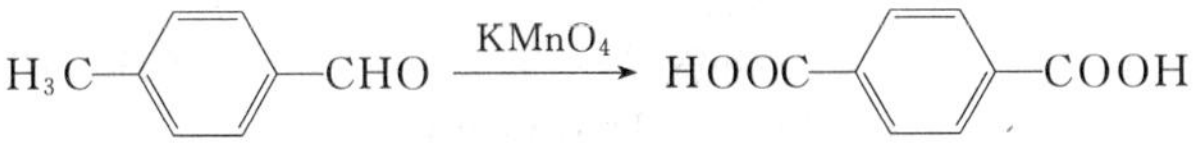

(4)$(CH_3)_3CCHO \xrightarrow{\text{浓 NaOH}} (CH_3)_3CCH_2OH + (CH_3)_3CCOOH$

(5) 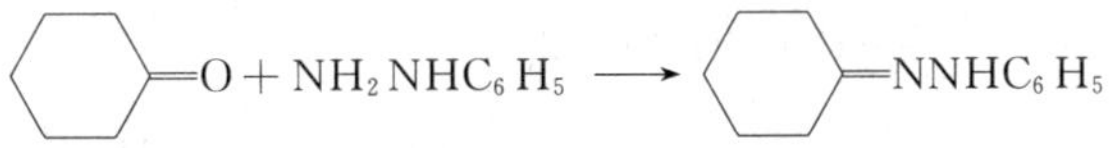

(6) 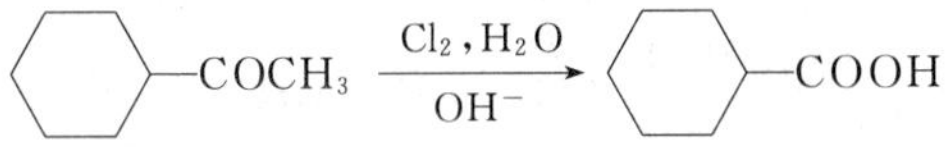

4.(1)2-己酮与 3-己酮

能与碘的氢氧化钠溶液发生碘仿反应的为 2-己酮。

(2)苯甲醛与苯甲醇

能与多伦试剂(银氨液)发生银镜反应的是苯甲醛。

5. 能与饱和 $NaHSO_3$ 溶液加成：$CH_3CH_2CH_2CHO$、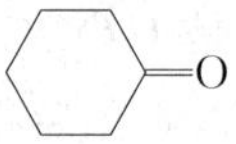、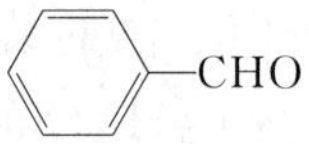

能发生碘仿反应：CH_3CH_2OH、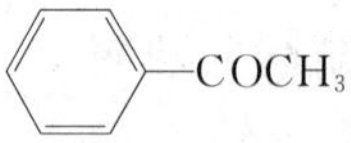

6. 完成下列转化

(1)

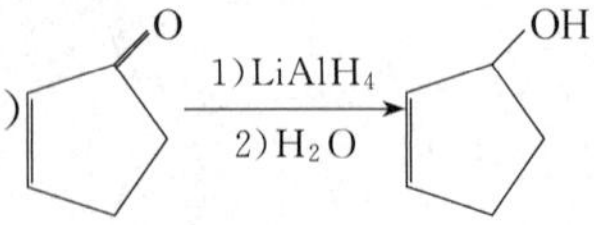

(2)

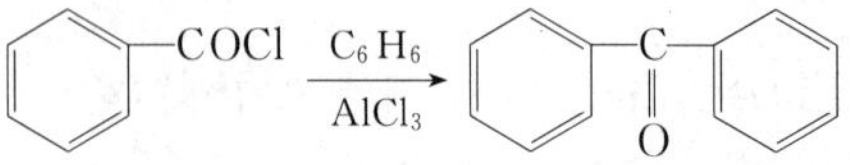

(3) $C_2H_5OH \xrightarrow{CrO_3-吡啶} CH_3CHO \xrightarrow{HCN} CH_3CH(OH)CN \xrightarrow{H_3O^+} CH_3CH(OH)COOH$

(4)

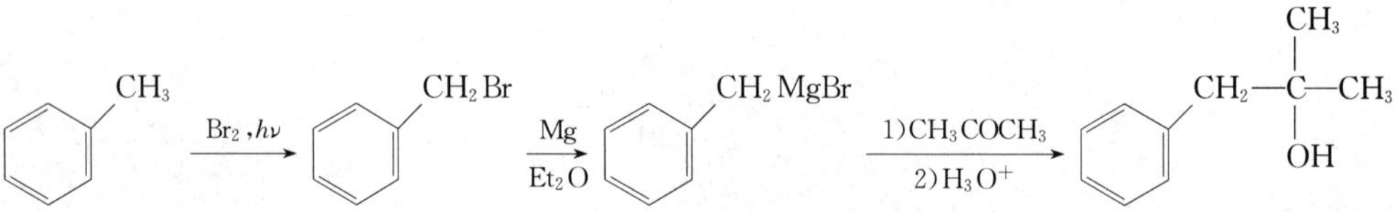

(5)

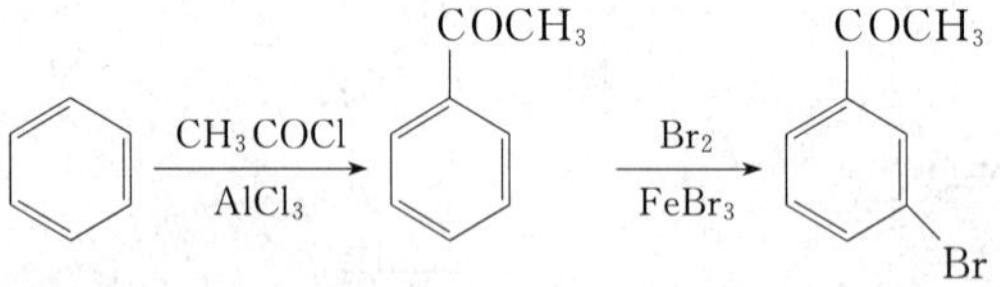

7. $CH_3COCH_2COCH_2CH_3 > CH_3COCH_2COOCH_2CH_3 > CH_3COCH_2CH_2CH_3$

8. 对硝基苯甲醛更易进行亲核加成，因为硝基的强拉电子的诱导作用使得醛基的 C 电正性更加明显，利于亲核加成的进行；而甲氧基的给电子共轭效应使得醛基的 C 电正性降低，不利于亲核加成。

9.

(1)

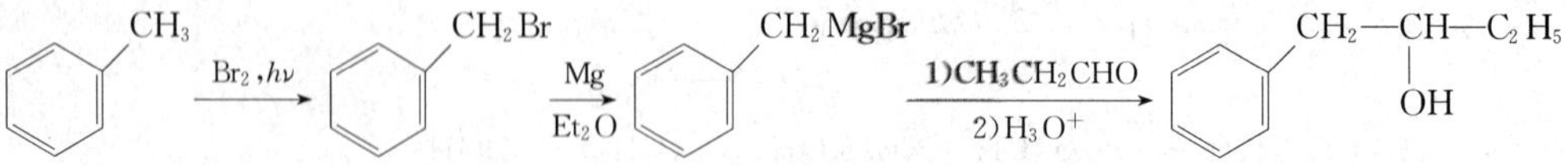

(2) $CH_3CH_2CH_2OH \xrightarrow{PCl_3} CH_3CH_2CH_2Cl \xrightarrow[Et_2O]{Mg} CH_3CH_2CH_2MgCl$

$CH_3CH(OH)CH_3 \xrightarrow{CrO_3-吡啶} CH_3COCH_3 \xrightarrow[2)H_3O^+]{1)CH_3CH_2CH_2MgCl} CH_3—CH_2—CH_2—C(OH)(CH_3)—CH_3$

10. $CH_3—CH(CH_3)—CO—CH_2—CH_3$

11.

A. 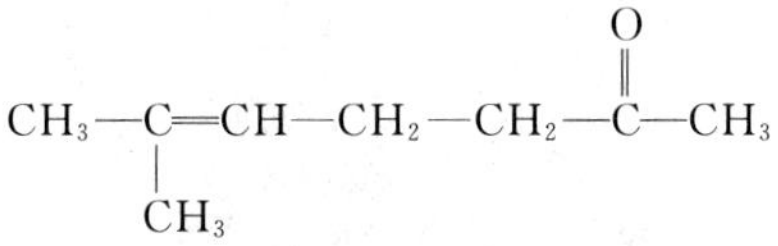

B. 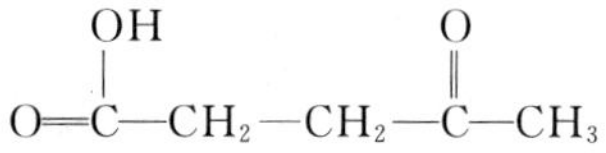

12.

A. 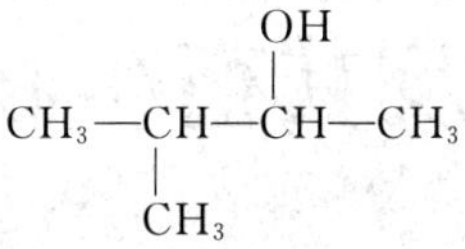

B. 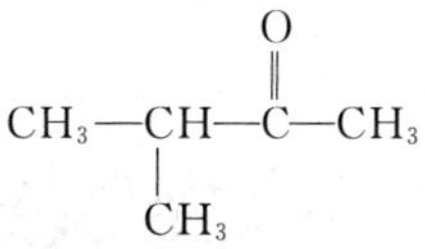

C. 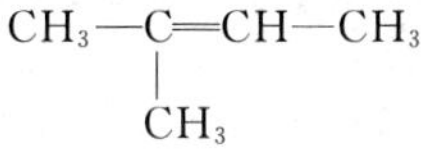

Chapter 9 第9章

羧酸及其衍生物

Carboxylic Acid and Derivatives

主要知识点

一、羧酸

(一)羧酸的官能团

羧酸是指含有羧基—COOH 的化合物。羧酸分子中，羧基碳原子以 sp^2 杂化轨道，分别与烃基(或氢)和两个氧原子形成 3 个 σ 键，这 3 个 σ 键是在同一平面上。羧基碳原子上还有一个 p 轨道与氧原子的 p 轨道上的电子形成 π 键。羧基中羟基(—OH)氧原子上有一对未共用电子可与 π 键构成 p-π 共轭体系。

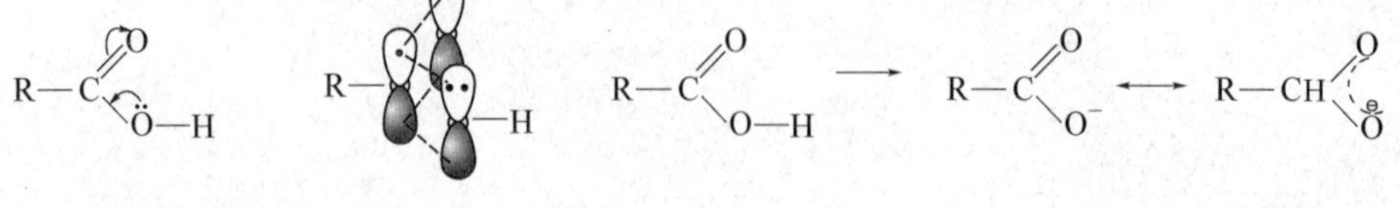

p-π 共轭体系　　sp² 杂化

(二)羧酸的分类和命名

1. 分类

根据羧基一侧所连基团不同可分为脂肪羧酸、脂环羧酸、芳香族羧酸；根据烃基中是否含有不饱和重键分为饱和羧酸和不饱和羧酸。

根据羧基的个数可分为一元羧酸、二元羧酸或多元羧酸。

2. 命名

羧酸的普通命名和俗名。

羧酸的系统命名方法：

(1)选主链：首先选择含有羧基的最长碳链作为主链，二元或多元羧酸选择含有最多碳原子的二元羧酸为主链，其他羧基作为取代基；芳香羧酸和脂环羧酸一般把环作为取代基；不饱和脂肪羧酸选择含有重键和羧基的最长碳链作为主链。

(2)编号：从含有羧基的一端编号，用阿拉伯数字或用希腊字母（α、β、γ、δ…）表示取代基的位置；用阿拉伯数字编号从羧基碳原子开始，用希腊字母编号从羧基相邻碳原子开始。

(3)对于二元或多元羧酸，还应比较取代基的位置，使其编号尽量小。编号必须一致，不能阿拉伯数字和希腊字母混用。

(4)书写：将取代基的位次及名称写在主链名称之前，根据主链的碳原子数称为“某酸”，不饱和羧酸把重键的位置写在“某”字之前称为“某烯酸”或“某炔酸”。

(三)羧酸的物理性质

1. 沸点

羧基是极性共价键，在同种分子之间构成羧基中的羟基与另一分子羧基中的羰基氧形成分子内氢键，分子间作用力远大于相应的醛酮，也大于相应的醇，所以羧酸的沸点较高。

2. 溶解性

羧基与水分子之间可形成分子间氢键，因此羧酸在水中的溶解性较大。羧基属于亲水基团，烃基属于疏水基团，随分子中烃基部分增大在水中溶解度迅速减小。

(四)羧酸的化学性质

p-π 共轭的结果，使 O—H 键极性增强，羰基碳上的电子云密度增大。因此在羧基中既不存在典型的羰基，也不存在典型的羟基，而是两者互相影响的统一体。羧酸中羰基对亲核试剂的活性降低，不能与 HCN、H_2NOH 等发生亲核加成反应。

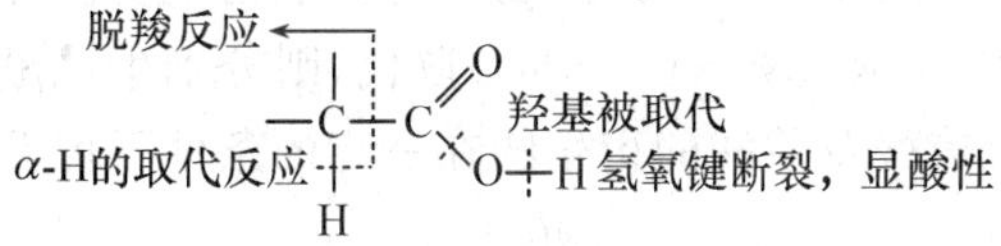

1. 酸性

羧酸是有机酸，具有酸的一切通性。除甲酸是中强酸外，其他饱和一元羧酸都是弱酸，但比碳酸的酸性强，常用碳酸盐来分离、提纯、鉴别羧酸。

$$R-\overset{\overset{O}{\|}}{C}-O-H \longrightarrow R-\overset{\overset{O}{\|}}{C}-O^- + H^+$$

酸性与结构的关系：当羧基或羧酸所连烃链上连有不同基团时，基团产生的诱导效应会影响羧酸酸性大小。吸电子原子或基团酸性增强，给电子原子或基团酸性减弱；诱导效应为短程效应，故基团离羧基越近影响越大。

(1)一元羧酸酸性规律

$$FCH_2COOH > ClCH_2COOH > BrCH_2COOH > ICH_2COOH > CH_3COOH$$

$$CH_3COOH > CH_3CH_2COOH > (CH_3)_3CCOOH$$

$$ClCH_2COOH < Cl_2CHCOOH < Cl_3CCOOH$$

(2)二元羧酸酸性规律　一个羧基对另一个羧基而言是吸电子基团，两个羧基相互影响，使其一级电离常数比一元饱和酸大，这种影响随着两个羧基距离的增大而减弱。二元羧酸中以草酸酸性最强。

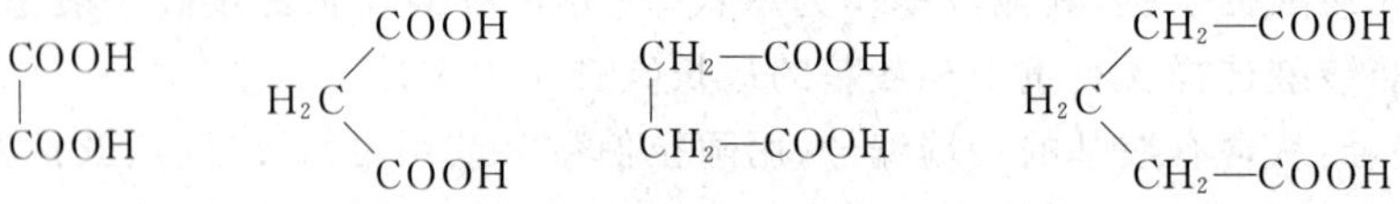

pK_{a1}	1.27	2.85	4.21	4.34
pK_{a2}	4.27	5.70	5.64	5.41

(3)芳香族羧酸酸性规律　由于基团的电子诱导效应和共轭效应的影响，一般苯甲酸酸性小于甲酸。

取代芳香族羧酸酸性与取代基位置及基团对苯环产生的电子效应有关。邻位取代苯甲酸酸性不管给电子基团还是吸电子基团，邻位取代芳香酸酸性均强于未取代的苯甲酸；对位取代苯甲酸，吸电子基团酸性增强，给电子基团酸性减弱。

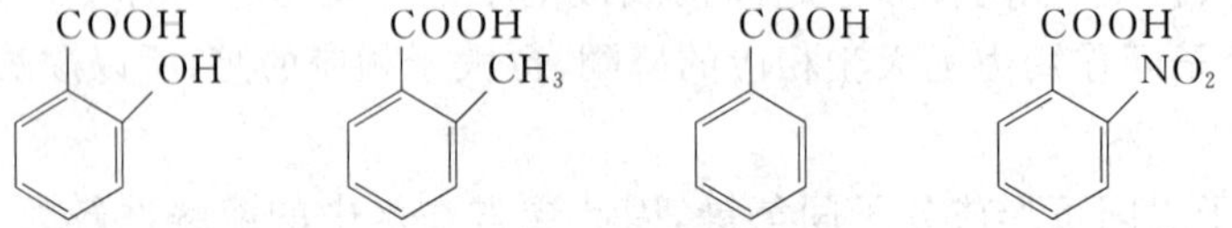

pK_a	4.17	3.91	4.20	2.16

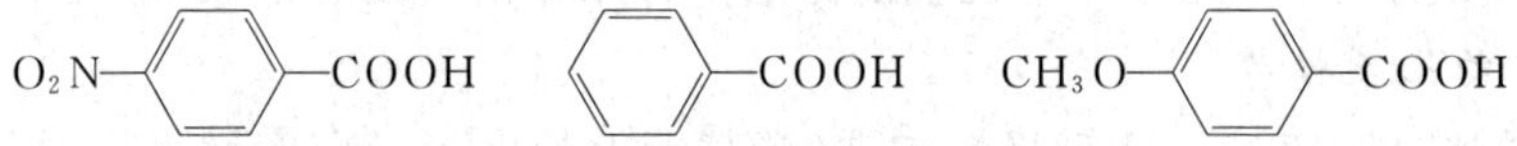

pK_a	3.40	4.20	4.47

2. 羧酸中羟基的取代反应

羧基中羟基被其他原子或基团取代的产物称为羧酸衍生物。羟基分别被卤素(—X)、酰氧基(—OCOR)、烷氧基(—OR)、氨基(—NH_2)取代，则分别生成酰卤、酸酐、酯、酰胺，这些都是羧酸的重要衍生物。羧酸及羧酸的衍生物在一定的条件下可发生相互转化：

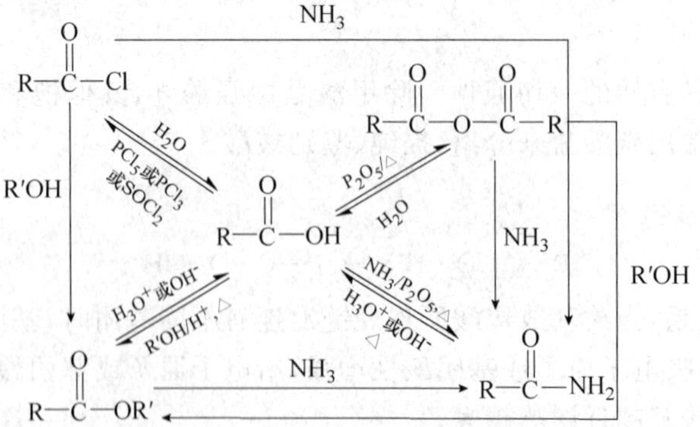

3. 羧基的氧化和还原反应

(1)甲酸和乙二酸在氧化剂存在条件下能够被氧化，可用于与其他羧酸的鉴别。

$$HCOOH + Ag(NH_3)_2OH \longrightarrow CO_2\uparrow + NH_3 + \underset{\text{银镜}}{Ag\downarrow} + H_2O$$

$$\begin{array}{l}COOH\\|\\COOH\end{array} + KMnO_4 + H_2SO_4 \longrightarrow K_2SO_4 + MnSO_4 + CO_2\uparrow + H_2O$$

高锰酸钾溶液褪色

(2)羧基一般只能用 $LiAlH_4$ 还原为醇。

$$CH_3CH{=}CHCOOH \xrightarrow{LiAlH_4} CH_3CH{=}CHCH_2OH$$

$$CH_3CH{=}CHCOOH \xrightarrow{Ni/H_2} CH_3CH_2CH_2COOH$$

4. 羧酸烃基上的反应

(1)α-卤代反应　羧酸的 α-H 被卤素取代的反应比醛、酮困难。但在碘、红磷、硫等的催化下,取代反应可顺利发生在羧酸的 α-位上,生成 α-卤代羧酸。

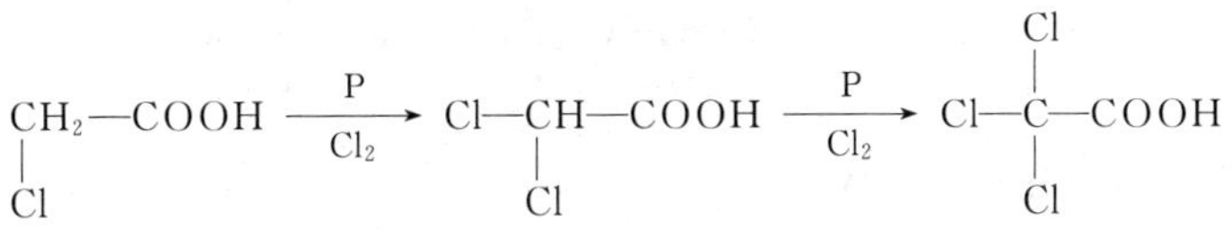

氯乙酸　　二氯乙酸　　三氯乙酸

(2)芳香酸芳环上的取代反应　羧基连在苯环上为钝化基团,间位定位基,芳香酸苯环继续发生亲电取代生成间位取代产物。

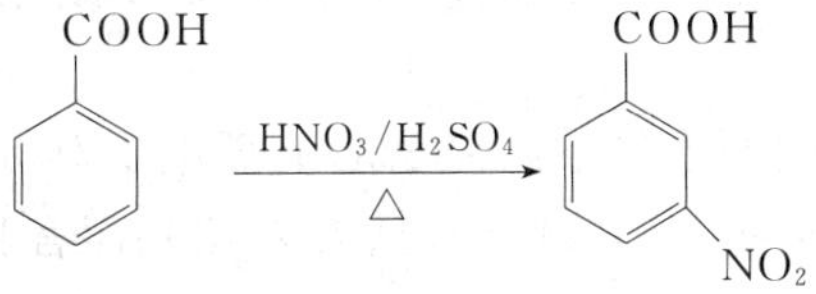

间硝基苯甲酸

5. 二元羧酸的性质

$$乙二酸,丙二酸 \xrightarrow[\triangle]{脱羧} 少一个碳原子羧酸 + CO_2$$

$$丁二酸,戊二酸 \xrightarrow[\triangle]{脱水} 环状内酸酐$$

$$己二酸,庚二酸 \xrightarrow[脱羧,脱水]{Ba(OH)_2,\triangle} 少一个碳原子的环酮$$

$$\begin{matrix}COOH\\ |\\ COOH\end{matrix} \xrightarrow{\triangle} HCOOH + CO_2$$

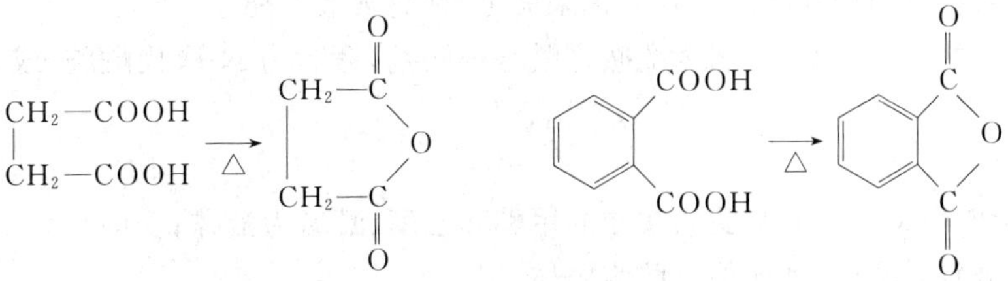

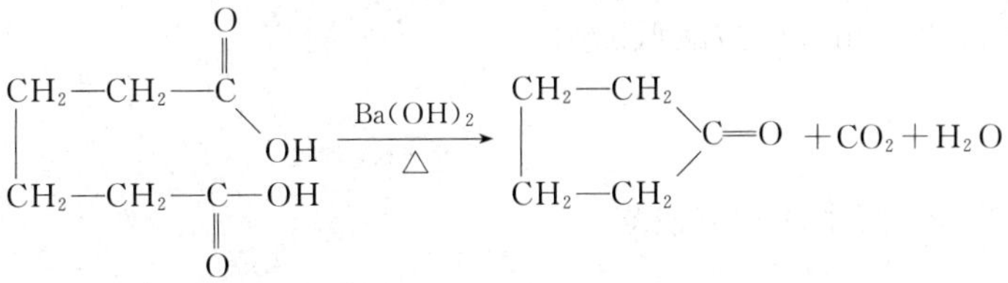

二、羧酸衍生物

(一)分类、结构和命名

1. 分类

羧酸衍生物可以分为酰卤、酸酐、酯和酰胺四类化合物，皆为羧基中的羟基分别为卤素、酰氧基、烷氧基和氨基取代所得。

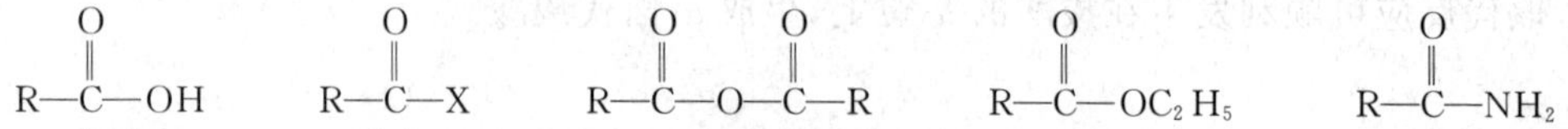

羧酸　　酰卤　　酸酐　　酯　　酰胺

酰卤：根据卤素不同分类。

酸酐：可分为简单酸酐和混合酸酐，简单酸酐由同种羧酸脱水得到，混合酸酐由不同种羧酸之间脱水得到。

酯：根据酰基和烷氧基类型分类。

酰胺：根据胺基类型可分为酰胺、N-取代酰胺、N,N-二取代酰胺。

2. 结构特点

与羰基直接相连的L基团原子(X、O、N)都含有孤电子对，可与羰基形成p-π共轭体系，因此碳杂健之间实际上具有某些双键的性质，且L对羰基而言具有给电子的效应。而L基团中的X、O和N原子电负性大于碳，所以L基团对羰基又具有吸电子的诱导效应。

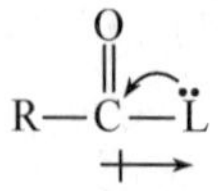

$L=X,\ O-C(=O)-R, OC_2H_5, NH_2$

3. 命名

(1)酰卤　酰基+卤素，命名为酰卤。

(2)酸酐　简单酸酐由对应羧酸命名某酸酐；混合酸酐先简单羧酸后复杂羧酸，命名为某酸某酐。

(3)酯　由相应的酸和醇的烃基名称来命名，称为某酸某酯。

(4)酰胺　酰基+氨基，命名为酰胺。酰基+胺基，命名为N-取代酰胺，或N,N-二取代酰胺。

(二)物理性质

室温下十四个碳以下的脂肪族羧酸的甲酯和乙酯、酰氯为液体；壬酸酐以上的简单酸酐都是固体；甲酰胺为液体，其他伯酰胺为固体。

酰氯、酸酐、酯的沸点比相应的羧酸低。

(三)化学性质

1. 水解反应

酰氯、酸酐、酯、酰胺水解生成相应羧酸。

$$R{-}\overset{\overset{\Large O}{\|}}{C}{-}Cl + H_2O \longrightarrow R{-}\overset{\overset{\Large O}{\|}}{C}{-}OH + HCl$$ 迅速水解

$$R{-}\overset{\overset{\Large O}{\|}}{C}{-}O{-}\overset{\overset{\Large O}{\|}}{C}{-}R' + H_2O \longrightarrow R{-}\overset{\overset{\Large O}{\|}}{C}{-}OH + R'{-}\overset{\overset{\Large O}{\|}}{C}{-}OH$$ 冷水：慢 热水：快

$$R{-}\overset{\overset{\Large O}{\|}}{C}{-}OR' + H_2O \xrightleftharpoons{H^+ \text{ or } OH^-} R{-}\overset{\overset{\Large O}{\|}}{C}{-}OH + R'OH$$ 酸碱催化 酸性可逆 碱性完全

$$R{-}\overset{\overset{\Large O}{\|}}{C}{-}NH_2 \xrightleftharpoons[\triangle]{H^+ \text{ or } OH^-} R{-}\overset{\overset{\Large O}{\|}}{C}{-}OH + NH_3$$ 酸碱催化，长时间加热

2. 醇解反应

酰氯、酸酐、酯醇解生成相应羧酸酯。

$$R{-}\overset{\overset{\Large O}{\|}}{C}{-}Cl + R'OH \longrightarrow R{-}\overset{\overset{\Large O}{\|}}{C}{-}OR' + HCl$$

$$R{-}\overset{\overset{\Large O}{\|}}{C}{-}O{-}\overset{\overset{\Large O}{\|}}{C}{-}R' + R''OH \longrightarrow R{-}\overset{\overset{\Large O}{\|}}{C}{-}OH + R'{-}\overset{\overset{\Large O}{\|}}{C}{-}OR''$$

（以上两反应）用于羧酸酯制备

$$R{-}\overset{\overset{\Large O}{\|}}{C}{-}OR' + R''OH \longrightarrow R{-}\overset{\overset{\Large O}{\|}}{C}{-}OR'' + R''OH$$ 酯交换反应，特殊酯的合成

3. 氨解反应

酰氯、酸酐和酯与氨或胺作用，生成酰胺。

$$R{-}\overset{\overset{\Large O}{\|}}{C}{-}Cl + NH_3 \longrightarrow R{-}\overset{\overset{\Large O}{\|}}{C}{-}NH_2 + HCl$$

$$R{-}\overset{\overset{\Large O}{\|}}{C}{-}O{-}\overset{\overset{\Large O}{\|}}{C}{-}R' + NH_3 \longrightarrow R{-}\overset{\overset{\Large O}{\|}}{C}{-}NH_2 + R'{-}\overset{\overset{\Large O}{\|}}{C}{-}OH$$

$$R{-}\overset{\overset{\Large O}{\|}}{C}{-}OR' + NH_3 \longrightarrow R{-}\overset{\overset{\Large O}{\|}}{C}{-}NH_2 + R'OH$$

4. 酯的缩合反应（克莱森缩合反应）

酯与酯和酮与酯之间缩合分别生成β-酮酸酯和β-二酮的反应称为克莱森(Claisen)缩合反应。

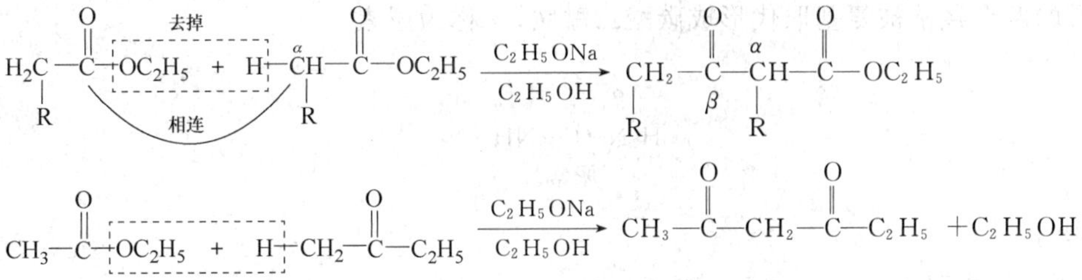

5. 酰胺的特性

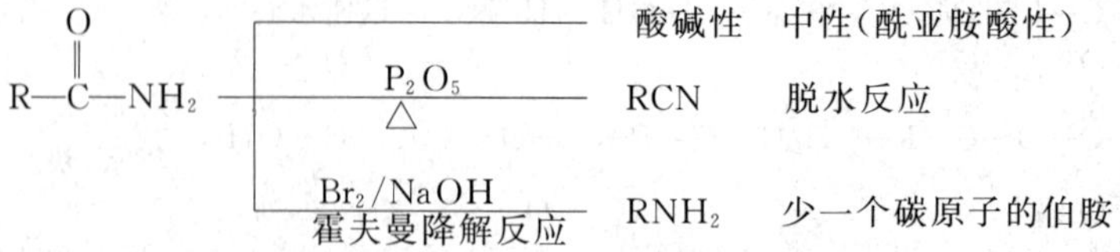

(1)酸碱性　酰胺为中性化合物,酰亚胺具有酸性,遇强碱反应生成稳定的盐。

(2)脱水反应　酰胺与强脱水剂共热,发生分子内脱水生成腈。

(3)霍夫曼降解反应　酰胺在次溴酸钠(或次氯酸钠)的碱性溶液作用下,将失去羰基,生成比原来酰胺少一个碳原子的伯胺,这一反应称为霍夫曼(Hofmann)酰胺降解反应。

三、碳酸衍生物

(一)碳酸酰氯

1. 光气的结构

光气,又叫作"碳酰氯",可以看作碳酸分子中的两个羟基皆被氯原子取代后所得的衍生物。

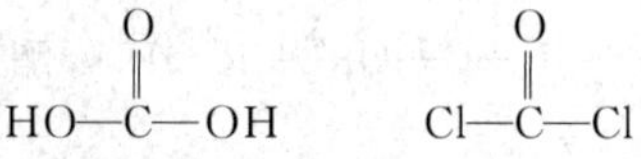

碳酸　光气

2. 光气的化学性质

光气可以发生水解、醇解、氨解反应。

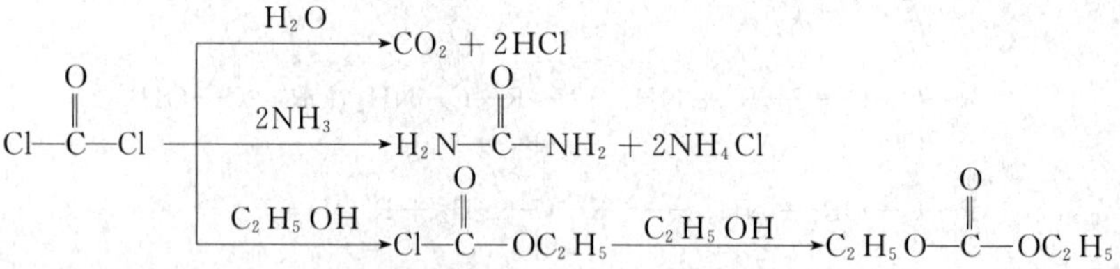

氯代甲酸乙酯　碳酸二乙酯

(二)碳酸酰胺——尿素

1. 结构

碳酸的两个羟基被氨基取代形成碳酸二酰胺,又称为尿素。

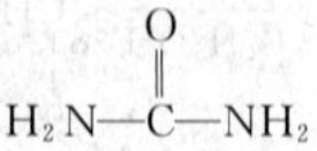

尿素

2. 性质

(1)尿素的水解

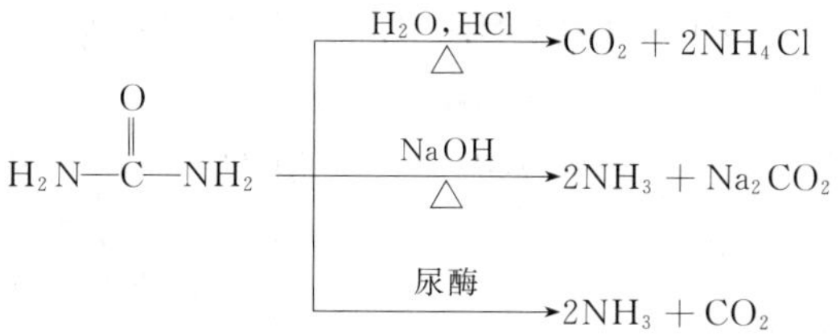

(2)与亚硝酸反应　尿素与亚硝酸反应生成二氧化碳和氮气。

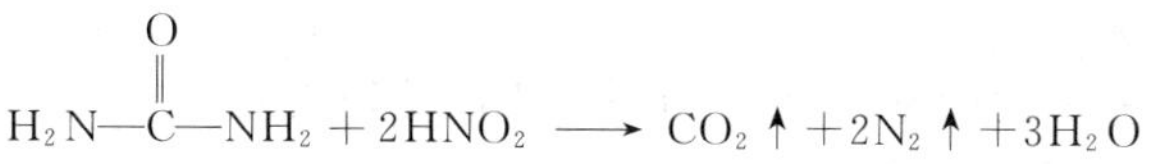

用于定量检测尿素含量

(3)形成缩二脲及其颜色反应　将尿素晶体微微超过熔点缓慢加热，缩合生成二缩脲。碱性条件下硫酸铜与二缩脲可发生反应呈现紫红色，这个颜色反应叫作缩二脲反应(biuret reaction)。可用来鉴别尿素、多肽和蛋白质。

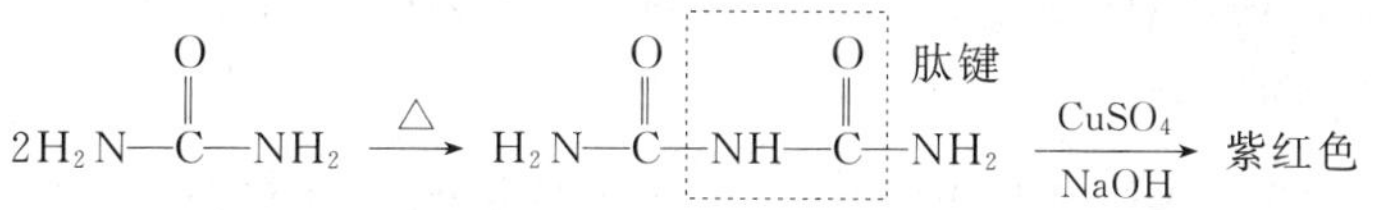

二缩脲

用于鉴别尿素、多肽、蛋白质

(三)氨基甲酸酯

用于农药或药物合成。

四、取代羧酸

(一)分类和结构

根据羧基烃链上氢原子被取代基团类型可分为卤代羧酸、醇酸、羰基羧酸和氨基酸。

(二)羟基羧酸的分类和命名

(1)根据羟基和羧基所连的基团不同，羟基酸又可分为醇酸和酚酸两类。羟基连在取代基脂肪烃基上的叫作醇酸；连在芳环上的叫作酚酸。

(2)系统命名法：醇酸以羟基为取代基，选择含有羧基和与羟基相连的碳原子的最长碳链为主链，从离羟基最近的羧基开始用阿拉伯数字或希腊字母编号，命名为m-羟基某酸。

酚酸从羧基所连芳香环碳原子开始编号，遵循最低序列原则对芳环进行编号。

(3)俗名：羟基羧酸在生物学科中常以俗名为主，并辅以系统命名。如乳酸、苹果酸、肉桂酸、酒石酸、没食子酸、柠檬酸等。

(三)羟基羧酸的化学性质

1. 酸性

羟基为吸电子基，醇酸酸性大于对应羧酸，羟基离羧基越近酸性越强。酚酸中邻羟基苯甲酸的酸性远较苯甲酸的酸性强，间羟基苯甲酸的酸性较苯甲酸的稍强，而对羟基苯甲酸的酸性不如苯甲酸。

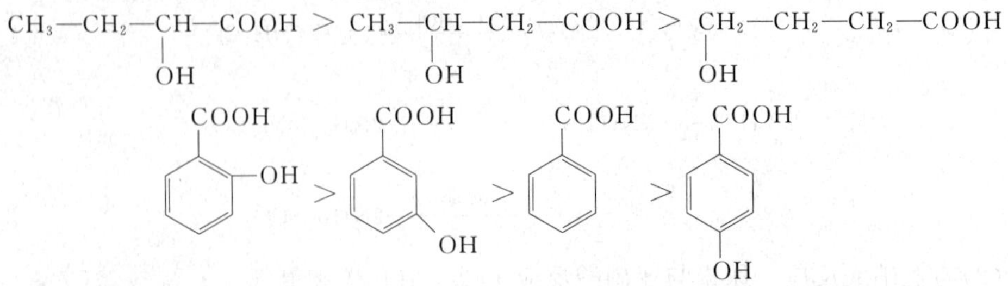

2. 醇酸的氧化反应

α-醇酸中的羟基由于受羧基的影响，比醇中的羟基更容易氧化。弱氧化剂条件下可被氧化为 α-酮酸。β-醇酸用 $KMnO_4$ 共热氧化，可生成 β-酮酸。

α-醇酸 $\xrightarrow{Ag(NH_3)_2^+}$ α-酮酸＋银镜↓
β-醇酸 $\xrightarrow{KMnO_4/H^+}$ β-酮酸
} 用于鉴别

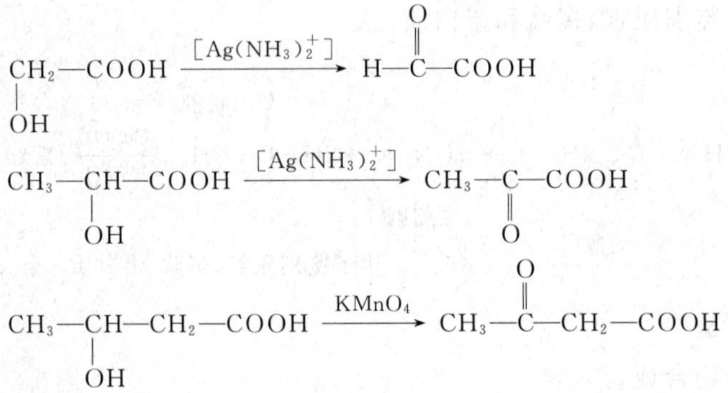

3. 羟基酸的加热分解反应

(1)醇酸的脱水反应　α-醇酸一般发生分子间交叉脱水生成交酯；β-醇酸中易于发生羟基与 α-H 间的分子内脱水，生成 α，β-不饱和羧酸；γ-醇酸和 δ-醇酸容易发生分子内酯化反应，生成内酯。

α-醇酸 $\xrightarrow{\triangle}$ 交酯　分子间脱水
β-醇酸 $\xrightarrow{\triangle}$ α，β 不饱和羧酸(脱去 α-H 与 β-OH，生成不饱和键)
γ-醇酸 $\xrightarrow{\triangle}$ 五元环状内酯
δ-醇酸 $\xrightarrow{\triangle}$ 六元环状内酯

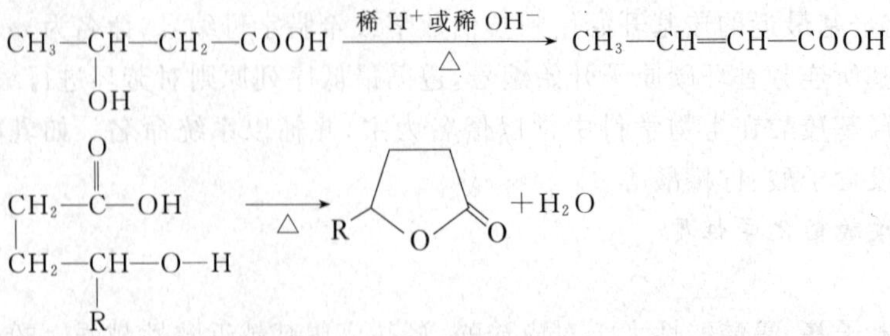

(2)醇酸的分解反应　α-醇酸用浓 H_2SO_4 加热处理，发生分解，生成醛或酮及 CO 和 H_2O，用稀 H_2SO_4 或盐酸加热处理，则分解为醛或酮和甲酸。

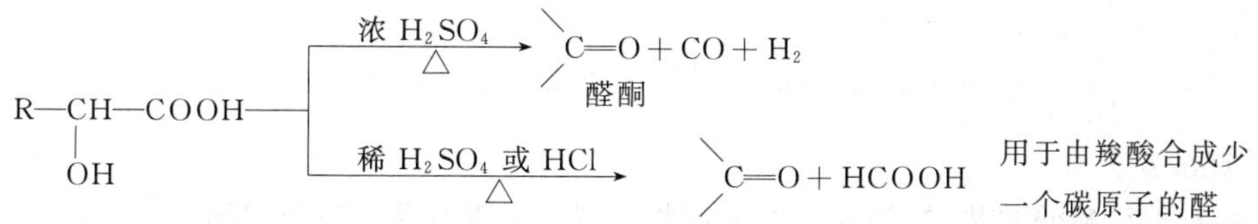

（3）酚酸　酚酸具有芳香羧酸和酚的典型反应性能，如能与三氯化铁溶液作用呈现颜色，与碱成盐，与醇或酸成酯等。羟基在羧基的邻、对位的酚酸受热后易发生脱羧反应而生成酚。

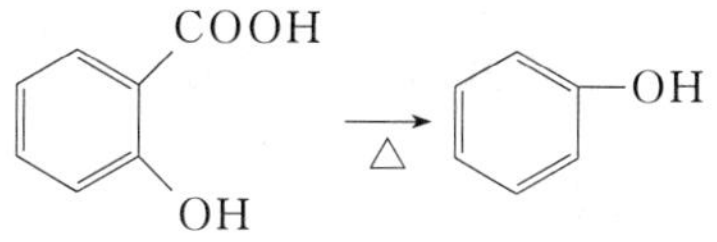

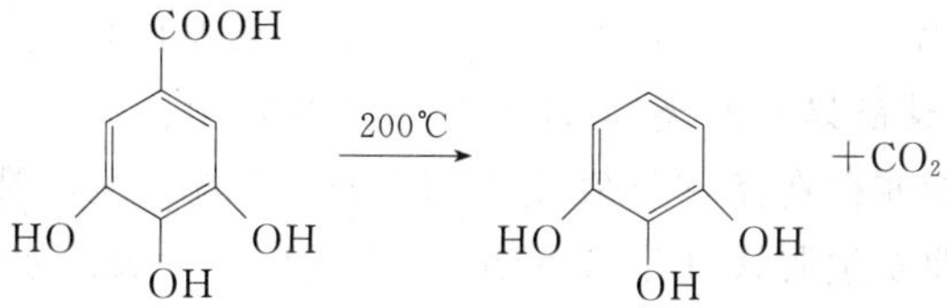

（四）羰基羧酸的分类、命名

1. 分类

羰基羧酸可分为醛酸和酮酸。按照羰基和羧基的相对位置，醛酸可分为 α-醛酸、β-醛酸、……，酮酸可分为 α-酮酸、β-酮酸、……

2. 系统命名

羰基羧酸的系统命名，选择包括羰基和羧基在内的最长碳链为主链，以羰基为取代基，羧基为主官能团，称为“某酮酸”或“某醛酸”。若为酮酸，羰基的位置需要标明，可用阿拉伯数字，也可用希腊字母。也可用酰基命名为“某酰某酸”，或称为氧代酸，并标出羰基的位置。

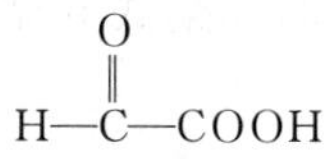

乙醛酸
氧代乙酸
甲酰甲酸

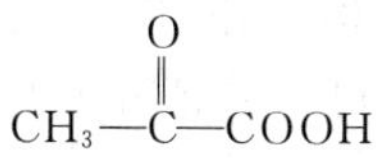

丙酮酸
2-氧代丙酸
乙酰甲酸

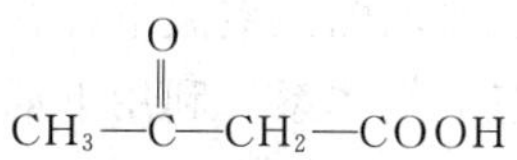

β-丁酮酸
3-氧代丁酸
乙酰乙酸

（五）羰基羧酸的化学性质

1. 氧化反应

醛酸中具有醛基，遇到氧化剂能被氧化成二元羧酸。乙醛酸能发生歧化反应。

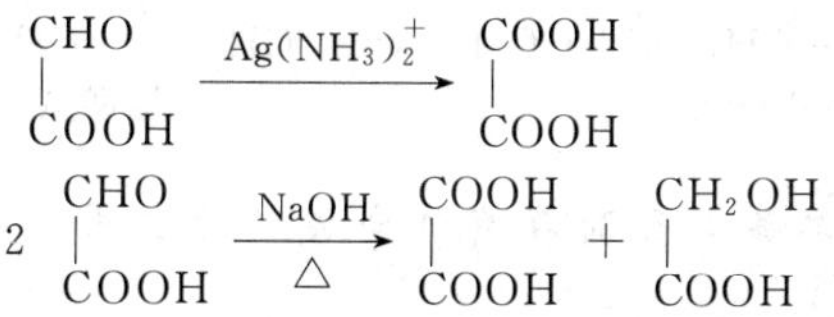

α-酮酸在弱氧化剂如两价铁/过氧化氢、土伦试剂、斐林试剂或生物酶等的作用下被氧化，发生氧化脱羧反应，生成少一个碳原子的羧酸并放出二氧化碳。

$$CH_3-\overset{\overset{O}{\|}}{C}-COOH \xrightarrow{Fe^{2+}+H_2O} CH_3COOH+CO_2$$

2. 脱酸反应

α-酮酸与稀硫酸共热时，脱羧后的主产物是醛。β-酮酸受热脱羧成酮。

$$CH_3-\overset{\overset{O}{\|}}{C}-COOH \xrightarrow[\triangle]{稀\ H_2SO_4} CH_3CHO+CO_2$$

$$CH_3-\overset{\overset{O}{\|}}{C}-CH_2-COOH \xrightarrow[\triangle]{} CH_3-\overset{\overset{O}{\|}}{C}-CH_3+CO_2$$

3. 乙酰乙酸乙酯的成酮水解和成酸水解

乙酰乙酸乙酯分子中，由于α-亚甲基上受到羰基和羧基的影响，使亚甲基碳原子与相邻的羰基和羧基形成的碳碳键易于断裂，发生成酮或成酸水解。

(1)成酮水解　在稀碱存在条件下发生水解反应，乙酰乙酸乙酯酸化后生成乙酰乙酸，但后者很不稳定，加热即发生脱羧并生成丙酮，这个过程称为成酮水解。

(2)成酸水解　乙酰乙酸乙酯在浓碱条件下加热，α 和β-碳原子之间的键发生断裂生成羧酸盐，经酸化后得到两分子羧酸，这个过程称为成酸水解。

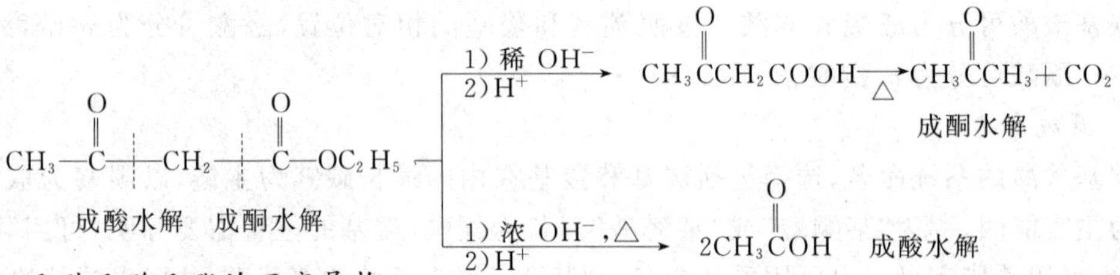

4. 乙酰乙酸乙酯的互变异构

乙酰乙酸乙酯在室温下存在有互变异构现象，即按照一定比例形成酮式和烯醇式互变异构体动态平衡体系。利用下面实验现象可以验证互变异构现象。

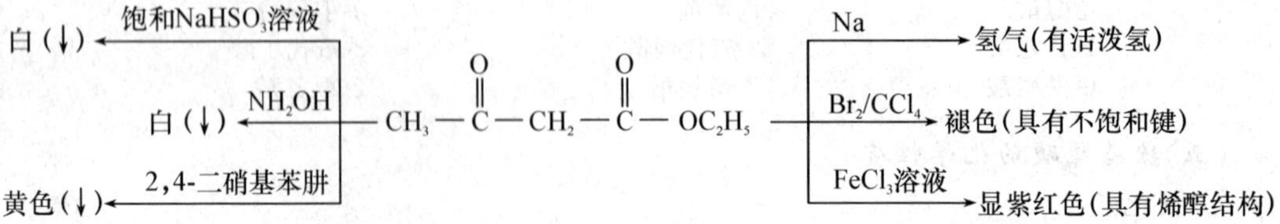

$$\underset{酮式(92.5\%)}{CH_3-\overset{\overset{O}{\|}}{C}-CH_2-\overset{\overset{O}{\|}}{C}-OC_2H_5} \rightleftharpoons \underset{烯醇式(7.5\%)}{CH_3-\overset{\overset{OH}{|}}{C}=CH-\overset{\overset{O}{\|}}{C}-OC_2H_5}$$

(六)乙酰乙酸乙酯和丙二酸二乙酯在有机合成中的应用

1. 乙酰乙酸乙酯

乙酰乙酸乙酯活泼亚甲基上的氢原子在金属钠或醇钠的存在下可被其他许多基团取代，取代的乙酰乙酸乙酯再进行酮式分解和酸式分解，就可制备出具有各种结构的酮、羧酸或酮酸。

（1）甲基酮和一元羧酸的合成

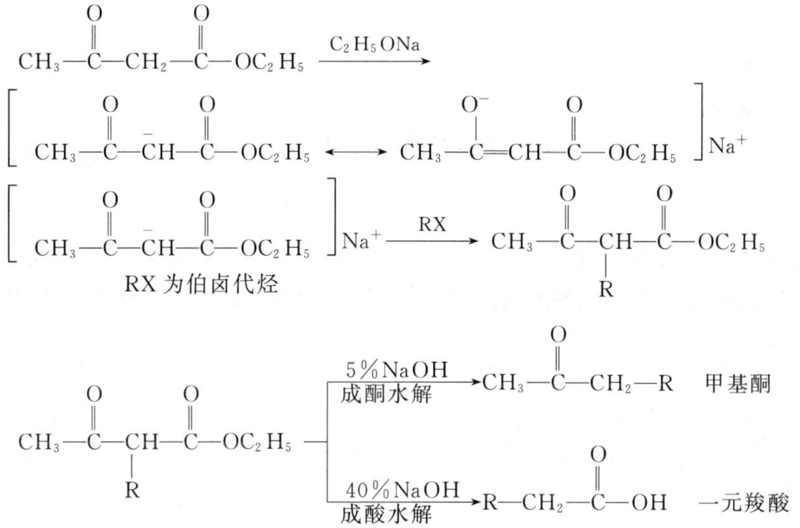

（2）β-二酮和 β-酮酸的合成　乙酰乙酸乙酯的钠盐与酰卤生成酰基等取代的乙酰乙酸乙酯，成酮水解可制备 β-二酮，成酸水解可制备 β-酮酸。

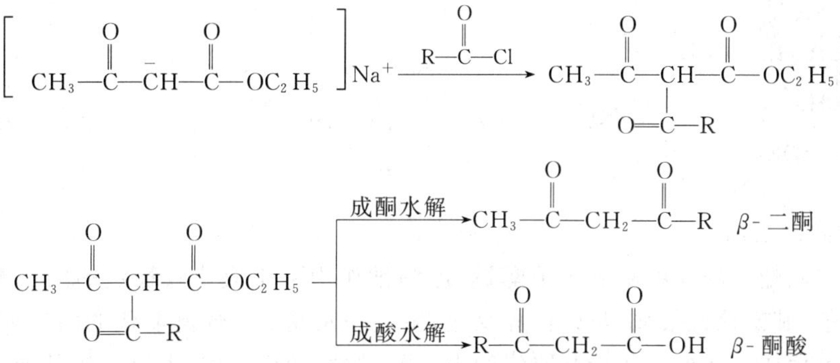

（3）1，4-二酮和 γ-酮酸的合成　乙酰乙酸乙酯的钠盐或其一取代衍生物与 α-卤代酮反应，酮式水解可制备 1，4-二酮，酸式水解可制备 γ-酮酸。

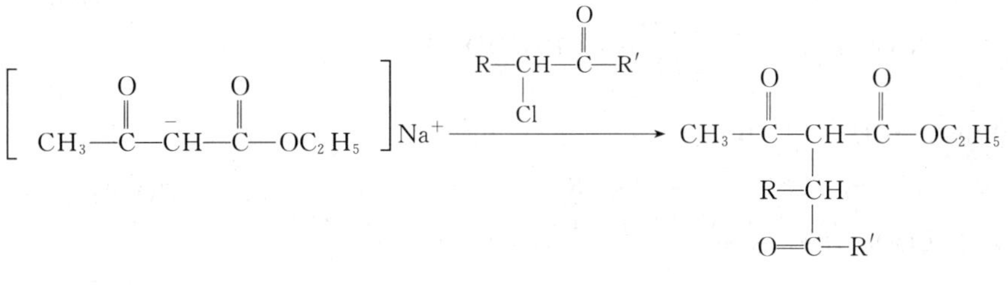

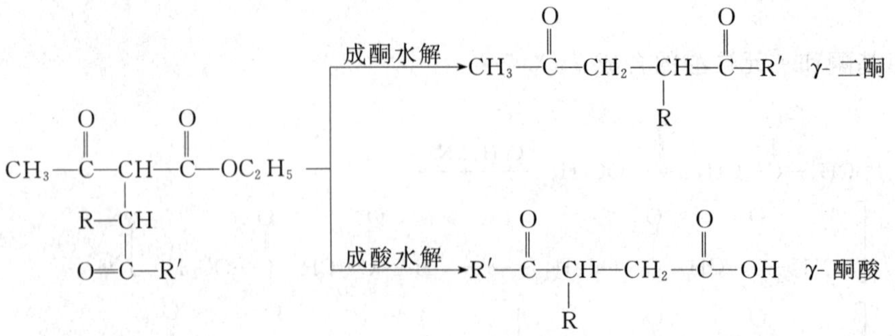

(4)γ-酮酸和丁二元羧酸化合物的合成　乙酰乙酸乙酯的钠盐或其一取代衍生物与 α-卤代酯反应，经酮式分解并脱羧生成 γ-酮酸，经酸式分解并脱羧生成丁二酸或其衍生物。

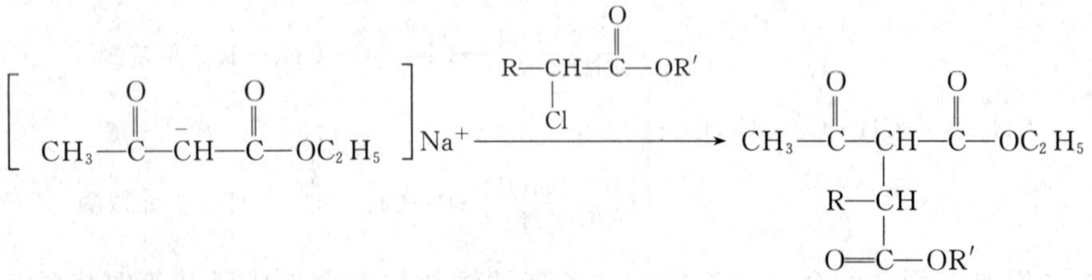

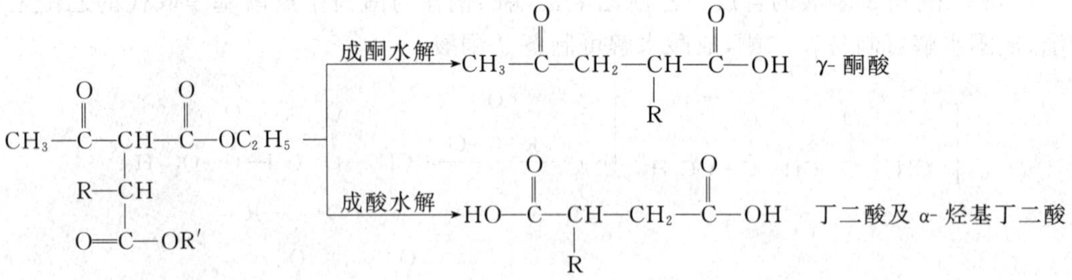

2. 丙二酸二乙酯

丙二酸二乙酯中的亚甲基氢与甲醇钠、乙醇钠作用可生成比较稳定的丙二酸二乙酯醇钠盐碳负离子，其亲核性很强，与卤代烃反应，生成一元或二元烃基取代的丙二酸二乙酯，经过稀碱水解可生成一元或二元烃基取代的丙二酸，然后受热脱羧，生成一烃基或二烃基取代的醋酸。

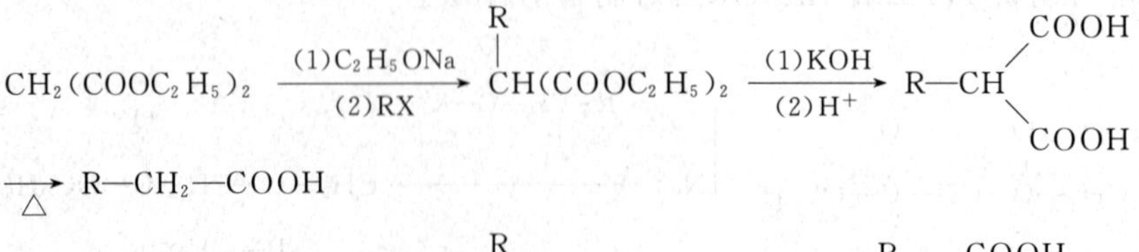

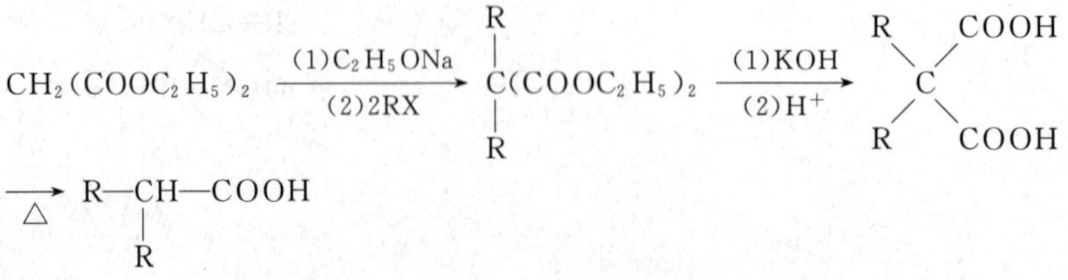

典型例题

【例 1】 将下列化合物按酸性顺序排列。

(1)3-硝基丁酸　4-硝基丁酸　2-硝基丁酸

(2)氟乙酸　二氟乙酸　三氟乙酸

(3)对氯苯甲酸　对氟苯甲酸　对硝基苯甲酸　对氰基苯甲酸　对甲氧基苯甲酸

解　根据基团电子效应对羧酸酸性大小影响的规律可知,吸电子基团有利于酸性增强,吸电子基团越多酸性越强,吸电子基团离羧基越远酸性越小。对于芳香族羧酸,对位取代基团的电子效应影响规律同芳香烃的定位效应一致。

(1)2-硝基丁酸>4-硝基丁酸>3-硝基丁酸

(2)三氟乙酸>二氟乙酸>氟乙酸

(3)对硝基苯甲酸>对氰基苯甲酸>对氯苯甲酸>对氟苯甲酸>对甲氧基苯甲酸

【例 2】 完成下列反应。

(1) 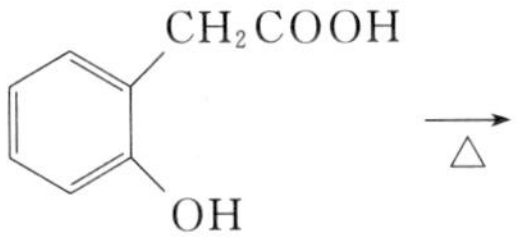

(2) 

(3) 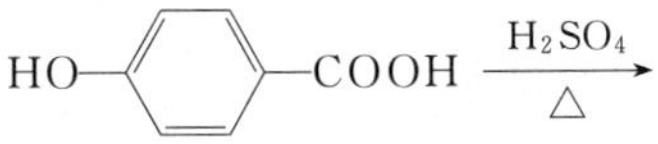

(4) 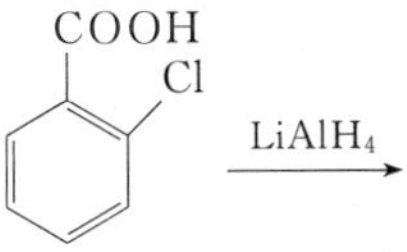

(5) 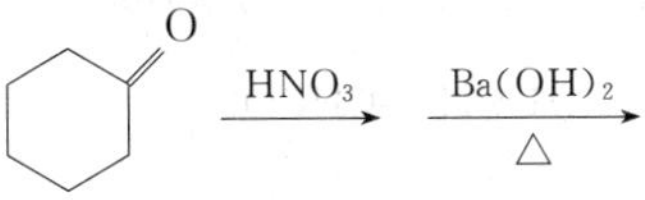

(6) $2\ CH_3CH_2\overset{\overset{\large O}{\|}}{C}OC_2H_5 \xrightarrow[2)H_2O]{1)C_2H_5ONa(>1\ mol)}$

解　(1)为羟基羧酸的内酯化反应;(2)为羧酸生成酰氯的反应;(3)为酚酸受热脱羧的反应;(4)为羧基的还原反应;(5)涉及环酮的氧化反应和脱羧反应;(6)为酯的缩合反应。

(1) 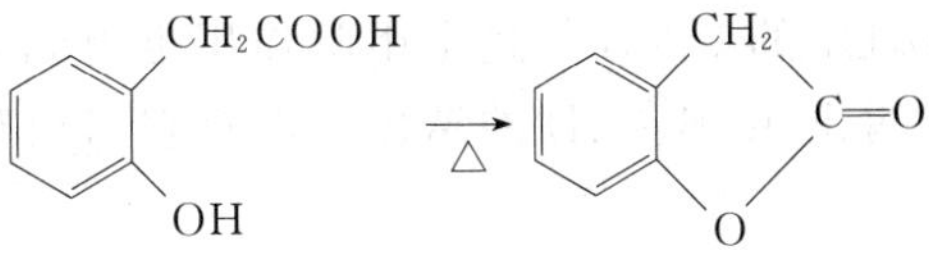

(2) 

(3) 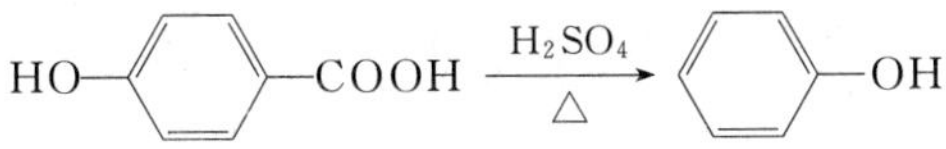

(4) 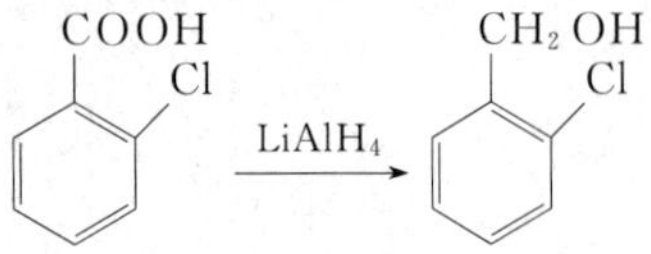

(5) 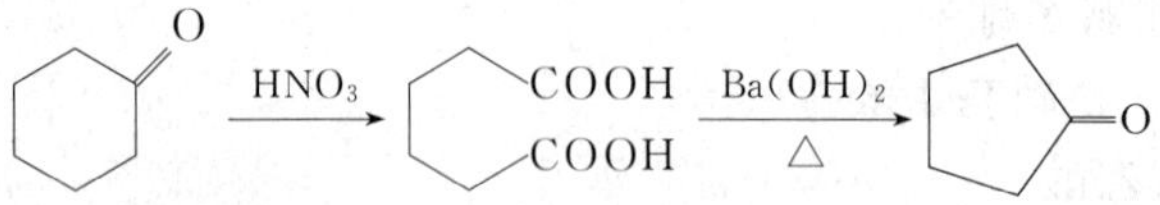

(6) 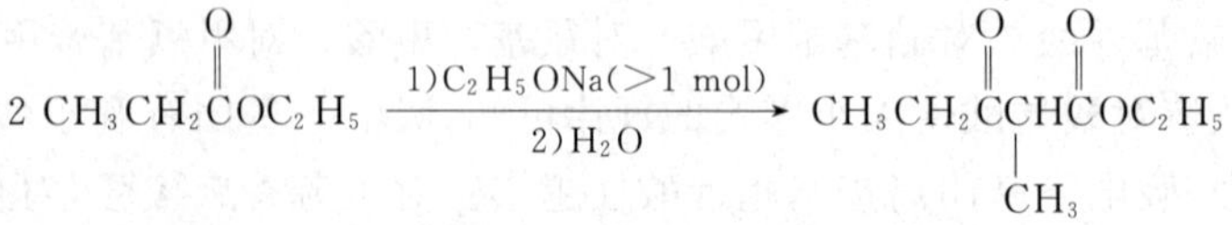

【例 3】 用简便化学方法鉴别下列化合物。

(1)乙醇、乙醛、乙酸、乙二酸

(2)甲酸、乙酸、乙酰氯、乙酸乙酯

解

(1) 乙醇、乙醛、乙酸、乙二酸 $\xrightarrow{Na_2CO_3\text{ 溶液}}$

- 乙醇 无现象 }
- 乙醛 无现象 } $\xrightarrow{\text{银氨溶液}}$ 乙醇：无现象；乙醛：银镜
- 乙酸 气体 }
- 乙二酸 气体 } $\xrightarrow{KMnO_4\text{ 溶液}}$ 乙酸：无现象；乙二酸：褪色

(2) 甲酸、乙酸、乙酰氯、乙酸乙酯 $\xrightarrow{\text{银氨溶液}}$

- 甲酸 银镜
- 乙酰氯 白色沉淀
- 乙酸 无现象 }
- 乙酸乙酯 无现象 } $\xrightarrow{NaHCO_3\text{ 溶液}}$ 乙酸：气体；乙酸乙酯：无现象

【例 4】 由指定原料合成下列化合物。

(1)由乙醛合成 2-丁烯酰胺

(2)由乙酸合成 2-氯乙酰氯

解 (1)合成思路一般是从目标物反推，2-丁烯酰胺→2-丁烯酸→2-丁烯醛→乙醛

$$CH_3CHO \xrightarrow[\triangle]{\text{稀 NaOH 溶液}} CH_3CH{=}CHCHO \xrightarrow{\text{银氨溶液}} \xrightarrow{H^+} CH_3CH{=}CHCOOH$$

$$\xrightarrow{NH_3} \xrightarrow[\triangle]{P_2O_5} CH_3CH{=}CHCONH_2$$

(2)合成思路为 2-乙酰氯→2-氯乙酸→乙酸

$$CH_3COOH \xrightarrow{P,Cl_2} ClCH_2COOH \xrightarrow{SOCl_2} Cl_2CH_2COCl$$

【例 5】 化合物 A，分子式为 $C_4H_6O_4$，加热后得到分子式为 $C_4H_4O_3$ 的 B，将 A 与过量甲醇及少量硫酸一起加热得分子式为 $C_6H_{10}O_4$ 的 C。B 与过量甲醇作用也得到 C。A 与 $LiAlH_4$ 作用后得分子式为 $C_4H_{10}O_2$ 的 D。写出 A、B、C、D 的结构式以及它们相互转化的反应式。

解 由分子式可知化合物 A 的不饱和度为 2，加热后 B 的不饱和度为 3，C 的不饱和度为 2，D 的不饱和度为 0。由此可推得上述化合物为：

A. CH_2COOH | CH_2COOH　　B. 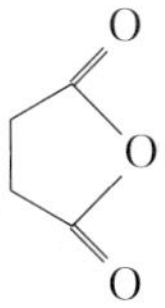　　C. CH_2COOCH_3 | CH_2COOCH_3　　D. CH_2CH_2OH | CH_2CH_2OH

练习题

1. 命名下列化合物。

(1) $CH\equiv C—COOH$　　(2) $CH_3CH_2\overset{O}{\overset{\|}{C}}Cl$　　(3) $CH_3CH_2\overset{O}{\overset{\|}{C}}OC_2H_5$

(4) $CH_3\underset{OH}{\underset{|}{C}H}CH_2COOH$　　(5) $CH_3\underset{CH_3}{\underset{|}{C}H}\overset{O}{\overset{\|}{C}}O\overset{O}{\overset{\|}{C}}CH_2CH_3$　　(6) $CH_3—\overset{O}{\overset{\|}{C}}—\underset{CH_3}{\underset{|}{C}H}—COOH$

(7) 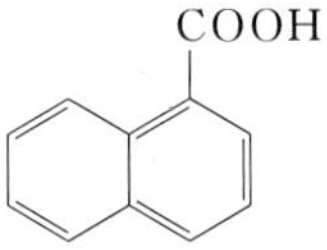　　(8) 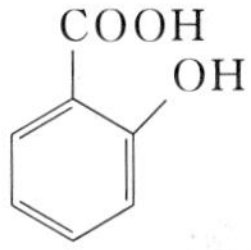

2. 将下列化合物按酸性顺序从强到弱排序。

(1) CH_3CH_2OH、CH_3COOH、$HOOCCOOH$

(2) Cl_3CCOOH、F_3CCOOH、$ClCH_2COOH$、CH_3COOH

(3)邻甲基苯甲酸、对甲基苯甲酸、间甲基苯甲酸

3. 完成下列反应：

(1) $CH_3CH_2COOH + Cl_2 \xrightarrow{P} ? \xrightarrow[2)H^+]{1)NaOH,H_2O,\triangle}$

(2) $CH_3—\underset{COOH}{\underset{|}{C}H}—COOH \xrightarrow[\triangle]{}$

(3) $CH_3—\underset{CH_2CH_2COOH}{\underset{|}{C}H}—CH_2COOH \xrightarrow[\triangle]{Ba(OH)_2}$

(4) $\underset{CH_2COOH}{\underset{|}{CH_2CHO}} \xrightarrow[H_2O]{KMnO_4} ? \xrightarrow{300℃} ?$

(5) $CH_3—\overset{O}{\overset{\|}{C}}—Cl$ + 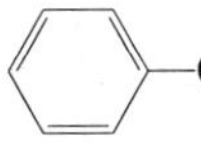 $—CH_2OH \longrightarrow$

(6) $CH_3CH_2CH_2COOC_2H_5 \xrightarrow[2)H^+]{1)C_2H_5ONa}$

4. 完成下列转化：

(1) $CH_3CH_2CH_2COOH \longrightarrow HOOC\underset{CH_2CH_3}{\underset{|}{C}H}COOH$

(2) $CH_3CH_2CH_2CH_2OH \longrightarrow CH_3CH_2CH{=}CHCOOH$

(3) 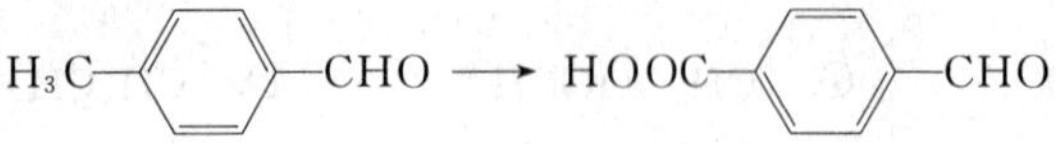

(4) $CH_3CH_2CH_2CH(CH_3)COOH \longrightarrow CH_3CH_2CH_2COCH_3$

(5) $CH_3COOH \longrightarrow ClCH_2COCl$

5. 以乙酰乙酸乙酯为原料合成下列化合物。

(1) $CH_3COCH(CH_3)CH_2CH_3$　　(2) 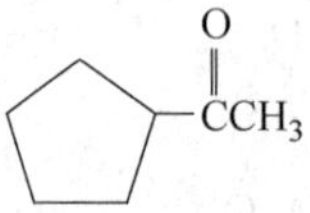

(3) $CH_3COCH_2COCH_2CH_3$　　(4) $CH_3CH_2CH(CH_3)COOH$

6. 以丙二酸二乙酯为原料合成下列化合物。

(1)丁二酸　(2)2-甲基戊酸

7. 以乙烯为原料合成下列化合物。

(1)丙酸　　(2)丁二酸　　(3)乙酰乙酸乙酯

8. 化合物 A 的分子式为 $C_4H_6O_2$，A 不溶于 NaOH 水溶液，与碳酸钠无作用，但可使溴水褪色，有类似乙酸乙酯的香味。A 与 NaOH 水溶液共热后生成乙酸钠和乙醛。另一种化合物 B 的分子式与 A 相同，不溶于 NaOH 水溶液，与碳酸钠无作用，但可使溴水褪色，有类似乙酸乙酯的香味。但 B 与 NaOH 水溶液共热后生成甲醇和另一种羧酸盐。此羧酸盐用盐酸中和后蒸馏出的有机物可使溴水褪色。试推断 A、B 的结构式。

练习题解析与答案

1. (1)2-丙炔酸　(2)丙酰氯　(3)丙酸乙酯　(4)3-羟基丁酸(β-羟基丁酸)

(5)丙酸异丁酸酐　(6)2-甲基-3-丁酮酸(α-甲基-β-丁酮酸，2-甲基-3-氧代丁酸)

(7)α-萘甲酸　(8)2-羟基苯甲酸(邻羟基苯甲酸)

2. (1) $HOOCCOOH > CH_3COOH > CH_3CH_2OH$

(2) $F_3CCOOH > Cl_3CCOOH > ClCH_2COOH > CH_3COOH$

(3)邻甲基苯甲酸＞间甲基苯甲酸＞对甲基苯甲酸

3.

(1) $CH_3CH(Cl)COOH$，$CH_3CH(OH)COOH$　　(2) $CH_3CH_2COOH + CO_2$

(3) 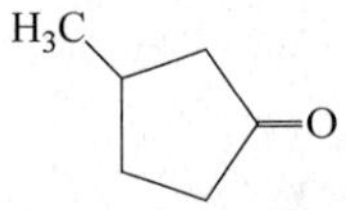　　(4) CH_2COOH—CH_2COOH（$HOOCCH_2CH_2COOH$），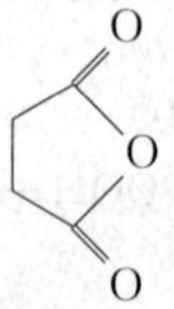

(5) 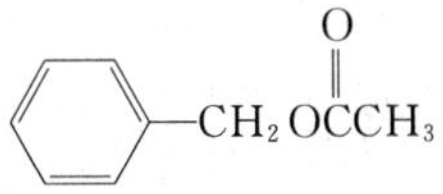

(6) 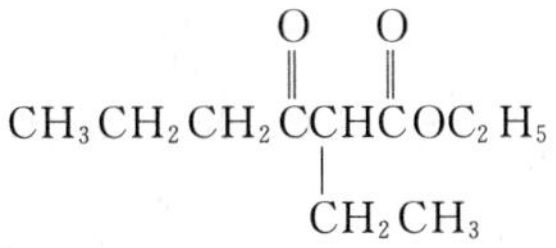

4.

(1) 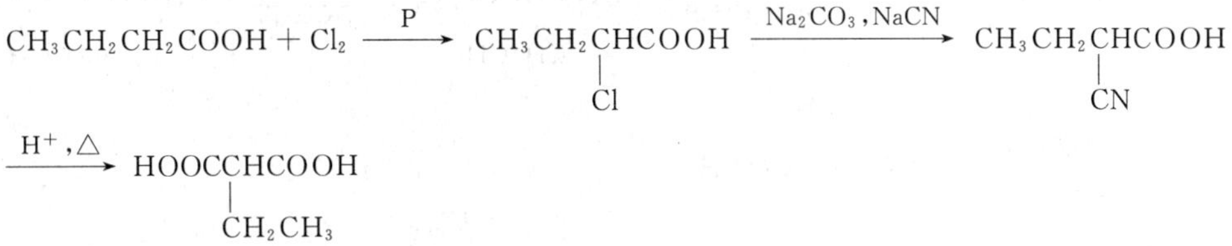

(2) 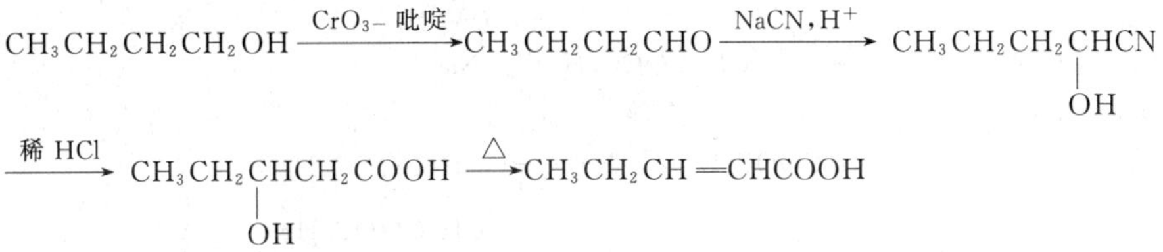

(3) 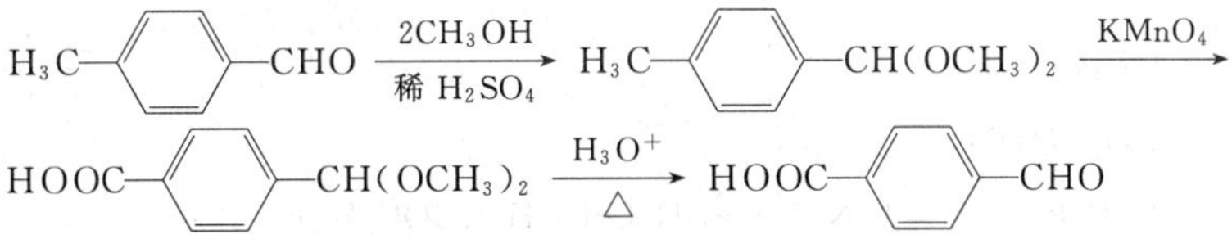

(4) 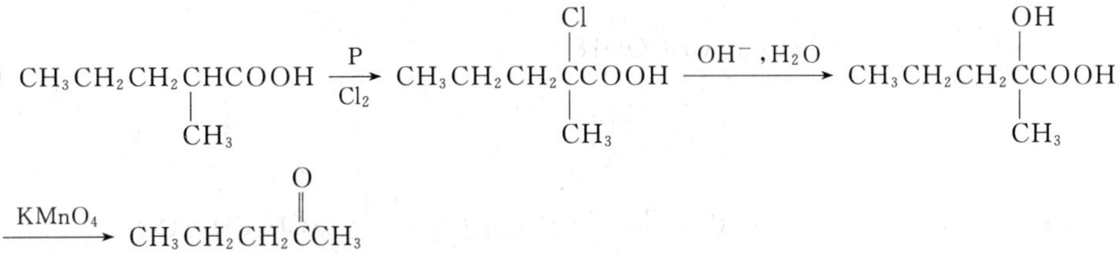

(5) $CH_3COOH \xrightarrow[Cl_2]{P} ClCH_2COOH \xrightarrow{SOCl_2} ClCH_2COCl$

5.

(1) 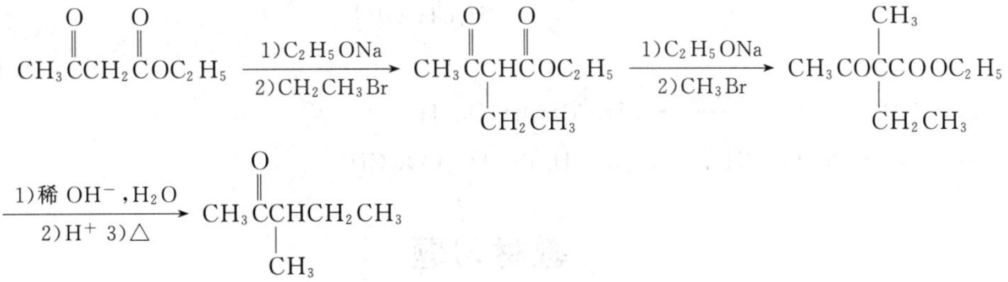

(2) 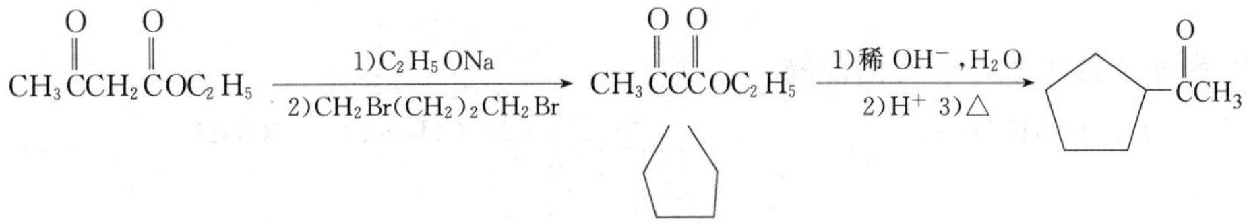

(3) 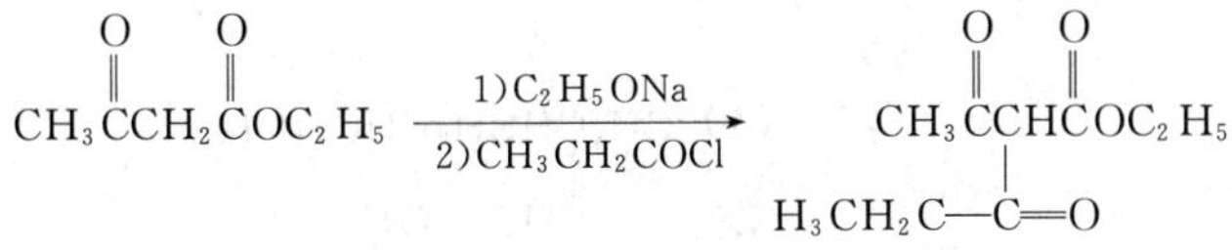

$$\xrightarrow[\text{2)}H^+\ \text{3)}\triangle]{\text{1)稀 }OH^-,H_2O} CH_3\overset{O}{\overset{\|}{C}}CH_2\overset{O}{\overset{\|}{C}}CH_2CH_3$$

(4) $$CH_3\overset{O}{\overset{\|}{C}}CH_2\overset{O}{\overset{\|}{C}}OC_2H_5 \xrightarrow[\text{2)}CH_2CH_3Br]{\text{1)}C_2H_5ONa} CH_3\overset{O}{\overset{\|}{C}}\underset{\underset{CH_2CH_3}{|}}{C}H\overset{O}{\overset{\|}{C}}OC_2H_5 \xrightarrow[\text{2)}CH_3Br]{\text{1)}C_2H_5ONa} CH_3CO\overset{CH_3}{\overset{|}{\underset{\underset{CH_2CH_3}{|}}{C}}}COOC_2H_5$$

$$\xrightarrow[\text{2)}H^+\ \text{3)}\triangle]{\text{1)浓 }OH^-} CH_3CH_2\overset{CH_3}{\overset{|}{C}}HCOOH$$

6.

(1) $$CH_2(COOC_2H_5)_2 \xrightarrow{C_2H_5ONa} [CH(COOC_2H_5)_2]^-Na^+$$

$$\underset{\underset{Cl}{|}}{CH_2}COOC_2H_5 + [CH(COOC_2H_5)_2]^-Na^+ \longrightarrow \underset{\underset{CH_2COOC_2H_5}{|}}{CH}(COOC_2H_5)_2$$

$$\xrightarrow[\text{2)}H^+\ \text{3)}\triangle]{\text{1)}NaOH,H_2O} \underset{\underset{CH_2COOH}{|}}{CH_2COOH}$$

(2) $$CH_3CH_2Cl + [CH(COOC_2H_5)_2]^-Na^+ \longrightarrow CH_3CH_2CH(COOC_2H_5)_2$$

$$\xrightarrow[\text{2)}H^+\ \text{3)}\triangle]{\text{1)}NaOH,H_2O} CH_3CH_2CH_2\underset{\underset{CH_3}{|}}{C}HCOOH$$

7.

(1) $$CH_2{=}CH_2 \xrightarrow{HBr} CH_3CH_2Cl \xrightarrow{NaCN} CH_3CH_2CN \xrightarrow{\text{稀 }HCl} CH_3CH_2COOH$$

(2) $$CH_2{=}CH_2 \xrightarrow{Br_2} BrCH_2CH_2Br \xrightarrow{NaCN} NCCH_2CH_2CN \xrightarrow{\text{稀 }HCl} HOOCCH_2CH_2COOH$$

(3) $$CH_2{=}CH_2 \xrightarrow{H_3O^+} CH_3CH_2OH \xrightarrow{KMnO_4} \left.\begin{matrix}CH_3COOH\\ CH_3CH_2OH\end{matrix}\right\} \xrightarrow[\triangle]{H_3O^+} CH_3COOC_2H_5$$

$$2\ CH_3COOC_2H_5 \xrightarrow{C_2H_5ONa} CH_3\overset{O}{\overset{\|}{C}}CH_2COOC_2H_5$$

8. A. $CH_3COOCH{=}CH_2$　　B. $CH_2{=}CH{-}COOCH_3$

教材习题

1. 用系统命名法命名下列化合物：

(1) $CH_3CH_2\underset{\underset{Cl}{|}}{C}HCOOH$　　(2) $CH_2{=}CH{-}COOH$

(3) $CH_3{-}\overset{O}{\overset{\|}{C}}{-}CH_2{-}COOH$　　(4) $CH_3\underset{\underset{CH_3}{|}}{C}HCH_2\underset{\underset{OH}{|}}{C}HCOOH$

(5) 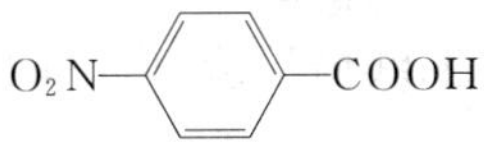

(6) 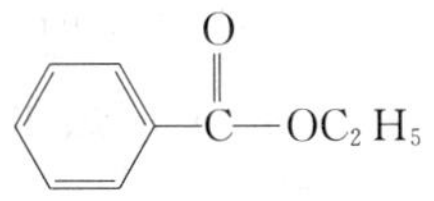

(7) 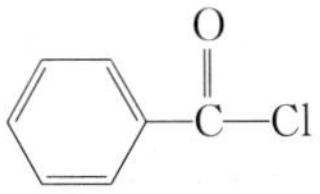

(8) $CH_3CH_2\overset{O}{\overset{\|}{C}}-O-\overset{O}{\overset{\|}{C}}CH_3$

2. 写出下列化合物的结构式：

(1)乙酰乙酸乙酯　　(2)甲基丁二酸酐

(3)丙二酸二乙酯　　(4)丁酰氯

(5)β-丁酮酸

3. 用化学方法区别下列化合物：

(1)苯酚、苯甲酸、苯甲醇、甲苯

(2)2-羟基丙酸、3-羟基丙酸、丙酸、2-丙醇

(3)乙二酸、丙二酸、甲酸

(4)水杨酸、苯甲酸、苯酚、苯甲醚

4. 比较下列各组化合物的酸性强弱：

(1)甲酸、乙酸、碳酸、苯酚、乙醇

(2)对硝基苯甲酸、邻硝基苯甲酸、间硝基苯甲酸、苯甲酸

(3)邻羟基苯甲酸、对羟基苯甲酸、苯甲酸、间羟基苯甲酸

5. 完成下列反应：

(1) $CH_3CH_2CH{=}CH_2 \xrightarrow[\triangle]{KMnO_4} ? \xrightarrow{SOCl_2} ? \xrightarrow{C_2H_5OH} ?$

(2) $(CH_3)_2CHCH_2OH \xrightarrow[\triangle]{KMnO_4} ? \xrightarrow{PCl_5} ? \xrightarrow{NH_3} ? \xrightarrow{P_2O_5} ?$

(3) 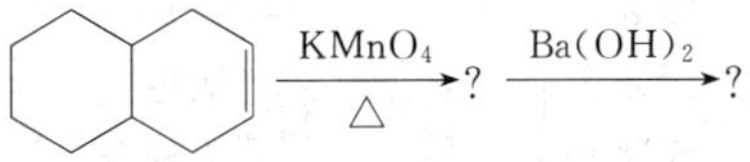

6. 合成下列化合物：

(1)由乙烯合成丙酮酸和丁二酸乙酯

(2)由乙炔合成丙烯酸乙酯

(3)由乙酰乙酸乙酯合成 2-庚酮、苯甲酰丙酮和 2-乙基丁酸

(4)由丙二酸二乙酯合成 2-乙基戊酸

7. 推导结构题：

(1)有一烃 A 分子式为 $C_{11}H_{20}$，进行催化氢化时每摩尔 A 吸收两摩尔氢得化合物 B($C_{11}H_{24}$)，A 经高锰酸钾氧化可得三个化合物 C(C_4H_8O)、D(C_4H_8O)、E($C_3H_6O_2$)，C 与 2,4-二硝基苯肼反应生成黄色沉淀，但不发生银镜反应。D 能与碳酸氢钠溶液作用放出二氧化碳，D 加热时生成 F($C_4H_4O_3$)。E 也与碳酸氢钠水溶液作用放出二氧化碳。推测 A、B、C、D、E、F 的结构式，并写出有关反应方程式。

(2)化合物 A 分子式为 $C_5H_6O_3$，可与乙醇作用生成互为异构体的化合物 B 和 C，B 和 C 分别与亚磺酰氯($SOCl_2$)作用后，再与乙醇反应。得到相同的化合物，推测 A、B、C 的构造式。

(3)A、B、C 三个化合物的分子式均为 $C_3H_6O_2$，A 与 Na_2CO_3 作用放出 CO_2，B 和 C 不能。B 和 C 分别在 NaOH 溶液中加热水解，B 的水解馏出液能发生碘仿反应，C 不能。试写出 A、B、C 的可能构造式。

教材习题答案

1. 用系统命名法命名下列化合物

(1)2-氯丁酸　(2)2-丙烯酸　(3)2-丁酮酸　(4)4-甲基-2-羟基戊酸

(5)4-硝基苯甲酸　(6)苯甲酸乙酯　(7)苯甲酰氯　(8)乙酸丙酸酐

2. 写出下列化合物的结构式

(1) 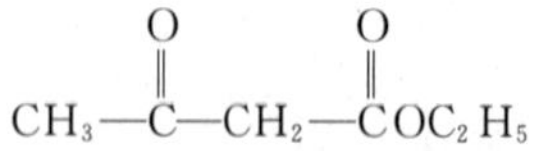

(2) 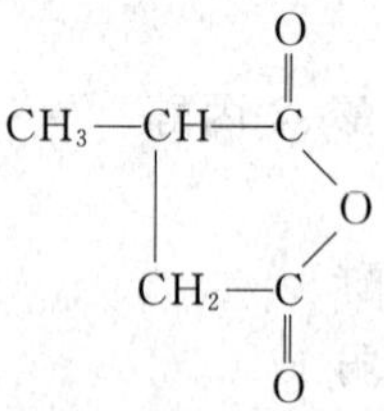

(3) 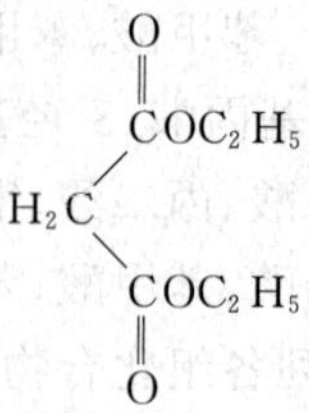

(4) 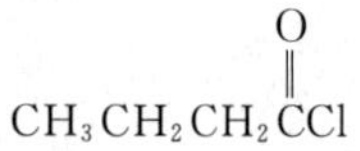

(5) 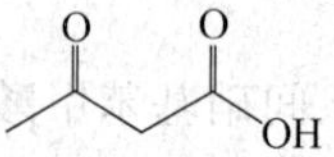

3. 用化学方法区别下列化合物

(1) 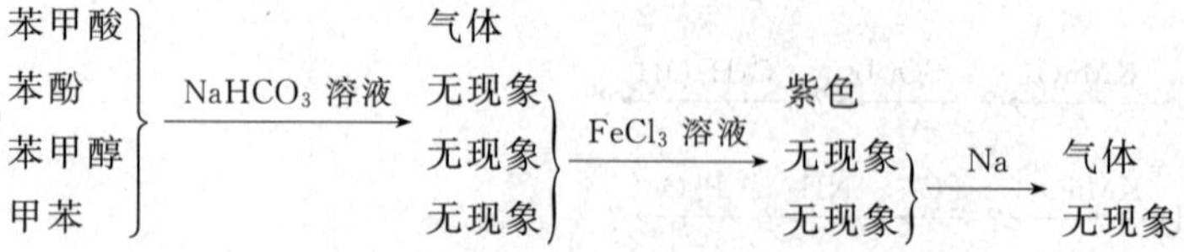

(2) 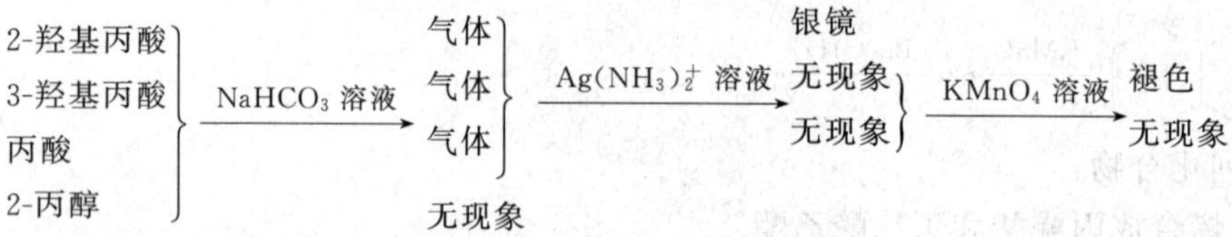

(3) 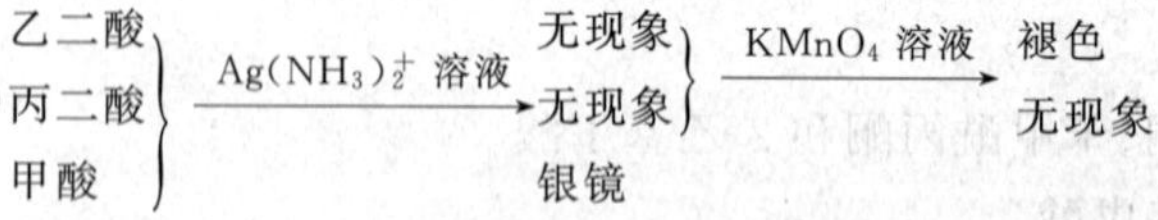

(4) 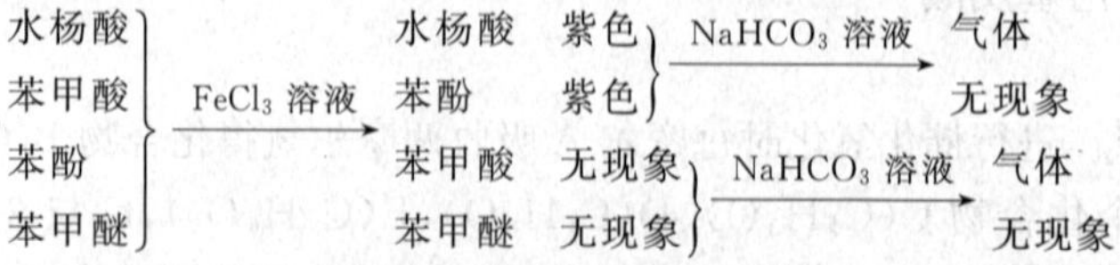

4. 比较下列各组化合物的酸性强弱

(1)甲酸＞乙酸＞碳酸＞苯酚＞乙醇

(2)邻硝基苯甲酸＞对硝基苯甲酸＞间硝基苯甲酸＞苯甲酸

(3)邻羟基苯甲酸＞间羟基苯甲酸＞苯甲酸＞对羟基苯甲酸

5. 完成下列反应

(1) $CH_3CH_2CH{=}CH_2 \xrightarrow[\triangle]{KMnO_4} CH_3CH_2COOH \xrightarrow{SOCl_2} CH_3CH_2\overset{O}{\overset{\|}{C}}Cl \xrightarrow{C_2H_5OH} CH_3CH_2COOC_2H_5$

(2) $(CH_3)_2CHCH_2OH \xrightarrow[\triangle]{KMnO_4} (CH_3)_2CHCOOH \xrightarrow{PCl_5} (CH_3)_2CHCOCl \xrightarrow{NH_3}$

$(CH_3)_2CHCONH_2 \xrightarrow{P_2O_5} (CH_3)_2CHCN$

(3) 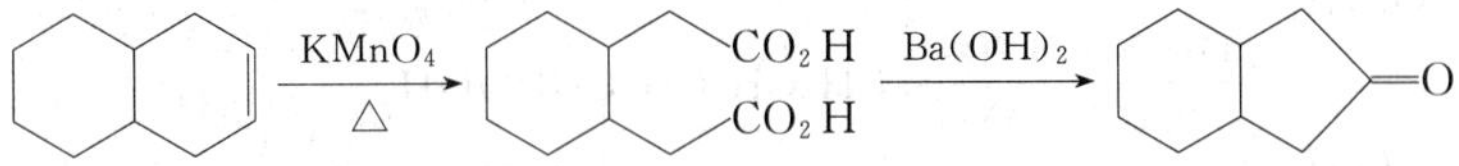

6. 合成下列化合物

(1) $CH_2{=}CH_2 \xrightarrow[\triangle]{H_3O^+} CH_3CH_2OH \xrightarrow{CrO_3-吡啶} CH_3CHO \xrightarrow{HCN} CH_3\underset{OH}{\underset{|}{C}}HCN \xrightarrow{H_3O^+}$

$CH_3\underset{OH}{\underset{|}{C}}HCOOH \xrightarrow{Ag(NH_3)_2^+ 溶液} CH_3\overset{O}{\overset{\|}{C}}COOH$

$CH_2{=}CH_2 \xrightarrow[\triangle]{H_3O^+} CH_3CH_2OH$

$CH_2{=}CH_2 \xrightarrow{Br_2} BrCH_2CH_2Br \xrightarrow{NaCN} NCCH_2CH_2CN \xrightarrow[\triangle]{H_3O^+} HOOCCH_2CH_2COOH$

（以上两产物）$\xrightarrow{浓\ H_2SO_4} C_2H_5OOCCH_2COOC_2H_5$

(2) $CH{\equiv}CH \xrightarrow{HCN} CH_2{=}CHCN \xrightarrow{H_3O^+} CH_2{=}CHCOOH$

$CH{\equiv}CH \xrightarrow{HgSO_4,\ 稀\ H_2SO_4} CH_3CHO \xrightarrow{Ni, H_2} CH_3CH_2OH$

（以上两产物）$\xrightarrow[\triangle]{浓\ H_2SO_4} CH_2{=}CHCOOC_2H_5$

(3) 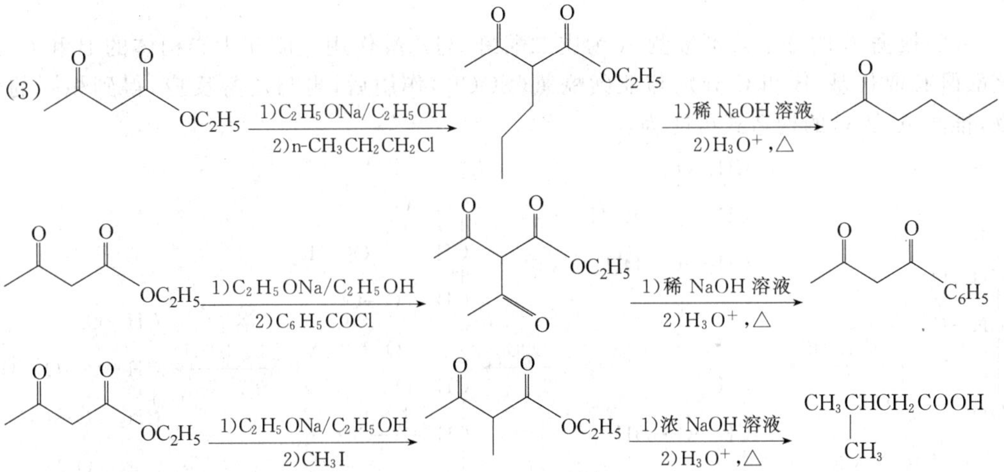

(4) 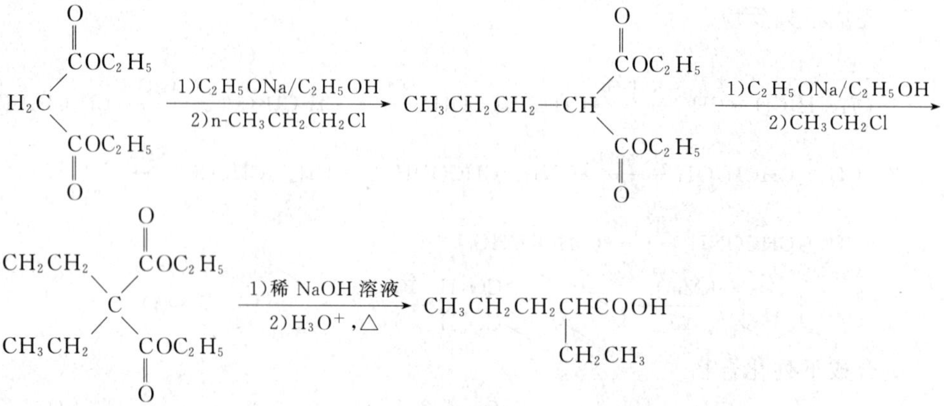

7. 推导结构题

(1)已知 A 催化氢化需 2 mol 氢得 B，且高锰酸钾氧化得到三种产物 C、D、E，可知 A 为二烯烃、B 为饱和烷烃，C、D、E 为烯烃氧化产物。C 与 2,4-二硝基苯肼反应生成黄色沉淀，但不发生银镜反应说明 C 有羰基，且为酮；D、E 能与碳酸氢钠溶液作用放出二氧化碳说明都有羧基，根据 C、D、E 分子式可知 D 为二酸、C 为酮、E 为一元酸。D 加热生成 F，说明 F 为丁酸酐，由此可以知道 E 为丙酸、D 为丁二酸、C 为丁酮。最终根据烯烃氧化规律反推出 A 为 3-甲基-3,7-癸二烯。

A. $CH_3CH_2C(CH_3){=}CHCH_2CH_2CH{=}CHCH_2CH_3$

B. $CH_3CH_2CH(CH_3)CH_2CH_2CH_2CH_2CH_2CH_2CH_3$

C. $CH_3\overset{O}{\overset{\|}{C}}CH_2CH_3$　　D. $HOOCCH_2CH_2COOH$　　E. CH_3CH_2COOH　　F. 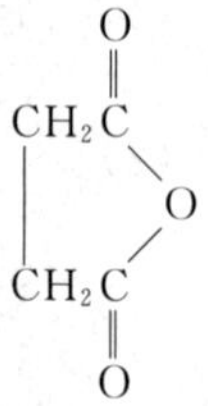

(2)根据 A 的分子式可推测 A 为戊二酸酐，与乙醇作用生成互为异构体的 B 和 C，说明该酸酐有取代基，B 和 C 分别与亚磺酰氯($SOCl_2$)作用后，再与乙醇反应，得到相同的化合物，推测 A、B、C 的构造式可能为：

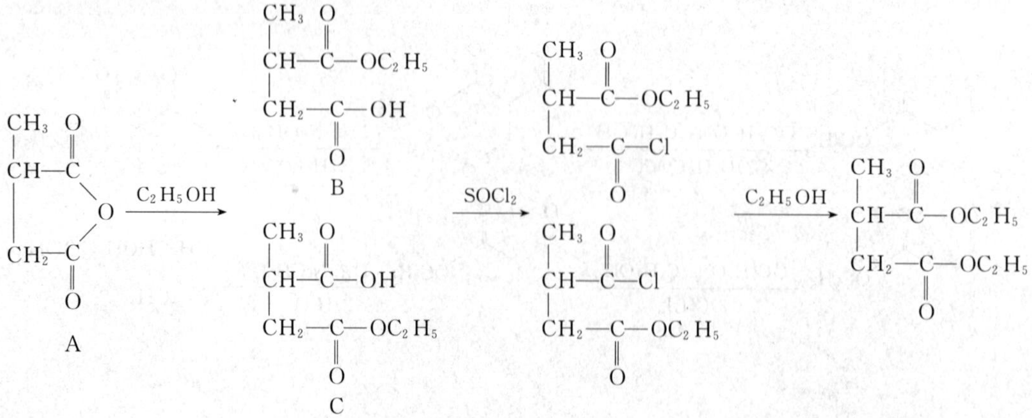

(3)根据分子式可知有一个不饱和度，可推测 A、B、C 或者为羧酸，或者为羧酸酯。A 与 Na_2CO_3 作用放出 CO_2，B 和 C 不能，B 和 C 分别在 NaOH 溶液中加热水解，说明 A 显酸性，为羧酸，有三个碳原子，为丙酸；而 B 和 C 是 A 的同分异构体，所以为羧酸酯。B 的水解馏出液能发生碘仿反应，C 不能，说明 B 水解生成的产物为乙醇，则 C 水解产物只能为甲醇。因此可推测 A、B、C 的可能构造式：

A. CH_3CH_2COOH　　B. $HCOOCH_2CH_3$　　C. $CH_3CH_2COOCH_3$

Chapter 10 第 10 章

含氮、含磷化合物

Organic Nitrides and Phosphides

主要知识点

一、胺

胺的化学性质

(1)胺的碱性　在胺分子中，氮原子上的未共用电子对可以接受质子而显碱性。从电子效应考虑，烷基愈多碱性愈强；从空间效应考虑，烷基愈多、愈大，碱性愈弱；从溶剂化作用考虑，烷基愈多碱性愈弱。综合上述三种因素，在水溶液中胺的碱性顺序为：脂肪胺(2°＞1°＞3°)＞氨＞芳香胺。

(2)胺的烷基化反应　脂肪胺和芳香胺都可以作为亲核试剂与卤代烃反应，得到相应的烷基化产物。反应时一般用伯卤代烃，若使用过量的氨，则主要制得伯胺；若使用过量的卤代烃，则主要制得叔胺和季铵盐。

(3)胺的酰基化反应　伯胺、仲胺可以与酰卤或酸酐等反应，生成相应的酰基化合物。既可以用于鉴定胺，又可以在合成中用于氨基的保护和降低苯环上氨基的活性。

(4)胺的磺酰化反应　也称为 Hinsberg 反应。苯磺酰氯或对甲苯磺酰氯能使伯胺或仲胺磺酰化，生成相应的磺酰胺。伯胺生成的磺酰胺溶于氢氧化钠溶液，仲胺生成的磺酰胺不溶于碱，叔胺氮上无氢原子，故不与磺酰氯反应。故通常可用对甲苯磺酰氯(或苯磺酰氯)的氢氧化钠溶液来鉴别和分离伯、仲、叔胺。

(5)胺与亚硝酸反应　脂肪族伯胺与亚硝酸作用生成重氮盐，重氮盐极不稳定，易分解放出氮气。脂肪族仲胺与亚硝酸作用生成黄色的 N-亚硝基化合物。脂肪族叔胺，在同样条件下与亚硝酸不发生类似的反应。芳香族伯胺与亚硝酸在低温下反应，生成重氮盐。它较脂肪族重氮盐稳定。芳香族仲胺与亚硝酸作用，生成黄色亚硝基胺。芳香族叔胺，若对位没有取代基,在同样条件下,与亚硝酸作用,则生成绿色对亚硝基胺。

(6)芳香胺的亲电取代反应 氨基对芳环来说是强致活基团,如苯胺溴化时能立即得到2,4,6-三溴苯胺。只有把氨基先用酰基保护后,才能降低它对苯环的致活作用,得到单取代溴取代物。芳胺还可以发生磺化与硝化反应,硝化反应前要先保护氨基。

二、重氮盐和偶氮化合物

(一)重氮盐的形成

芳香族伯胺与亚硝酸在低温下(0～5℃)生成稳定的重氮盐。当温度高于5℃时,此重氮盐会分解放出氮气。重氮盐常用于有机合成。

(二)重氮盐在有机合成中的应用

(1)取代反应 芳香族重氮盐在一定条件下,发生重氮基被其他原子或基团取代,生成相应的取代产物,可以发生羟基取代、氢原子取代和卤原子取代等。可以合成用芳环上直接亲电取代反应无法得到的产物,如氟苯、碘苯、酚等,或者可得到相对纯净的取代产物,而芳环上的亲电取代往往得到邻、对位混合物。

(2)保留氮的反应 芳香族重氮盐可以发生偶合反应。重氮盐在弱酸、中性或弱碱性溶液中,与芳胺或酚类进行亲电取代生成偶氮化合物。偶合反应一般发生在对位,若对位被占据则发生在邻位。

(三)偶氮化合物的结构与性质

偶氮化合物是分子中含有氮氮双键(—N═N—)的化合物,被广泛用作染料。偶氮染料和指示剂主要是芳香族的偶氮化合物。

三、硝基化合物

由于硝基是强吸电子基,脂肪族硝基化合物的α-H具有一定的酸性,可溶于氢氧化钠等强碱,生成易溶于水的盐。

芳香族硝基化合物最重要的性质是可以发生还原反应,还原剂不同,可以生成亚硝基化合物、N-烃基取代羟胺或伯胺。芳香伯胺是芳香族硝基化合物的最终还原产物。并且,由于硝基的强吸电子性,使芳香族硝基化合物能够发生邻对位的亲核取代反应。

四、氰基化合物

腈是指分子中含有氰基的化合物,氰基中的碳原子和氮原子都是sp杂化。

腈的化学反应有水解生成羧酸和还原反应生成伯胺。

五、含磷化合物

含磷化合物的分类

(1)三价和五价磷化合物

(2)类似胺的膦化合物分类

PH_3	RPH_2	R_2PH	R_3P	$R_4\overset{+}{P}X^-$
磷化氢	伯膦	仲膦	叔膦	季鏻盐

典型例题

【例 1】 比较正丙醇、正丙胺、甲乙胺、三甲胺和正丁烷的沸点高低并说明理由。

解 五个化合物分子量相当，但分子间作用力不同。分子间作用力越大，沸点越高。分子间的氢键导致沸点升高。由于氧的电负性大于氮的电负性，因而正丙醇分子间能形成较强的氢键，沸点最高；正丙胺的氮原子上有两个氢可以形成氢键，甲乙胺只有 1 个，而三甲胺氮原子上没有氢原子，因而不能形成氢键；正丁烷是非极性分子，分子间只存在较弱的色散力，因而沸点最低。

正丙醇＞正丙胺＞甲乙胺＞三甲胺＞正丁烷

【例 2】 比较下列化合物的碱性大小：CH_3CONH_2、CH_3NH_2、$(CH_3)_2NH$、NH_3

分析：在甲胺和二甲胺中，由于甲基供电子效应，使氮的电子云密度增大，碱性增强。在酰胺中，由于氮上的孤对电子与羰基共轭，使氮上的电子云密度减小，从而碱性减弱。

解 碱性由大到小的顺序为：$(CH_3)_2NH > CH_3NH_2 > NH_3 > CH_3CONH_2$

【例 3】 用化学方法鉴别下列化合物：苯胺，苄胺，N，N-二甲基苯胺，N，N-二甲基苄胺

解 苯胺和苄胺属于伯胺，与苯磺酰氯反应，产生的白色沉淀溶于碱溶液；而 N，N-二甲基苯胺和 N，N-二甲基苄胺属于叔胺，与苯磺酰氯不反应。苯胺和 N，N-二甲基苯胺属于芳胺，容易发生亲电取代反应，与溴水作用产生苯环上三溴取代的白色沉淀；苄胺和 N，N-二甲基苄胺是脂肪胺，苄基与烷基相似，氨基氮上的电子对不能与苯环共轭，亲电取代反应的活性较弱，与溴水作用不能产生白色沉淀。

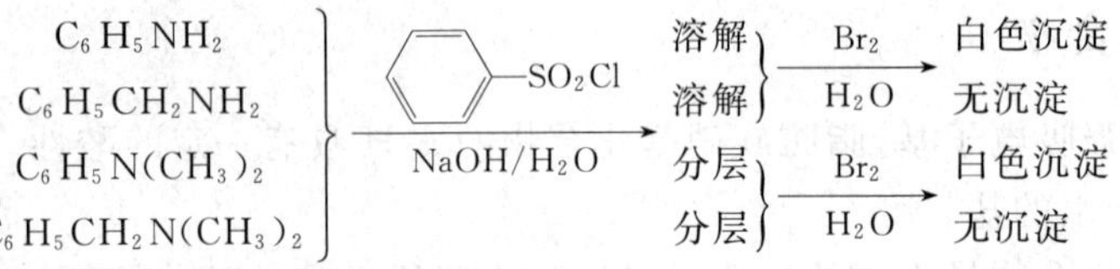

【例 4】 试分离硝基苯、苯胺和苯酚的混合物。

解 硝基苯是中性化合物，苯胺呈弱碱性，苯酚呈弱酸性，利用三种化合物的酸碱性不同进行分离。

(1)先加强碱氢氧化钠溶液于混合物中，使苯酚与其反应生成溶于水的苯酚钠，而硝基苯、苯胺不反应，用乙醚进行萃取分离，分别得到水层和醚层两部分。

(2)用盐酸中和上述水层后，分液，分去水层得到苯酚。乙醚层也加入盐酸溶液，由于苯胺为弱碱性与盐酸反应，而成盐，溶于水中。硝基苯不反应，仍然在乙醚层中，分液。水层用氢氧化钠溶液中和，又使苯胺析出，分去水层，即可得到苯胺。乙醚层进行蒸馏，回收乙醚，可得到硝基苯。

分离的流程如下图所示：

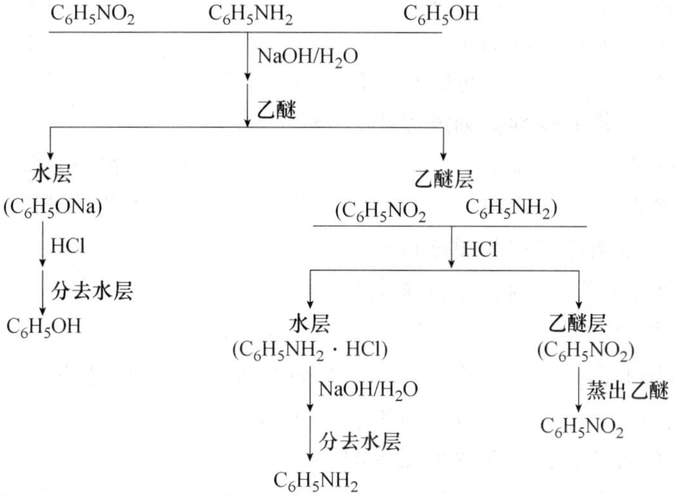

【例 5】 以苯或甲苯为原料(其他试剂任选)合成 3,5-二溴苯乙酸。

解 按照逆向合成的思路,有

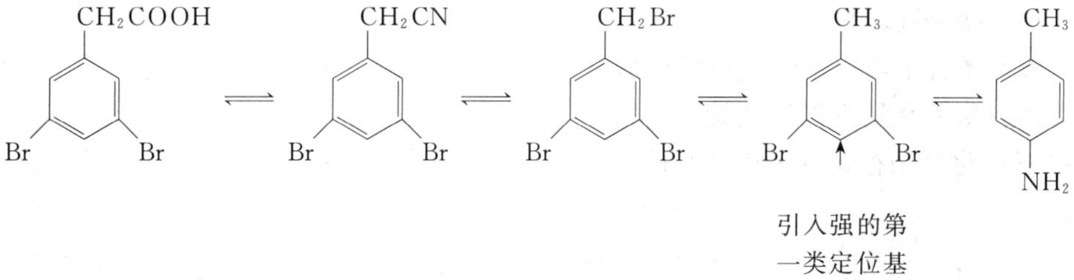

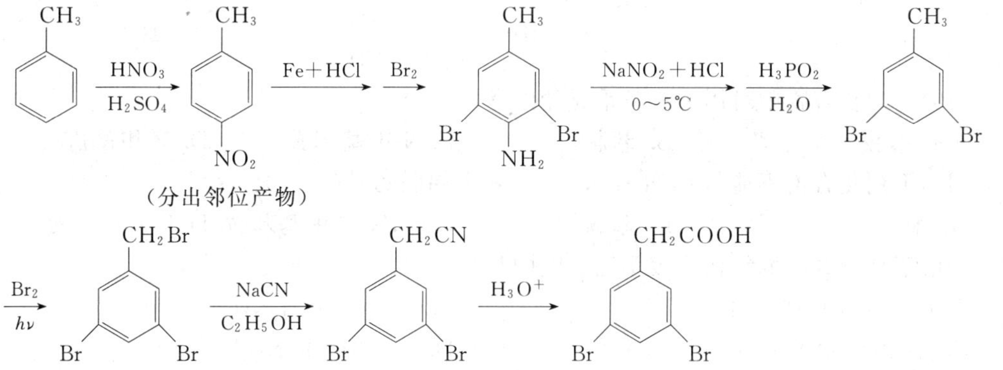

练习题

1. 单项选择题

(1) 相同碳原子数目的胺中,伯、仲、叔胺的沸点次序为(　　)。

A. 伯胺＞仲胺＞叔胺　　B. 叔胺＞仲胺＞伯胺

C. 伯胺＞叔胺＞仲胺　　D. 仲胺＞伯胺＞叔胺

(2)下列化合物碱性最强的是(　　)。

A. CH_3CONH_2　　B. Ph-NH_2　　C. NH_3　　D. CH_3NH_2

(3)下列化合物中碱性最弱的是(　　)。

A. 苯胺　　B. 间硝基苯胺　　C. 对甲苯胺　　D. 对硝基苯胺

(4)下列含氮化合物的碱性排列顺序中,正确的是(　　)。

A. 二乙胺>乙胺>氨>苯胺　　B. 二乙胺>乙胺>苯胺>氨

C. 乙胺>二乙胺>氨>苯胺　　D. 乙胺>二乙胺>苯胺>氨

(5)下列化合物按碱性减弱的顺序排列为(　　)。

①苄胺;②萘胺;③苯乙酰胺;④氢氧化四乙铵

A. ④>①>②>③　B. ④>③>①>②　C. ④>①>③>②　D. ①>③>②>④

(6)若间二硝基苯选择性地还原其中的一个硝基成为氨基,则选用(　　)为还原剂。

A. $(NH_4)_2S$　　B. Cu+HCl　　C. Fe+HCl　　D. Sn+HCl

(7)脂肪胺中与亚硝酸反应能放出氮气的是(　　)。

A. 伯胺　　B. 仲胺　　C. 叔胺　　D. 都可以

(8)采用哪种方法可以提纯含有少量乙胺的二乙胺?(　　)

A. 碱性条件下与对甲苯磺酰氯反应后,过滤,蒸馏

B. 加入盐酸洗涤后蒸馏

C. 酸性条件下与对甲苯磺酰反应后蒸馏

D. 加入氢氧化钠洗涤后蒸馏

(9)下列化合物存在分子内氢键的是(　　)。

A. 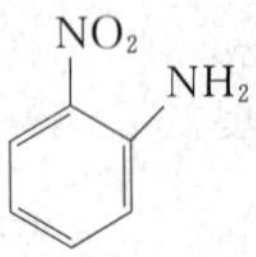

B. 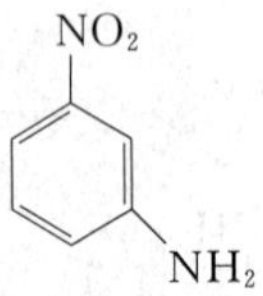

C. 

D. 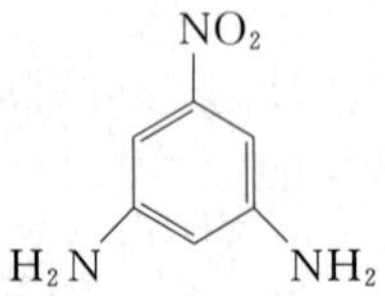

(10)下列化合物中可用于制备重氮盐的是(　　)。

A. α-萘胺　　B. 苯肼　　C. N-甲基苯胺　　D. 苯甲醛腙

(11)下列化合物不能与 $C_6H_5-N_2^+Cl^-$ 发生偶联的是(　　)。

A. 苯　　B. 苯酚　　C. N,N-二甲基苯胺　D. 1,3-苯二酚

(12)下列化合物的结构式表示乙二胺的是(　　)。

A. $H_2NCH_2CH_2CH_2NH_2$　　B. $CH_2=CHCH_2NH_2$

C. $CH_3CH=CHNH_2$　　D. $H_2NCH_2CH_2NH_2$

(13)邻甲苯胺中混入少量邻甲苯酚,分离该混合物的适宜方法是(　　)。

A. 加入溴水,使邻甲苯酚沉淀　　B. 用稀盐酸溶液萃取

C. 用稀氢氧化钠溶液萃取　　D. 蒸馏

2. 填空题

(1)写出符合条件的结构式:具有分子式 $C_4H_{11}N$ 的手性伯胺__________。

(2)写出 α-甲基苄胺的一对对映体__________。

(3)下列胺类化合物属于伯胺的是__________,属于仲胺的是

________________，属于叔胺的是________________________，属于季铵盐的是______________。

A. 异丙胺　　B. 二丙胺　　C. 2-氨基乙醇　　D. N-甲基-2-丁胺

E. 氯化三甲基苯基胺　　F. 二甲基乙基胺

(4) $CH_2{=}CH{-}CH_2{-}NH_2$ 和 $CH_3{-}CH{=}CH{-}NH_2$ 的碱性大小__________。

(5)胺分子可以与卤代烷发生______________反应，结果生成2°、3°胺的盐和季铵盐。

(6)伯胺、仲胺都能与______________作用，发生酰基化反应生成酰胺。

(7)可用于区别伯胺、仲胺和叔胺的磺酰化试剂是________________。

(8)胺类化合物与亚硝酸反应，产生氮气的是______________；在酸性溶液中产生绿色固体的是______________。

(9)通常重氮盐与酚的偶联是在______________介质中进行，而重氮盐与芳胺偶联是在______________介质中进行。

3. 用化学方法区别下列各组化合物。

(1)乙醇，乙醛，乙酸和乙胺　　(2)邻甲苯胺，N-甲基苯胺和N,N-二甲基苯胺

4. 从甲苯或苯开始合成下列化合物：

(1)间氨基苯乙酮

(2)从1,3-丁二烯合成尼龙-66的两个单体：己二酸和己二胺

(3) $CH_3\underset{\displaystyle CH_3}{\underset{|}{C}}HCH_2CH_2OH \longrightarrow CH_3\underset{\displaystyle CH_3}{\underset{|}{C}}HCH_2CH_2NH_2$

5. 命名下列化合物或写出结构式：

(1) $CH_3\underset{\displaystyle NH_2}{\underset{|}{C}}HCH_2CH_3$　　(2) 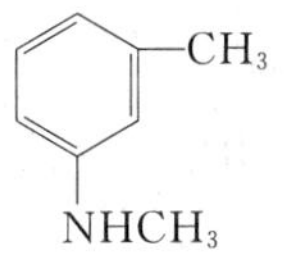　　(3) 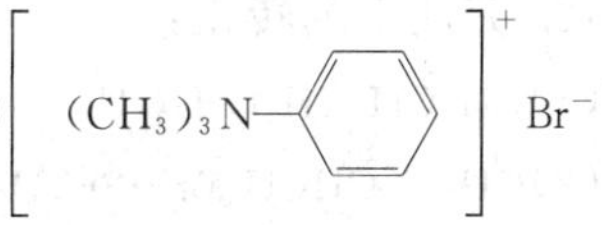

(4)对甲基溴化重氮苯　　(5)N-亚硝基二乙胺　　(6)邻溴乙酰苯胺

6. 对下列胺类化合物进行分类。

(1) $CH_3NHCH(CH_3)_2$　　(2) $CH_2{=}CHCH_2NH_2$　　(3) $CH_2{=}CH{-}\overset{+}{N}(CH_3)_3Br^-$

(4) 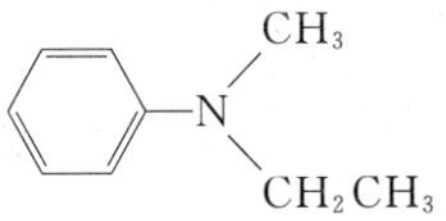　　(5) 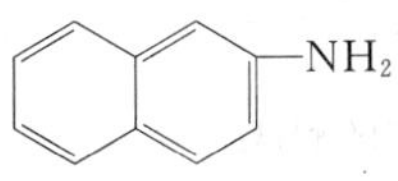　　(6) 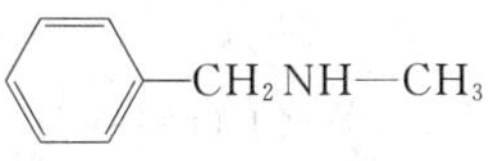

7. 分别比较下列各组化合物的碱性：

(1)乙胺、二乙胺、苯胺、对氯苯胺、对甲氧基苯胺、对硝基苯胺、2,4-二硝基苯胺

(2)氢氧化四甲胺、苯胺、N-乙酰苯胺、苄胺

(3) 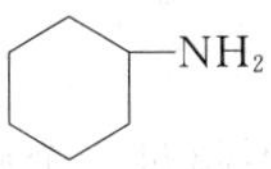，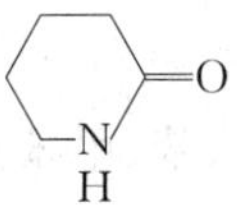，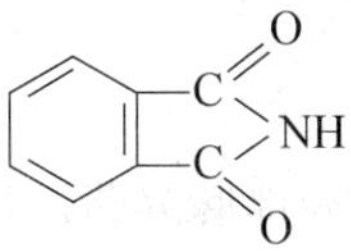

8. 完成下列反应式：

(1) $(C_2H_5)_2NH \xrightarrow{ClCH_2CH_2OH}$

(2) 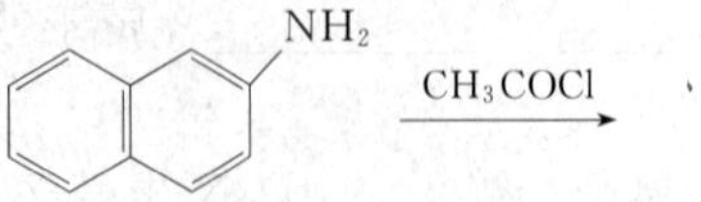

(3) 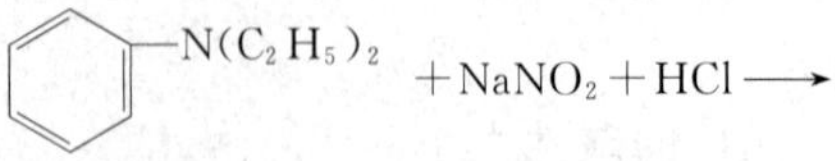

(4) 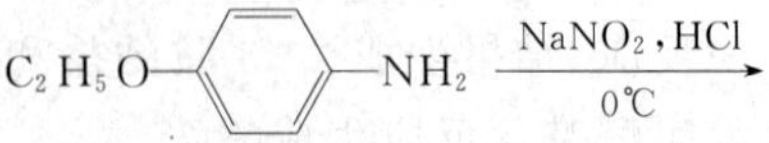

(5) 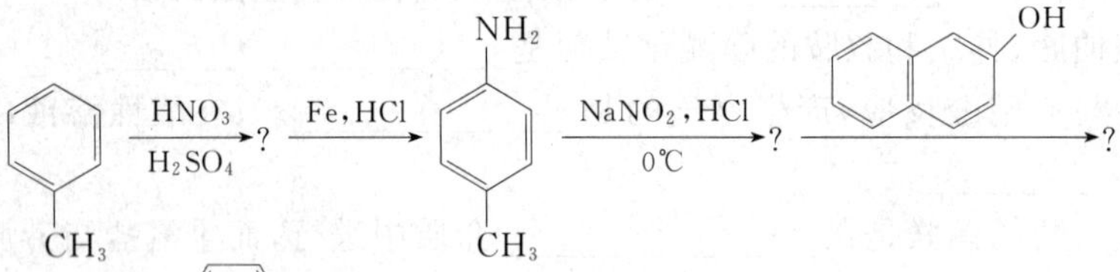

9. 写出 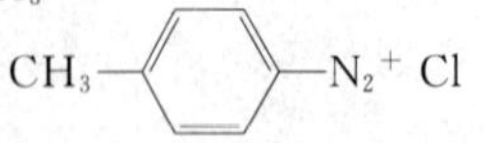 与下列试剂反应的主要产物：

(1)KI　(2)CuBr　(3)CuCl　(4)$NaBF_4$,△　(5)CuCN,△　(6)H_3PO_2

(7)N,N-二乙基苯胺　(8)H_2O,△

10. 用化学方法分离下列混合物：苯甲胺、苯甲醇、对甲基苯酚

11. 用化学方法鉴别下列化合物：

(1)A. 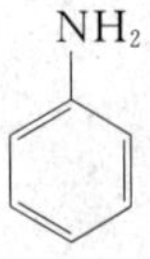　B. 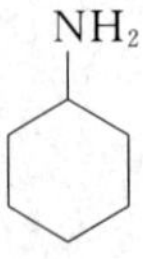　C. 　D. 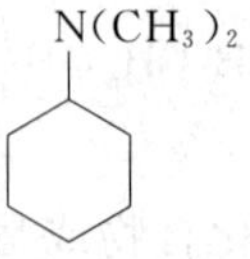

12. 完成下列转化：

(1)$CH_3CH_2CH_2CH_2OH \longrightarrow CH_3CH_2CH_2NH_2$

(2)$CH_2=CHCH_2Br \longrightarrow CH_2=CHCH_2CH_2NH_2$

(3) 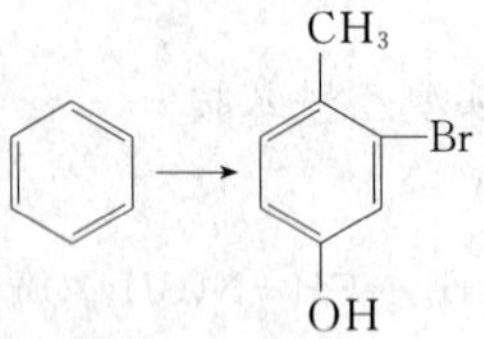

(4) 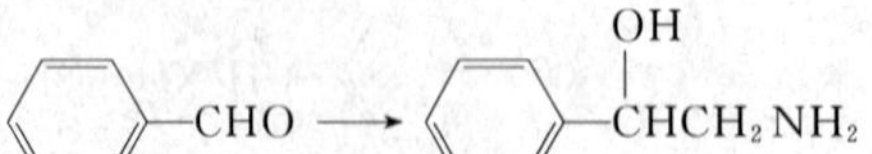

13. 由对氯甲苯合成对氯间氨基苯甲酸，从下列三种可能的合成路线中选择最优者，并说明原因。

(1)先硝化，再还原，然后氧化。

(2)先硝化，再氧化，然后还原。

(3)先氧化，再硝化，再还原。

14. Tetracaine 是麻醉药物，Procaine 局部麻醉药。试从苯、甲苯和不超过 4 个碳的有机原料及必要的无机试剂设计合成路线：

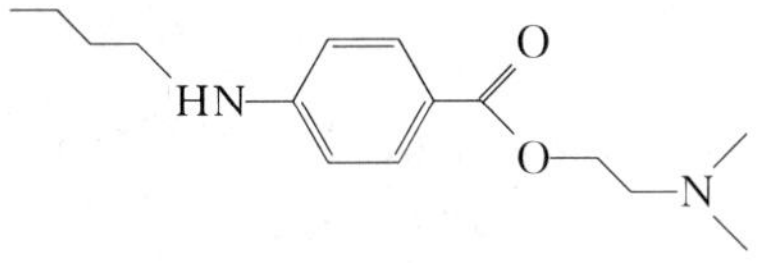

(1) Tetracaine

(2) Procaine

15. 化合物 A 分子式为 $C_7H_8ClNO_2$，溶于水，而不溶于苯和乙醚等有机溶剂，加热失去一分子水后得到不溶于水、可溶于有机溶剂的化合物 B。B 经 Br_2 和 NaOH 溶液作用后得到化合物 C，分子式为 C_6H_6ClN。化合物 C 与亚硝酸钠和盐酸于低温反应后，再用 CuCl 处理，得偶极矩为零的化合物 D。试推出 A、B、C、D 的结构。

16. 某化合物 A，分子式为 $C_7H_7NO_2$。A 用 Sn＋HCl 还原得到 B，分子式为 C_7H_9N。B 与 $NaNO_2$ 和盐酸在 0℃反应得到 C，分子式为 $C_7H_7ClN_2$。C 在稀盐酸中与 CuCN 作用得 D，分子式为 C_8H_7N。D 在稀酸中水解得到有机酸 E，分子式为 $C_8H_8O_2$。E 用 $KMnO_4$ 氧化得到一种酸酐 F，分子式为 $C_8H_4O_3$。试推出 A、B、C、D、E、F 结构式。

练习题解析与答案

1. (1)A　(2)D　(3)D　(4)A　(5)A　(6)A　(7)A　(8)A　(9)A　(10)A
(11)A　(12)D　(13)C

2. (1) 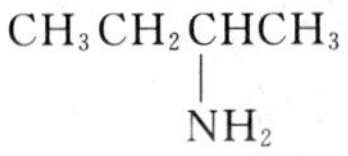　(2) 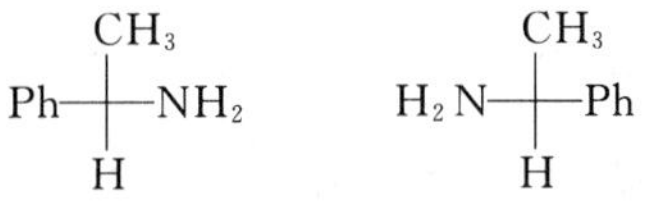

(3)伯胺：A、C；仲胺：B、D；叔胺：F；季铵盐：E

(4)前者碱性大

(5)烷基化反应

(6)酰氯、酸酐或酰化试剂

(7)对甲苯磺酰氯，苯磺酰氯

(8)伯胺、芳香族叔胺

(9)弱碱性，中性或弱酸性

3. (1)

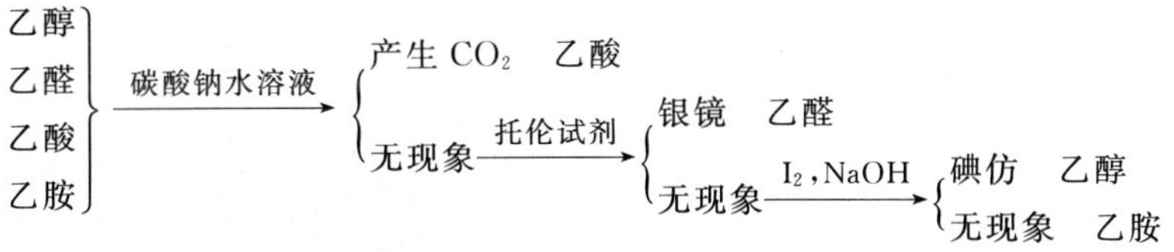

(2)分别与亚硝酸钠＋盐酸在室温下反应，邻甲苯胺放出 N_2 气，N-甲基苯胺生成黄色物质，N，N-二甲基苯胺生成绿色固体。

4.(1)

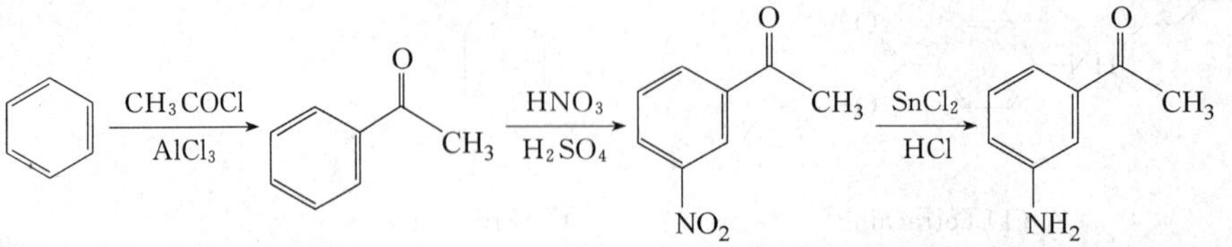

(2) $CH_2=CHCH=CH_2+Cl_2 \longrightarrow ClCH_2CH=CHCH_2Cl \xrightarrow{KCN} NCCH_2CH=CHCH_2CN$

(3) $\xrightarrow[Ni]{H_2} H_2NCH_2CH_2CH_2CH_2CH_2CH_2NH_2$

$NCCH_2CH=CHCH_2CN \xrightarrow{H_3O^+} HOOCCH_2CH=CHCH_2COOH \xrightarrow[Ni]{H_2}$

$HOOCCH_2CH_2CH_2CH_2COOH$

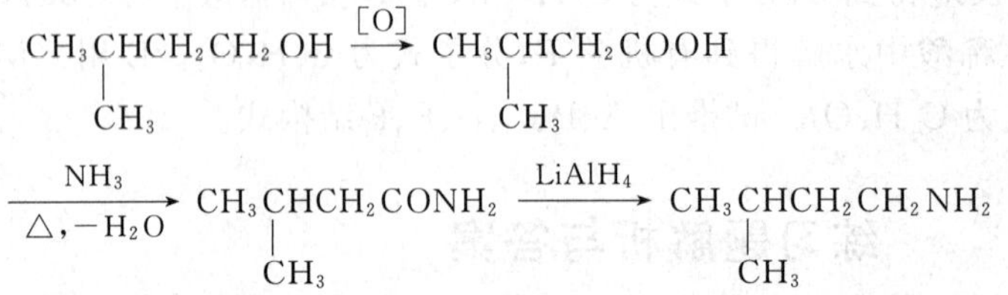

5.(1)仲丁基胺或2-氨基丁烷　(2)N,3-二甲基苯胺　(3)溴化三甲基苯基胺

(4) 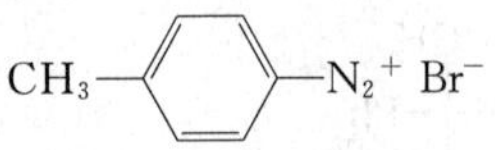　(5) 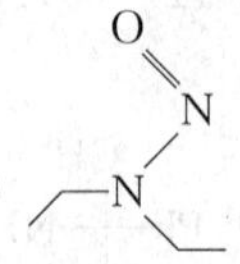　(6) 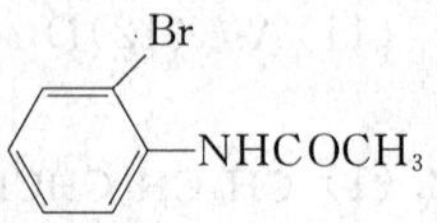

6.(1)仲胺　(2)伯胺　(3)季铵盐　(4)叔胺　(5)伯胺　(6)仲胺

7.(1)二乙胺>乙胺>对甲氧基苯胺>苯胺>对氯苯胺>对硝基苯胺>2,4-二硝基苯胺

(2)氢氧化四甲胺>苄胺>苯胺>N-乙酰苯胺

(3) 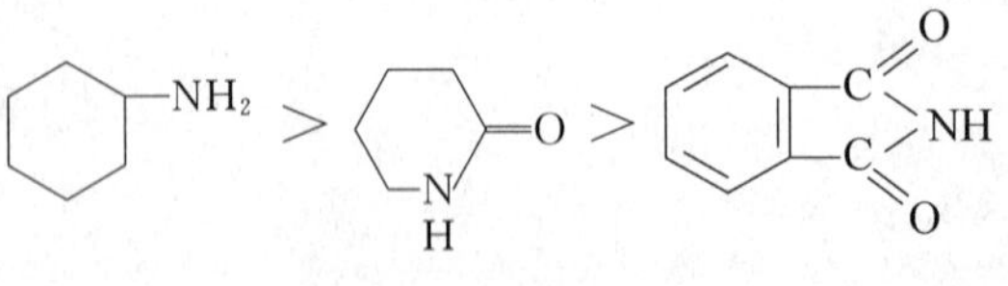

8.(1) $(C_2H_5)_2NH \xrightarrow{ClCH_2CH_2OH} (C_2H_5)_2NCH_2CH_2OH$

(2) 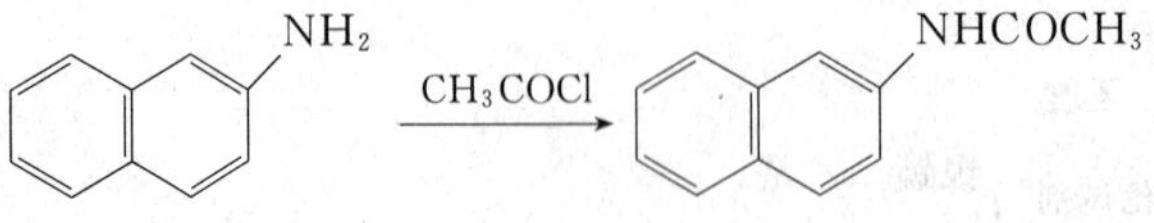

(3) 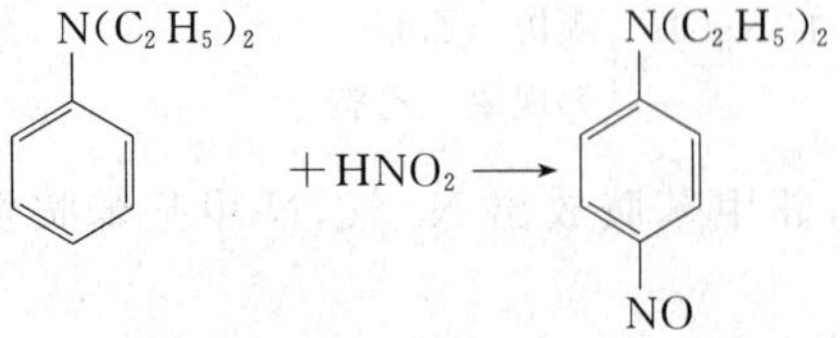

(4) 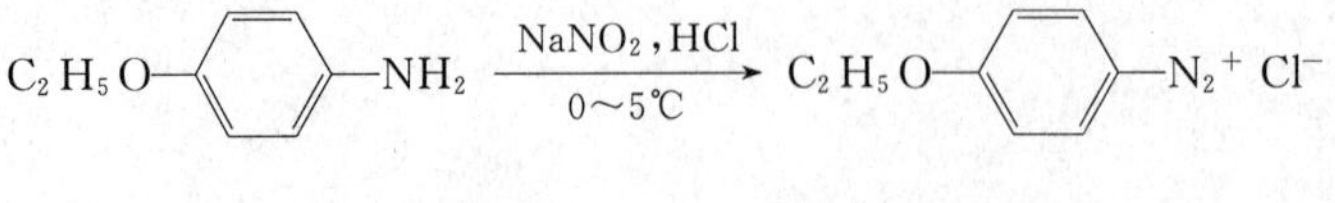

(5) 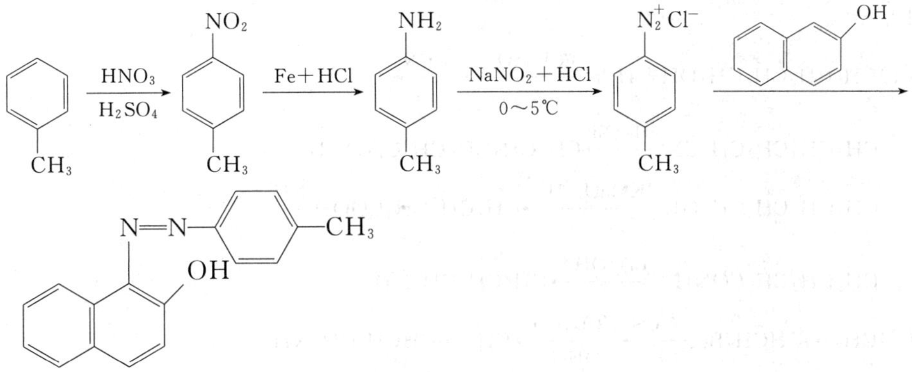

9.

(1) 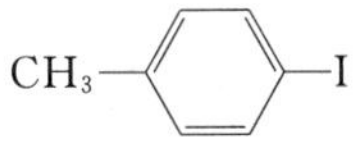

(2) 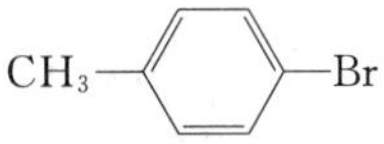

(3) 

(4) 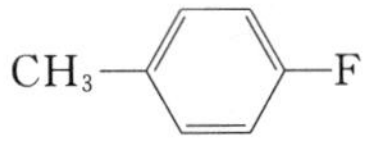

(5) 

(6) 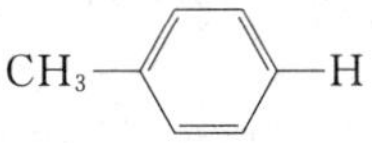

(7) 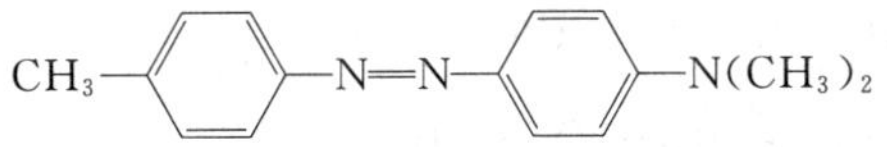

(8) 

10.

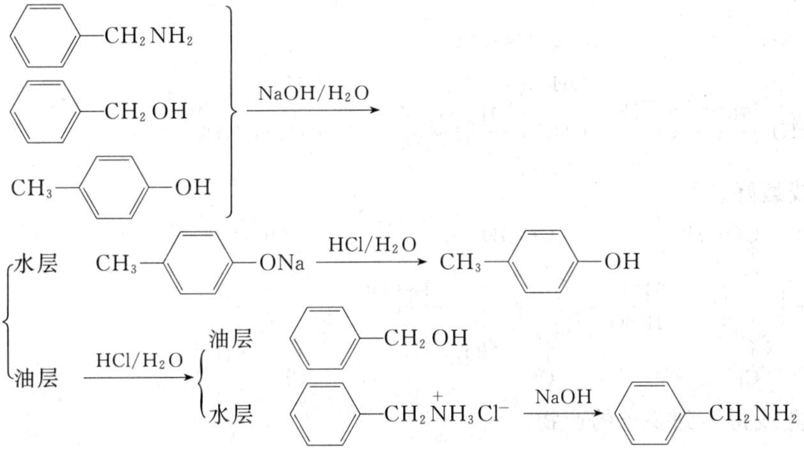

11.

(1) 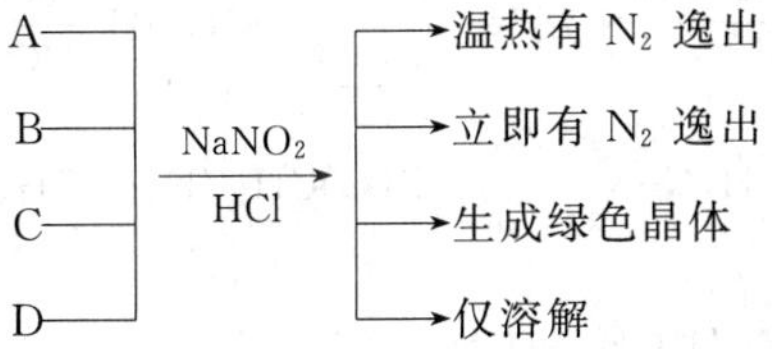

(2) 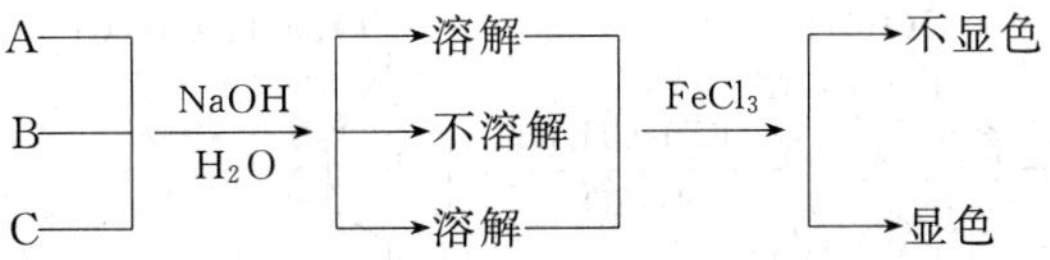

12.

(1) $CH_3CH_2CH_2CH_2OH + HBr \xrightarrow[\triangle]{浓\ H_2SO_4} \xrightarrow{NaCN}$

$CH_3CH_2CH_2CH_2CN \xrightarrow{H_2/Ni} CH_3CH_2CH_2CH_2CH_2NH_2$

$CH_3CH_2CH_2CH_2OH \xrightarrow{KMnO_4/H^+} CH_3CH_2CH_2COOH \xrightarrow[\triangle]{NH_3}$

$CH_3CH_2CH_2CONH_2 \xrightarrow{Br_2/OH^-} CH_3CH_2CH_2NH_2$

(2) $CH_2{=}CHCH_2Br \xrightarrow{NaCN} \xrightarrow[②H_3O^+]{①LiAlH_4} CH_2{=}CHCH_2CH_2NH_2$

(3)

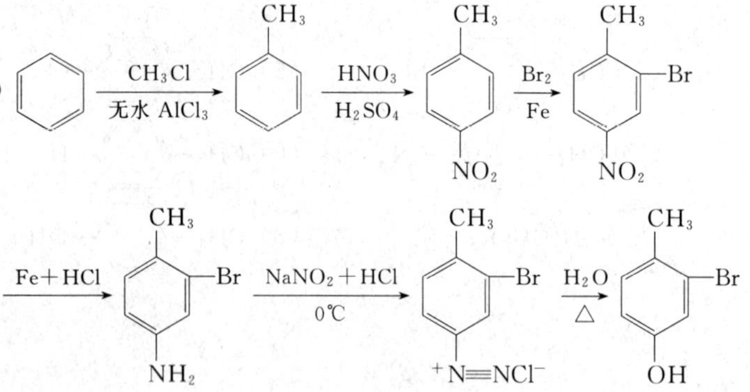

(4)

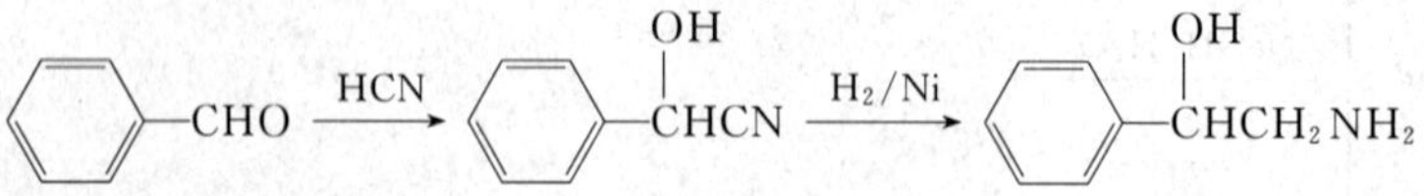

13. 第三种路线最好。

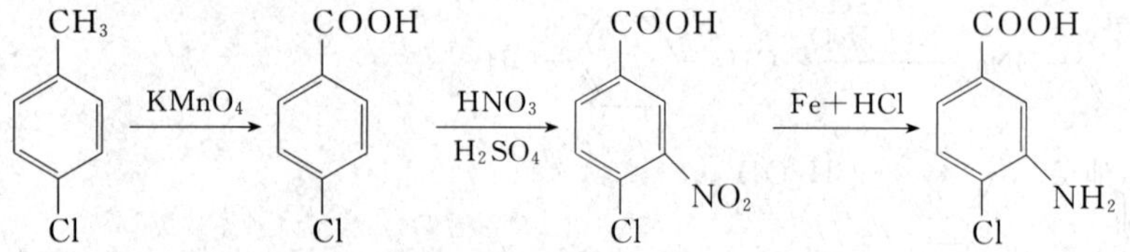

另外两种合成路线得不到要求的产物。

14.

(1)

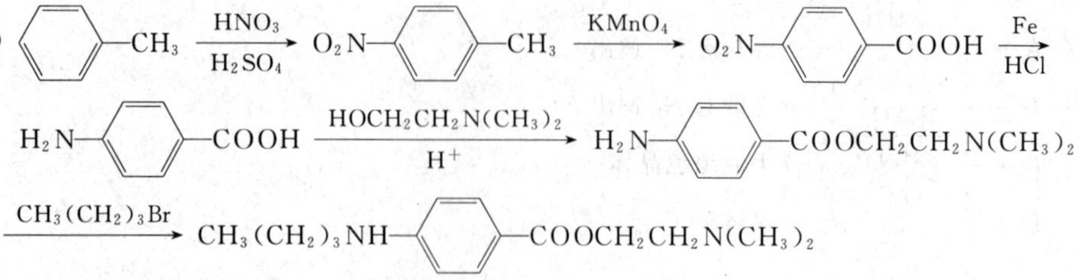

(2)

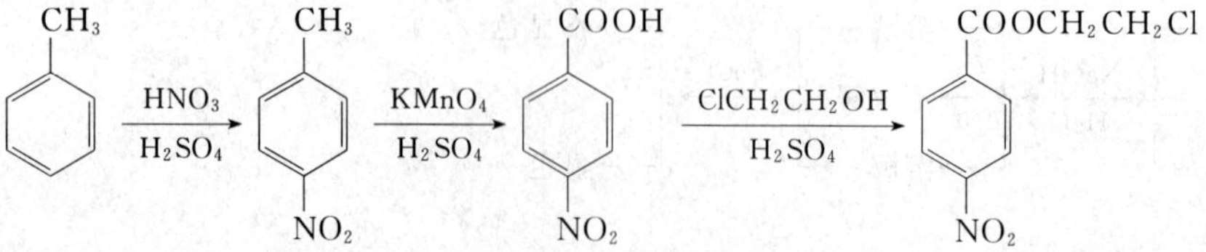

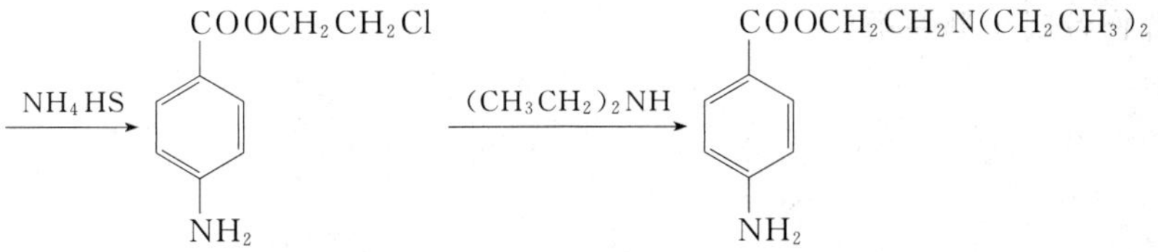

15. A. 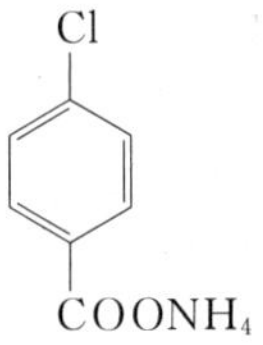　B. 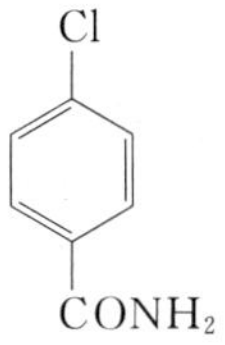　C. 　D. 

16. A. 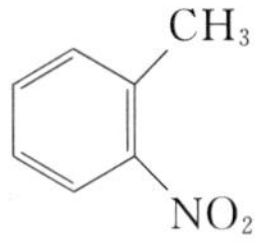　B. 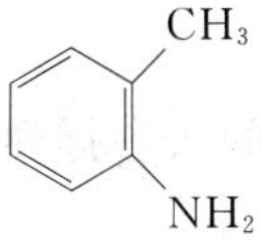　C. 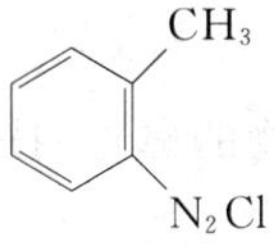　D. 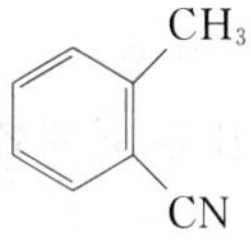

E. 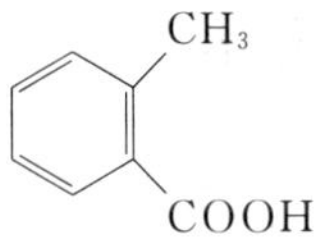　F. 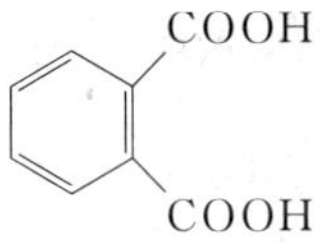　G. 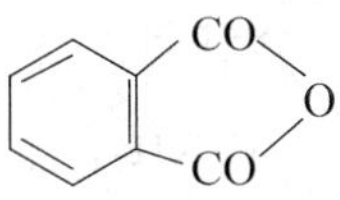

教材习题

1. 写出下列化合物的结构式：

(1)三丁基胺

(2)碘化二甲基二乙基铵

(3)N-甲基邻甲苯胺

(4)对氨基苯甲酸乙酯

(5)1,6-己二胺

(6)2-硝基-3-甲基丁烷

(7)丙烯腈

(8)氯化-1-重氮萘

(9)膦酸三乙酯

(10)O,O-二甲基二硫代膦酸酯

2. 命名下列化合物：

(1) $(CH_3)_2CHNH_2$

(2) $H_2NCH_2-\underset{\displaystyle CH_3}{\underset{|}{CH}}-CH_2NH_2$

(3) 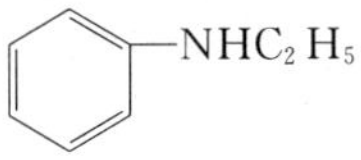

(4) $(C_2H_5)_2\overset{+}{N}H_2OH^-$

(5) 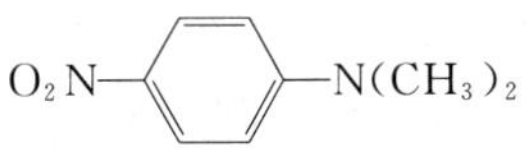

(6) 

(7) 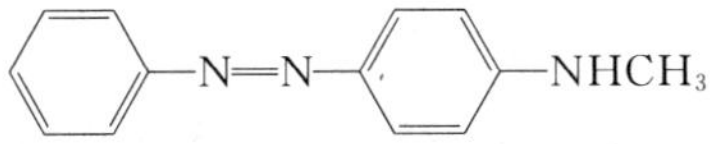

(8) 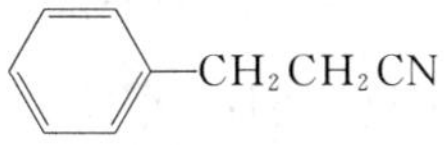

(9) 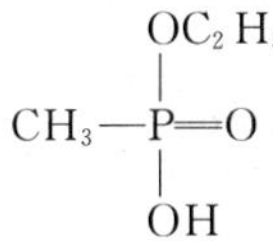

(10) 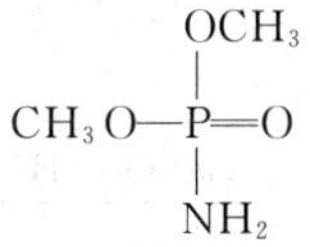

3. 指出下列化合物各属于哪一类？

(1) 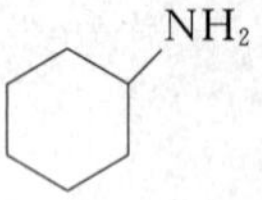　(2) 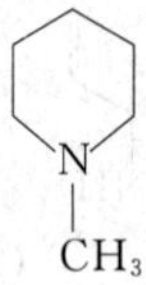　(3) 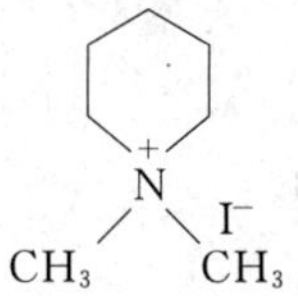

(4) 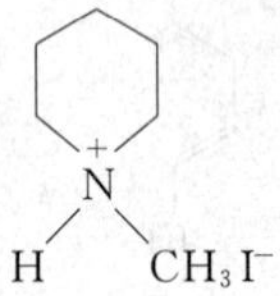　(5) 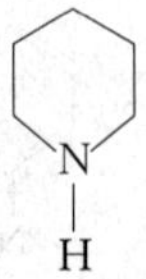

4. 排列顺序：

(1)比较下列各组化合物的碱性，按碱性增强的次序排列：

①A. CH_3NH_2　B. 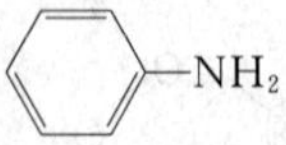　C. $H_3C-\overset{O}{\overset{\|}{C}}-NH_2$　D. $(CH_3)_4\overset{+}{N}OH^-$

②A. 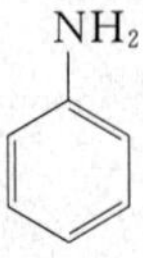　B. 　C. 　D. 

(2)将下列化合物按水解反应活性由大到小的顺序排列：

A. 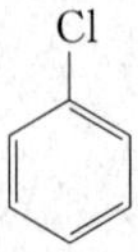　B. 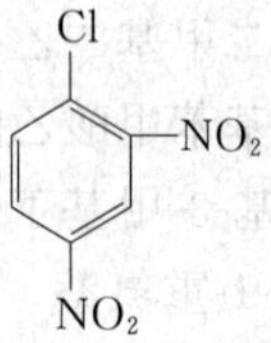　C. 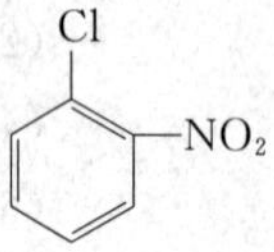　D. 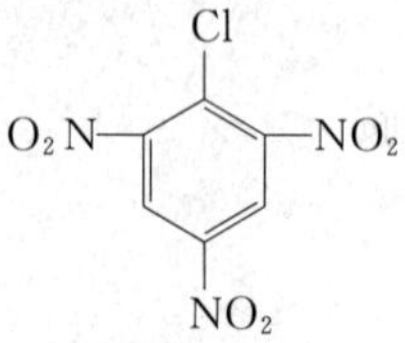

(3)比较沸点顺序：

A. $CH_3CH_2CH_2NH_2$　B. $CH_3CH_2NHCH_3$　C. $(CH_3)_3N$

5. 写出下列反应的主要产物：

(1) 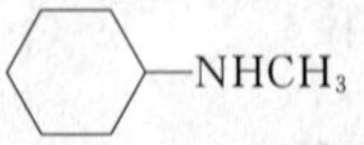 $+CH_3I \longrightarrow$

(2) $(CH_3)_3N + CH_3\underset{Br}{\underset{|}{C}H}CH_3 \longrightarrow$

(3) $[(CH_3)_2\overset{+}{N}CH_2CH_2CH_2CH_3]Cl^- + AgOH \longrightarrow$

(4) CH_3CH_2COCl+ 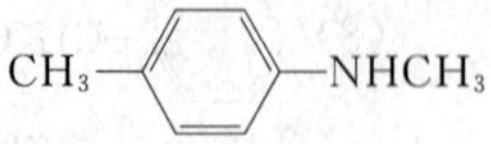

(5) 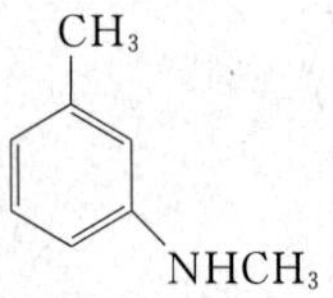 $\xrightarrow{NaNO_2+HCl}$

(6) 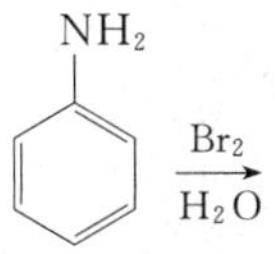

6. 完成下列反应式：

(1) $C_6H_6 \xrightarrow[AlCl_3]{C_2H_5Cl} ? \xrightarrow{3HNO_3, H_2SO_4} ? \xrightarrow[H^+]{KMnO_4} ?$

(2) 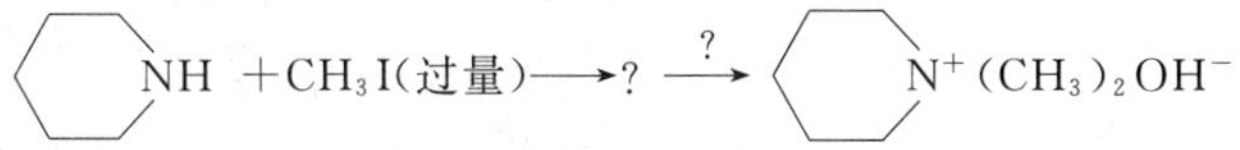

(3) 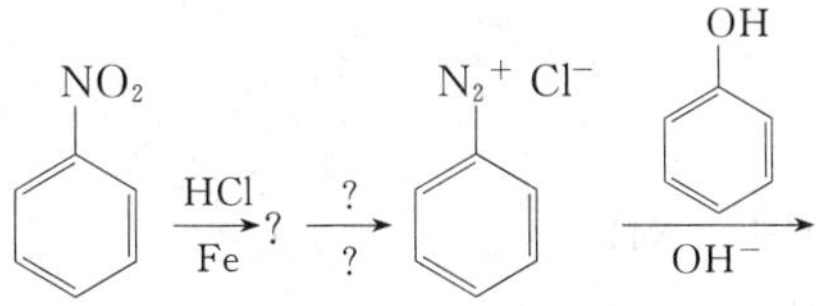

(4) 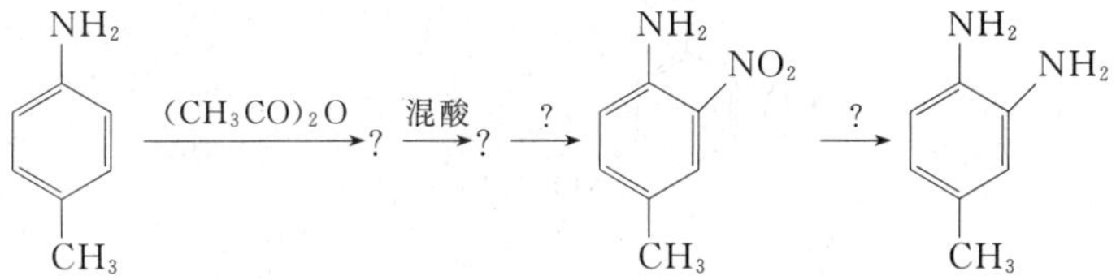

(5) 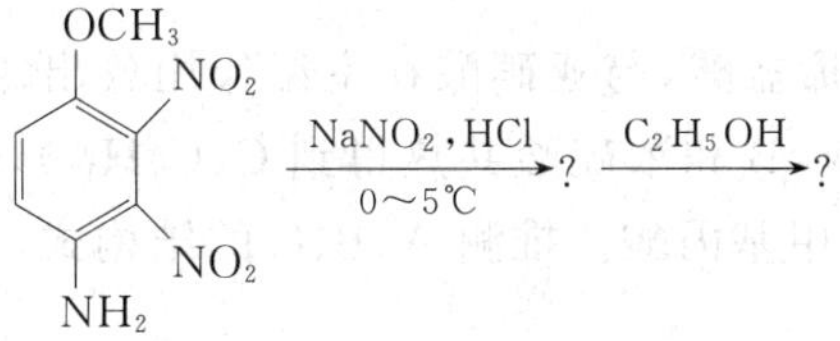

(6) 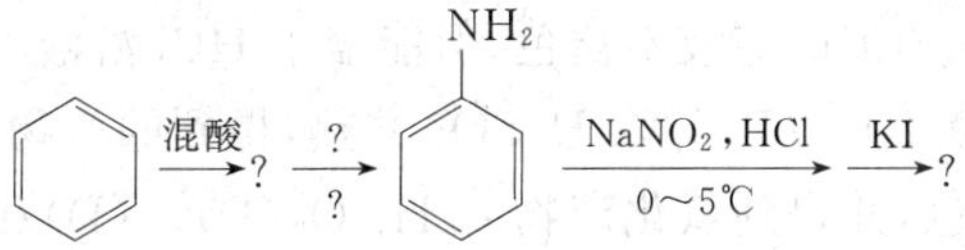

7. 回答问题：

(1)脂肪族伯胺、仲胺的沸点比相对分子质量相近的烃和醚高，但比醇和羧酸低，为什么？

(2)向浑浊的苯胺水溶液中滴加盐酸时，溶液会变得澄清，再向澄清的溶液中滴加氢氧化钠溶液时，则又重新变浑浊，你能说明发生这些现象变化的原因吗？

(3)能否用与溴水反应来区别苯胺和苯酚？为什么？

8. 用化学方法鉴别下列各组物质：

(1) 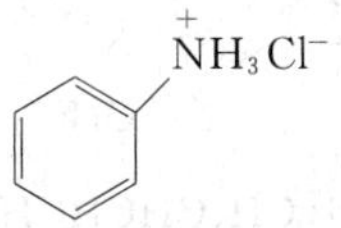

和 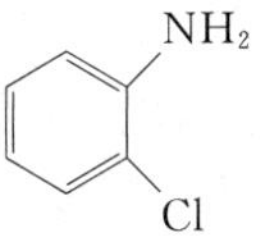

(2)二乙胺和二甲基乙胺

(3) 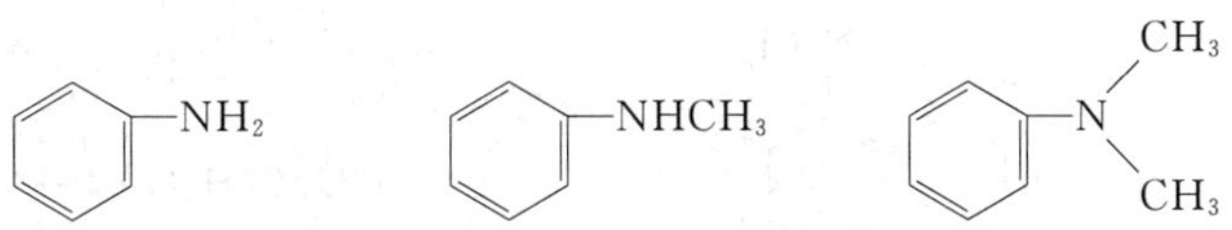

(4)苯酚和 2,4,6-三硝基苯酚

9. 完成下列转化：

(1) $CH_3CH_2CH_2Br \longrightarrow CH_3CH_2CH_2CH_2NH_2$

(2) 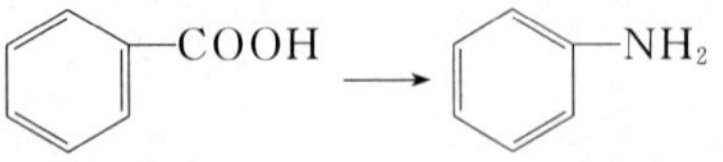

(3) $(CH_3)_3CCH_2Br \longrightarrow (CH_3)_3CCH_2NH_2$

(4) 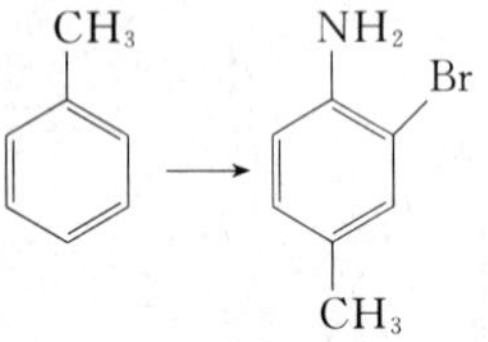

10. 以乙醇或苯为原料合成下列化合物：

(1) $H_2NCH_2CH_2NH_2$

(2) $(CH_3CH_2)_2NH$

(3) 

(4) 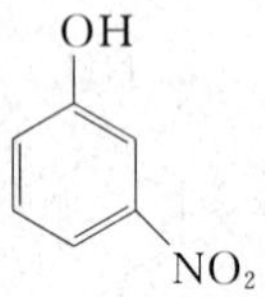

11. 推测结构：

(1)某化合物 A 的分子式为 $C_6H_{15}N$，能溶于稀盐酸，与亚硝酸在室温作用放出氮气，并得到几种有机物，其中一种 B 能进行碘仿反应，B 和浓硫酸共热得到 C(C_6H_{12})，C 能使 $KMnO_4$ 褪色，而且反应后的产物是乙酸和 2-甲基丙酸。推测 A、B、C 的结构式，并用反应式说明推断过程。

(2)分子式为 $C_6H_{13}N$ 的化合物 A，遇 Br_2/CCl_4 溶液不褪色，但能溶于 HCl 溶液，并可与 HNO_2 发生放氮反应，生成物为 $C_6H_{12}O$(B)。(B)与浓 H_2SO_4 共热，得到的产物分子式为 C_6H_{10}(C)，(C)能使 $KMnO_4$ 溶液褪色，并得到氧化产物 $C_6H_{10}O_3$(D)。(D)和 NaIO 作用，生成碘仿及戊二酸。试推断 A 的可能结构式，并用反应式说明推断过程。

教材习题答案

1. 写出下列化合物的结构式：

(1) $(CH_3CH_2CH_2CH_2)_3N$

(2) $(CH_3CH_2)_2N^+(CH_3)_2I^-$

(3) 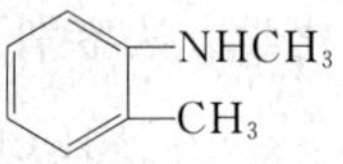

(4) 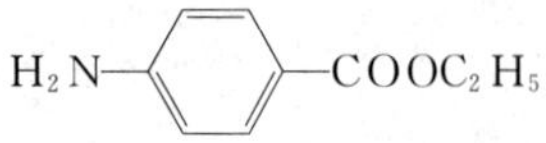

(5) $NH_2(CH_2)_6NH_2$

(6) 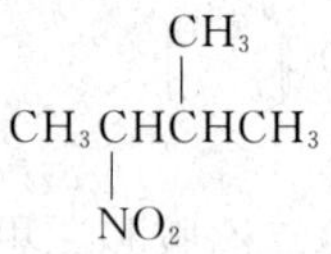

(7) $CH_2=CHCN$

(8) 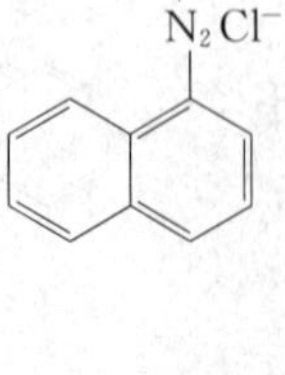

(9) 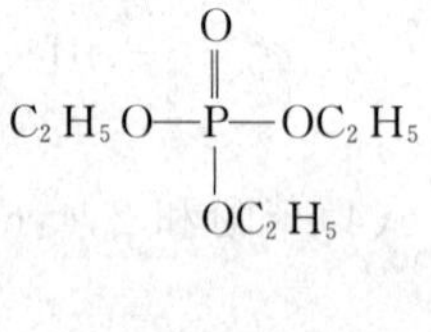

(10) 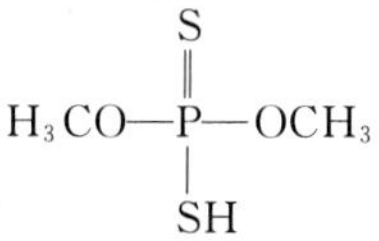

2. 命名下列化合物：

(1)异丙基胺　(2)2-甲基-1,3-丙二胺　(3)N-乙基苯胺　(4)氢氧化二乙基铵

(5)N,N-二甲基-4-硝基苯胺　(6)溴化对甲基重氮苯　(7)对-(N-甲氨基)偶氮苯

(8)3-苯丙腈　(9)O-乙基甲基磷酸酯　(10)O,O-二甲基磷酰胺

3. 化合物种类:(1)伯胺　(2)叔胺　(3)季铵盐　(4)原题有误　(5)仲胺

4. 排列顺序：

(1)①C< B< A< D　　②B<D<A<C　　(2)D>B>C>A　　(3)A>B>C

5.

(1) 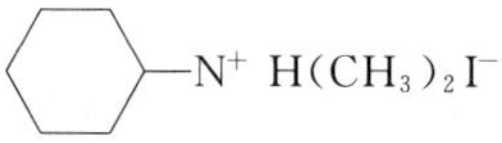

(2) $(CH_3)_3N^+CH(CH_3)_2Br^-$

(3) $[(CH_3)_3\overset{+}{N}CH_2CH_2CH_2CH_3]OH$

(4) 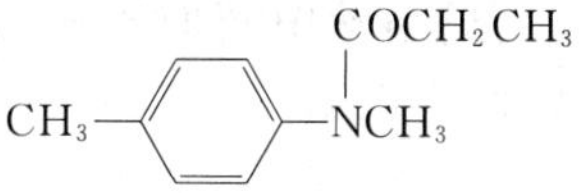

(5) 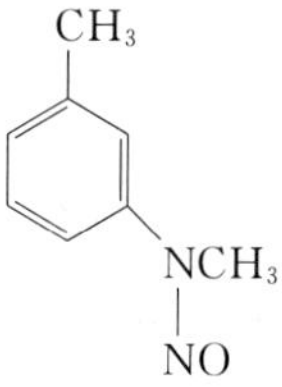

(6) 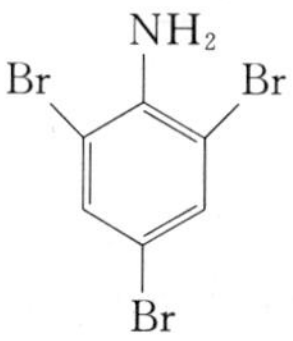

6. 完成下列反应式：

(1)A. 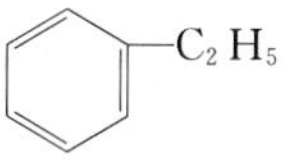　B. 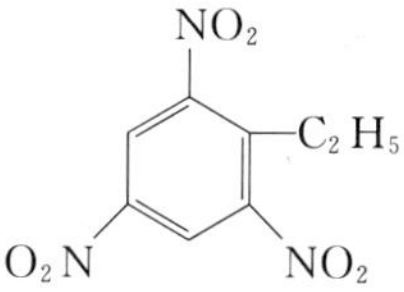　C. 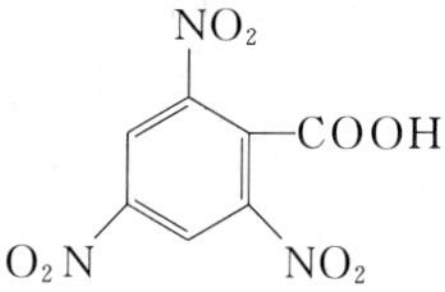

(2)A. 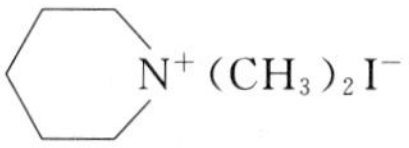　B. AgOH

(3)A. 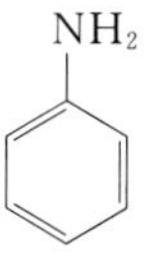　B. $NaNO_2$　C. HCl,0～5℃　D. 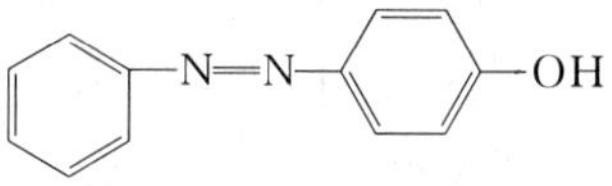

(4)A. 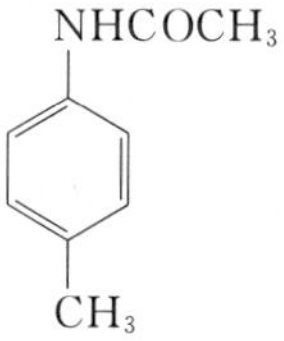　B. 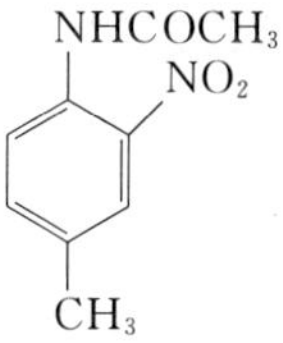　C. H_3O^+　D. HCl+Fe

(5) A. 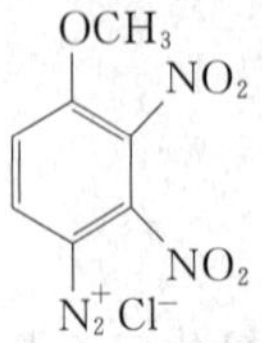

B. 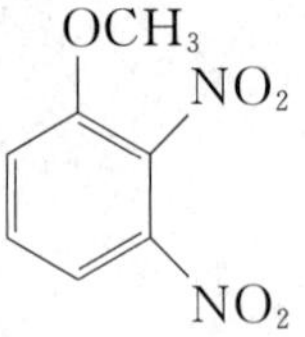

(6) A. 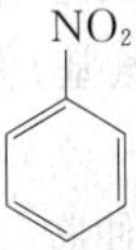

B. Fe　　C. HCl　　D. 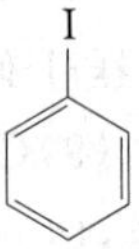

7. 回答问题：

(1)因为脂肪族伯胺、仲胺的分子间能形成氢键，烃和醚分子间不能形成氢键，伯胺、仲胺分子间的作用力较大，因此其沸点比相对分子质量相近的烃和醚高。胺形成氢键的强度比醇和羧酸形成氢键的强度小，因此其沸点比醇和羧酸低。

(2)向浑浊的苯胺水溶液中滴加盐酸，苯胺与盐酸反应形成易溶于水的铵盐，溶液会变得澄清。再向澄清的溶液中滴加氢氧化钠溶液时，氢氧化钠与铵盐反应，又生成苯胺，因此溶液又重新变浑浊。

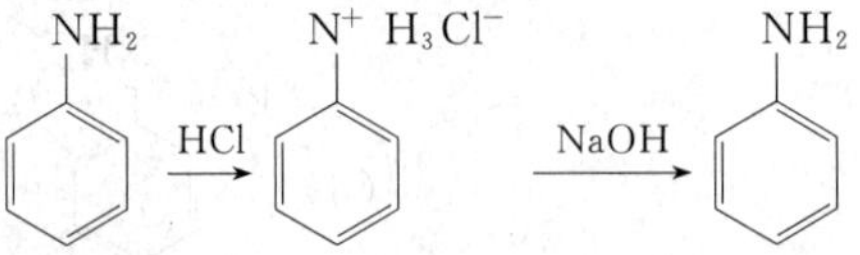

(3)不能。因为苯胺和苯酚都能与溴水反应生成白色沉淀，无法区分。

8. 用化学方法鉴别下列各组物质：

(1) 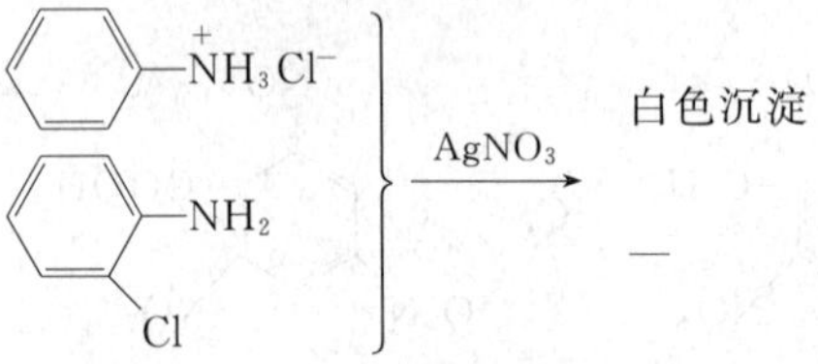

(2) 二乙胺、二甲基乙胺 $\xrightarrow{NaNO_2,HCl}$ 黄色油状物、无

(3) 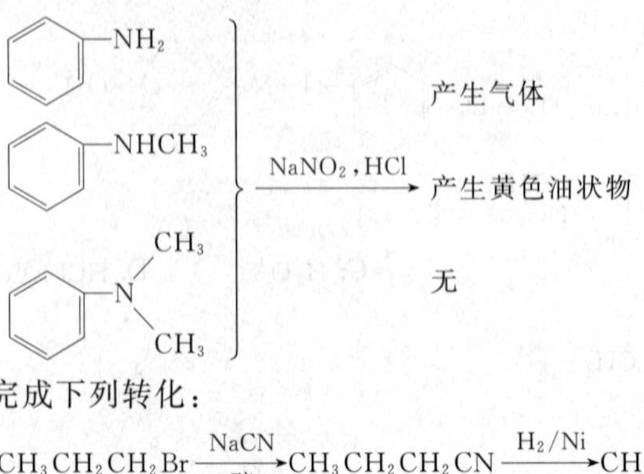

9. 完成下列转化：

(1) $CH_3CH_2CH_2Br \xrightarrow[\text{醇}]{NaCN} CH_3CH_2CH_2CN \xrightarrow{H_2/Ni} CH_3CH_2CH_2CH_2NH_2$

(2) 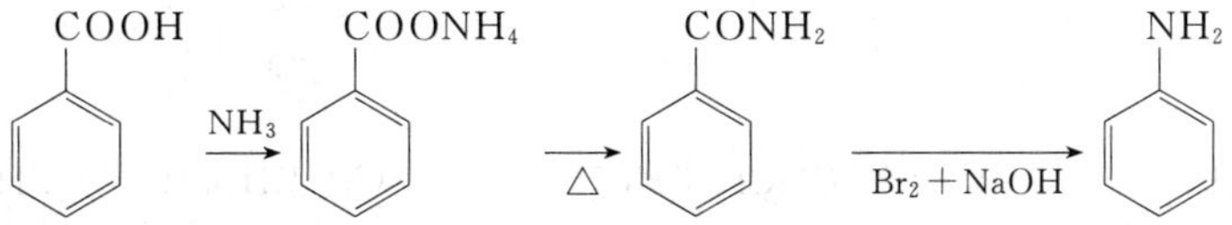

(3) $(CH_3)_3CCH_2Br \xrightarrow{NH_3} (CH_3)_3CCH_2\overset{+}{N}H_3Br^- \xrightarrow{NaOH} (CH_3)_3CCH_2NH_2$

(4) 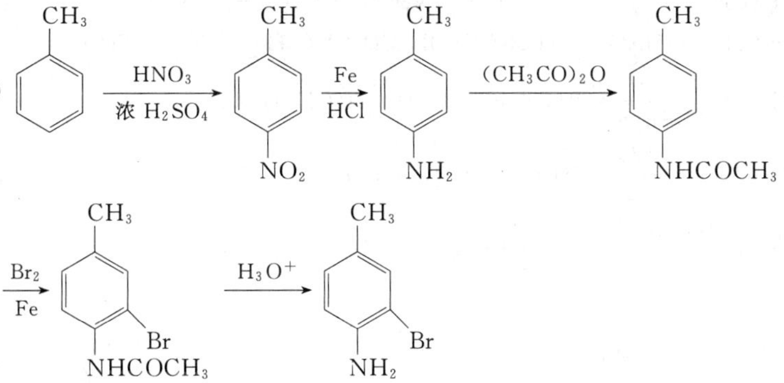

10. 以乙醇或苯为原料合成下列化合物：

(1) $CH_3CH_2OH \xrightarrow[\triangle]{浓\ H_2SO_4} CH_2=CH_2 \xrightarrow{Br_2} BrCH_2CH_2Br$

$\xrightarrow{NH_3} Br^-\ H_3\overset{+}{N}CH_2CH_2\overset{+}{N}H_3Br^- \xrightarrow{NaOH} H_2N-CH_2CH_2-NH_2$

(2) $CH_3CH_2OH \xrightarrow[\triangle]{浓\ H_2SO_4} CH_2=CH_2 \xrightarrow{HBr} CH_3CH_2Br \xrightarrow{NH_3} CH_3CH_2\overset{+}{N}H_3Br^-$

$\xrightarrow{NaOH} CH_3CH_2-NH_2 \xrightarrow{CH_3CH_2Br} (CH_3CH_2)_2\overset{+}{N}H_2Br^- \xrightarrow{NaOH} (CH_3CH_2)_2NH$

(3) 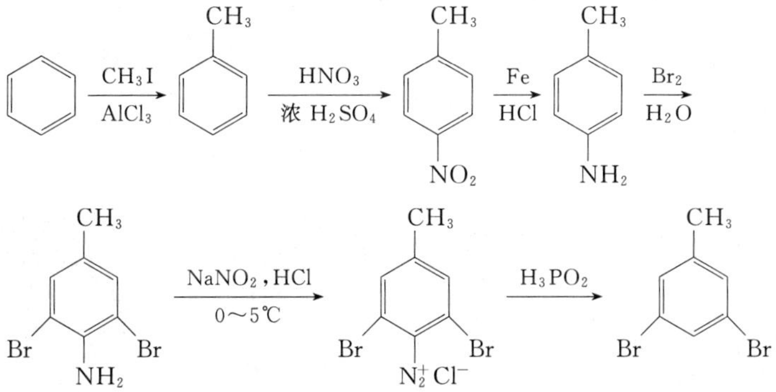

(4) 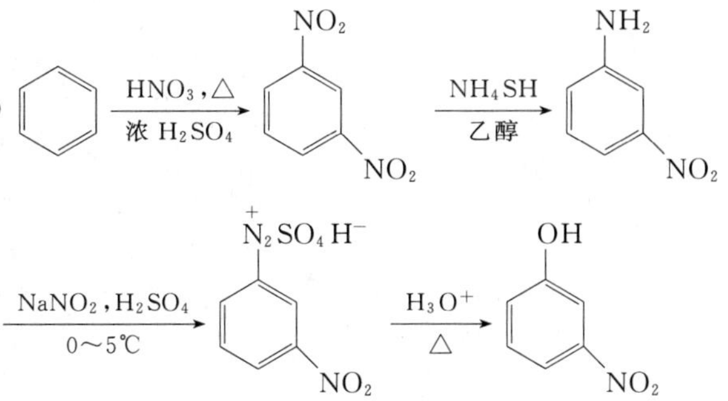

11. 推测结构：

(1)

A. $CH_3\underset{\displaystyle NH_2}{\underset{|}{C}}HCH_2\underset{\displaystyle CH_3}{\underset{|}{C}}HCH_3$　　B. $CH_3\underset{\displaystyle OH}{\underset{|}{C}}HCH_2\underset{\displaystyle CH_3}{\underset{|}{C}}HCH_3$　　C. $CH_3CH{=}CH\underset{\displaystyle CH_3}{\underset{|}{C}}HCH_3$

$CH_3CH(NH_2)CH_2CH(CH_3)_2 + HCl \longrightarrow CH_3CH(^+NH_3)CH_2CH(CH_3)_2 \cdot Cl^-$

$CH_3CH(NH_2)CH_2CH(CH_3)_2 + HNO_2 \longrightarrow CH_3CH(OH)CH_2CH(CH_3)_2 + N_2(g) + H_2O$

$CH_3CH(OH)CH_2CH(CH_3)_2 \xrightarrow[NaOH]{I_2} CHI_3 + HOOCCH_2CH(CH_3)_2$

$CH_3CH(OH)CH_2CH(CH_3)_2 \xrightarrow[\triangle]{\text{浓硫酸}} CH_3CH{=}CHCH(CH_3)_2 + H_2O$

$CH_3CH{=}CHCH(CH_3)_2 \xrightarrow[H^+]{KMnO_4} CH_3COOH + (CH_3)_2CHCOOH$

(2)

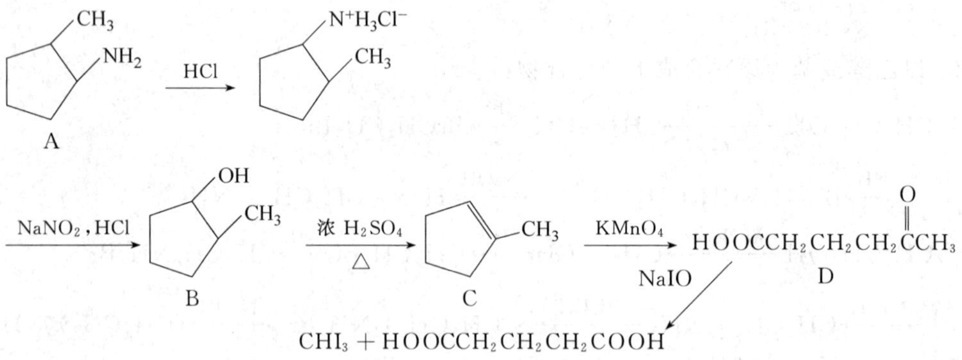

Chapter 11 第 11 章

杂环化合物和生物碱

Heterocyclic Compounds and Alkaloids

主要知识点

一、杂环化合物

本章讨论的杂环化合物是指具有芳香性的芳杂环化合物。

(一)分类

杂环化合物按杂环母核中环的数目可分为单杂环和稠杂环两大类。

单杂环中最稳定、最常见的是五元杂环和六元杂环;稠杂环可以是苯环与单杂环相稠合,或者由单杂环与单杂环相互稠合而成。

按杂原子的种类可分为氧杂环、硫杂环和氮杂环等。

(二)命名

杂环化合物的命名有两种方法,译音命名法和系统命名法。译音命名法更为常用,是根据英文名称的译音,在同音汉字旁加“口”字偏旁命名,“口”表示为环状化合物。

杂环母核的编号一般从杂原子开始,杂原子为 1 号,然后用阿拉伯数字或希腊字母对成环碳原子依次进行编号,环上有取代基时,要同时使取代基的位次较小。有多个杂原子的杂环化合物,按 O→S→N 的顺序依次编号,并使杂原子的位次尽量小。少数稠杂环化合物,如嘌呤、异喹啉、咔唑等,有特定的习惯编号方式。确定杂环母核的名称和编号后,按照芳烃化合物的命名原则处理环上的取代基并给出杂环化合物的名称。

(三)结构

1. 五元杂环化合物(如呋喃、吡咯和噻吩)

(1)环上 5 个原子位于同一平面,均为 sp^2 杂化,成环原子中未参与杂化的 p 轨道垂直于环平面,相互平行重叠形成闭合共轭体系。

(2)环上4个碳原子未参与杂化的p轨道上各有一个电子,杂原子的p轨道上有两个电子,形成5个p轨道6个p电子的共轭体系,具有芳香性,且π电子云密度均比苯高,为富电子芳杂环。

(3)五元杂环化合物比苯环活泼,亲电取代反应比苯快。

(4)五元杂环化合物环上电子密度分布和键长的平均化程度均不如苯,即芳香性不如苯。

2. 六元杂环化合物(如吡啶)

(1)所有成环原子都是sp^2杂化,未参与杂化的p轨道相互从侧面重叠形成环状闭合共轭体系。

(2)在闭合共轭体系中,每个原子未参与杂化的p轨道上都各有一个p电子,形成6个p轨道6个p电子的大π键,具有芳香性。

(3)氮原子上的未共用电子对占据一个sp^2杂化轨道,未参与共轭。

(4)由于氮原子的电负性大于碳原子,氮的吸电子诱导效应和共轭效应的结果,使环上碳原子的电子云密度要小于苯环碳原子,所以吡啶环也称作缺电子芳杂环。

(5)吡啶亲电反应活性比苯低,类似硝基苯。

(四)化学性质

1. 亲电取代反应

呋喃、噻吩、吡咯和吡啶的亲电取代活性顺序:吡咯>呋喃>噻吩>苯>吡啶。

五元芳杂环化合物的亲电取代反应比苯容易,往往在温和的条件下就可以发生卤代、硝化、磺化、付氏烷基化或酰基化反应,取代优先发生在α位,当α位被占据时,进入β位。而六元芳杂环吡啶的亲电取代反应活性与硝基苯相当,取代发生在β位,可以发生卤代、硝化、磺化反应,但不能发生付氏烷基化及酰基化反应。

2. 加成反应

(1)加氢还原　杂环化合物都可以进行催化加氢还原或用化学还原剂还原,得到脂杂环化合物。

(2)双烯合成　呋喃表现出共轭双键的特性,易与亲双烯体发生Diels-Alder反应。

3. 氧化反应

吡啶环对氧化剂稳定,比苯环难氧化。

4. 吡咯和吡啶的酸碱性

吡啶、吡咯、苯胺、氨和二甲胺的碱性顺序为:

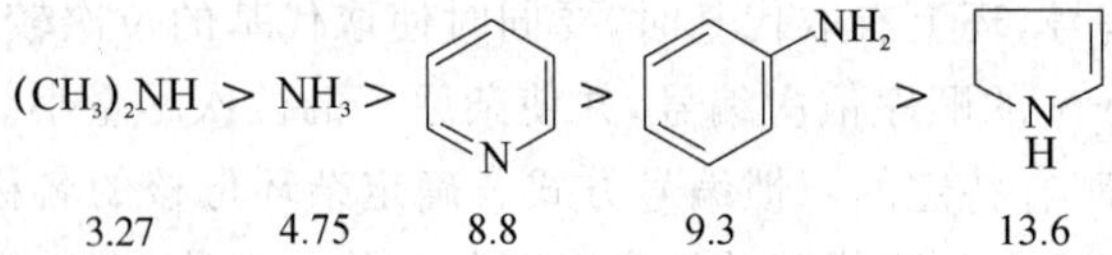

pK_b　3.27　4.75　8.8　9.3　13.6

5. 吡啶的亲核取代反应

吡啶特有的反应。取代主要发生在α位。

6. 呋喃和吡咯的颜色反应

即松木片反应。呋喃遇盐酸浸湿过的松木片呈深绿色,吡咯显红色。

二、生物碱

(一)定义

生物碱是存在于生物界的一类含氮有机化合物,具有强烈的生理活性,大多数具有复杂的含氮杂环结构,具有碱性。

(二)化学性质

(1)碱性　生物碱分子中的氮原子具有孤电子对,可以接受质子成盐而显碱性。碱性是生物碱的主要化学性质,与生物碱的提取分离、含量测定和结构鉴定直接相关。

(2)沉淀反应　大多数生物碱可以与一些试剂在酸性或中性水溶液中发生沉淀反应,生成不溶性复盐或络合物沉淀。这些试剂称为生物碱沉淀试剂。利用此反应可以检验植物提取液中是否有生物碱存在和用于生物碱的分离纯化。

(3)显色反应　不同的生物碱有不同的颜色反应,可用于鉴别生物碱的存在。

典型例题

【例1】 指出下列化合物哪些具有芳香性,为什么?

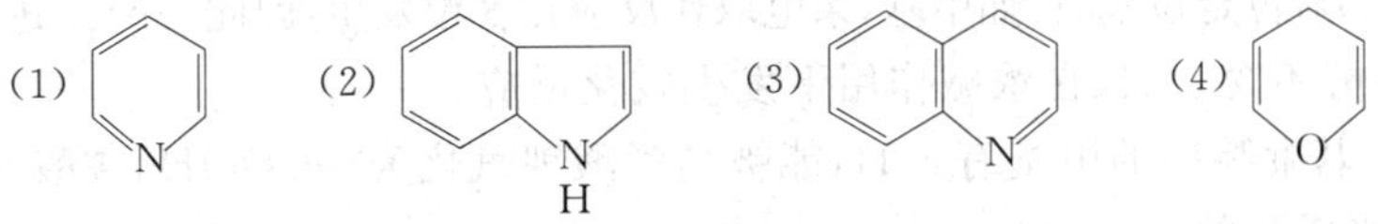

解　(1)为闭合共轭体系,环上6个原子都是sp^2杂化,共有6个π电子,因此有芳香性。(2)和(3)各有两个环,均为闭合共轭体系,两个环平面均具有6个π电子,因此均具有芳香性。而(4)虽然也有6个π电子,但由于第4位的碳原子是sp^3杂化的饱和碳原子,不能形成闭合共轭体系,所以没有芳香性。

根据休克尔规则判断(1)、(2)和(3)具有芳香性。

【例2】 比较下列化合物的碱性。

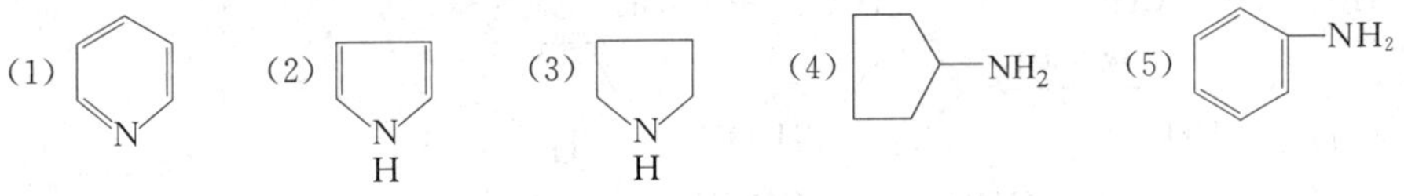

解　五种化合物中,(1)为吡啶,由于其环上氮原子上的未共用电子对位于sp^2杂化轨道,没有参加环的共轭体系,并且受N电负性影响,环上电子云向N上转移,所以吡啶的碱性较强,强于(5)苯胺。而(2)为吡咯,由于氮原子上的未共用电子对参与了环的共轭体系,使氮原子结合质子的能力大大减弱,碱性极弱,而且N上的氢可以解离,略显酸性。因为(3)为脂肪仲胺,(4)为脂肪伯胺,(5)为芳香胺,所以(3)碱性最强,(4)次之,(5)再次之。另外由于(1)未共用电子对所在的sp^2杂化轨道的s成分较多,距离原子核较近,电子受核的束缚力较强,接受质子的能力减弱,所以吡啶的碱性要弱于脂肪胺(3)和(4)。

碱性:(3)>(4)>(1)>(5)>(2)。

【例 3】 完成下列反应式

（1） 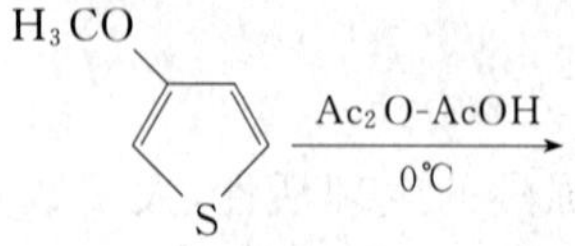

（2） 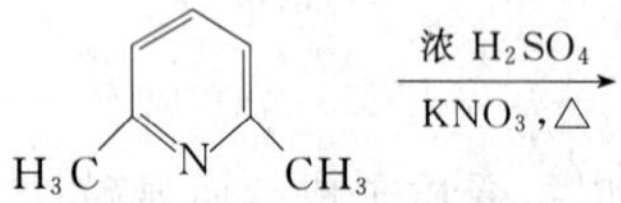

（3） 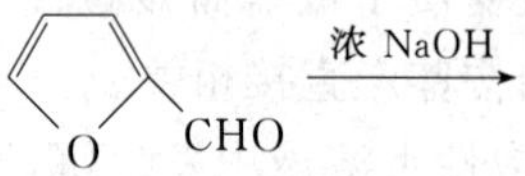

（4） 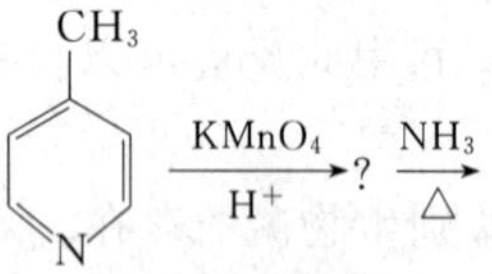

解 （1）是五元芳杂环的硝化反应，环上杂原子有 α 定位效应，同时环上的 3 号位已有 1 个—OCH_3 基团，是邻对位定位基，对要引入的—NO_2 也有定位效应，因此—NO_2 进入—OCH_3 相邻的 α 位。

（2）是六元芳杂环的硝化反应，环上的杂原子有 β 定位效应，同时吡啶上的取代基也有定位效应，当 α 位有邻对位定位基时，如甲基，亲电取代反应在 β 位发生，因此—NO_2 进入的是 β 位。

（3）呋喃甲醛不含 α-H，在浓碱作用下发生歧化反应。

（4）中 γ-甲基吡啶中的甲基有 α-H，能被高锰酸钾氧化为—COOH，羧酸与 NH_3 反应后生成铵盐再脱水成酰胺。

（1） 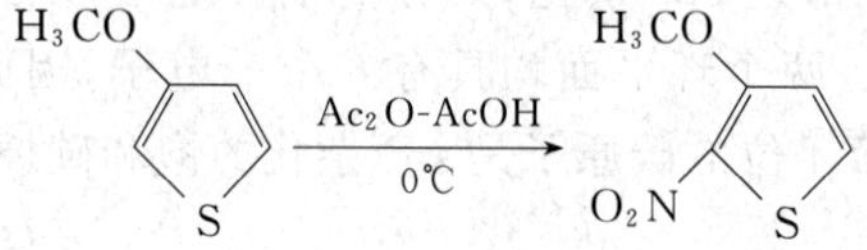

（2） 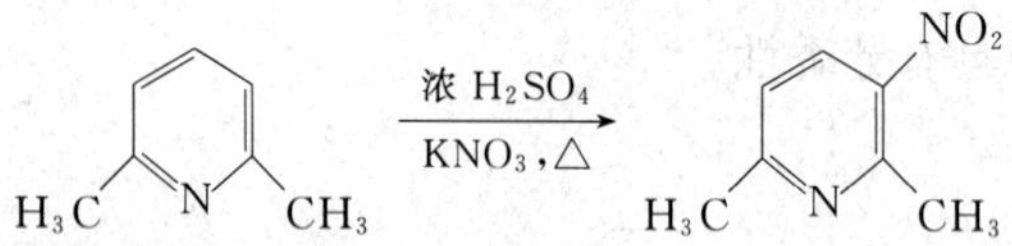

（3） 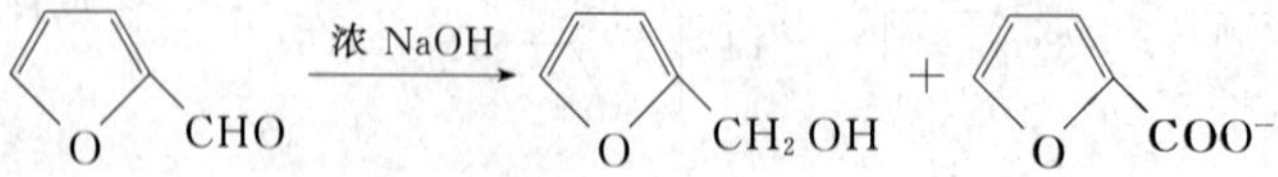

（4） 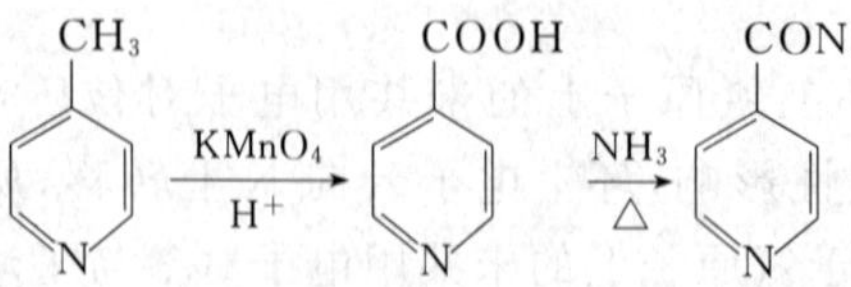

练习题

1. 单项选择题

（1） 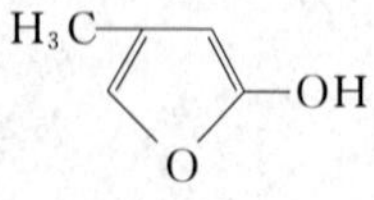 的名称是（　　）。

A. 2-甲基-4-羟基呋喃　　　　B. 1-甲基-3-羟基呋喃
C. 3-羟基-5-甲基呋喃　　　　D. 4-甲基-2-羟基呋喃

(2)下列命名正确的是(　　)。

A. 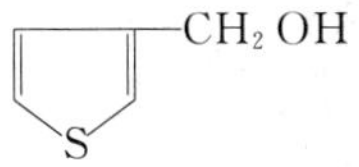 3-噻吩甲醇　　B. 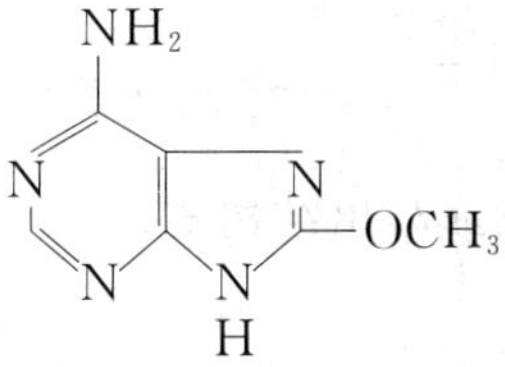 4-氨基-2-甲氧基嘌呤

C. 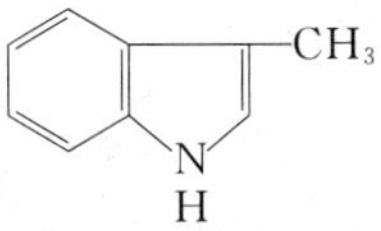 2-甲基吲哚　　D. 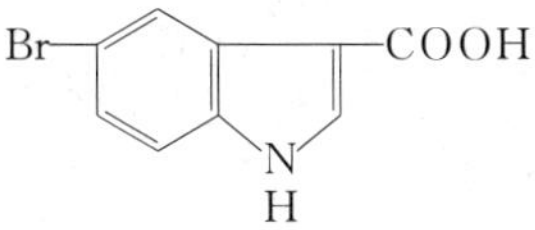 5-溴-3-吲哚乙酸

(3)下列几种物质中没有芳香性的是(　　)。

A. 萘　　B. 呋喃　　C. 吡啶　　D. 四氢呋喃

(4)下列化合物进行亲电取代反应的活性顺序是(　　)。

A. 吡啶＞苯＞吡咯　　B. 吡咯＞苯＞吡啶
C. 苯＞吡咯＞吡啶　　D. 吡啶＞吡咯＞苯

(5) 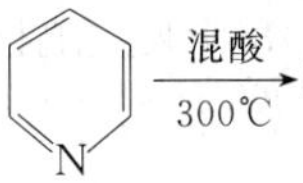的主产物是(　　)。

A. 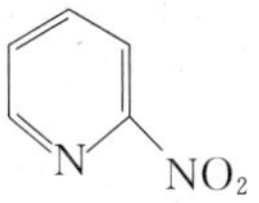　　B. 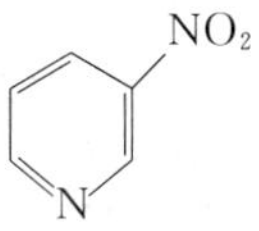　　C. 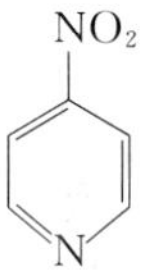　　D. 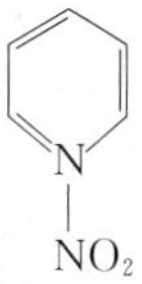

(6)吡咯的碱性弱于吡啶的原因是(　　)。

A. 吡咯能给出质子　　B. 吡咯的性质像环戊二烯
C. 吡咯无芳香性　　D. 吡络氮上的 p 电子参与环上共轭

(7)下列化合物中碱性最强的是(　　)。

A. 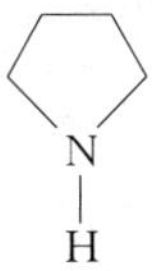　　B. 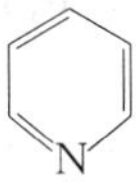　　C. 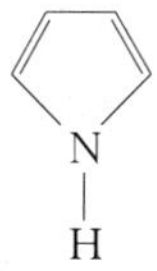　　D. 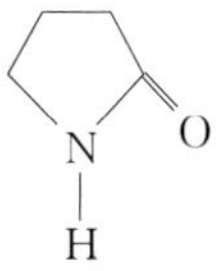

(8)下列化合物中既能溶于酸又能溶于碱的是(　　)。

A. 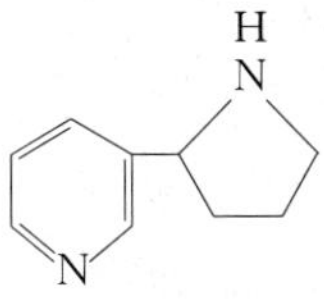　　B. 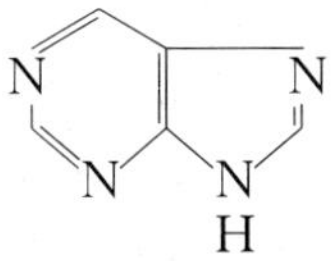　　C. 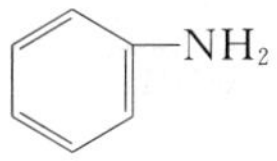　　D. 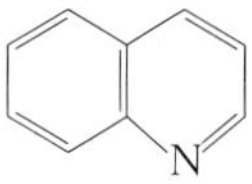

2. 填空题

(1)除去苯中少量的噻吩,可以用__________洗涤。

(2) 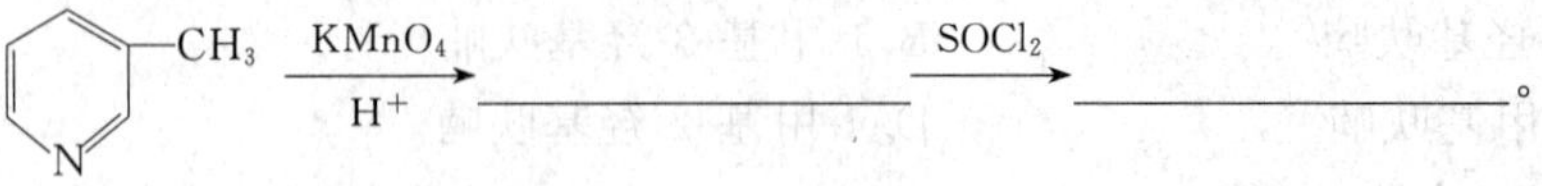

(3) 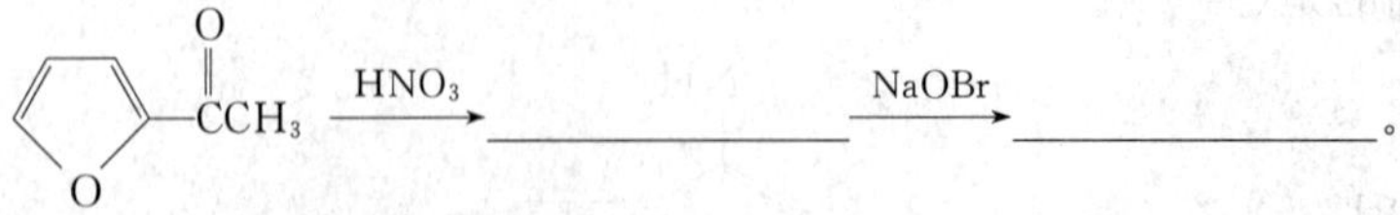

3. 命名下列化合物或写出结构式。

(1) 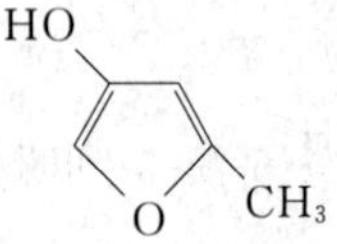

(2) 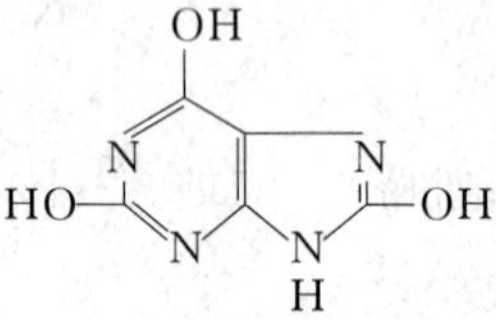

(3) 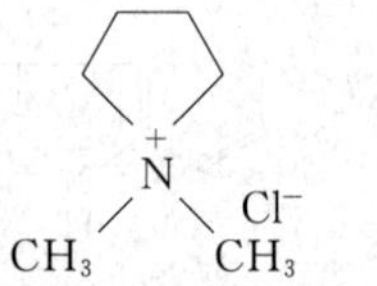

(4) 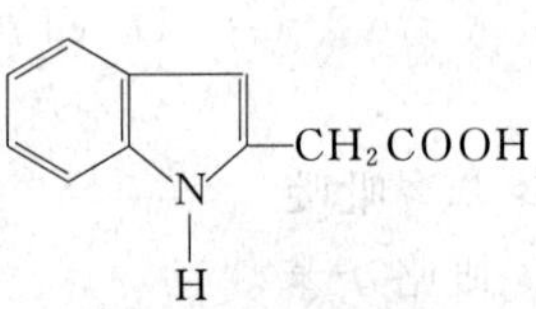

(5) 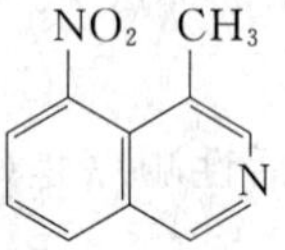

(6) 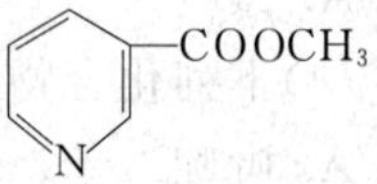

(7)8-羟基喹啉　　(8)3-甲基吲哚　　(9)3-吡啶乙酮

4. 完成下列反应。

(1) 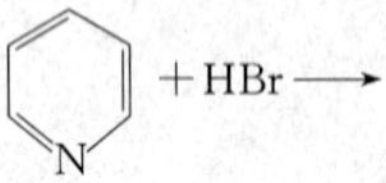

(2) 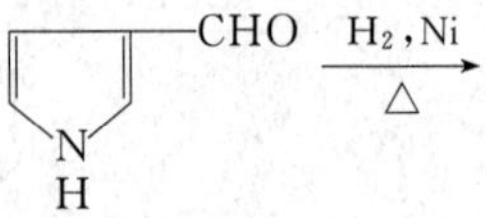

(3) 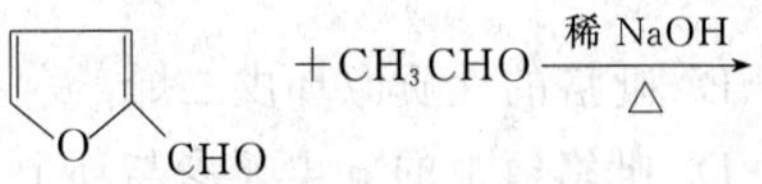

(4) 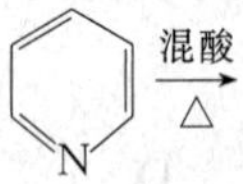

(5) 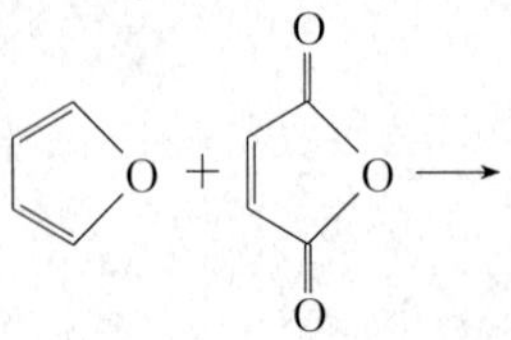

(6) 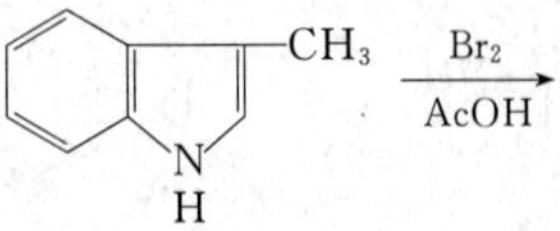

5. 比较下列化合物的碱性强弱。

(1)A. 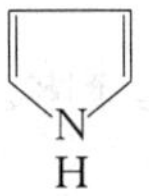 B.  C. 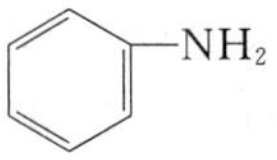 D. 

(2)A. 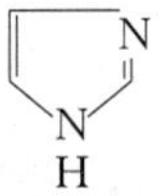 B. 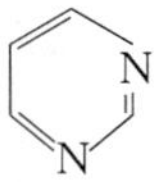 C. 

6. 用化学方法鉴别下列三组化合物。

(1)噻吩与苯;(2)六氢吡啶与苯胺;(3)8-羟基喹啉与 8-甲基喹啉。

7. (1)用吡啶合成 3-吡啶甲酸。(2)用 3-甲基吡啶合成 3-吡啶苯甲酮。

8. 古液碱 A($C_8H_{15}NO$)是存在于古柯植物中的一种具有五元芳杂环结构的生物碱,能溶于 HCl 溶液但不溶于 NaOH 溶液。它不能与苯磺酰氯反应,但可以与苯肼反应生成相应的苯腙,与 I_2-NaOH 溶液作用生成黄色沉淀和 N-甲基-α-五元芳环羧酸 B($C_7H_{13}NO_2$),试推测 A、B 的结构。

练习题解析与答案

1. (1)D (2)B (3)D (4)B (5)B (6)D (7)A (8)B

2. (1)浓硫酸

(2) 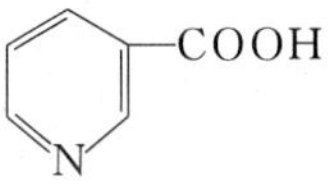 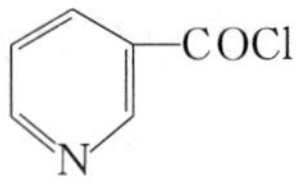

(3) 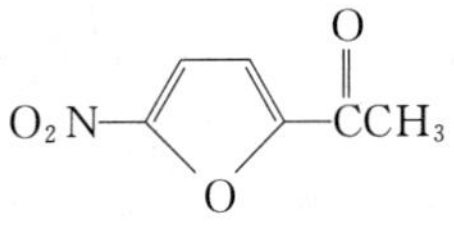 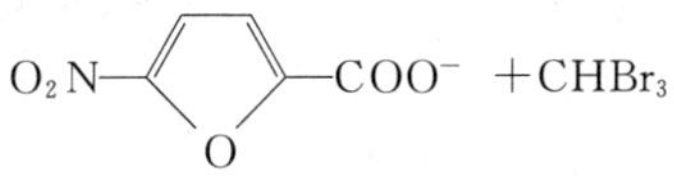

3. (1)2-甲基-4-羟基呋喃 (2)2,6,8-三羟基嘌呤 (3)氯化 N,N-二甲基四氢吡咯

(4)2-吲哚乙酸 (5)4-甲基-5-硝基异喹啉 (6)β-吡啶甲酸甲酯

(7) 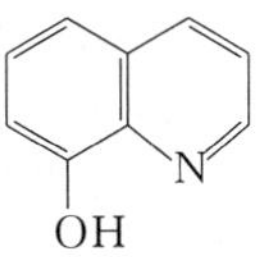 (8) 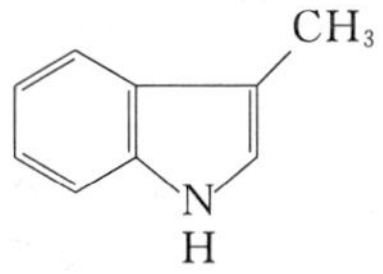 (9) 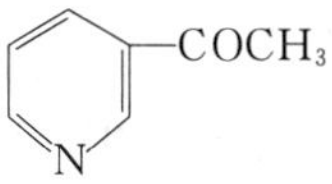

4. (1) 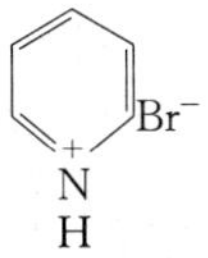 (2) 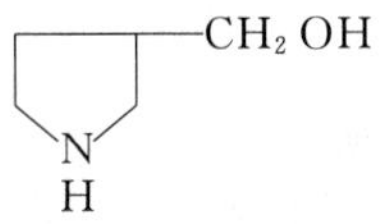 (3) 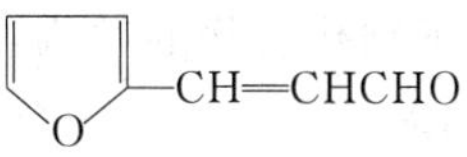

(4) 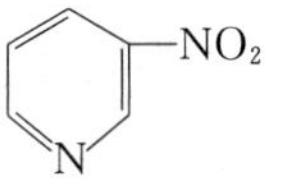 (5) 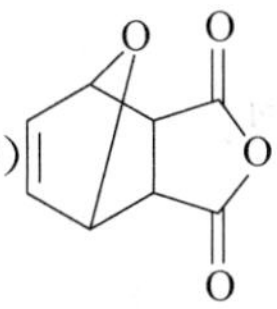 (6) 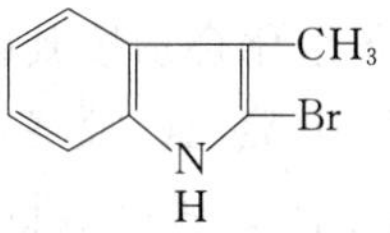

5. (1)B>D>C>A (2)B>A>C

6.(1)加浓 H_2SO_4，溶于其中的是噻吩，不溶的是苯；

(2)加溴水，生成白色沉淀的是苯胺，无沉淀生成的是六氢吡啶；

(3)加 $FeCl_3$ 溶液，发生显色反应的是 8-羟基喹啉，无显色的是 8-甲基喹啉。

7.(1) 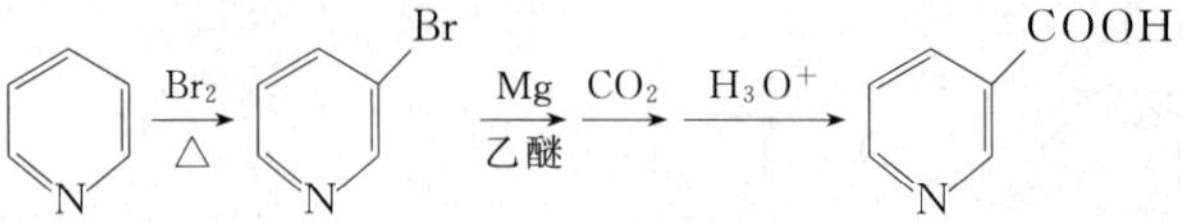

(2) 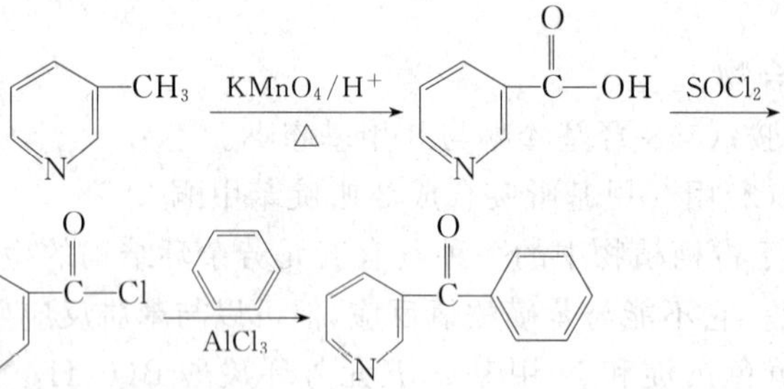

8. A. 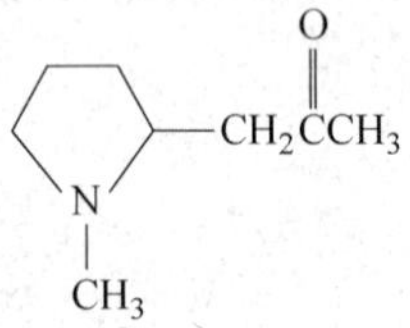

B. 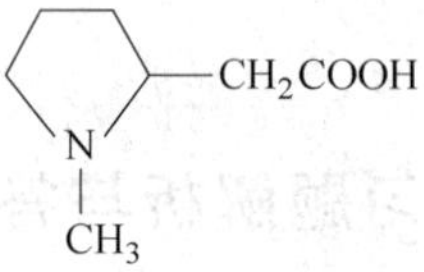

C. 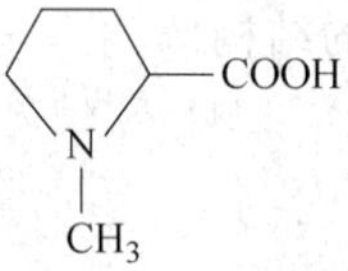

教材习题

1. 命名下列各化合物：

(1) 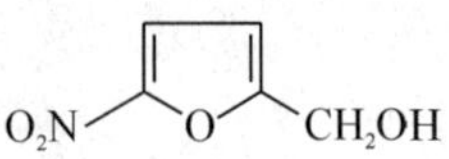

(2) 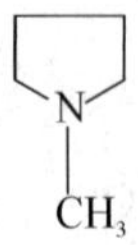

(3) 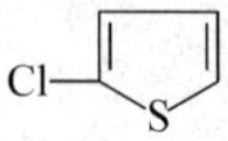

(4) 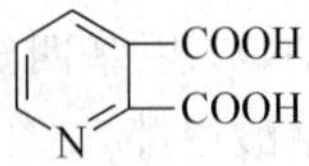

(5) 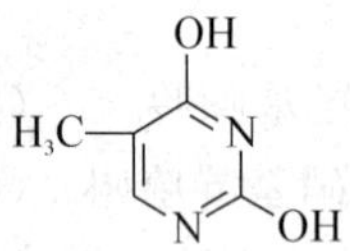

(6) 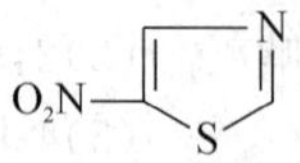

(7) 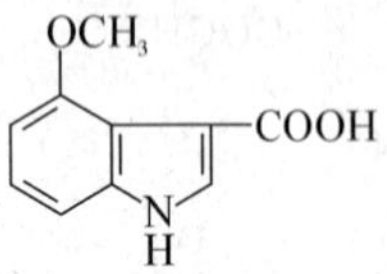

(8) 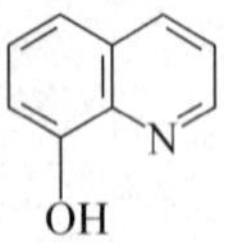

(9) 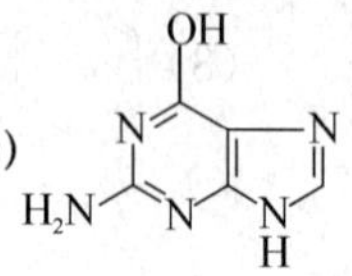

2. 写出下列化合物的结构：

(1)糠醛　(2)α-噻吩磺酸　(3)N-甲基吡咯

(4)α-四氢呋喃甲醇　(5)γ-吡啶甲酸甲酯　(6)2-苯基-4-喹啉甲酸

(7)3-乙基吲哚　(8)腺嘌呤　(9)胞嘧啶

3. 将下列各组化合物按其碱性强弱依次排列：

(1)苯胺、吡啶、氨、吡咯、六氢吡啶。

(2)苯胺、苄胺、吲哚、吡啶。

4. 完成下列反应：

(1) 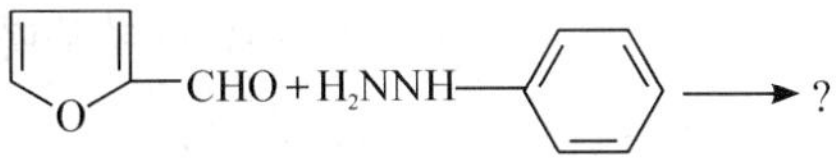

(2) 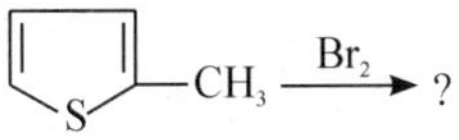

(3) 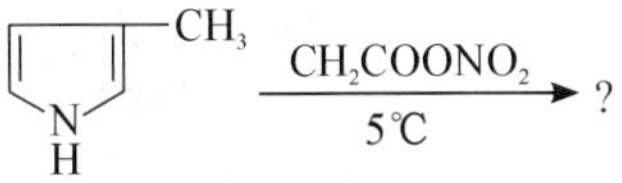

(4) 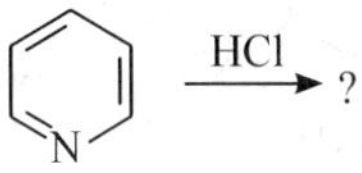

(5) 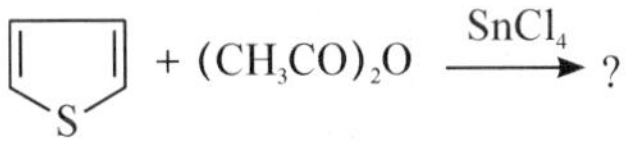

(6) 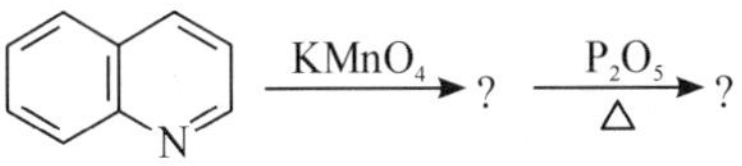

(7) 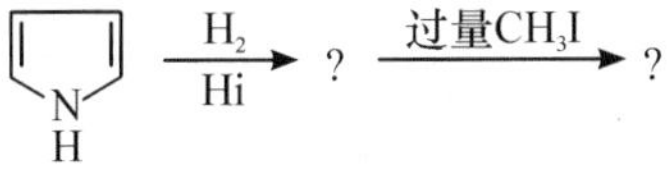

(8) 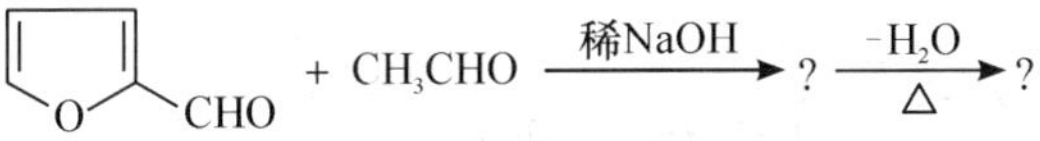

(9) 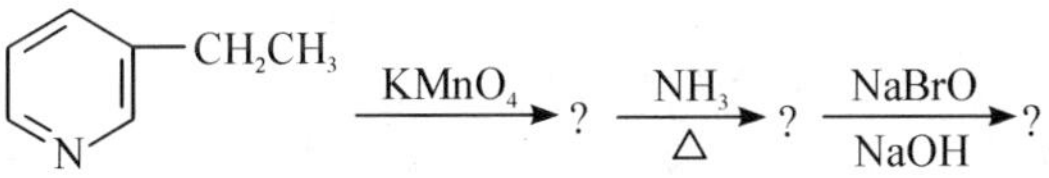

5. 何谓生物碱？如何从天然产物中提取它们？

6. 用化学方法除去下列化合物中含有的少量杂质。

(1)甲苯中含有少量的吡啶

(2)苯中混有少量噻吩

7. 用简单的化学方法区别下列各组化合物：

(1)呋喃，糠醛，糠醇　　　　(2)吡啶，β-甲基吡啶，苯胺

8. 青霉素是临床广泛应用的广谱抗菌素，它可以干扰细菌细胞壁的形成，从而导致细菌死亡。青霉素的基本结构是相互稠合的两个杂环。青霉素耐药菌能分泌一种水解酶，使其水解失去抗菌活性。试写出青霉素(见结构)的水解产物。

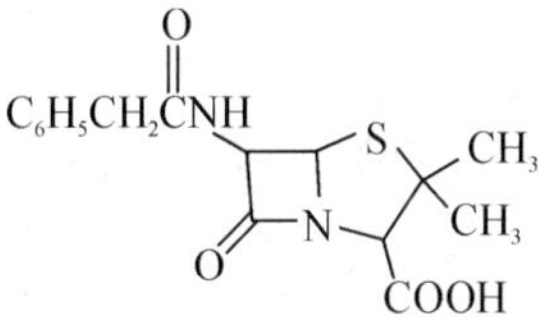

教材习题答案

1. 命名下列各化合物：

(1)5-硝基-2-呋喃甲醇　　(2)N-甲基四氢吡咯　　(3)2-氯噻吩

(4)α,β-吡啶二甲酸　　(5)5-甲基-2,4-二羟基嘧啶　　(6)5-硝基噻唑
(7)4-甲氧基-3-吲哚甲酸　　(8)8-羟基喹啉　　(9)2-氨基-6-羟基嘌呤

2. 写出下列化合物的结构：

(1) 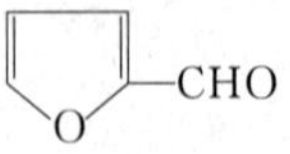
(2) 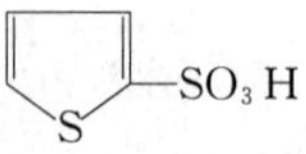
(3) 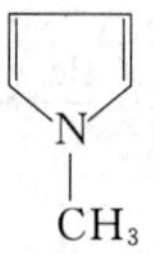
(4) 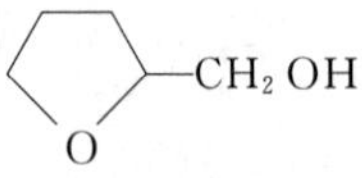
(5) 
(6) 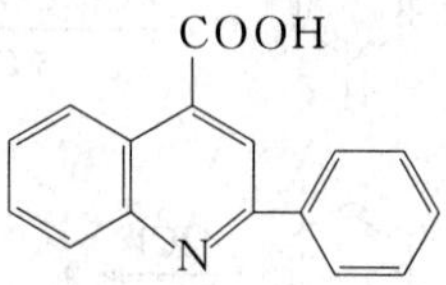
(7) 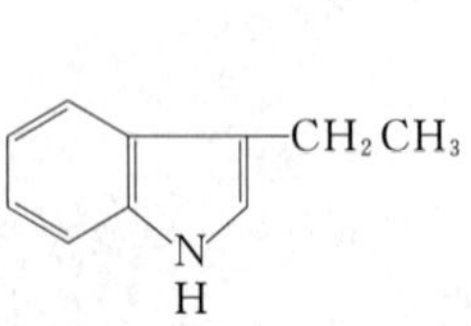
(8) 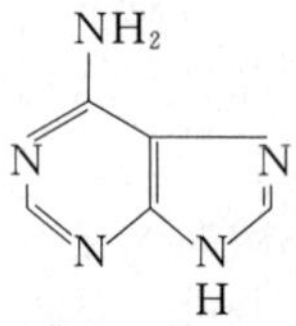
(9) 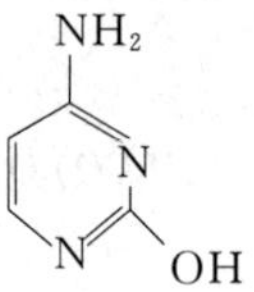

3. 将下列各组化合物按其碱性强弱依次排列：
(1)六氢吡啶＞氨＞吡啶＞苯胺＞吡咯
(2)苄胺＞吡啶＞苯胺＞吲哚

4. 完成下列反应：

(1) 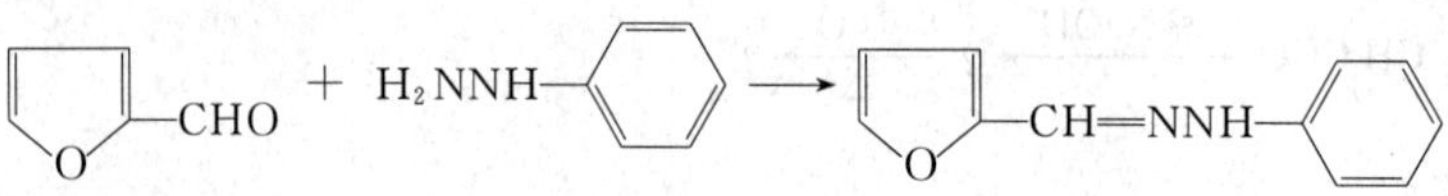
(2) 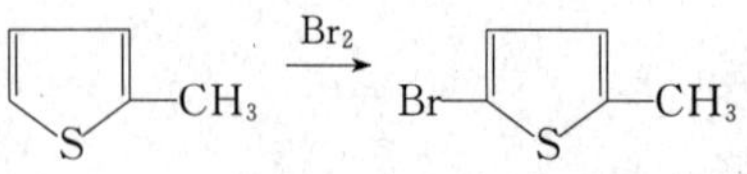
(3) 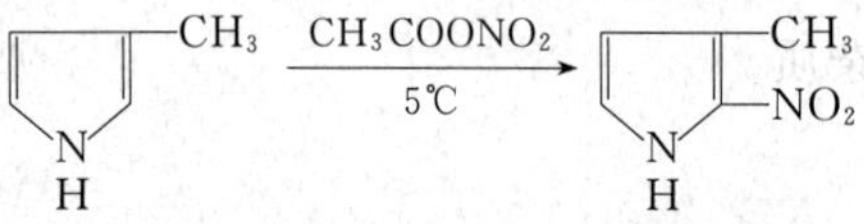
(4) 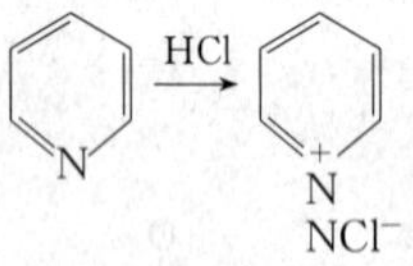
(5) 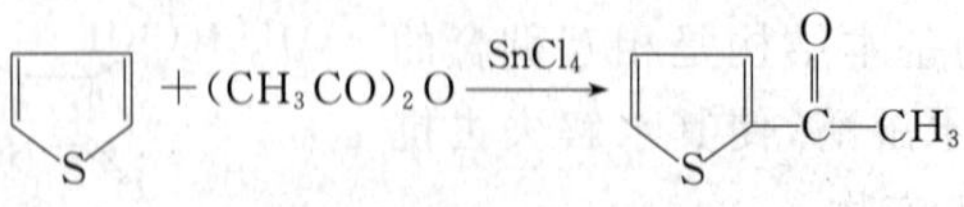
(6) 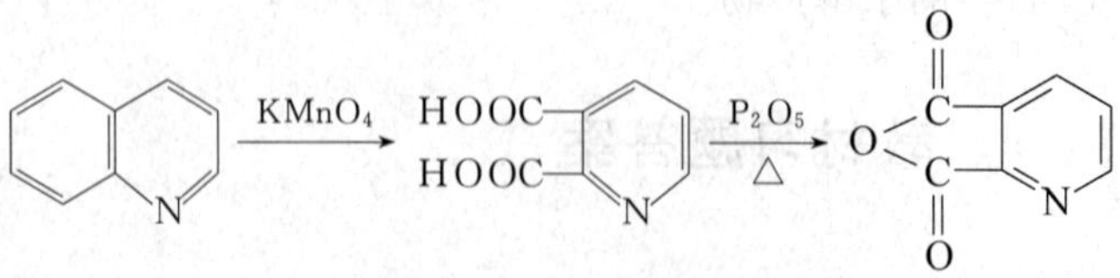

(7) 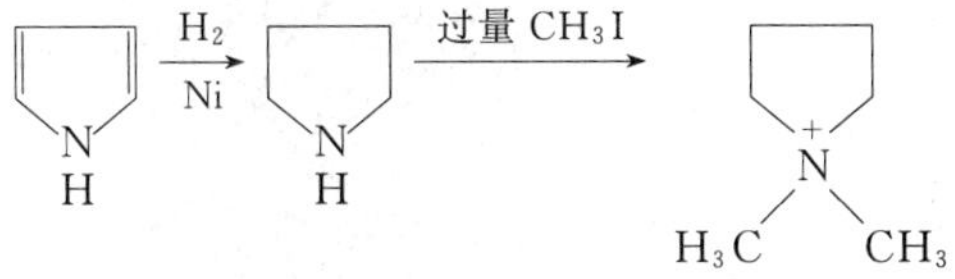

(8) 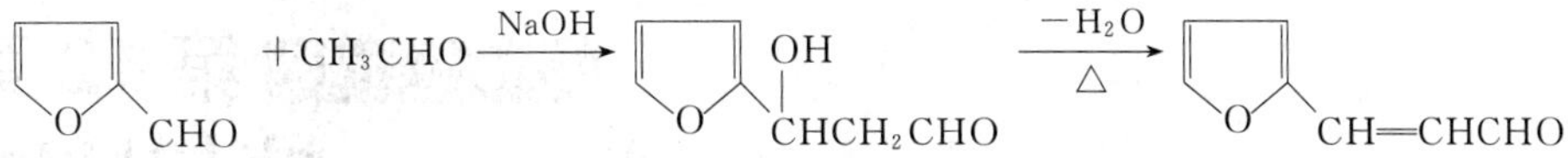

(9) 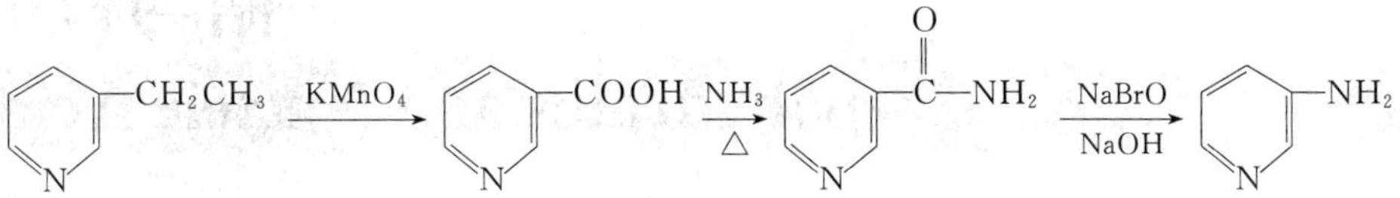

5. 何谓生物碱？如何从天然产物中提取它们？

生物碱是存在于生物界的一类含氮有机化合物，具有强烈的生理活性，大多数具有复杂的含氮杂环结构、具有碱性。

生物碱的提取既要考虑生物碱的存在形式，又要考虑生物碱的性质，可以采用酸水提取法或有机溶剂提取法进行提取。

6. 用化学方法除去下列化合物中含有的少量杂质。

(1)吡啶具有碱性，加入盐酸溶液洗涤，吡啶生成盐酸盐与甲苯分层，用分液漏斗分离。

(2)噻吩在室温下可直接与浓硫酸发生磺化反应。用浓硫酸反复萃取含有噻吩的苯，噻吩磺化后溶于硫酸与苯分离。

7. 用简单的化学方法区别下列各组化合物。

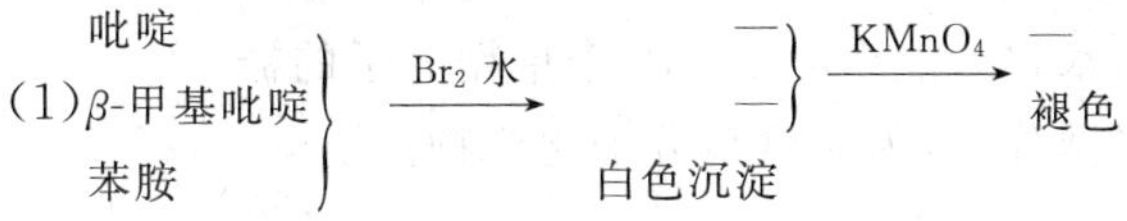

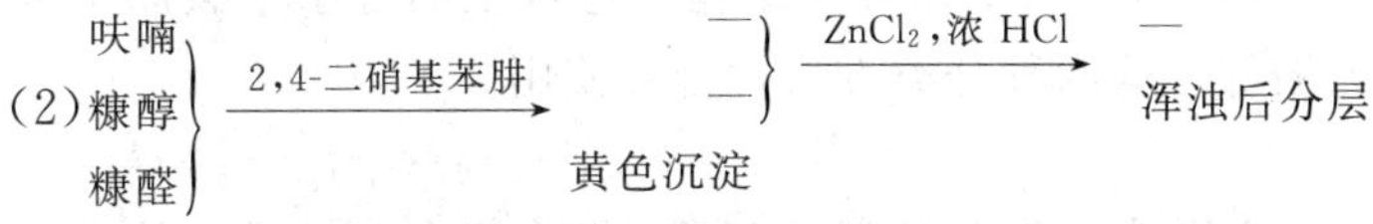

8. 青霉素是临床广泛应用的广谱抗生素，它可以干扰细菌细胞壁的形成，从而导致细菌死亡。青霉素的基本结构是相互稠合的两个杂环。青霉素耐药菌能分泌一种水解酶，使其水解失去抗菌活性。试写出青霉素的水解产物。

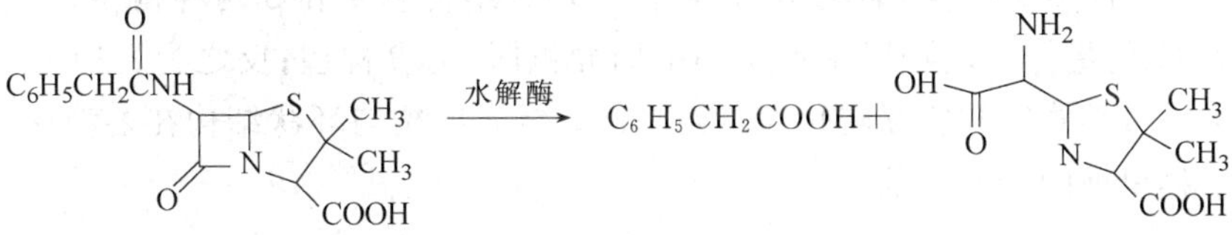

Chapter 12 第 12 章

糖与核酸

Carbohydrates and Nucleic Acids

主要知识点

一、糖

糖是多羟基醛或多羟基酮以及水解后可生成多羟基醛或多羟基酮的一类有机化合物。可根据其水解情况分为以下三类：

单糖：不能水解的多羟基醛或多羟基酮。

低聚糖：由几个单糖分子缩合而成，水解后能产生 2～10 个单糖分子的糖。

多糖：水解后能成生成 10 个以上单糖分子，为天然高分子化合物。

(一)单糖

含有醛基的单糖称为醛糖，含有酮基的单糖称为酮糖。还可根据分子中碳原子数目的多少分为丙糖、丁糖、戊糖和己糖等。这两种分类方法常合并使用。

1. 单糖的结构

(1)开链式结构——Fischer 投影式　以甘油醛为标准，若单糖中编号最大的手性碳原子的构型与 *D*-甘油醛相同，就为 *D* 型；反之则为 *L* 型。自然界中的糖大部分为 *D* 型。

(2)环状结构——Haworth 环氧式　单糖并不仅以链式结构存在，主要是以五元或六元环的环状结构(即环状半缩醛、半缩酮结构)存在。环状结构有 α 和 β 两种构型，两者互为非对映体。半缩醛羟基与末端羟甲基处于环平面异侧时，为 β 构型；反之为 α 构型。

这两种构型可通过链式结构相互转化而达到平衡。链式结构与环状结构在溶液中的动态平衡可清楚地解释单糖的变旋现象。

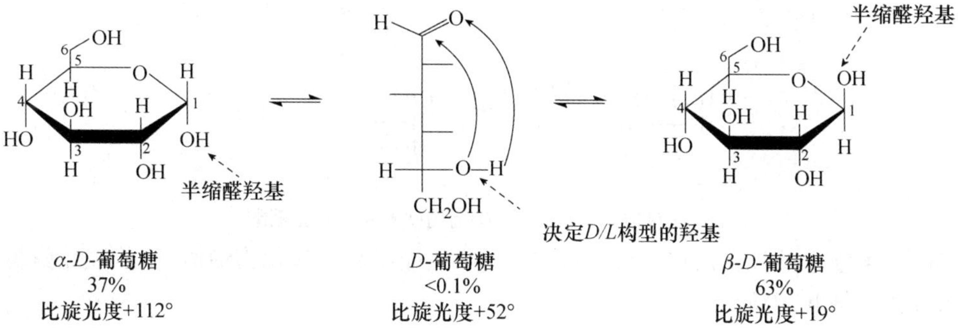

平衡混合物

2. 单糖的化学性质

(1)差向异构　在含有多个手性碳原子的旋光异构体中，只有一个手性碳原子的构型不同的非对映异构体称为差向异构体。

在碱性溶液中，醛(酮)糖的链式结构经历烯二醇中间体能形成该单糖的异构体。例如，用稀碱处理 D-葡萄糖，就会得到 D-葡萄糖、D-甘露糖和 D-果糖三种单糖的平衡混合物。D-葡萄糖和 D-甘露糖互为差向异构体。

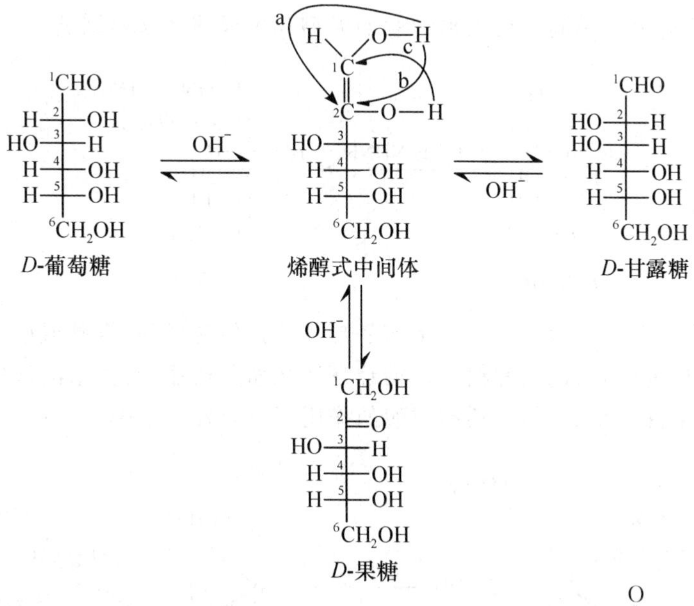

(2)氧化　氧化剂不同，单糖的氧化产物不同，氧化反应发生在 $-\overset{\mathrm{O}}{\overset{\|}{\mathrm{C}}}-$ 上，是以链式结构进行的。

①碱性溶液中的氧化反应　醛糖易被碱性弱氧化剂 Tollens 试剂、Fehling 试剂等氧化生成糖酸。酮糖在碱性溶液中经由烯二醇中间体可转变为醛糖，因而也能被上述弱氧化剂氧化。

能被 Tollens 试剂和 Fehling 试剂等弱氧化剂氧化的糖称为还原性糖，反之为非还原性糖。所有单糖都是还原性糖。单糖的这种性质可作糖的定性或定量测定。

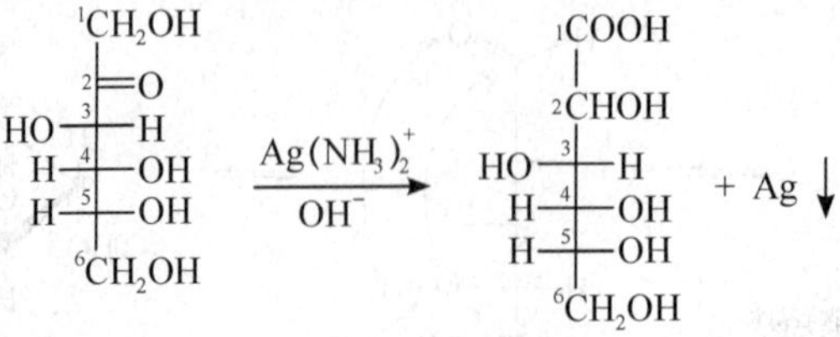

D-果糖　　*D*-葡萄糖酸和*D*-甘露糖酸

②酸性溶液中的氧化反应　溴水(pH 5～6)只能将醛糖氧化为糖酸,不能氧化酮糖。可用溴水鉴别醛糖和酮糖。

稀硝酸可以把醛糖氧化成糖二酸,如葡萄糖被氧化成葡萄糖二酸;酮糖则发生碳链的断裂,生成小分子羧酸。在浓硝酸等强氧化剂作用下,醛糖和酮糖都被氧化分解为复杂产物。

生物体内,有些醛糖在酶的作用下被氧化为糖醛酸(也叫尾酸)。

(3)还原　在催化加氢、硼氢化钠或酶的作用下,单糖的 —C(=O)— 被还原,生成相应的糖醇。

(4)形成糖脎　单糖能逐步与三分子苯肼作用生成糖脎。成脎反应只发生在 C_1 和 C_2 上,因此含相同碳原子数的单糖,只要是除 C_1 和 C_2 外的其他碳原子的构型相同,都将生成相同的糖脎,但成脎速率不同。可根据糖脎的晶型和生成速率来鉴别糖。

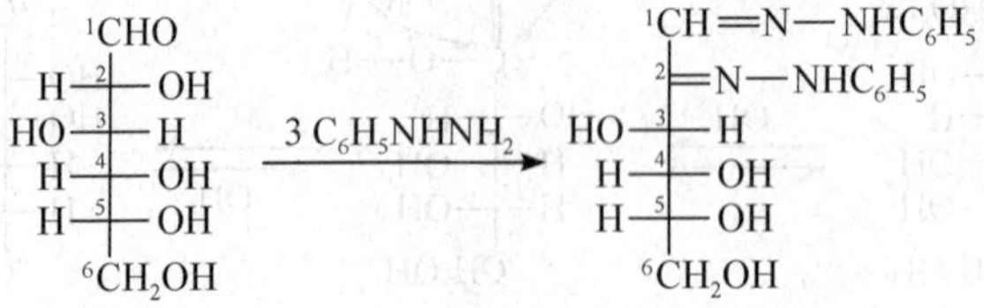

D-葡萄糖　　*D*-葡萄糖脎

(5)成苷反应　单糖环状结构中的半缩醛羟基与其他含羟基、氨基或硫羟基的化合物脱水形成的化合物称为糖苷,也叫配糖体。糖苷是环状缩醛或缩酮,在水溶液中不再能转变为开链式。在碱性条件下稳定,但在稀酸或酶的作用下可以发生水解。

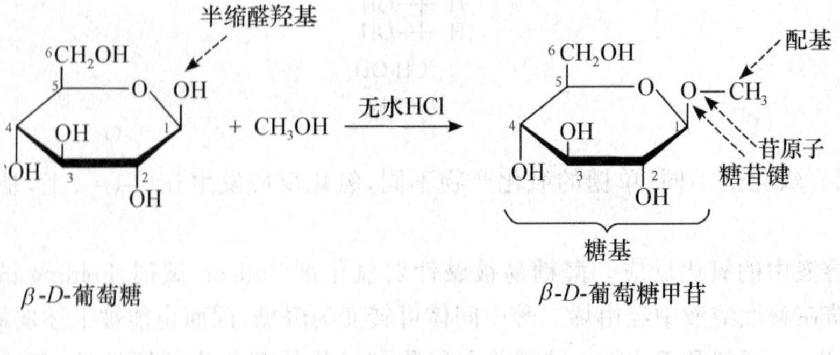

β-*D*-葡萄糖　　*β*-*D*-葡萄糖甲苷

(6)羟基上的醚化

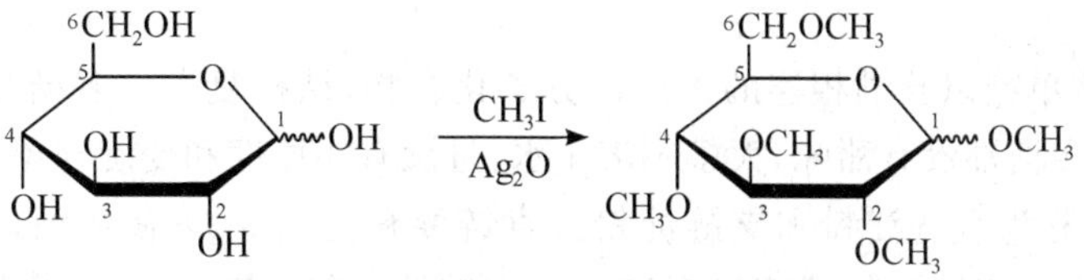

D-葡萄糖　　　　1,2,3,4,6-五-O-甲基-D-葡萄糖苷

(7)酯化反应　单糖的环状结构中所有的羟基都可以被酯化。

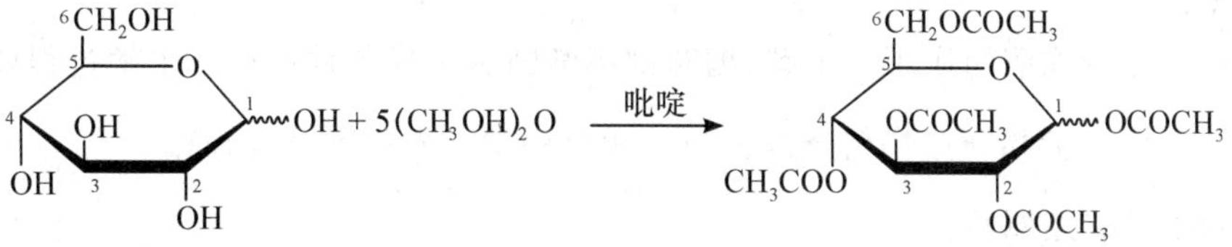

D-葡萄糖　　　　D-葡萄糖五乙酸酯

(8)单糖的显色反应

①莫力许(Molisch)反应　所有的糖都能在浓硫酸存在下,与α-萘酚反应生成紫色物质。该反应是鉴别糖的最简便的方法。

②西列凡诺夫(Seliwanoff)反应　酮糖与浓盐酸和间苯二酚作用生成有色物质。醛糖2 min内不呈阳性反应,呈色很浅。该反应可用来区别醛糖和酮糖。

③蒽酮反应　所有的糖都能与蒽酮的浓硫酸溶液作用生成绿色物质,这个反应可用来定性和定量鉴定各种糖。

(二)二糖

二糖是一个单糖分子的半缩醛羟基(苷羟基)与另一分子单糖分子的羟基(可以是苷羟基,也可以是其他羟基)脱水得到的产物。

二糖的物理性质和单糖相似,能形成结晶,易溶于水,有甜味。天然存在的二糖可分为还原性二糖和非还原性二糖两类。

1. 还原性二糖

还原性二糖可以看作是一分子单糖的苷羟基与另一分子糖的醇羟基失水缩合而成的二糖。分子中有一个单糖基形成苷(糖的环状缩醛结构),而另一单糖基仍保留有苷羟基(仍然是半缩醛结构),可以开环形成链式结构。因而具有单糖的某些性质:能与苯肼成脎、有变旋现象和还原性。因此这类二糖被称为还原性二糖。

(1)麦芽糖　是由一分子α-D-葡萄糖和一分子D-葡萄糖通过α-1,4-苷键连接而成。

(2)纤维二糖　是由一分子α-D-葡萄糖和一分子D-葡萄糖通过β-1,4-苷键连接而成。

(3)乳糖　是由一分子β-D-半乳糖与一分子D-葡萄糖以β-1,4-苷键连成的二糖,成苷部分是β-D-半乳糖。

2. 非还原性二糖

非还原性二糖是由两个单糖的苷羟基失水而成的。因分子中不再存在苷羟基而不能开环形成开链式结构,所以这类二糖没有变旋现象和还原性,也不与苯肼成脎。

(1)蔗糖　是由一分子α-D-葡萄糖C_1上的苷羟基与另一分子β-D-果糖C_2上的苷羟基失水以1,2-苷键连接而成的二糖。

(2)海藻糖　是由两个 α-D-葡萄糖以 1,1-糖苷键连成的二糖。

(三)多糖

多糖是由许多单糖以苷键相连的天然高分子化合物,结构复杂。多糖与单糖及低聚糖在性质上差异较大:多糖都没有甜味,大多不溶于水,且没有还原性和变旋现象,也无成脎反应。

(1)淀粉　可分为直链淀粉和支链淀粉。直链淀粉是由 α-D-葡萄糖以 α-1,4-苷键结合而成的线型高聚物。直链淀粉遇碘呈深蓝色。支链淀粉的主链是 α-D-葡萄糖之间以 α-1,4-苷键相连,相隔 20～25 个葡萄糖单位有一个分支,在分支上的结合是 α-1,6-苷键。支链淀粉遇碘呈紫色。

淀粉可以在酸或酶的作用下水解,糖苷键逐渐断裂生成各种糊精。水解过程如下:

淀粉→蓝糊精→红糊精→无色糊精→麦芽糖→葡萄糖

无色糊精具有还原性。

(2)纤维素　由 β-D-葡萄糖通过 β-1,4-苷键连成的高聚体。纤维素是没有分支的链状分子,呈扁平、伸展的螺条形(锯齿形),再由 100～200 条这样彼此平行的螺条形分子链通过氢键紧密地结合在一起形成纤维束。纤维素的水解比较困难,需用浓硫酸在加压下长时间加热彻底水解生成 D-葡萄糖。纤维素不能被淀粉酶水解。

二、核酸

核酸又称多核苷酸,是由许多核苷酸聚合而成的。

核酸可分为核糖核酸(RNA)和脱氧核糖核酸(DNA)两类。RNA 和 DNA 中的戊糖分别是 D-核糖和 2′-脱氧-D-核糖。核苷酸中的碱基有嘌呤和嘧啶两大类,它们分别是腺嘌呤(A)、鸟嘌呤(G)和胞嘧啶(C)、脲嘧啶(U)、胸腺嘧啶(T)五种。

DNA 和 RNA 在结构上有两点差别:①DNA 中是脱氧核糖,RNA 中是核糖;②DNA 中的碱基没有脲嘧啶(U),RNA 中的碱基没有胸腺嘧啶(T)。

在所有的 DNA 分子中,腺嘌呤(A)和胸腺嘧啶(T)的比例相等,鸟嘌呤(G)和胞嘧啶(C)的个数也完全相等,即这两对碱基中的每两个碱基之间是互补的。

典型例题

【例 1】　命名下列化合物,并指出有无还原性、变旋现象和水解作用。

(1) 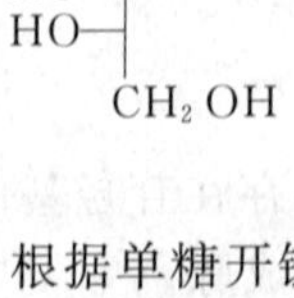

(2) 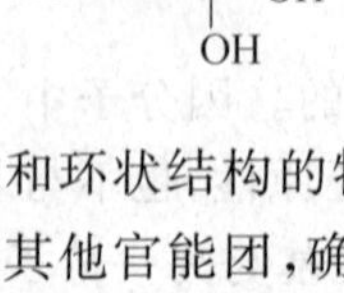

(3) 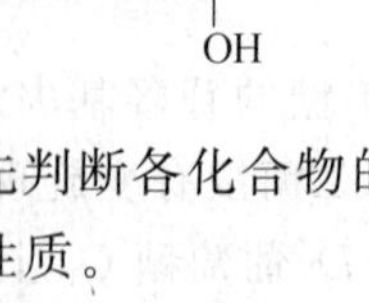

(4) 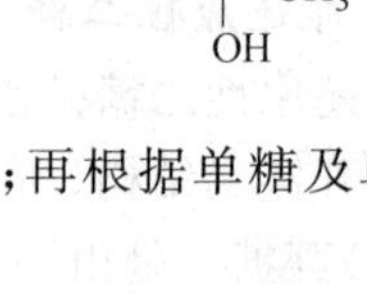

解　根据单糖开链式和环状结构的特点,先判断各化合物的种类;再根据单糖及单糖的衍生物是否存在苷羟基或其他官能团,确定其性质。

(1)L-甘露糖,是已醛糖,有还原性、变旋现象,不能水解。

(2)*α*-*D*-葡萄糖，是己醛糖，有还原性、变旋现象，不能水解。

(3)*D*-葡萄糖-*δ*-内酯，无还原性，无变旋现象，能水解，水解产物为 *D*-葡萄糖酸。

(4)*D*-葡萄糖甲苷，无还原性，无变旋现象，能水解，水解产物为 *D*-葡萄糖和甲醇。

【例 2】 有两个具有旋光性的 *D* 型戊醛糖 A 和 B，与过量苯肼作用生成相同的糖脎。用硝酸氧化，A 和 B 都生成含有五个碳原子的二元酸，但前者有旋光性，后者无旋光性。试推测 A 和 B 的结构式。

解 都是 *D* 型戊醛糖，则 C_4 上羟基的构型确定；两者生成相同糖脎，又都是戊醛糖，说明 A、B 为 C_2 差向异构体；硝酸氧化产物的旋光性不同，进一步佐证两者互为 C_2 差向异构体。

A 的结构式为：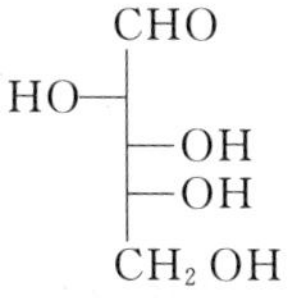，B 的结构式为：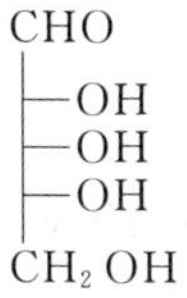

【例 3】 水杨苷存在于柳树皮中，可被苦杏仁酶(水解 *β*-糖苷键)水解得到 *D*-葡萄糖和水杨醇。水杨苷用硫酸二甲酯和氢氧化钠处理得五-O-甲基水杨苷，将其酸催化水解得到 2,3,4,6-四-O-甲基-*D*-葡萄糖和邻羟基苄甲醚。写出水杨苷的结构式。

解 可根据水解酶的种类确定糖苷键的构型；根据糖苷的水解产物确定糖基与配基；再根据糖苷完全甲基化反应产物的水解产物，确定水杨醇与 *D*-葡萄糖发生缩合的醇羟基的位置。

水杨苷可被苦杏仁酶水解得到 *D*-葡萄糖和水杨醇，说明糖苷键由 *D*-葡萄糖和水杨醇生成。水杨苷用硫酸二甲酯和氢氧化钠处理得五-O-甲基水杨苷，说明水杨苷有五个羟基。五-O-甲基水杨苷酸催化水解后得到 2,3,4,6-四-O-甲基-*D*-葡萄糖和邻羟基苄甲醚，说明葡萄糖以吡喃式存在并以苷羟基与水杨醇的酚羟基结合。因此水杨苷的结构式为：

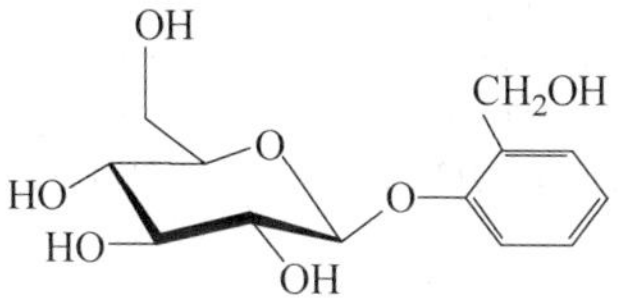

【例 4】 某二糖为乳糖的异构体，具有还原性，可被麦芽糖酶(水解 *α*-糖苷键)水解。该二糖能被溴水氧化，氧化产物进行完全甲基化后再酸催化水解，得到 2,3,4,5-四-O-甲基-*D*-葡萄糖酸和 2,3,4,6-四-O-甲基-*D*-半乳糖。试推导出该二糖的 Haworth 式。

解 该二糖为乳糖的异构体，可确定其构成单糖分别为葡萄糖和半乳糖；具有还原性，可被麦芽糖酶水解，可确定其保留有 *α*-构型的半缩醛羟基；根据其氧化产物再完全甲基化、水解的产物，可以确定两单糖分子发生缩合的醇羟基的位置。

该二糖具有还原性，说明具有半缩醛羟基；为乳糖的异构体，又可被麦芽糖酶水解，说明该二糖由一分子半乳糖和一分子葡萄糖缩合而成，并且糖苷键为 *α*-构型；再根据该二糖被溴水氧化生成糖酸后完全甲基化再酸催化水解的产物 2,3,4,5-四-O-甲基-*D*-葡萄糖酸和 2,3,4,6-四-O-甲基-*D*-半乳糖，说明二糖中的半缩醛羟基位于 *D*-葡萄糖中，由 *α*-*D*-半乳糖的半缩醛羟基和 *D*-葡萄糖 C_6 上的羟基缩合生成此二糖。因此该二糖的 Haworth 式为：

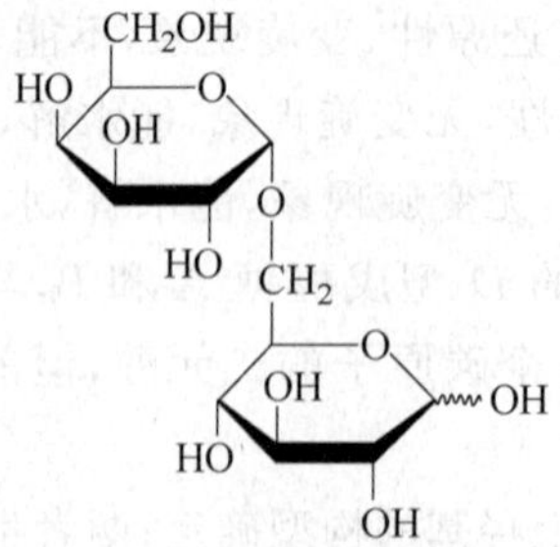

练习题

1. 单项选择题

(1)单糖中决定 D-或 L-构型的手性碳是(　　)。

A. 第一个　　B. 第二个　　C. 倒数第一个　　D. 离醛(酮)基最远的一个

(2)下列单糖中,与 D-(+)-葡萄糖互为对映异构体的是(　　)。

A. D-(−)-果糖　　B. L-(−)-葡萄糖

C. D-(+)-甘露糖　　D. D-(−)-核糖

(3)某己醛糖和另一己酮糖的构型分别为(2S,3S,4R,5R)和(3S,4R,5R),它们的关系为(　　)。

A. 互变异构体　　B. 对映异构体　　C. 差向异构体　　D. 构象异构体

(4)下列化合物中的(　　)与过量的苯肼作用,生成的糖脎与其他三个不同。

A. 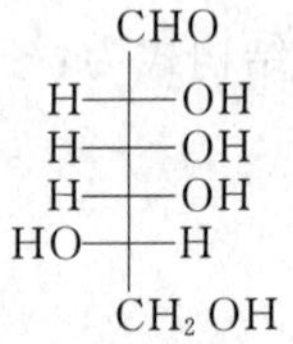

B. 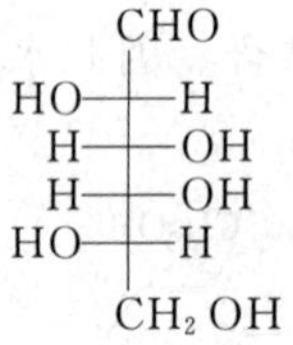

C. 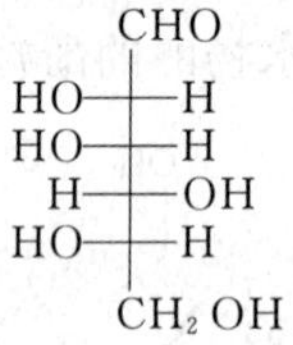

D. 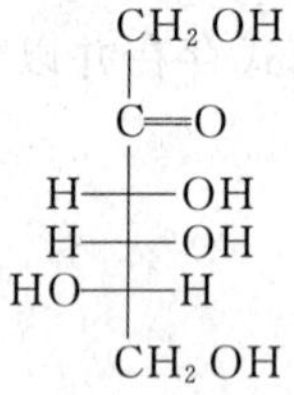

(5)某二糖结构为 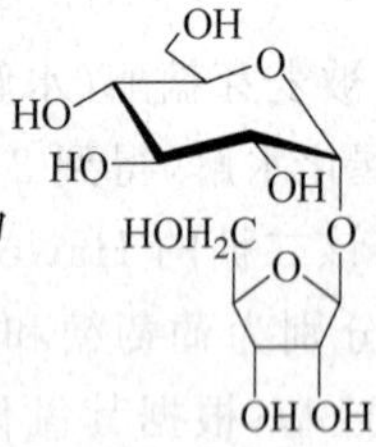 ,下列表述正确的是(　　)。

A. 它是非还原糖　　B. 它以差向异构体形式存在

C. 它能成脎　　D. 它能发生变旋现象

(6)下列化合物中,能被溴水氧化的是(　　)。

A. D-葡萄糖　　B. D-果糖　　C. 蔗糖　　D. 甲基-α-D-葡萄糖苷

(7)下列属非还原性二糖的有(　　)。

A. 乳糖　　B. 蔗糖　　C. 纤维二糖　　D. 麦芽糖

(8)下列描述正确的是(　　)。

A. 糖苷在酸性溶液中稳定,在碱性溶液中水解

B. 直链淀粉和纤维素的最小构成单位都是葡萄糖，各葡萄糖单位间都是以 α-1，4-糖苷键相连的

C. 果糖可以和苯肼作用生成 *D*-葡萄糖脎，但不能被溴水氧化

D. *D*-葡萄糖可以被 Fehling 试剂、溴水、稀硝酸等氧化剂氧化为 *D*-葡萄糖酸

(9)鉴别醛糖和酮糖的特征反应是(　　)。

A. 莫力许反应　　B. 西里瓦诺夫反应

C. 碘仿反应　　D. 与水合茚三酮的反应

2. 某二糖 A 具有变旋光现象，能被 Tollens 试剂氧化，能与过量苯肼生成糖脎，所生成的糖脎分解后得到 *D*-半乳糖和 *D*-葡萄糖脎。A 能被 β-葡萄糖苷酶水解成 *D*-葡萄糖和 *D*-半乳糖。A 依次用溴水氧化、甲基化，再水解，生成的产物为 2，3，5，6-四-O-甲基-*D*-葡萄糖酸和 2，3，4，6-四-O-甲基-*D*-半乳糖。试写出 A 的构型式。

3. 写出下列化合物的 Haworth 结构式。

(1)α-*D*-吡喃葡萄糖　(2)β-*D*-吡喃果糖　(3)α-*D*-吡喃半乳糖

(4)β-*D*-吡喃葡萄糖甲苷

4. 写出 *D*-(+)-甘露糖与下列物质的反应产物。

(1)Fehling 试剂　(2)稀 HNO_3　(3)Br_2/H_2O　(4)$NaBH_4$　(5)H_2，Ni

(6)过量苯肼　(7)CH_3OH/HCl(形成甲苷)，然后$(CH_3)_2SO_4/OH^-$(成醚)

5. 用化学方法鉴别下列各组化合物。

(1)果糖、葡萄糖和蔗糖

(2)麦芽糖、蔗糖、甘露醇、淀粉

(3)甲基-*D*-吡喃葡萄糖苷、2-O-甲基-*D*-吡喃葡萄糖、3-O-甲基-*D*-吡喃葡萄糖

6. 化合物 A 和 B 都是 D 型丁醛糖，与过量苯肼反应生成相同的糖脎。用稀硝酸氧化后，A 的氧化产物有旋光性，而 B 的氧化产物无旋光性。试写出化合物 A 和 B 的结构式。

7. 三个单糖分别和过量苯肼作用后，生成同一种糖脎，其中一个单糖的 Fischer 投影式

为 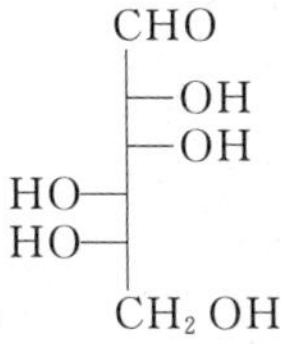，写出其他两个单糖的 Fischer 投影式。

练习题解析与答案

1. (1)D　(2)B　(3)A　(4)C　(5)A　(6)A　(7)B　(8)C　(9)B

2. 乳糖 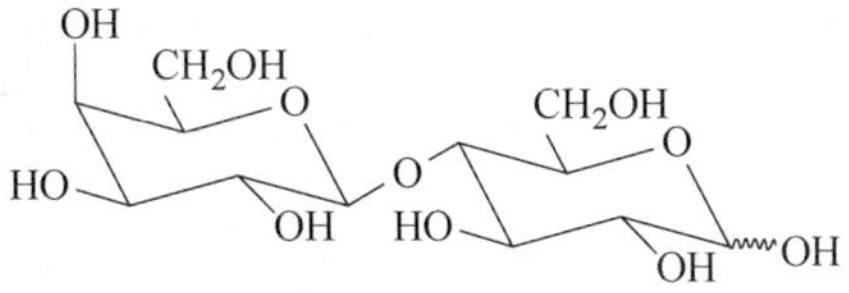

3.(1) 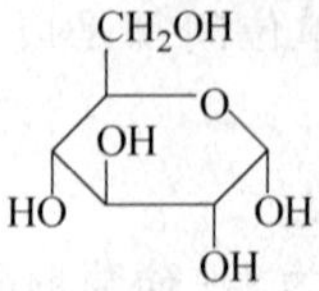

(2) 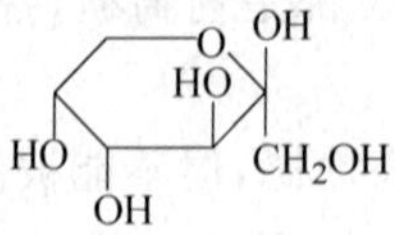

(3) 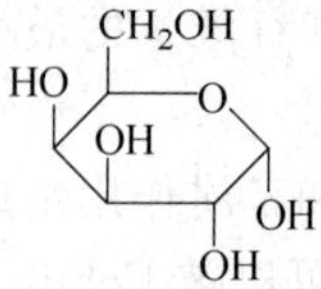

(4) 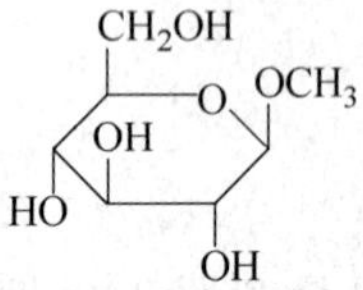

4.(1) 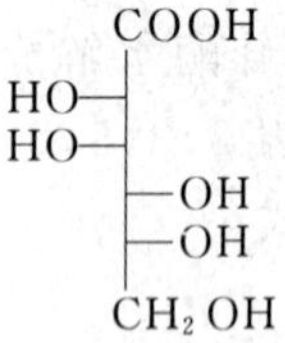

(2) 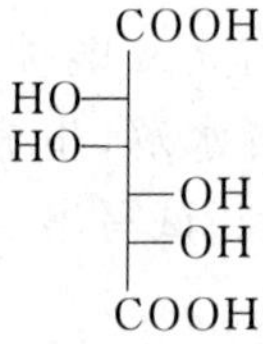

(3) 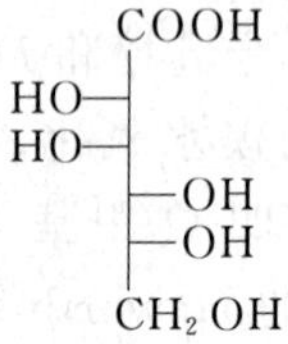

(4) 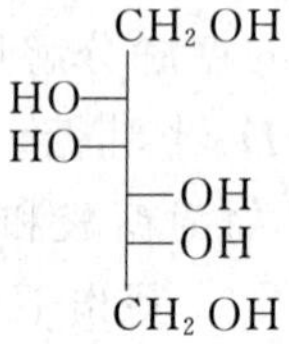

(5) 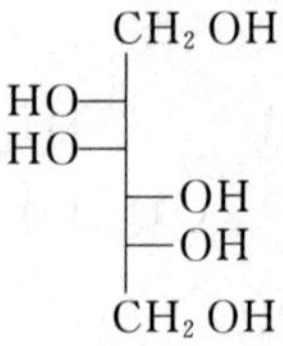

(6) 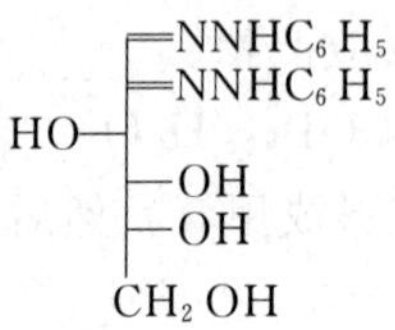

(7) 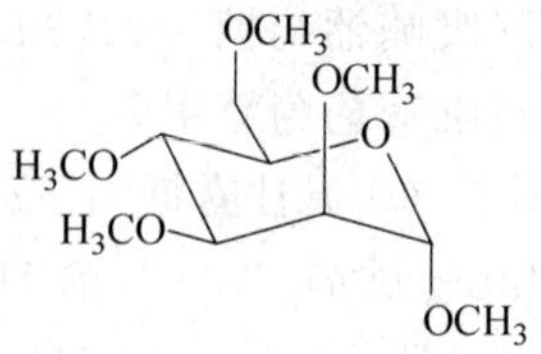

5.(1) 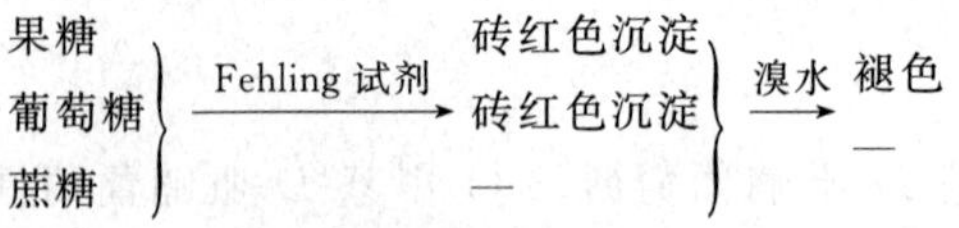

(2) 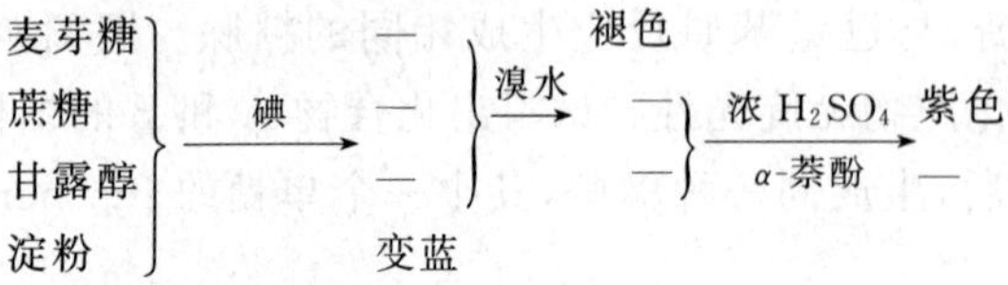

(3) 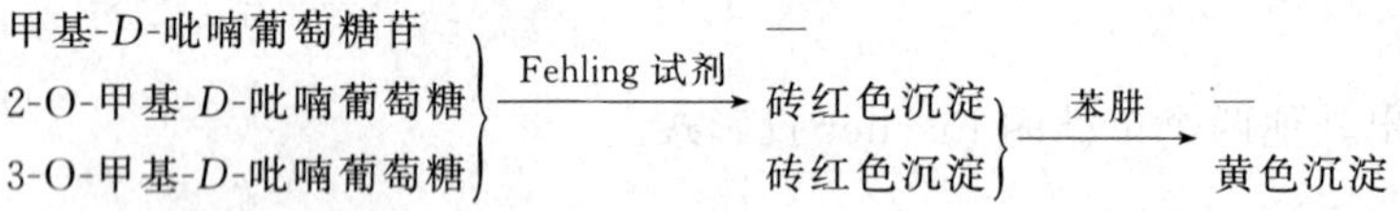

6. A. 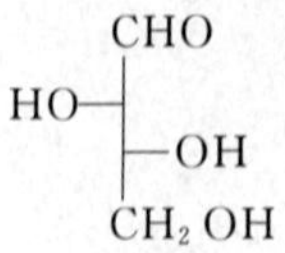

B. 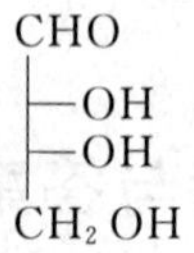

7. 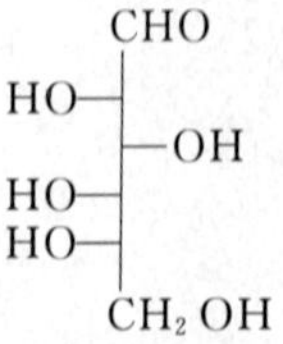

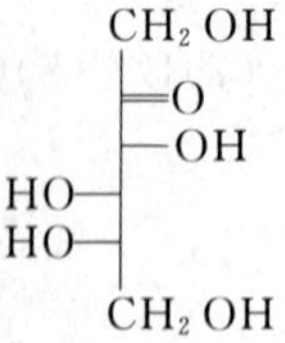

教材习题

1. 写出下列化合物的哈武斯式。

(1)α-*D*-吡喃葡萄糖　　(2)β-*D*-吡喃甘露糖

(3)α-*L*-吡喃半乳糖　　(4)β-*D*-呋喃果糖

(5)α-*D*-葡萄糖尾酸　　(6)甲基-β-*D*-核糖苷

(7)2-乙酰氨基-β-*D*-葡萄糖　　(8)α-麦芽糖

2. 判断下列各对化合物是属于对映体还是非对映体？是否差向异构体？

(1)*D*-葡萄糖和*L*-葡萄糖的开链式结构

(2)α-*D*-吡喃葡萄糖和β-*D*-吡喃葡萄糖

(3)α-麦芽糖和β-麦芽糖

(4)*D*-葡萄糖和*D*-半乳糖的开链式结构

(5)*D*-山梨醇和*D*-甘露醇

3. 写出下列糖类化合物的稳定构象。

(1)β-*L*-吡喃葡萄糖　(2)α-*D*-吡喃果糖　(3)麦芽糖　(4)纤维素

4. 下列化合物中哪些没有变旋现象？

(1)
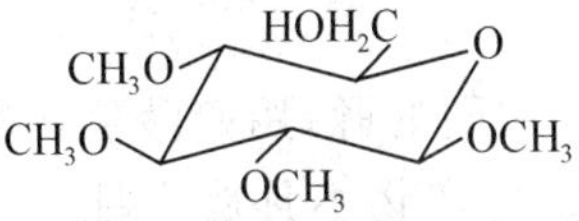

(2)
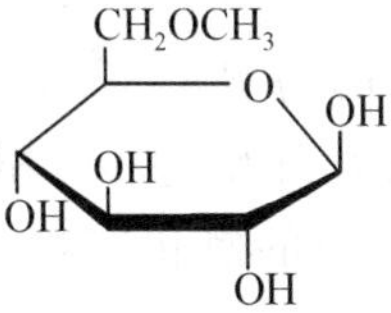

(3)
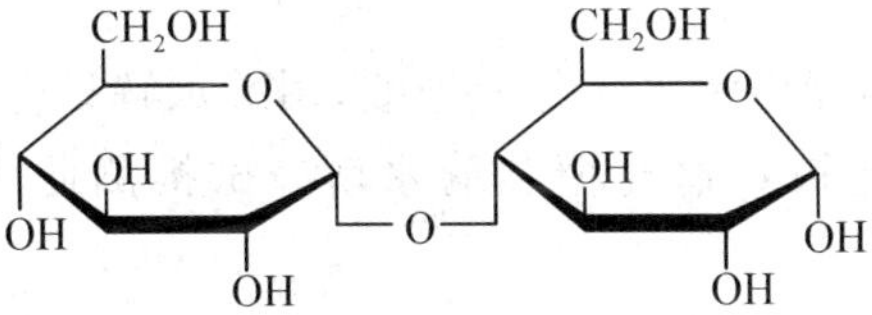

(4)
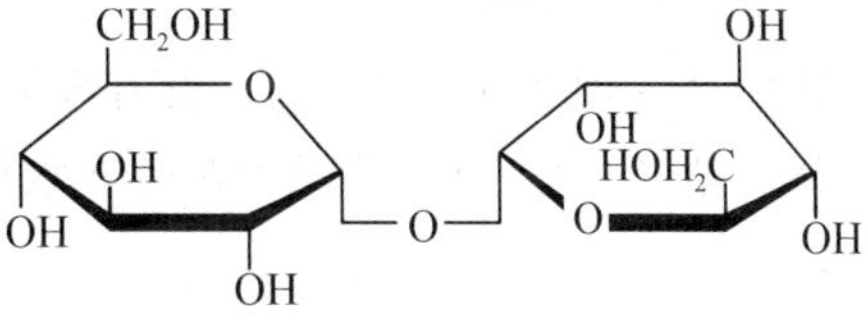

(5)
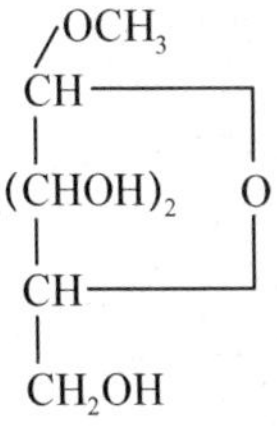

(6)
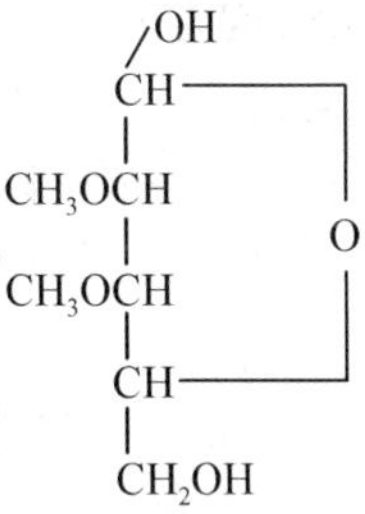

5. 下列化合物中，哪些能将斐林试剂还原？说明理由。

(1)
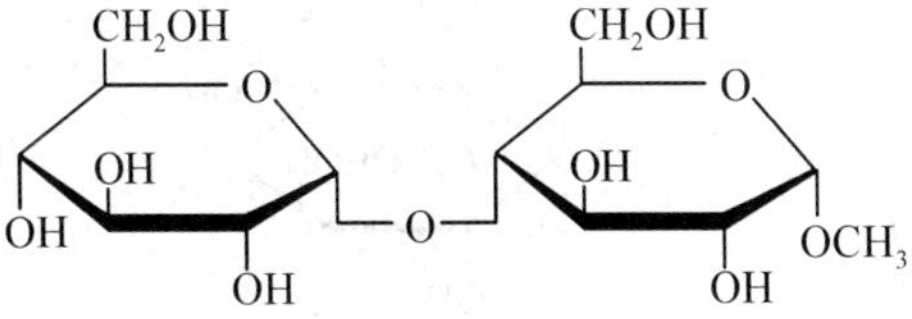

(2)
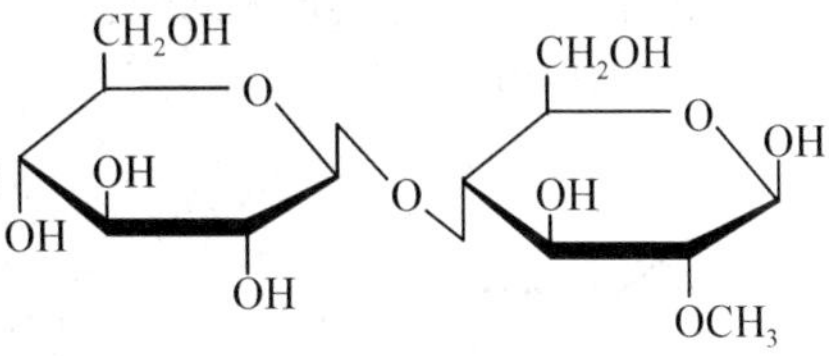

(3) 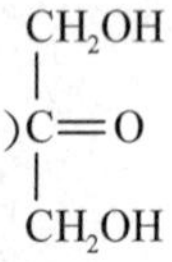　(4) 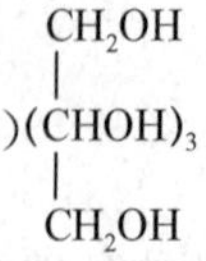　(5) 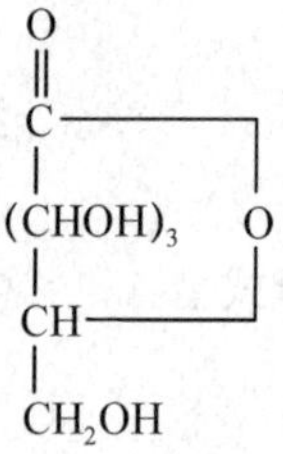　(6) 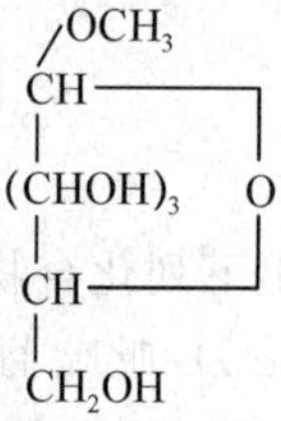

6. 用化学方法鉴别下列各组化合物。

(1)蔗糖与麦芽糖　　(2)纤维素与淀粉　　(3)葡萄糖与果糖

(4)葡萄糖与甲基葡萄糖苷　　(5)麦芽糖与淀粉

7. 写出 β-D-葡萄糖与下列试剂反应的反应式。

(1)异丙醇(干燥 HCl)　　(2)苯肼(过量)　　(3)稀硝酸

(4)溴水　　(5)H_2,Ni　　(6)乙酸酐

8. 有三种单糖,与过量苯肼作用后得到同样的糖脎,已知这三种单糖中有一种的构型为

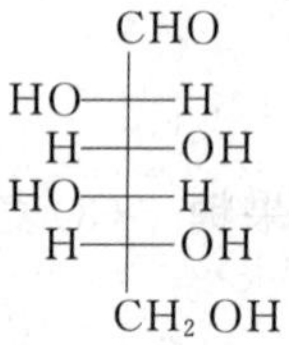

试写出其他两种单糖的构型。

9. 有两个具有旋光性的 L-丁醛糖(A)和(B),与苯肼作用生成相同的脎;用硝酸氧化后都生成二羟基丁二酸,但(A)的氧化产物具有旋光性而(B)的氧化产物不具旋光性。试推测(A)和(B)的结构。

10. 某糖是一种非还原性二糖,没有变旋现象,不能用溴水氧化成糖酸,用酸水解只生成 D-葡萄糖,它可以被 α-葡萄糖苷酶水解而不能被 β-葡萄糖苷酶水解。试推测此二糖的结构。

11. 简述 DNA 和 RNA 在结构上有何区别?

12. 写出下列化合物的结构式

(1)鸟嘌呤　　(2)胸腺嘧啶

(3)尿嘧啶　　(4)脱氧核糖

教材习题答案

1. 写出下列化合物的哈武斯式。

(1) 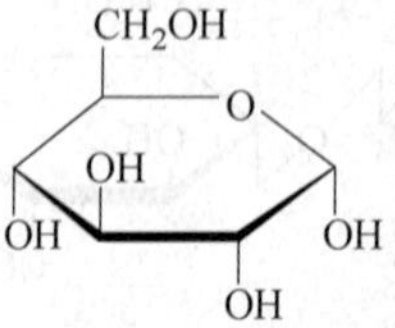　(2) 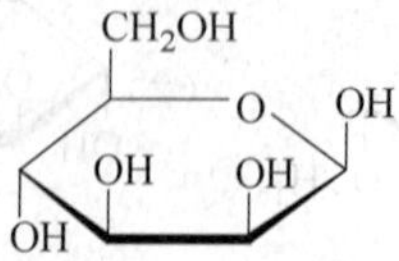　(3) 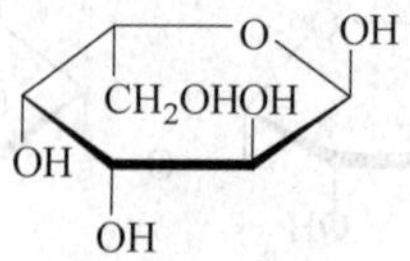

(4) 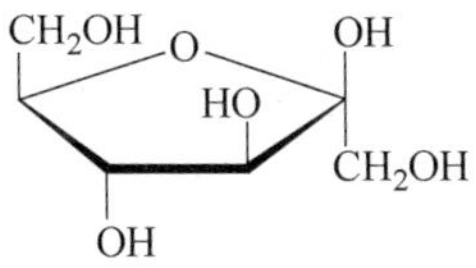 (5) 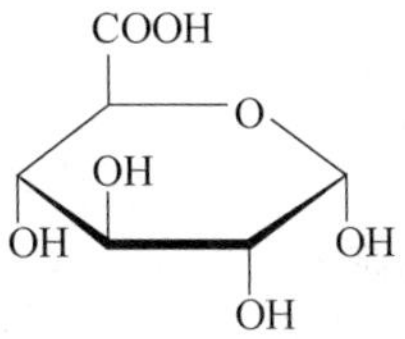 (6) 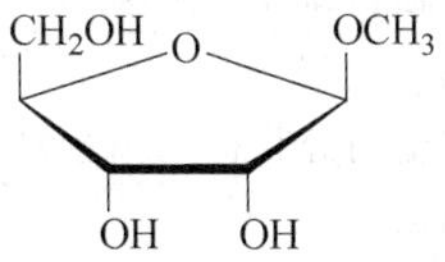

(7) 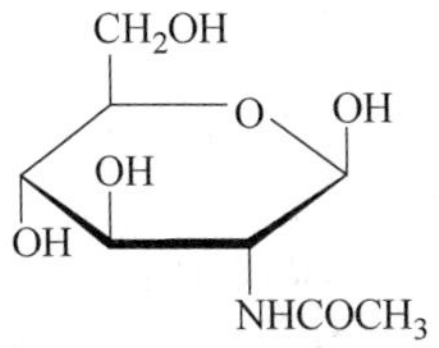 (8) 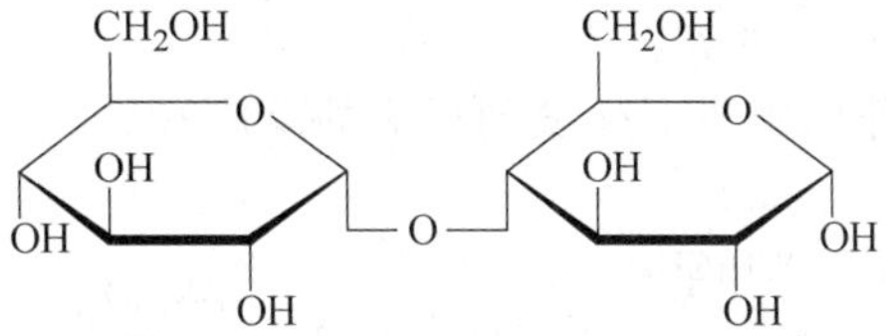

2. 判断下列各对化合物是属于对映体还是非对映体？是否差向异构体？

(1)对映体,不是差向异构体　　(2)不是对映体,是差向异构体

(3)不是对映体,是差向异构体　　(4)不是对映体,是差向异构体

(5)对映体,是差向异构体

3. 写出下列糖类化合物的稳定构象。

(1)*β-L*-吡喃葡萄糖 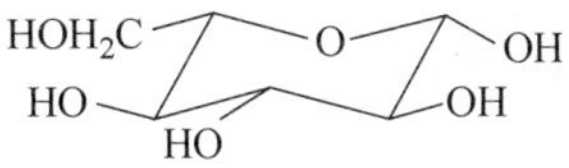

(2)*α-D*-吡喃果糖 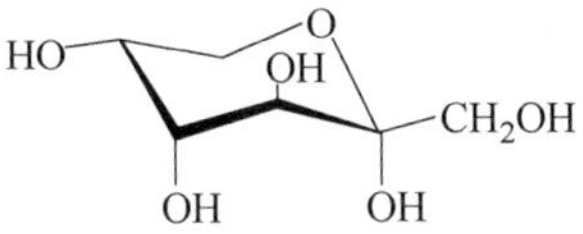

(3)麦芽糖 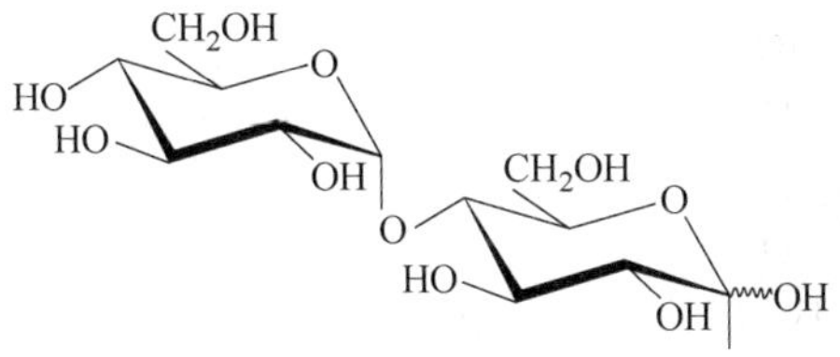

(4)纤维素

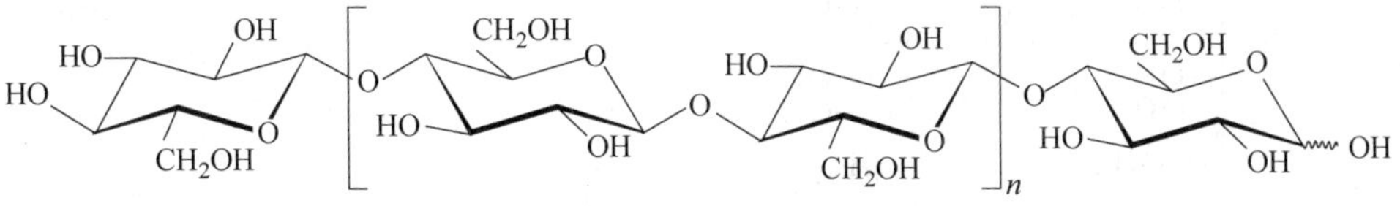

4. 下列化合物中哪些没有变旋现象？

(1)、(4)、(5)没有变旋现象。

5. 下列化合物中,哪些能将斐林试剂还原？说明理由。

只有(2)、(3)可以将斐林试剂还原。因为(2)存在苷羟基,可以从环状结构转化为开链式结构,开链式结构中的醛基可以还原斐林试剂。而(3)是丙酮糖,是还原糖。

6. 用化学方法鉴别下列各组化合物。

(1) 蔗糖、麦芽糖 $\xrightarrow{\text{斐林试剂}}$ 蔗糖：—；麦芽糖：砖红色沉淀

(2) 纤维素、淀粉 $\xrightarrow{I_2}$ 纤维素：—；淀粉：蓝色

(3) 葡萄糖、果糖 —间苯二酚，盐酸→ 葡萄糖：—；果糖：红色

(4) 甲基葡萄糖苷、葡萄糖 —斐林试剂→ 甲基葡萄糖苷：—；葡萄糖：砖红色沉淀

(5) 麦芽糖、淀粉 —I_2→ 麦芽糖：—；淀粉：变蓝

7. 写出 *β-D*-葡萄糖与下列试剂反应的反应式。

(1) 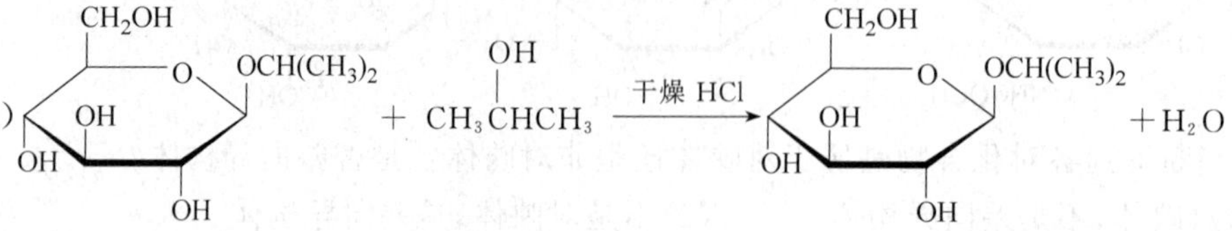

(2) 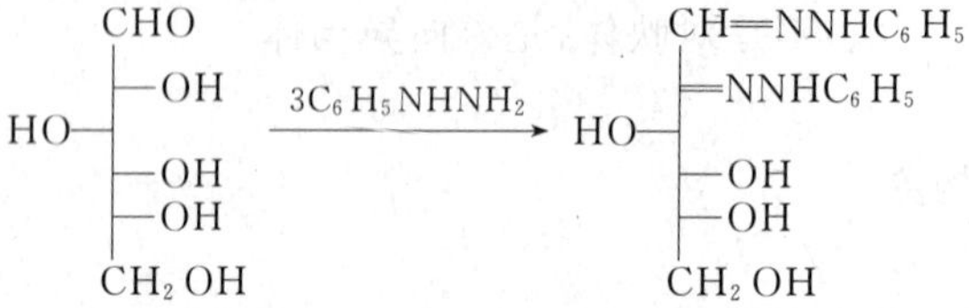

(3) 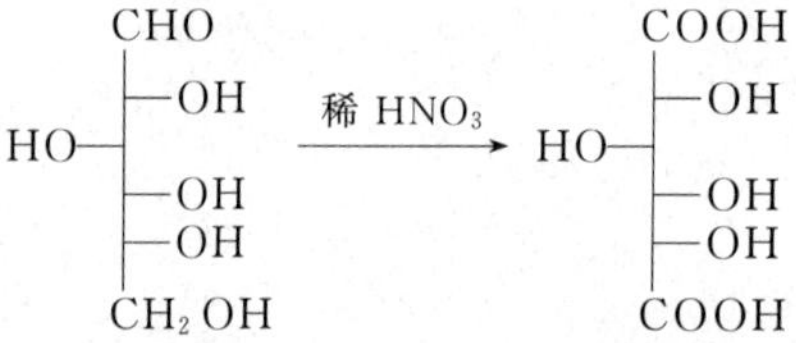

(4) 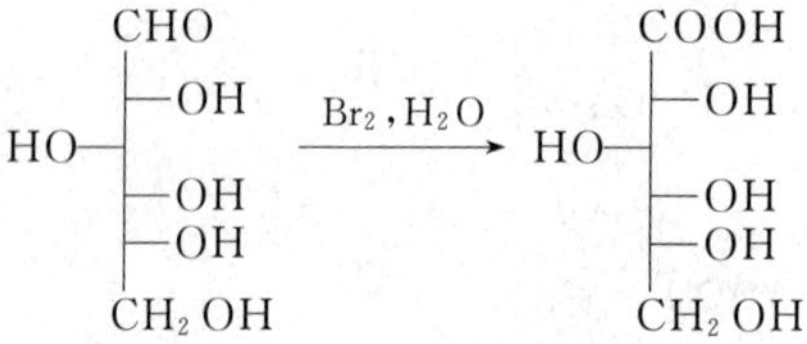

(5) 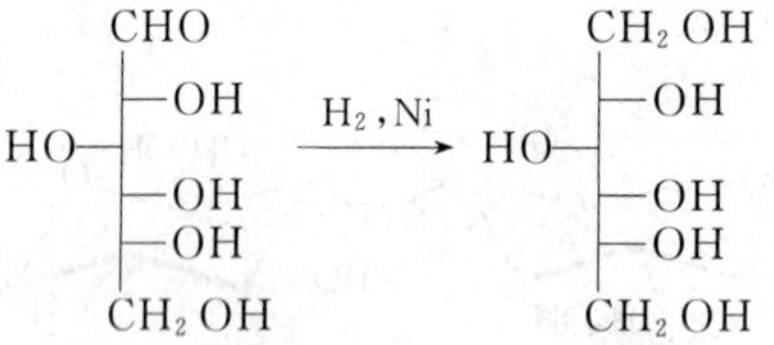

(6) 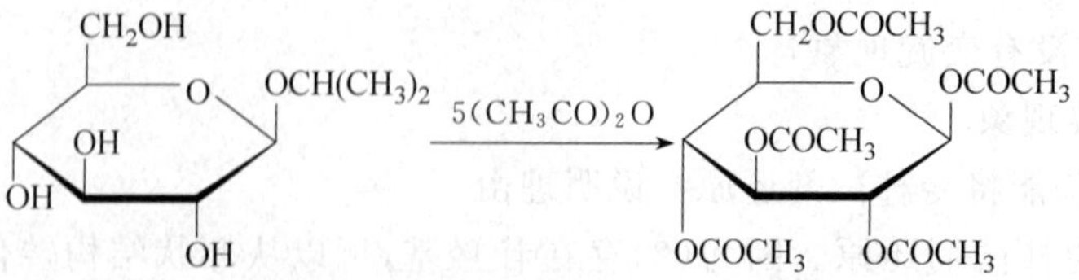

8. 有三种单糖，与过量苯肼作用后得到同样的糖脎，已知这三种单糖中有一种的构型为

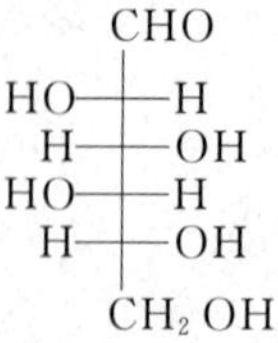

试写出其他两种单糖的构型。

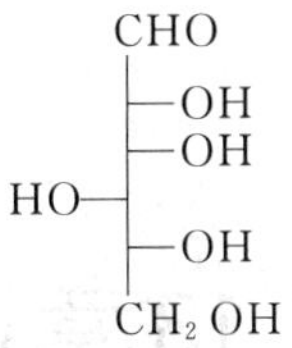

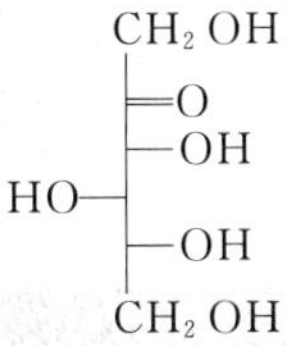

9. 有两个具有旋光性的 *L*-丁醛糖 A 和 B，与苯肼作用生成相同的脎；用硝酸氧化后都生成二羟基丁二酸，但 A 的氧化产物具有旋光性而 B 的氧化产物不具旋光性。试推测 A 和 B 的结构。

A. 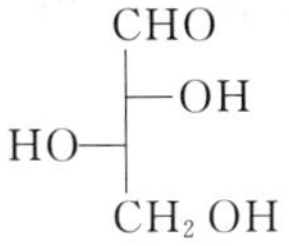

B. 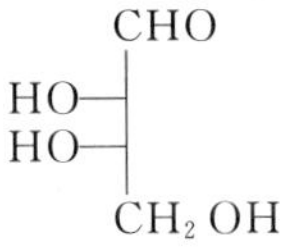

10. 某糖是一种非还原性二糖，没有变旋现象，不能用溴水氧化成糖酸，用酸水解只生成 *D*-葡萄糖，它可以被 *α*-葡萄糖苷酶水解而不能被 *β*-葡萄糖苷酶水解。试推测此二糖的结构。

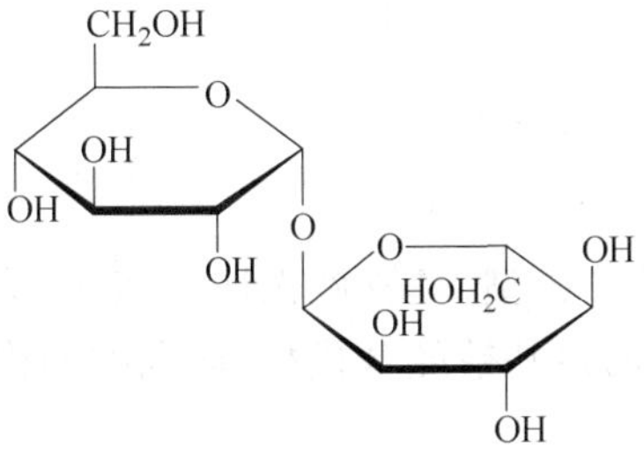

11. 简述 DNA 和 RNA 在结构上有何区别？

DNA 和 RNA 在结构上有两点差别。①DNA 中是脱氧核糖，RNA 中是核糖；②DNA 中的碱基没有脲嘧啶(U)，RNA 中的碱基没有胸腺嘧啶(T)。

12. 写出下列化合物的结构式。

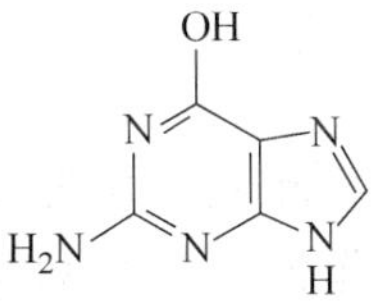

鸟嘌呤

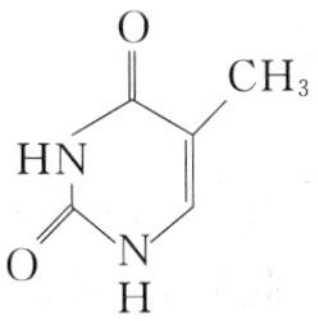

胸腺嘧啶

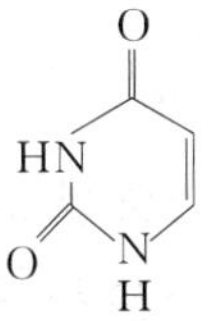

尿嘧啶

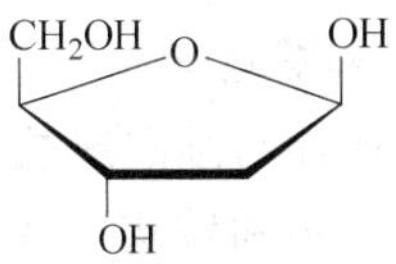

脱氧核糖

Chapter 13 第13章
氨基酸与蛋白质
Amino Acids and Protein

主要知识点

一、α-氨基酸

蛋白质中存在二十余种 α-氨基酸，这些氨基酸都是 *L* 构型，具有旋光性(甘氨酸除外)。氨基酸的构型是与乳酸的构型相联系的，相当于乳酸中的羟基被氨基代替，而乳酸的构型又是由甘油醛的构型导出的。

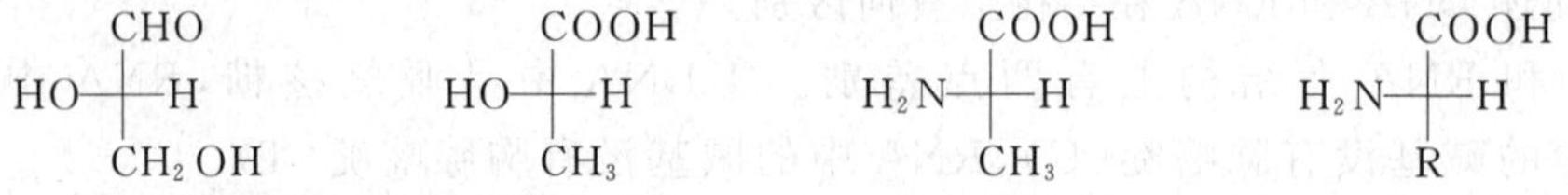

L-(−)-甘油醛　　*L*-(+)-乳酸　　*L*-(+)-丙氨酸　　*L*-氨基酸

氨基酸的化学性质

1. 两性和等电点

氨基酸既能与强酸成盐，也能与强碱成盐，分子内的羧基和氨基也可相互作用形成内盐。当酸式电离和碱式电离相等时，达到等电电离，此时溶液的 pH 叫作该氨基酸的等电点。等电点(pI)状态时氨基酸以偶极离子形式存在，它在电场中既不向负极移动，也不向正极移动，这时溶解度最小，可利用此法分离氨基酸。

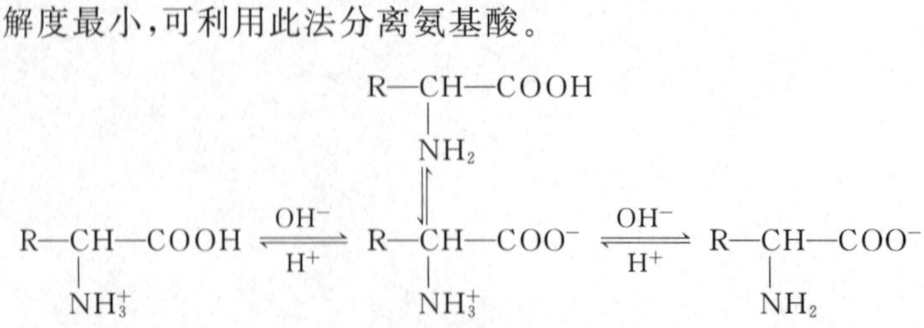

$pH<pI$　　$pH=pI$　　$pH>pI$

但应当指出，等电点并不是中性点，在等电点时，氨基酸的 pH 并不等于 7。

2. 氨基酸中氨基的反应

(1)与亚硝酸反应　与亚硝酸反应放出氮气，根据放出氮气的体积，可计算氨基的含量。

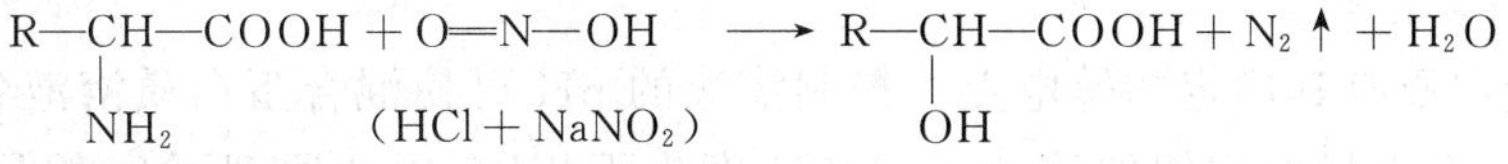

(2)与2,4-二硝基氟苯(DNFB)的反应　氨基酸中的氨基可与2,4-二硝基氟苯(DNFB)作用，此反应在微弱碱性或中性条件下进行，生成(N-2,4-二硝基苯基)氨基酸(DNP-aa)，此方法是蛋白质N-端分析的经典方法，称为桑格(Sanger)法。

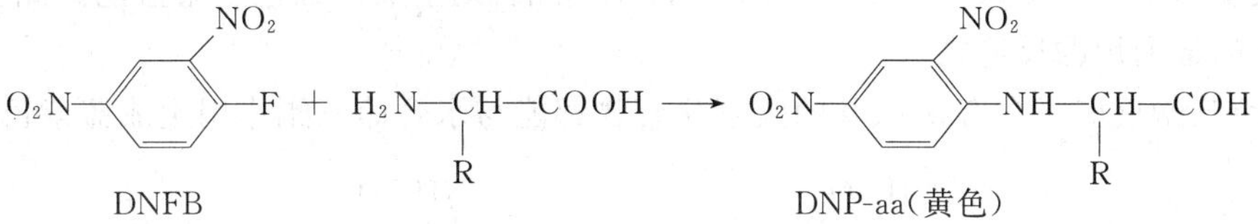

DNFB　　DNP-aa(黄色)

3. 羧基上的反应

与醇发生酯化反应。在受热或酶的作用下发生脱羧作用。

4. 氨基和羧基共同参与的反应

(1)氨基酸与水合茚三酮作用　生成蓝紫色化合物，并放出CO_2，根据颜色深浅，可作为氨基酸定性、定量分析的重要依据。

(2)成肽的反应　一个氨基酸的羧基中的羟基与另一个氨基酸中的氨基脱水，生成含有酰胺键的化合物。由2个氨基酸分子脱水形成的肽叫二肽，由3个氨基酸分子脱水形成的肽叫三肽，由多个氨基酸分子脱水形成的肽叫多肽。酰胺键在蛋白质化学中称肽键，是蛋白质的主键。

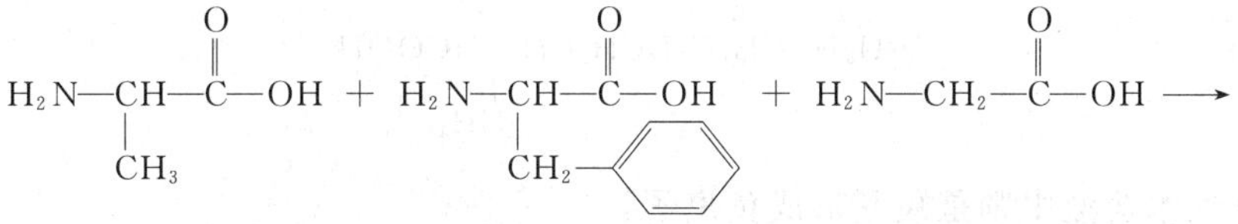

丙氨酸　　苯丙氨酸　　甘氨酸

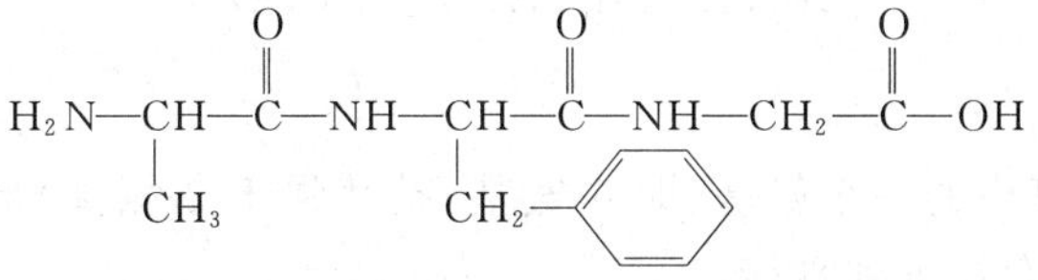

丙氨酰苯丙氨酰甘氨酸(丙-苯丙-甘肽)

二、蛋白质

蛋白质是α-氨基酸通过肽键相互结合而形成的有一定空间构型的高分子化合物。

蛋白质的化学性质

1. 胶体性质

蛋白质能够形成稳定的亲水胶体溶液。保持胶体稳定的因素有两个：一是颗粒外有一层水化膜；二是蛋白质颗粒带相同电荷。如果同时破坏这两稳定因素，则蛋白质可以聚沉，使其从溶液中分离出来，这是提取和提纯蛋白质的重要手段。

2. 两性和等电点

每一种蛋白质有其确定的等电点。控制溶液的 pH 可使混合蛋白质溶液各组分带不同质和量的电荷，在电场中它们的移动方向和速度也不相同，用此原理可分离蛋白质，这是电泳法分离蛋白质的基础。

3. 颜色反应

(1)缩二脲反应　蛋白质和多肽中都含有很多个邻近的肽键，所以能起缩二脲反应。在蛋白质或多肽溶液中加入 NaOH 与几滴 $CuSO_4$ 溶液，则生成浅红色至紫蓝色。此反应是检查蛋白质的最通用的反应之一。

(2)茚三酮反应　含有 α-氨基的酰基化合物都能与水合茚三酮作用生成蓝紫色物质。

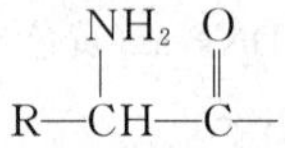
α-氨基酰基

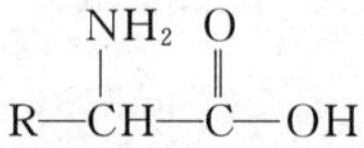
α-氨基酸

α-氨基酸就是一种 α-氨基酰基化合物，α-氨基酸、蛋白质和多肽都能与茚三酮反应呈蓝紫色。

典型例题

【例 1】 赖氨酸是含两个氨基和一个羧基的氨基酸，化学名称为 2,6-二氨基己酸。试写出其在强酸性水溶液和强碱性水溶液中存在的主要形式，并估计其等电点的范围。

解 赖氨酸所含两个氨基在强酸性水溶液中均会形成氨基正离子：

$$H_3N^+CH_2CH_2CH_2CH_2\underset{\displaystyle ^+NH_3}{\underset{|}{CH}}COOH$$

在强碱性水溶液中则是羧基形成负离子：

$$H_2NCH_2CH_2CH_2CH_2\underset{\displaystyle NH_2}{\underset{|}{CH}}COO^-$$

赖氨酸的羧基与其中的一个氨基(即 6-氨基，碱性强于 2-氨基)形成内盐，溶于水时，另一个氨基则发生电离，存在下列平衡：

$$H_3N^+CH_2CH_2CH_2CH_2\underset{\displaystyle NH_2}{\underset{|}{CH}}COO^- + H_2O \rightleftharpoons H_3N^+CH_2CH_2CH_2CH_2\underset{\displaystyle ^+NH_3}{\underset{|}{CH}}COO^- + HO^-$$

因此，必须向溶液中加碱才能抑制其电离，使其主要以偶极离子形式存在，所以，赖氨酸的等电点的 pH 应大于 7(实际为 9.7)。

【例 2】 在某蛋白质的水溶液中，加酸至小于 7 的某个 pH 时，可观察到蛋白质沉淀下来，这是什么原因？在这一 pH 时，该蛋白质以何种形式存在？这一蛋白质的 pI 小于 7 还是大于 7？在电场中向哪极移动？

解 当 pH=pI 时，蛋白质的溶解度最小，会形成沉淀。在这一 pH，蛋白质以偶极离子的形式存在，在电场中心沉淀，既不向正极移动，也不向负极移动。因为当蛋白质形成沉淀时，pH=pI，所以该蛋白质的 pI<7。

练习题

1. 写出 *L*-丙氨酸、*L*-丝氨酸、*L*-半胱氨酸的费歇尔投影式，并用 *R*、*S* 标记它们的构型。

2. 有人说，酸性氨基酸的 pI 小于 7，碱性氨基酸的 pI 大于 7，中性氨基酸的 pI 等于 7，你认为正确吗？为什么？

3. 苯丙氨酸的 pI=5.48，分别写出它在 pH=4、pH=5.48、pH=8 时主要以哪种形式存在，以及在电场中的移动方向。

4. 写出下列化合物的结构：

(1)亮氨酰-甘氨酸　(2)甘-苯丙-谷肽　(3)甘氨酰-丙氨酰-丝氨酸(甘-丙-丝肽，Gly-Ala-Ser)

5. 写出甘-甘二肽的结构，估测它的等电点，然后写出它在 pH=3、pH=11 时主要以哪种形式存在。

6. 血红蛋白在 pH=2、7.4、9 的溶液中会带何种电荷？电泳时它将向电场的哪一极移动？

7. 用化学方法鉴别下列化合物：

(1)丙氨酸　(2)淀粉　(3)蛋白质水溶液

8. 下列化合物中熔点最高的是(　　)。

A. $CH_3CH(OH)COOH$　B. $CH_3CH(Br)COOH$　C. $CH_3CH(Cl)COOH$　D. $CH_3CH(NH_2)COOH$

9. 下列氨基酸在 pH=4.0 的溶液中，以负离子形式存在的是(　　)。

A. 谷氨酸　B. 甘氨酸　C. 丙氨酸　D. 赖氨酸

10. 某氨基酸的衍生物 A 的分子式为 $C_5H_{10}O_3N_2$，A 与氢氧化钠水溶液共热放出氨气，并生成盐 B，把 A 进行 Hofmann 降级反应生成 α,γ-二氨基丁酸。推测 A、B 的结构式。

11. 维持蛋白质空间结构稳定的副键有氢键、疏水相互作用、__________、__________和__________。

练习题解析与答案

1. 天然氨基酸除甘氨酸外都含有手性碳原子，构型可用 *R*/*S* 标记法表示，但习惯用 *D*/*L* 标记法确定构型，且一般都是 *L* 型。

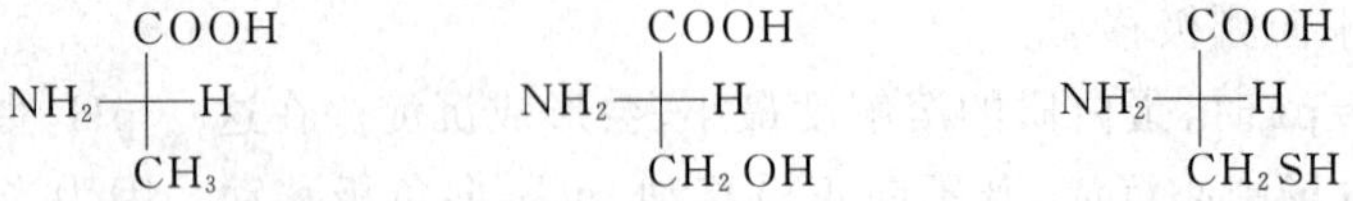

L-丙氨酸　　L-丝氨酸　　L-半胱氨酸

S-丙氨酸　　S-丝氨酸　　R-半胱氨酸

2. 中性氨基酸的 pI 等于 7 的结论不正确。由于羧基电离程度大于氨基，因此中性氨基酸溶于水时，溶液中羧基负离子的数目大于氨基正离子的数目，只有加入适量的酸调节溶液的 pH 抑制羧基的电离，才能使氨基酸主要以偶极离子的形式存在，所以中性氨基酸的等电点小于 7。

3. 苯丙氨酸的 pI=5.48，它在 pH=4 主要以正离子形式存在，在电场中的向负极移动；在 pH=5.48 苯丙氨酸处于等电点状态，以偶极离子形式存在，氨基酸的净电荷为零，既不向负极也不向正极移动；pH=8 时主要以负离子形式存在，在电场中的向正极移动。

4.

(1) 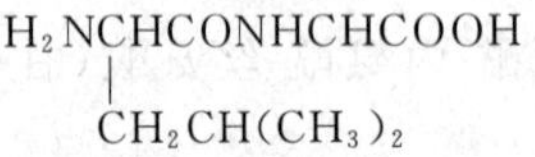　　(2) 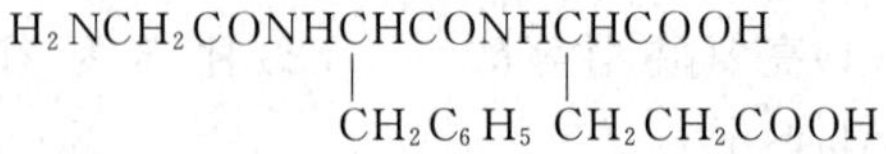

(3)甘氨酰-丙氨酰-丝氨酸(甘-丙-丝肽，Gly-Ala-Ser)

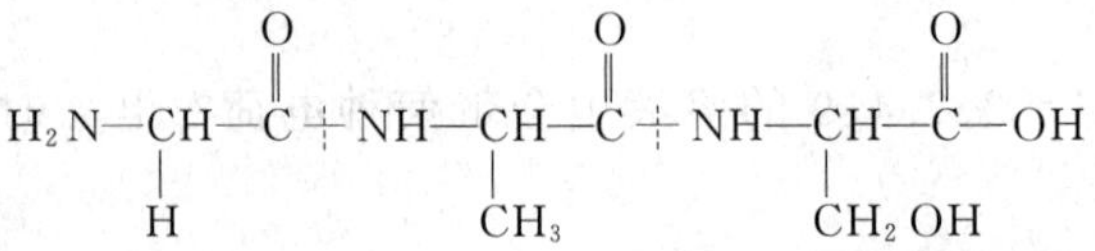

5. 甘-甘二肽的结构为 $NH_2CH_2CO—NHCH_2COOH$，是由二分子甘氨酸通过酰胺键连接而成的二肽。由于酰胺基中的氮接近中性，因而甘-甘二肽的酸、碱两性实质上由 N-端氨基和 C-端羧基产生，它的等电点应与甘氨酸接近，即略小于 7。

在 pH=3 时主要以 $^+NH_3CH_2CO—NHCH_2COOH$(阳离子)形式存在。在 pH=11 时主要以 $NH_2CH_2CO—NHCH_2COO^-$(阴离子)形式存在。

6. 血红蛋白的等电点为 6.7，血红蛋白在 pH=2 的溶液中会带正电荷，电泳时它将向电场的负极移动；在 pH=7.4 的溶液中会带负电荷，电泳时它将向电场的正极移动；在 pH=9 的溶液中会带负电荷，电泳时它将向电场的正极移动。

7.

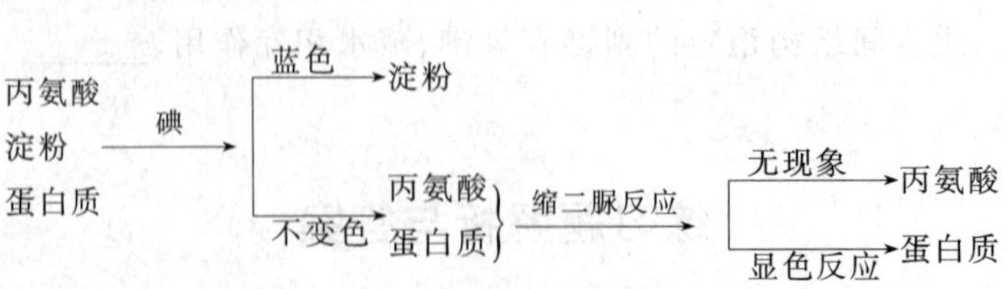

8. α-氨基酸是无色结晶，其熔点一般在 200～300℃。比相应的羧酸或酰胺高，如羟乙酰胺与甘氨酸为同分异构体，但甘氨酸的熔点比羟乙酰胺几乎高出一倍。这与 α-氨基酸中有极性的羧基和氨基有关，同时 α-氨基酸可以形成偶极离子的形式，分子间作用力较大，熔点就高，所以为 D。

9. 选 A。

10. A、B 的结构式为：

A. 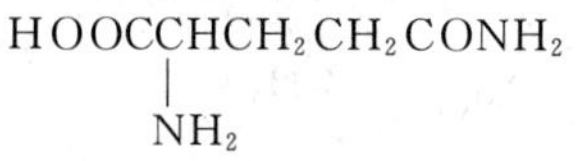　　B. 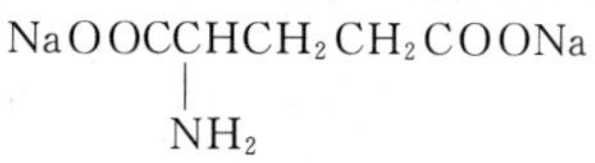

11. 维持蛋白质空间结构稳定的副键有氢键、疏水相互作用、范德华力、盐键和二硫键。

教材习题

1. 分别写出丙氨酸与下列化合物的反应产物：
   (1)过量 HCl　(2)过量 NaOH　(3)过量 CH_3CH_2I　(4)2,4-二硝基氟苯
   (5)丙酰氯　(6)HNO_2　(7)乙醛
2. 在下列化合物的溶液中，各氨基酸主要带何种电荷？如何调节溶液的 pH，使它们分别达到等电点？
   (1)甘氨酸在 pH 为 3.0 的溶液中　(2)赖氨酸在 pH 为 7.0 的溶液中
   (3)谷氨酸在 pH 为 7.0 的溶液中　(4)天门冬氨酸在 pH 为 4 的溶液中
3. 在某蛋白质的水溶液中，加酸至小于 7 的某个 pH 时，可观察到蛋白质沉淀下来，这是什么原因？在这一 pH 时，该蛋白质以何种形式存在？这一蛋白质的 pI 小于 7，还是大于 7？
4. 某氨基酸溶于 pH=7 的纯水中，所得氨基酸的溶液 pH=6，问此氨基酸的等电点是大于 6，等于 6，还是小于 6？
5. 某化合物 A 的分子式 $C_5H_{11}O_2N$，具有旋光性，用稀碱处理，发生水解反应生成 B 和 C。B 也有旋光性，既溶于酸又能溶于碱，并与亚硝酸反应放出氮气，C 无旋光性，但能发生碘仿反应。试写出 A 的结构式。
6. 完成下列合成：
   (1)由乙烯制丙氨酸
   (2)由苯乙醛制苯丙氨酸
7. 用化学方法鉴别下列化合物：
   α-氨基丙酸、α-氯丙酸、β-丁酮酸

教材习题答案

1. 分别写出丙氨酸与下列化合物的反应产物：

(1) 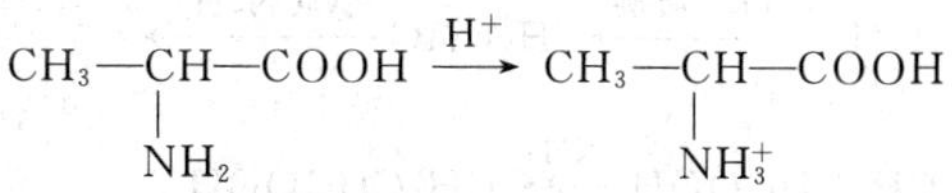

(2) 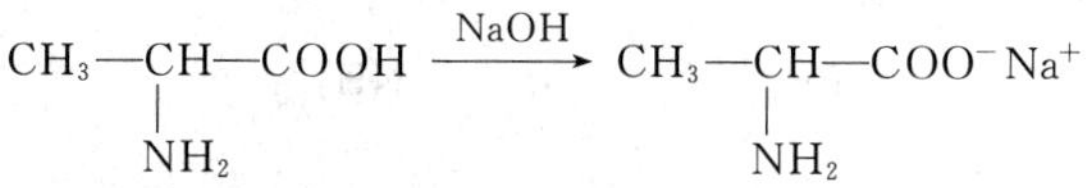

(3) 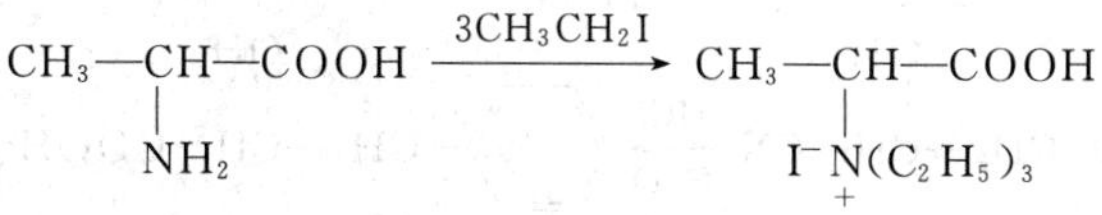

(4) 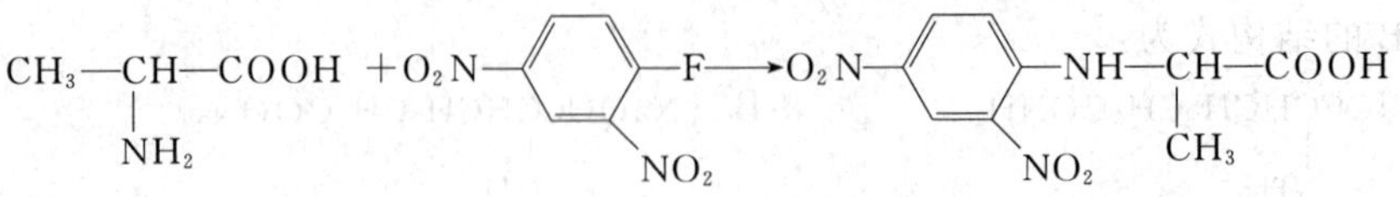

(5) $CH_3CH(NH_2)COOH + CH_3CH_2COCl \longrightarrow CH_3CH_2CONHCH(CH_3)COOH$

(6) $CH_3CH(NH_2)COOH + HNO_2 \longrightarrow CH_3CH(OH)COOH + N_2 + H_2O$

(7) $CH_3CH(NH_2)COOH + H_3C{-}CHO \longrightarrow CH_3CH(N{=}CHCH_3)COOH$

2. 在下列化合物的溶液中，各氨基酸主要带何种电荷？如何调节溶液的 pH 使它们分别达到等电点？

(1)甘氨酸在 pH 为 3.0 的溶液中带正电荷，加碱调节溶液的 pH 可以使其达到等电点。

(2)赖氨酸在 pH 为 7.0 的溶液中带正电荷，加碱调节溶液的 pH 可以使其达到等电点。

(3)谷氨酸在 pH 为 7.0 的溶液中带负电荷，加酸调节溶液的 pH 可以使其达到等电点。

(4)天门冬氨酸在 pH 为 4.0 的溶液中带负电荷，加酸调节溶液的 pH 可以使其达到等电点。

3. 当 pH＝pI 时，蛋白质的溶解度最小，会形成沉淀。在这一 pH，蛋白质以偶极离子的形式存在，在电场中心沉淀，既不向正极移动，也不向负极移动。因为当蛋白质形成沉淀时，pH＝pI，所以该蛋白质的 pI＜7。

4. 某氨基酸溶于 pH＝7 的纯水中，所得氨基酸的溶液 pH＝6，溶于纯水中 pH＝6，说明酸式电离大于碱式电离，又因 pH＞pI 时，酸式电离会大于碱式电离，所以该氨基酸的等电点小于 6。

5. 由题可知：

A. $CH_3CH(NH_2)COOCH_2CH_3$　　B. $CH_3CH(NH_2)COOH$　　C. CH_3CH_2OH

6. 完成下列合成：

(1)由乙烯制丙氨酸

$$H_2C{=}CH_2 \xrightarrow{HCl} CH_3CH_2Cl \xrightarrow[H_2O]{NaOH} CH_3CH_2OH \xrightarrow{CrO_3\text{-吡啶}} CH_3CHO \xrightarrow{NaCN,H^+}$$

$$CH_3CH(OH)CN \xrightarrow{H_3O^+} CH_3CH(OH)COOH \xrightarrow{HBr} CH_3CH(Br)COOH \xrightarrow{NH_3} CH_3CH(NH_2)COOH$$

(2)由苯乙醛制苯丙氨酸

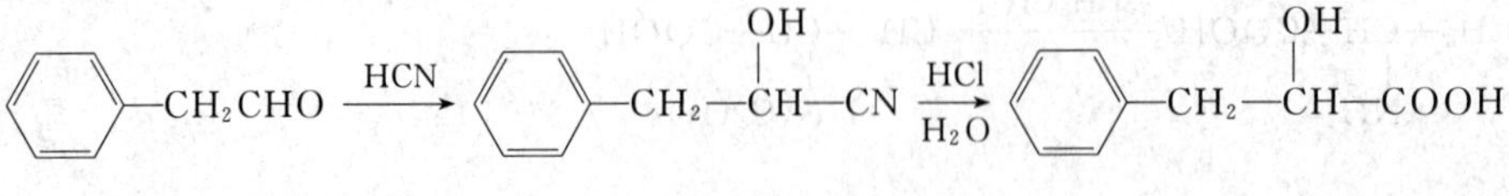

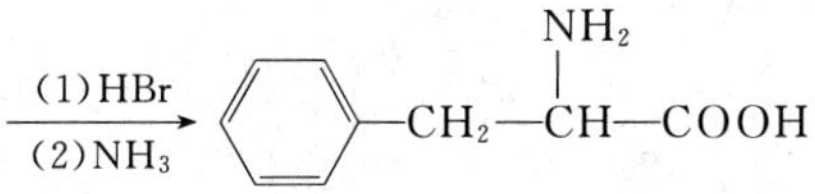
(1)HBr
(2)NH₃
NH₂
CH₂—CH—COOH

7.

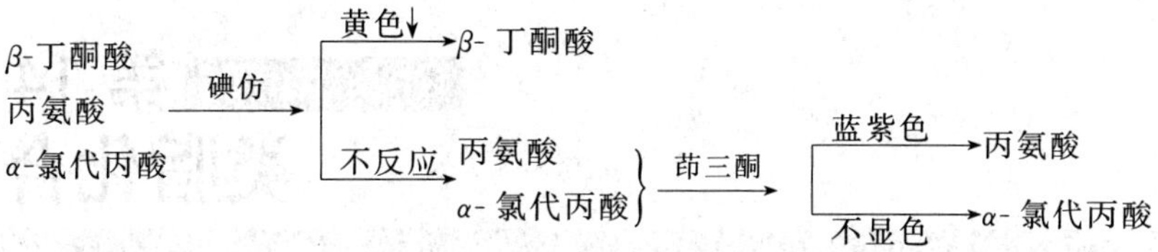
β-丁酮酸
丙氨酸
α-氯代丙酸
碘仿
黄色↓
β- 丁酮酸
不反应
丙氨酸
α- 氯代丙酸
茚三酮
蓝紫色
丙氨酸
不显色
α- 氯代丙酸

Chapter 14 第 14 章

类脂化合物

Lipid

主要知识点

一、油脂与磷脂

油脂广泛存在于生物体内，不溶于水而易溶于极性溶剂，是油和脂肪的总称。液态为油，固态或半固态为脂肪。

（一）油脂的结构和分类

油脂结构通式为高级脂肪酸甘油酯。油脂可以分为简单甘油酯和混合甘油酯两类。

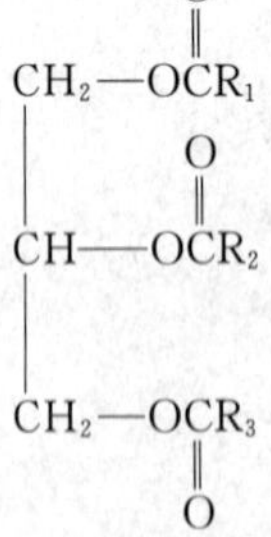

$R_1=R_2=R_3$	简单甘油酯
R_1、R_2 和 R_3 中至少有一个不同	混合甘油酯

当碳数为 12～20，即 $C_{12}\sim C_{20}$ 时，特别是 C_{16}，C_{18} 时，羧酸称为高级脂肪酸。天然油脂是不同混合甘油酯的混合物。油脂中的脂肪酸一般是十四碳至二十二碳饱和或不饱和脂肪酸。

（二）高级脂肪酸的命名

饱和高级脂肪酸按所含碳原子数称为某碳酸。不饱和高级脂肪酸按其所含碳原子数和双键数分别称为某碳烯酸、某碳二烯酸……，并用希腊字母“Δ”表示双键，将双键的位次写在

Δ 的右上角。

$CH_3(CH_2)_{10}COOH$ 月桂酸(十二碳酸)
$CH_3(CH_2)_{12}COOH$ 肉豆蔻酸(十四碳酸)
$CH_3(CH_2)_{14}COOH$ 棕榈酸
$CH_3(CH_2)_{16}COOH$ 硬脂酸
$CH_3(CH_2)_{18}COOH$ 花生油酸

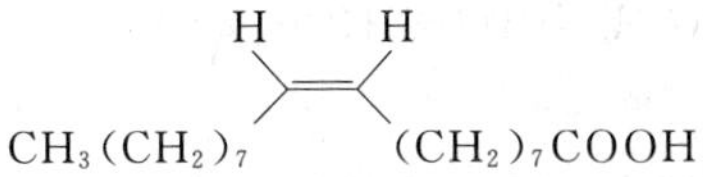

油酸(顺-Δ^9-十八碳烯酸)

(三)油脂的化学性质

1. 油脂的皂化和皂化值

油脂的碱性水解得到的高级脂肪酸盐是肥皂的主要成分。因此油脂的碱性水解称为皂化反应。肥皂称为钠皂,而用氢氧化钾进行皂化得到的肥皂叫作钾皂。洗涤用肥皂一般为钠皂,化妆用肥皂为钾皂。

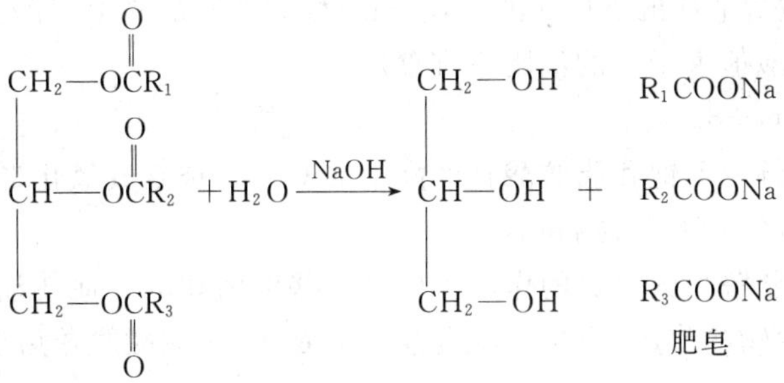

完全水解 1 g 油脂所消耗的 KOH 的质量(mg)称为皂化值。应用皂化值可测定油脂的平均分子量:平均分子量=168 000/皂化值。

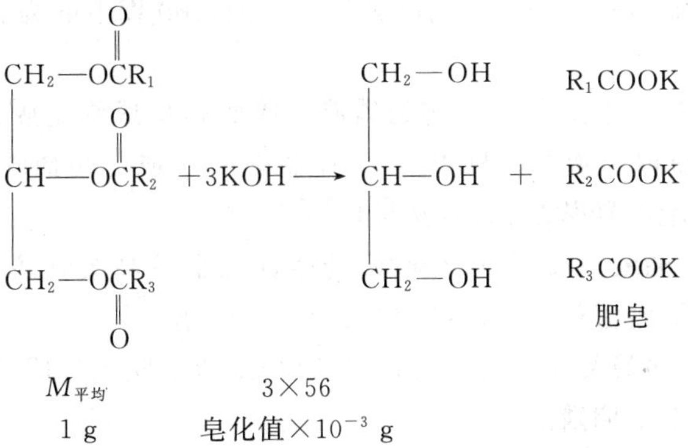

$$M_{平均}=\frac{3\times56\times10^3}{皂化值}=\frac{168\ 000}{皂化值}$$

天然油脂都有正常的皂化值范围,如果测得某油脂的皂化值低于或高于其正常范围,表明该油脂中含有不能被皂化或者可以与 KOH 作用的杂质。皂化值是检验油脂质量的重要指标之一。

2. 油脂的加成反应与碘值

油脂中都含有不同程度的不饱和脂肪酸,可以催化加氢,也可以和卤素加成。

油脂的加氢反应可将不饱和脂肪酸变成饱和脂肪酸,称为油脂的硬化。氢化后得的油脂称为硬化油。

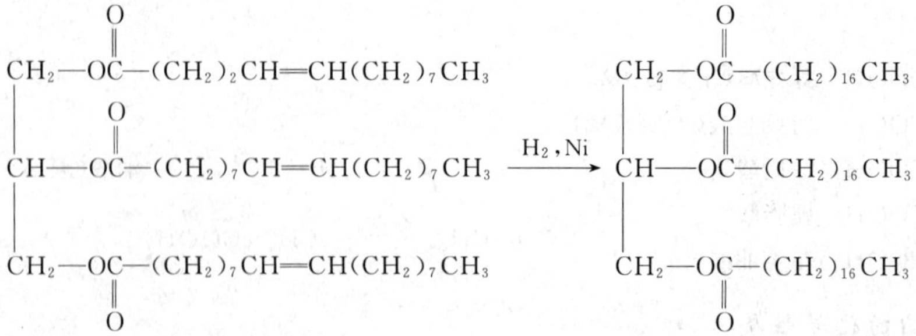

100 g 油脂可吸收碘的质量(g)称为碘值。碘值越大，油脂的不饱和程度越高。在实际测定中，通常是用过量的氯化碘(ICl)或溴化碘(IBr)的冰醋酸溶液进行反应。

3. 油脂的酸败现象与酸值

油脂在贮存过程中，受热、光、水分、空气及微生物的作用逐渐变质的现象称为酸败。中和 1 g 油脂中游离酸所消耗的 KOH 的质量(mg)称为油脂的酸值。酸值是鉴定油脂质量好坏的一个重要指标，酸值大于 6 的油脂不宜食用。

引起酸败的原因：

(1)空气氧化分解　不饱和脂肪酸甘油酯中的 C═C 被空气氧化形成过氧化物，过氧化物水解生成低级的有气味的醛、酮和酸。

(2)微生物氧化分解　微生物的作用主要是一些细菌和霉菌促使油脂水解产生脂肪酸，脂肪酸进一步受微生物的作用，发生 β-氧化生成 β-酮酸，β-酮酸脱羧后形成低级酮。

4. 油脂的干化现象

油脂在空气中形成一层具弹性、韧性、不透水固态薄膜的过程称为干化。干化作用与油脂的不饱和程度相关，经验证明，油脂分子中不饱和程度大，含共轭双键数目多的干化作用强。碘值大于 130 的称为干性油，在 100～130 间的为半干性油，100 以下的为非干性油。

(四)磷脂的结构

分子结构中含有一个磷酸基团的类脂化合物为磷脂。磷脂是构成细胞膜的主要成分。重要的磷脂有卵磷脂、脑磷脂和神经磷脂。H_3PO_4 与甘油中的 1 或 3 位碳原子的羟基结合，为 α-异构体，与 2 位碳原子上的羟基结合，为 β-异构体。

卵磷脂：由软脂酸、硬脂酸、油酸、亚油酸、亚麻酸、花生四烯酸等高级脂肪酸、胆碱与磷酸脱水生成的类脂。胆碱与脂肪代谢有关，自然界常见 *L*-α-卵磷脂。

脑磷脂：由软脂酸、硬脂酸、油酸及少量花生四烯酸、胆胺及磷酸脱水生成的类脂。胆胺与人体凝血有关。自然界常见 *L*-α-卵磷脂。

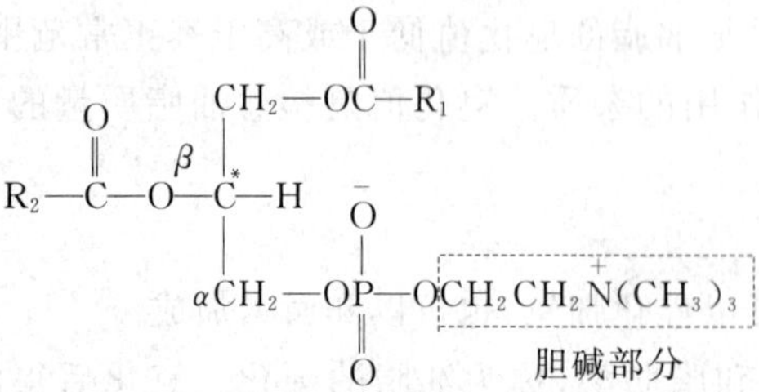

L-α-卵磷脂

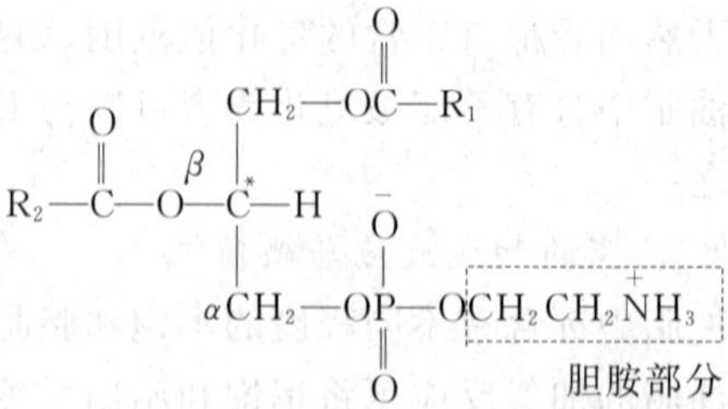

L-α-脑磷脂

神经磷脂：神经磷脂由神经氨基醇、磷酸、软脂酸、硬脂酸和二十四碳酸及脑神经酸（顺-Δ^{15}-二十四碳烯酸）脱水生成。神经磷脂主要存在于动物的脑和神经中。

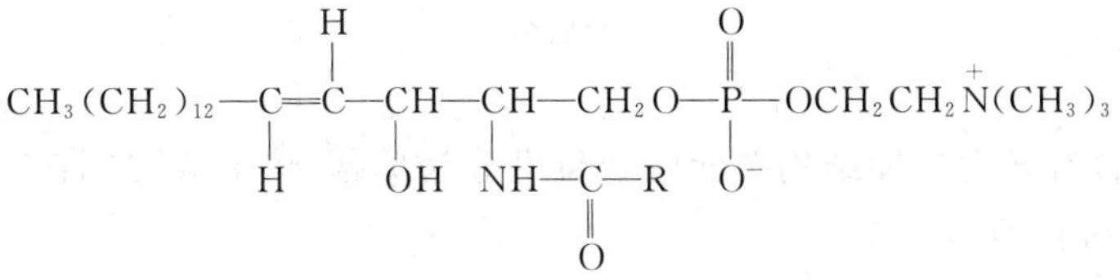

（五）肥皂与表面活性剂

高级脂肪酸的盐类通称为皂。油脂在碱催化下进行水解反应（又叫皂化反应）可得皂。饱和高级脂肪酸的盐硬度较大。制皂一般常选择硬脂酸含量较高而碘值低的脂如牛脂、羊脂、硬化油等为原料。

1. 肥皂的种类

（1）钠皂　高级脂肪酸的钠盐，一般叫作硬肥皂。

（2）钾皂　用于香皂。

（3）钙皂　用于农药。

2. 表面活性剂

当肥皂溶于水时，在水面上，肥皂分子中亲水的羧基部分倾向于进入水分子中，而憎水的烃基部分则被排斥在水的外面，形成定向排列的肥皂分子。这种高级脂肪酸盐层的存在，削弱了水表面上水分子与水分子之间的引力，所以肥皂可以强烈地降低水的表面张力，因而是一种表面活性剂。

其他表面活性剂：阳离子型表面活性剂、阴离子型表面活性剂和非离子型表面活性剂。

二、蜡

1. 天然蜡的结构

蜡是由高级脂肪酸与高级饱和一元醇所形成的酯。$C_{16}\sim C_{36}$的偶数碳醇，$C_{24}\sim C_{36}$的偶数碳脂肪酸。

2. 自然界中的蜡

自然界中蜡多存在于植物的叶、茎和果实的表皮部分。动物所产生的蜡有蜂蜡、羊毛脂等。天然的蜡中往往含有少量的高级烃和游离的高级脂肪酸或醇。

三、萜类和甾体

（一）萜类

1. 结构特点

萜类化合物是天然产物中一类重要的代谢产物。其分子具有异戊二烯5个碳的基本单元。萜类化合物是多个异戊二烯结构单元首尾或尾尾相连。

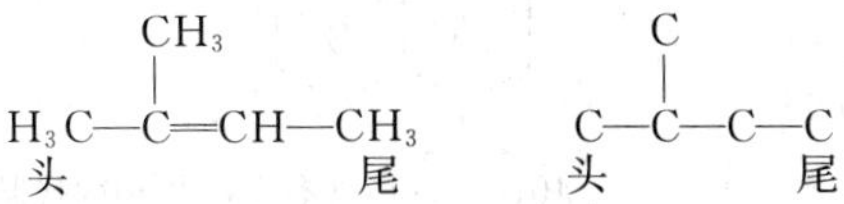

异戊二烯单位

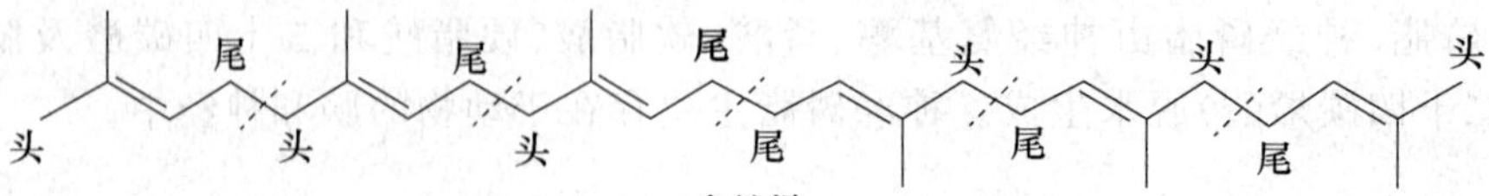

角鲨烯

2. 分类

根据分子中含有异戊二烯结构单元的数目可分为单萜、倍半萜、二萜、三萜、四萜等。

3. 自然界中的萜类

链状单萜：香叶醇、香叶醛、橙花油醇、橙花油醛。

单环单萜：薄荷醇、柠烯。

双环单萜：α-蒎烯、β-蒎烯、莰酮。

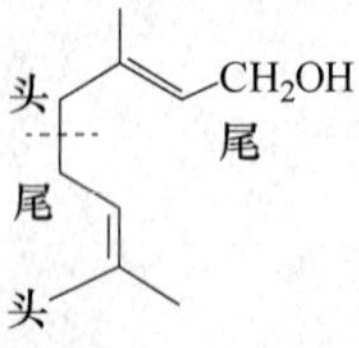

牻牛儿苗醇（香叶醇）

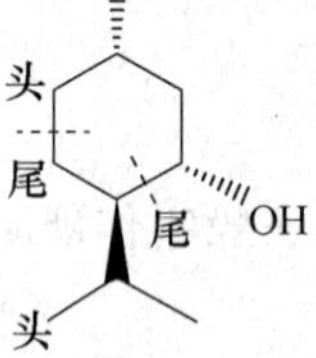

薄荷醇

蒎烯

倍半萜：金合欢醇、山道年。

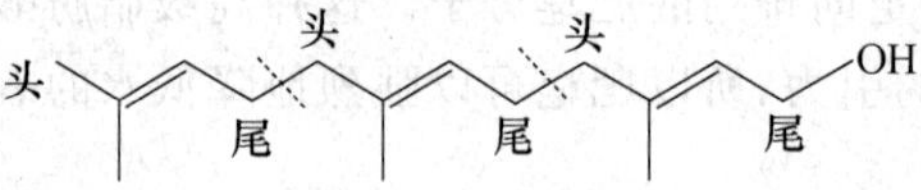

金合欢醇

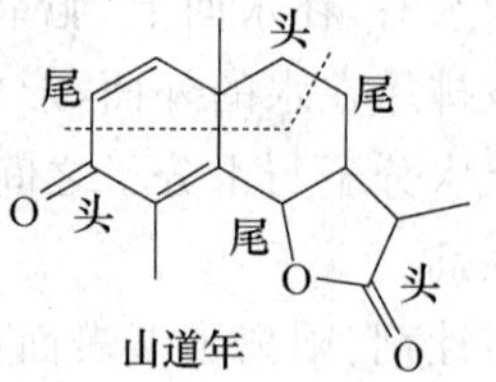

山道年

二萜：维生素 A、叶绿醇。

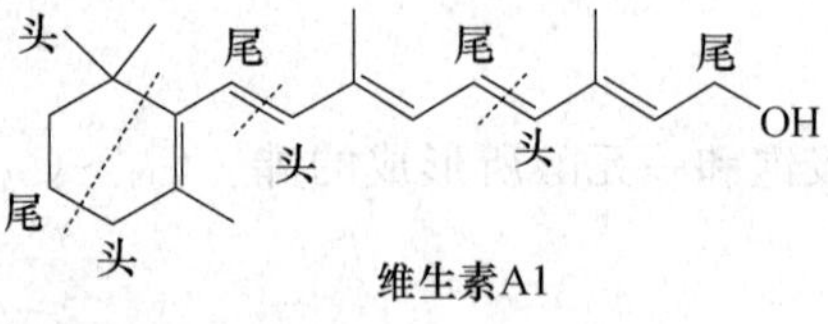

维生素A1

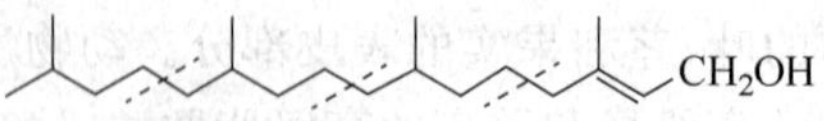

叶绿醇

四萜：虾红素、虾青素。

（二）甾体

1. 甾体化合物的结构

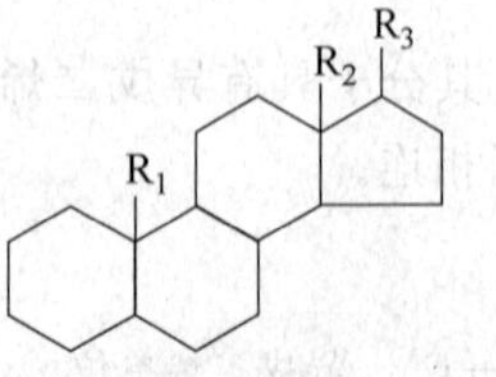

环戊烷多氢菲

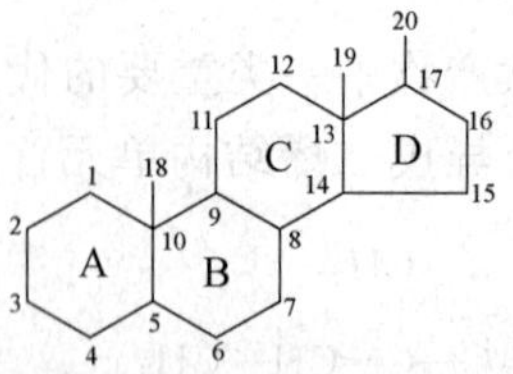

10，13，17含有角甲基和取代基

A,B 环的稠合:顺式稠合为正系,反式稠合为别系。

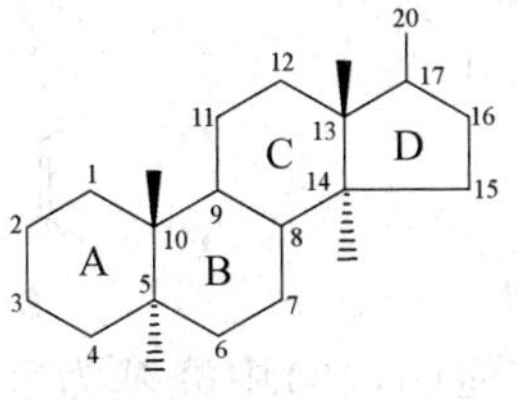

A,B反式

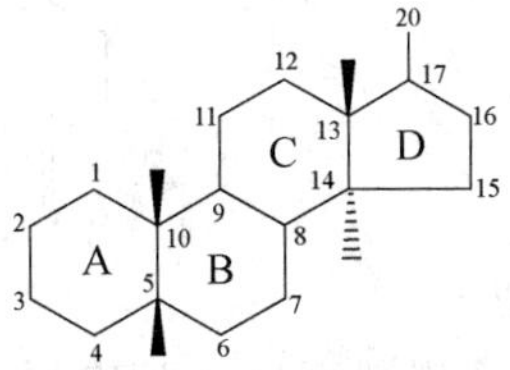

A,B顺式

构象式为:

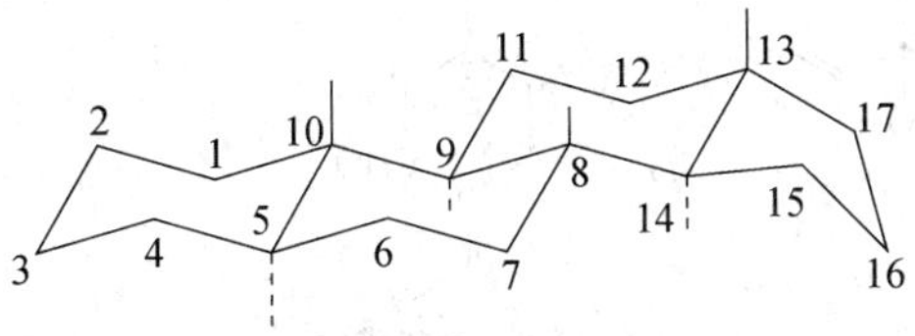

A,B反式 (5α系)

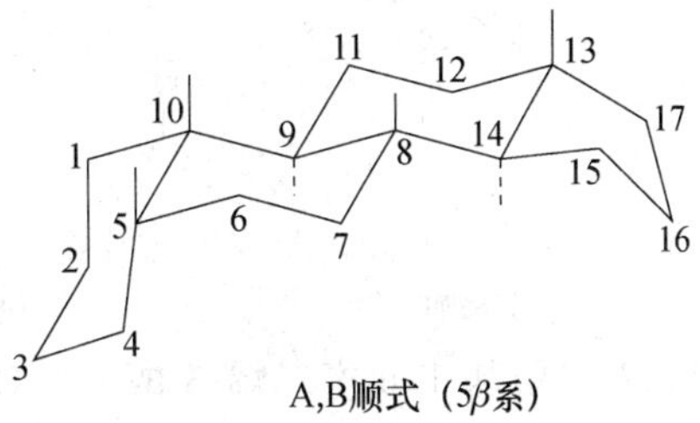

A,B顺式 (5β系)

2. 重要甾体化合物

甾醇、胆汁酸、甾族激素。

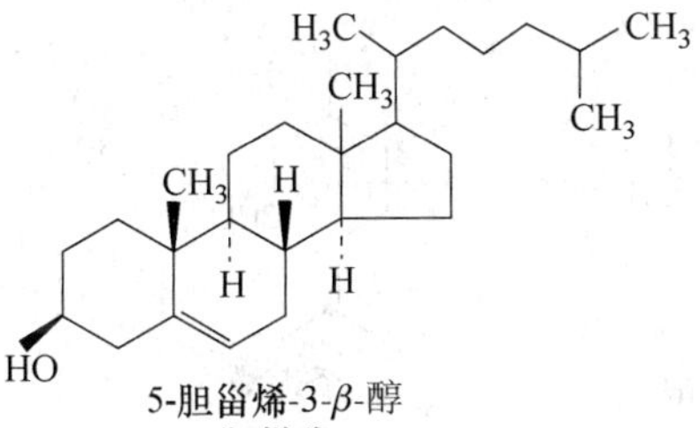

5-胆甾烯-3-β-醇
胆甾醇

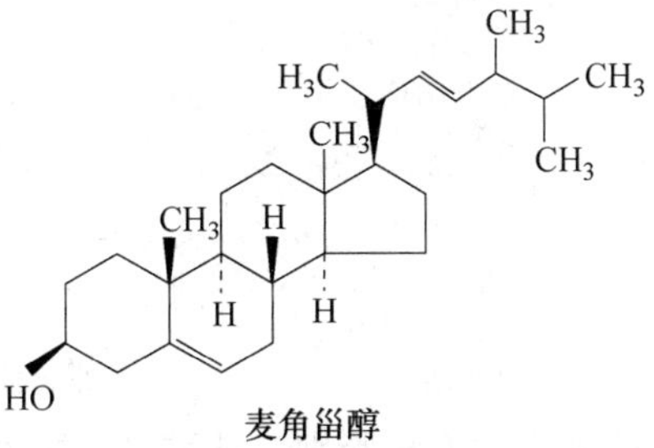

麦角甾醇

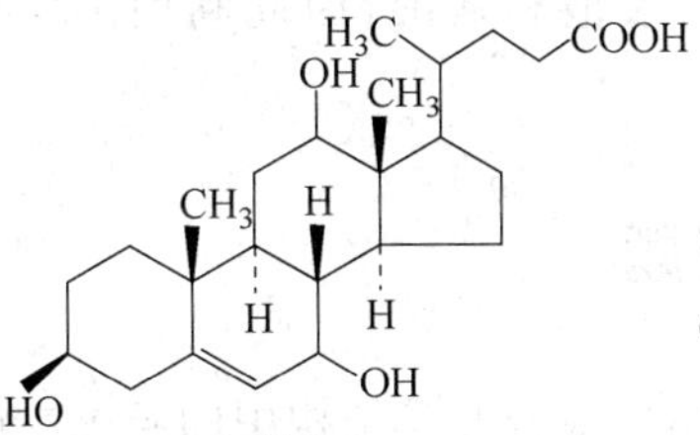

胆甾醇

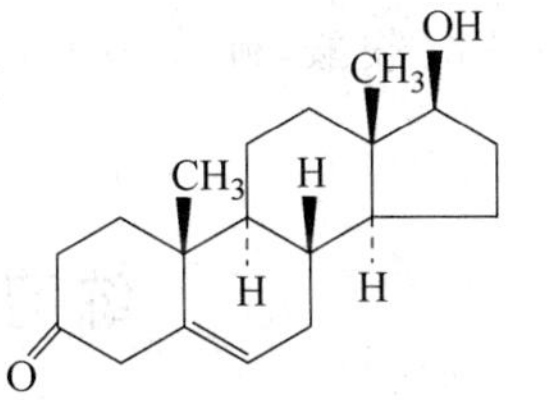

17-β-羟基-雄甾-4-烯-3-酮
睾丸酮素

典型例题

【例 1】 用系统命名法命名下列化合物,并分别指出他们属于几萜,用虚线分开其结构单元。

(1) 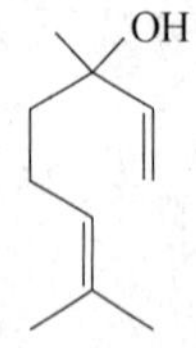

芳樟醇

(2) 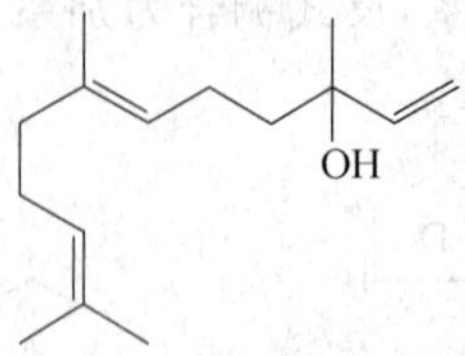

橙花叔醇

(3) 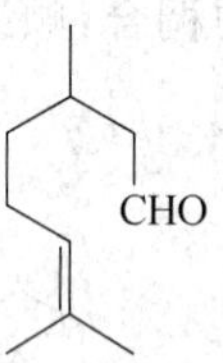

香茅醛

解 根据系统命名规则，(1)、(2)中羟基为主官能团，(3)中醛基为官能团，因此编号要首先考虑羟基和醛基编号最小。

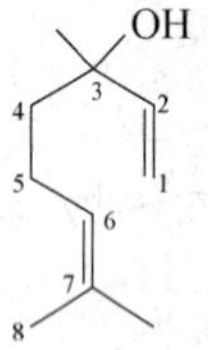

芳樟醇

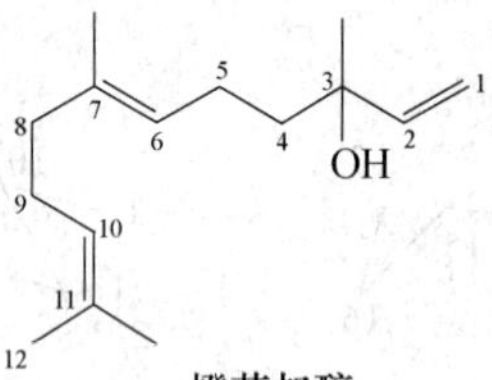

橙花叔醇

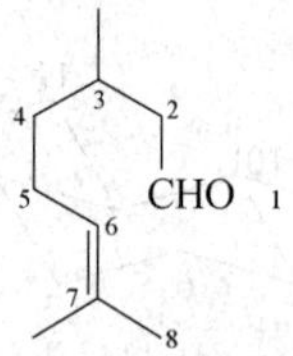

香茅醛

(1)3,7-二甲基-1,6-辛二烯-3-醇　　(2)3,7,11-三甲基-1,6,10-十二碳三烯-3-醇

(3)3,7-二甲基-6-辛烯-1-醛

根据萜的分类原则和连接规律，异戊二烯结构单元首尾相连或尾尾相连。则可知(1)、(3)为单萜，(2)为倍半萜。

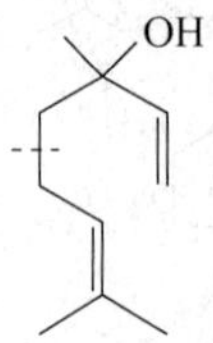

芳樟醇

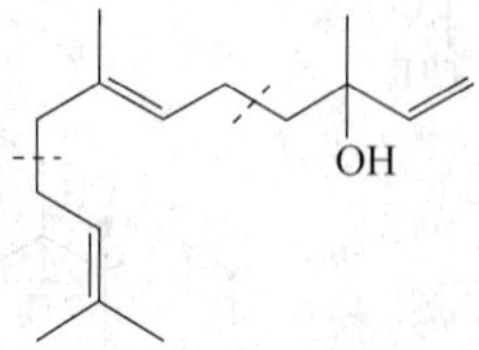

橙花叔醇

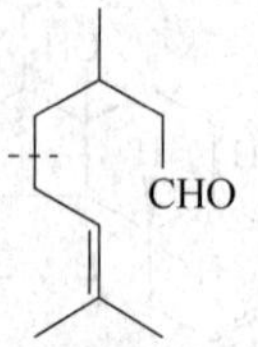

香茅醛

【例 2】 试用化学方法鉴别三油酸甘油酯和三硬脂酸甘油酯。

解 油酸是不饱和高级羧酸，硬脂酸是高级饱和羧酸，因此利用测定碘值反应可以鉴别。

练习题

1. 下列化合物分别属于几萜类化合物，试用虚线分开其结构中的异戊二烯单元。

(1) 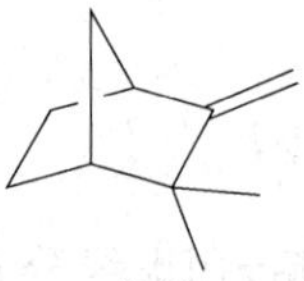
莰烯

(2) 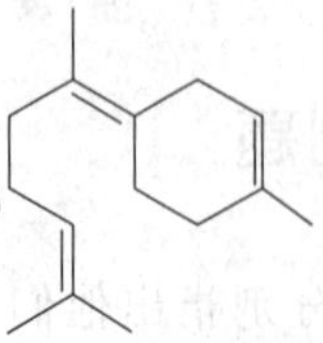
红没药烯

(3) 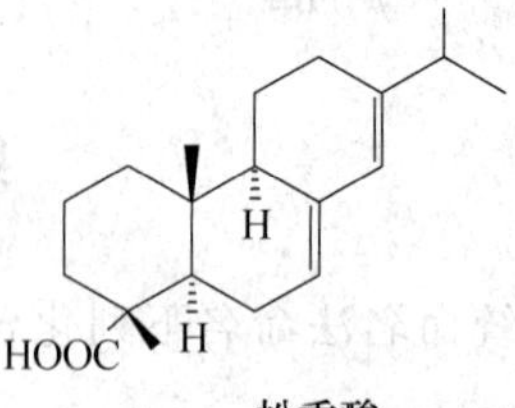

松香酸

(4) 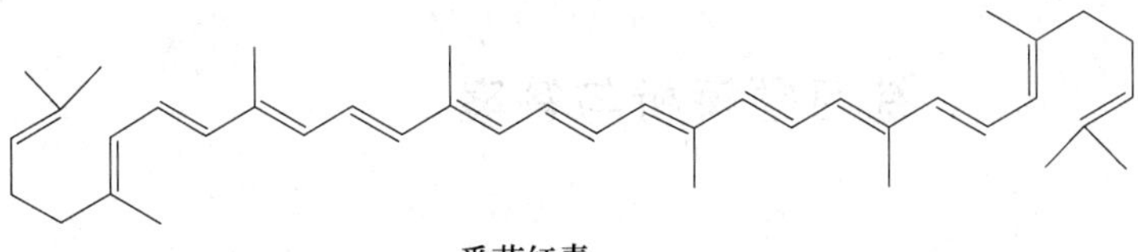

番茄红素

2. 请画出下列结构的构象式

(1) 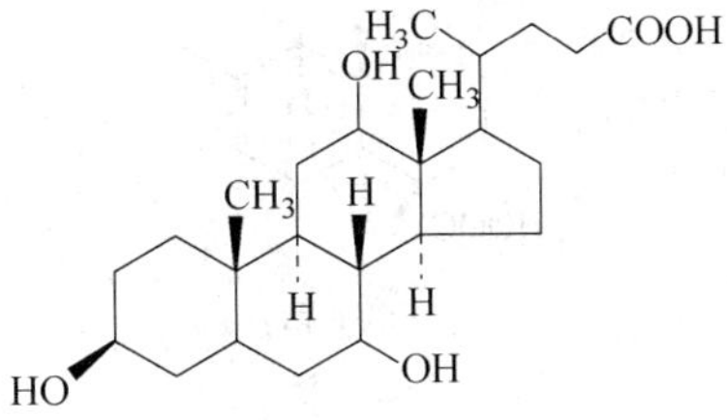

胆甾醇

(2) 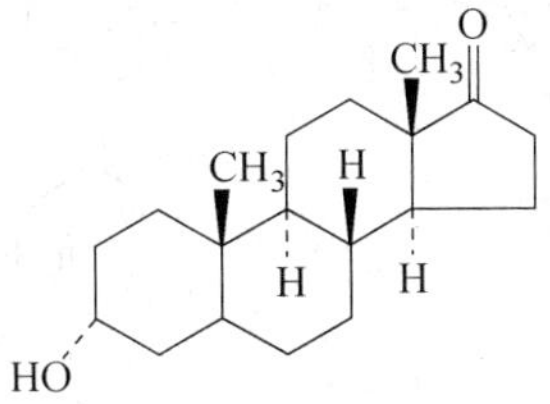

3. 完成下列反应

(1) 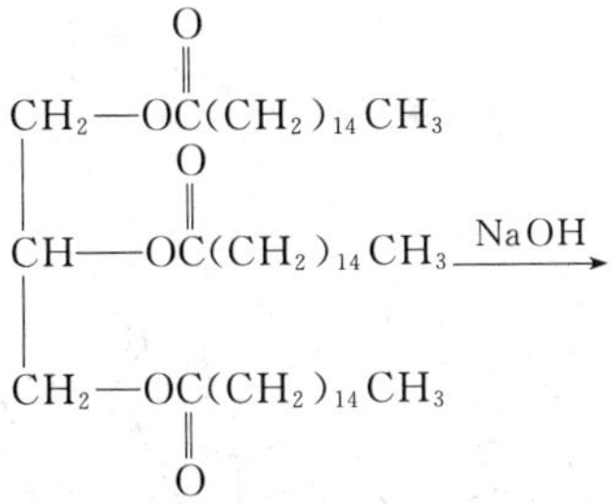

(2) 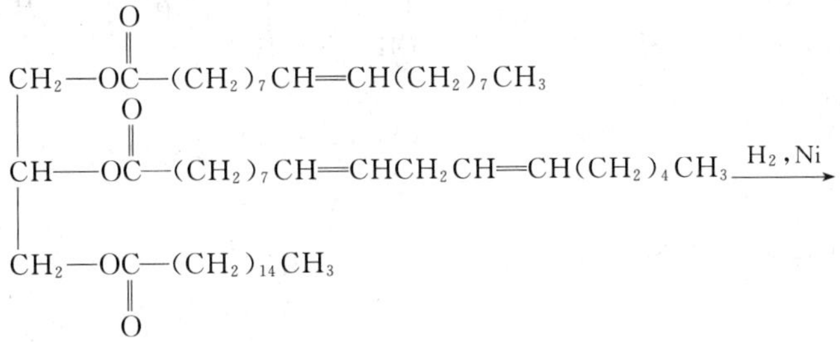

(3) 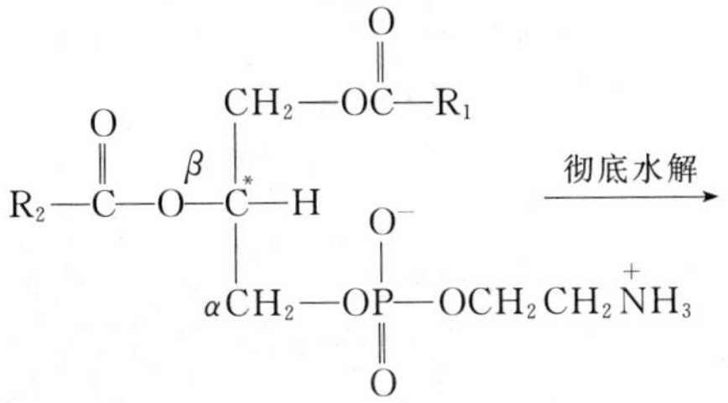

4. 某单萜分子式为 $C_{10}H_{18}$(A)，催化加氢生成分子式为 $C_{10}H_{22}$ 的化合物(B)。用高锰酸钾氧化，则得到乙酸、丙酮和4-氧代戊酸，试推测A和B的结构。

5. 化合物A有旋光性，分子式为 $C_{57}H_{108}O_6$。彻底水解得到1 mol甘油、1 mol不饱和脂肪酸B和2 mol饱和脂肪酸C。B用 $KMnO_4$ 的硫酸溶液氧化得到壬酸和壬二酸。试写出A、B、C的结构式并加以命名。

6. 2 g油脂完全皂化，消耗0.5 mol/L KOH 15 mL，计算该油脂的皂化值。

练习题解析与答案

1.

(1) 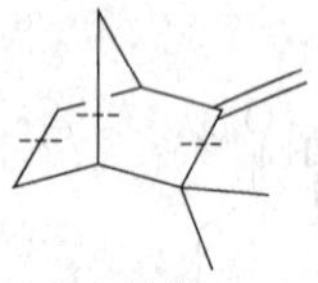

单萜

(2) 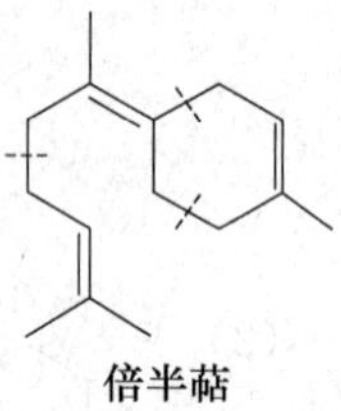

倍半萜

(3) 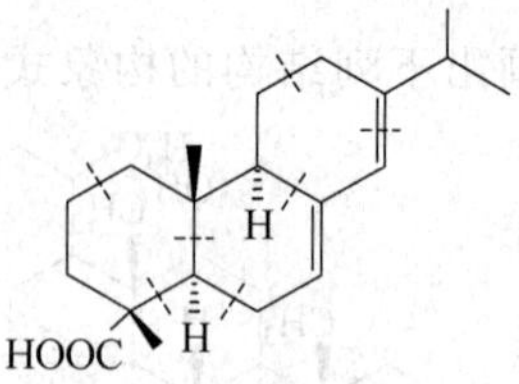

倍半萜

(4) 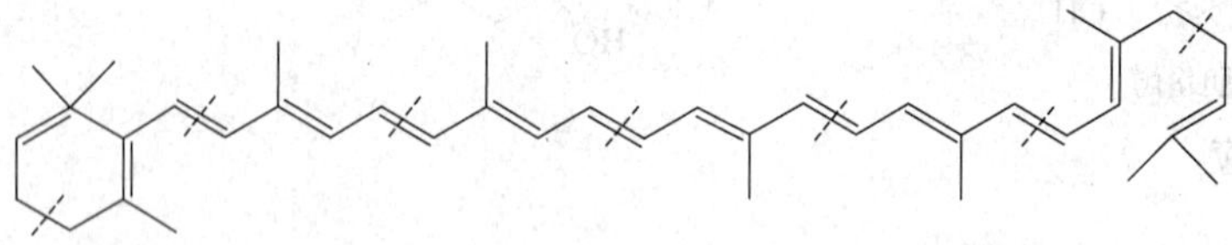

四萜

2.

(1) 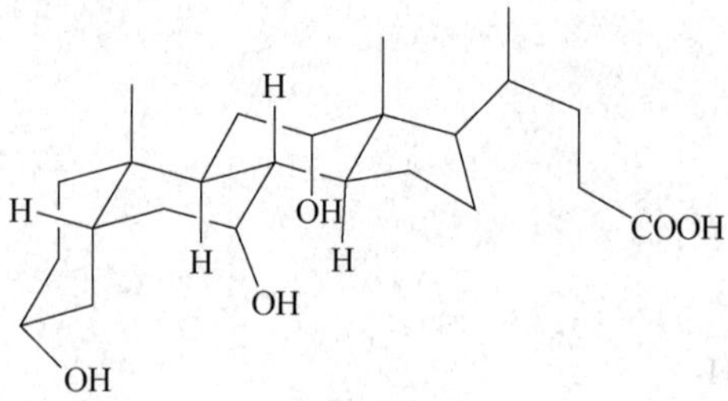

(2) 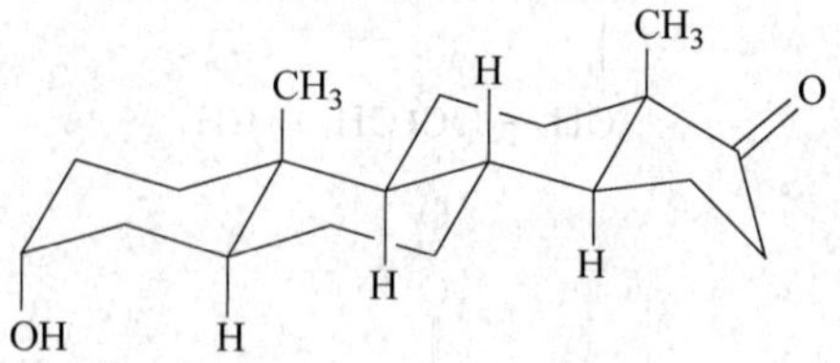

3.

(1)
$$\begin{array}{l} CH_2-OH \\ | \\ CH-OH \quad +3CH_3(CH_2)_{14}COONa \\ | \\ CH_2-OH \end{array}$$

(2)
$$\begin{array}{l} \quad\quad\quad\ \ O \\ \quad\quad\quad\ \ \| \\ CH_2-OC-(CH_2)_{16}CH_3 \\ |\quad\quad\quad O \\ |\quad\quad\quad \| \\ CH-OC-(CH_2)_{16}CH_3 \\ | \\ CH_2-OC-(CH_2)_{14}CH_3 \\ \quad\quad\quad\ \ \| \\ \quad\quad\quad\ \ O \end{array}$$

(3) $R_1COONa \quad + \quad R_2COONa \quad + \quad Na_3PO_4 \quad + \quad HOCH_2CH_2NH_2$

4.

$$\begin{array}{l} \quad\quad\quad\ CH_3 \quad\quad\quad\quad\quad\quad\quad\ CH_3 \\ \quad\quad\quad\quad | \quad\quad\quad\quad\quad\quad\quad\quad\quad | \\ CH_3CH=CCH_2CH_2CH=CCH_3 \end{array}$$

5.

A. 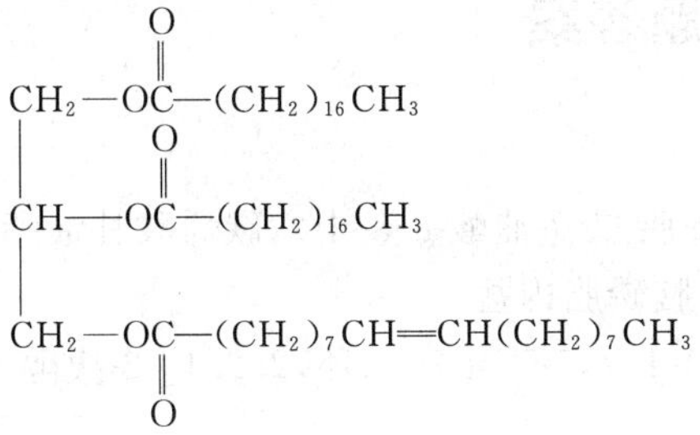

B. $CH_3(CH_2)_7CH{=}CH(CH_2)_7CH_3$

C. $CH_3(CH_2)_{16}COOH$

6.

$$\text{皂化值}=\frac{0.05\times0.015\times56\times10^3}{2}=210(\text{mg/g})$$

教材习题

1. 命名下列化合物：

(1) 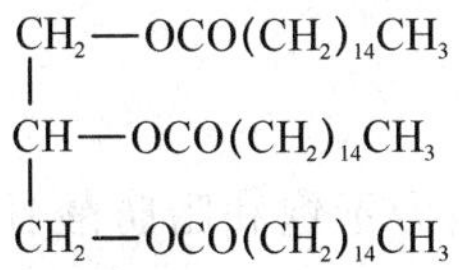

(2) 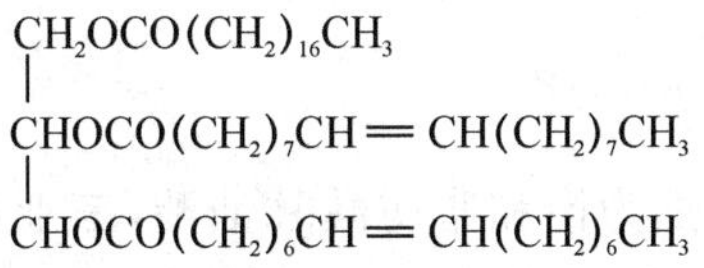

(3) 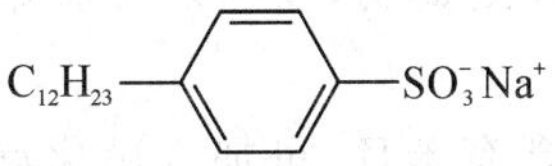

(4) 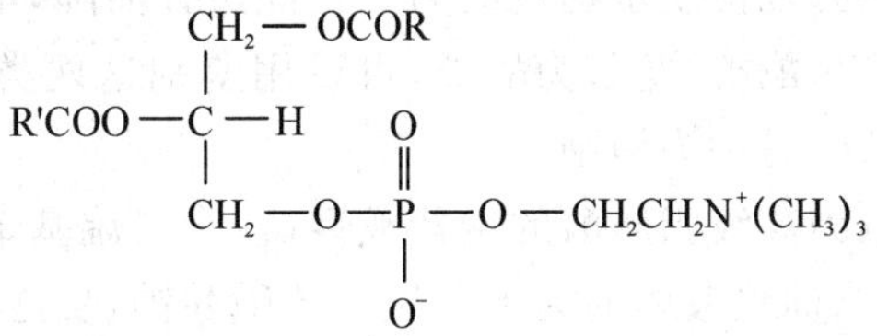

(5) 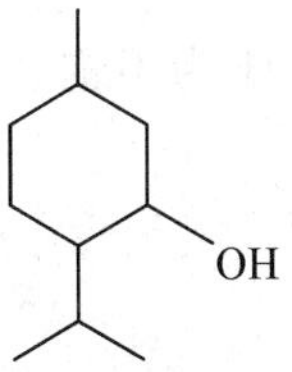

(6) 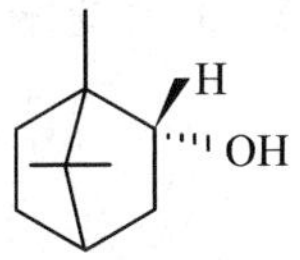

2. 写出下列物质的结构式：

(1)亚油酸　(2)棕榈酸　(3)三油酸甘油酯

(4)β-蒎烯　(5)樟脑　(6)维生素 A

3. 用化学方法鉴别下列化合物：

(1)三硬脂酸甘油酯与三亚油酸甘油酯　(2)樟脑和龙脑

(3)十二烷基磺酸钠与肥皂　(4)薄荷酮与 α-紫罗兰酮

教材习题答案

1.

(1)三软脂酸甘油酯　(2)α′-硬脂酸-β-油酸-α-8-十六碳烯酸甘油酯

(3)对十二烷基苯磺酸钠　(4)*L*-α-脑磷脂内盐

(5)5-甲基-2-异丙基环己醇　(6)(2*S*)-1,7,7-三甲基二环[2.2.1]-2-庚醇

2.

(1)$CH_3(CH_2)_4CH=CHCH_2CH=CH(CH_2)_7COOH$(*Z*,*Z*)　(2)$CH_3(CH_2)_{14}COOH$

(3)
$$\begin{array}{l} CH_2-OCO(CH_2)_7CH=CH(CH_2)_7CH_3 \\ | \\ CH-OCO(CH_2)_7CH=CH(CH_2)_7CH_3 \\ | \\ CH_2-OCO(CH_2)_7CH=CH(CH_2)_7CH_3 \end{array}$$

(4)
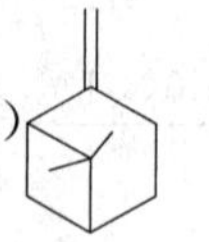

(5)
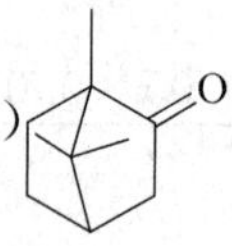

(6)
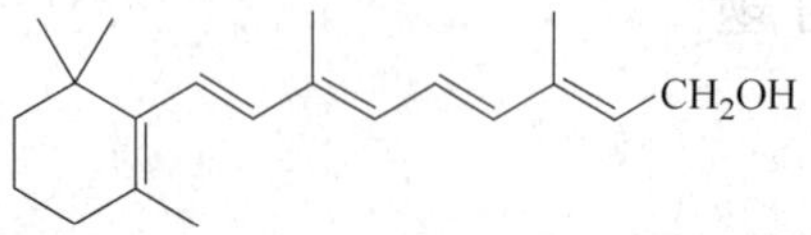

3.

(1)三硬脂酸甘油酯为饱和脂肪酸甘油酯,三亚油酸甘油酯为不饱和脂肪酸甘油酯,可以加溴水鉴别,能使溴水褪色的为三亚油酸甘油酯,不褪色的为三硬脂酸甘油酯。

(2)樟脑为酮类,龙脑为醇类,可以用鉴别这两类物质的方法鉴别,如加入金属钠,产生气泡的为龙脑,另一为樟脑。

(3)肥皂为高级脂肪酸的钠盐或钾盐,十二烷基苯磺酸钠含有苯环,可加入硝化混酸,能生成苦杏仁味油状液体的为十二烷基苯磺酸钠,反之为肥皂。

(4)薄荷酮与α-紫罗兰酮都属于酮类,但薄荷酮为饱和酮,α-紫罗兰酮为不饱和酮,可用溴水鉴别,使溴水褪色的为α-紫罗兰酮。

单元测试题、综合模拟试题及其答案

单元测试题(一)

一、单项选择题(15 题,每小题 3 分,共 45 分)

1. 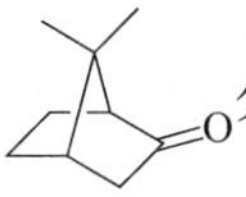

分子中的手性碳原子数是(　　)。

A. 0 个　　B. 1 个　　C. 2 个　　D. 3 个

2. 化合物 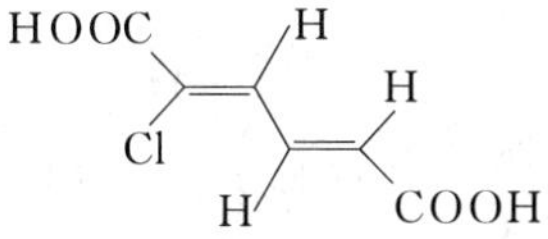

的构型是(　　)。

A. $(2E,4Z)$　　B. $(2Z,4E)$　　C. $(2Z,4Z)$　　D. $(2E,4E)$

3. 顺-1-甲基-4-乙基环己烷的构象中最稳定的是(　　)。

A. 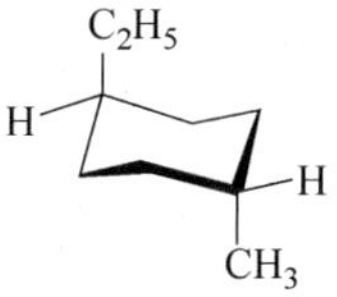

B. 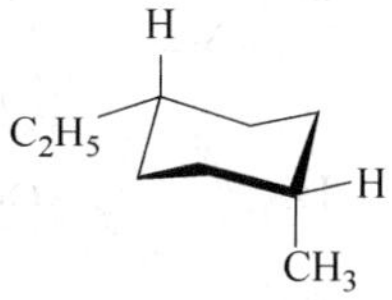

C. 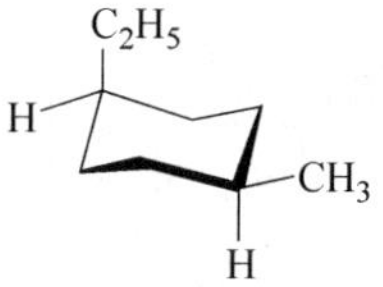

D. 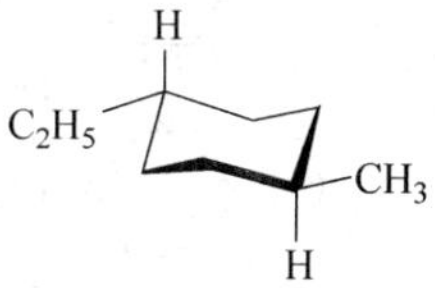

4. 下列碳正离子最稳定的是(　　)。

A. 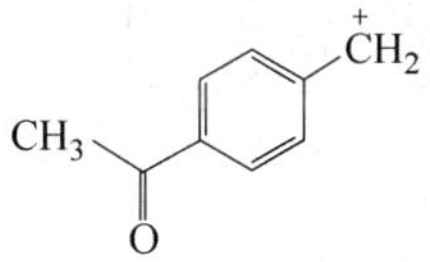

B. 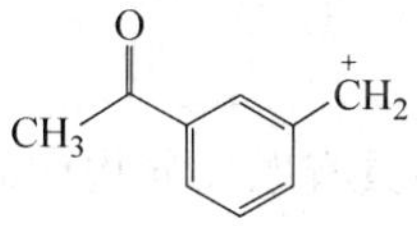

C. 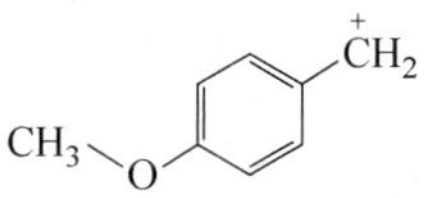

D. 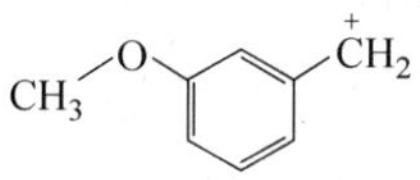

5. 下列自由基的稳定性次序是(　　)。

(a)$CH_3\dot{C}HCH_3$　　(b)$C_6H_5\dot{C}HC_6H_5$　　(c)$CH_2=CH\dot{C}H_2$　　(d)$CH_3CH_2\dot{C}H_2$

A. (d)>(a)>(b)>(c)　　B. (a)>(d)>(b)>(c)

C. (b)>(d)>(a)>(c)　　D. (b)>(c)>(a)>(d)

6. 下列化合物中同时具有三种杂化类型碳原子的是(　　)。

A. 3-甲基-1-丁炔　　B. 1-甲基环己烯　　C. 4-甲基苯甲腈　　D. 异戊二烯

7. $CH_2=CH-\overset{\overset{\displaystyle O}{\|}}{C}-CH_3$ 分子中的电子效应包括(　　)。

A. p-π 共轭和 σ-p 超共轭　　B. π-π 共轭和 σ-p 超共轭

C. p-π 共轭和 σ-π 超共轭　　D. π-π 共轭和 σ-π 超共轭

8. 硝基苯分子中硝基与苯环存在(　　)共轭效应,对苯环有(　　)作用。

A. p-π,活化　　B. π-π,活化　　C. p-π,钝化　　D. π-π,钝化

9. 下列化合物与 Br_2/Fe 作用速率最快的是(　　)。

A. 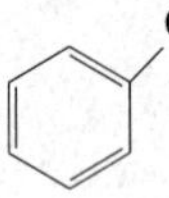
B. 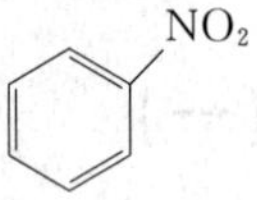
C. 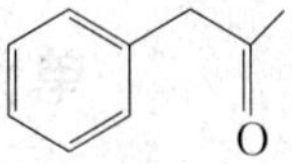
D. 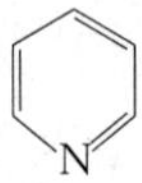

10. 反应 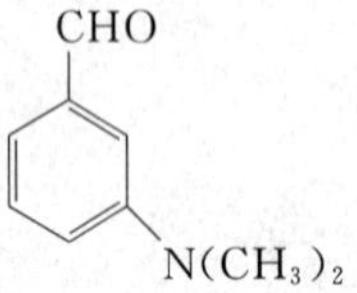 $\xrightarrow[FeCl_3]{Cl_2}$ 可能的主要产物是(　　)。

A. 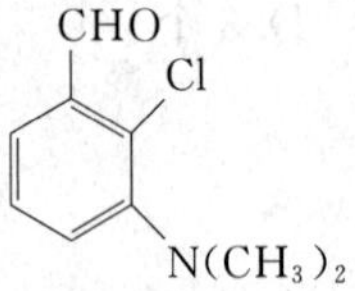
B. 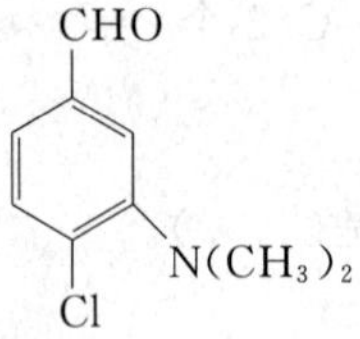
C. 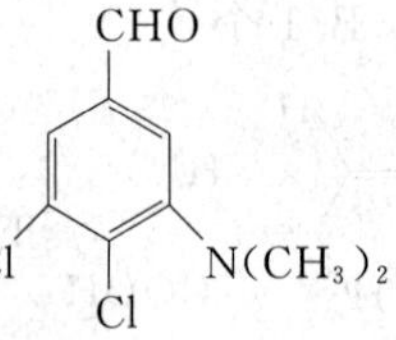
D. 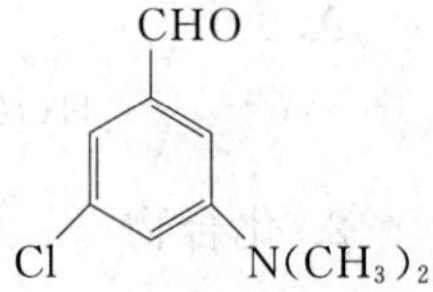

11. 下列物质中不发生 Friedel-Crafts 酰基化反应的是(　　)。

A. 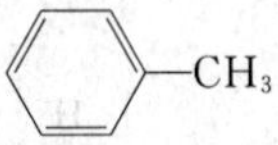
B. 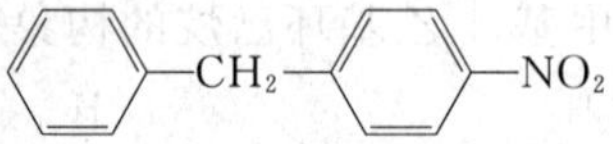
C. 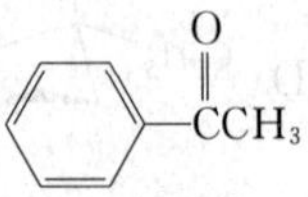
D. 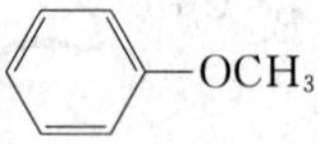

12. 下列物质中具有芳香性且 π 电子数为 6 的是(　　)。

A. 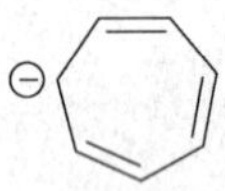
B. 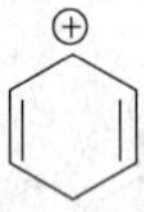
C. 
D. 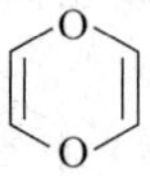

13. 下列化合物中具有顺反异构体的是(　　)。

A. 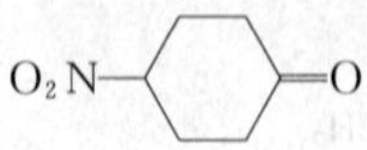
B. 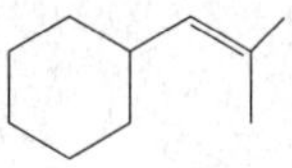
C. 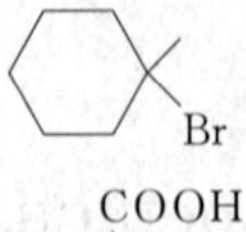
D. 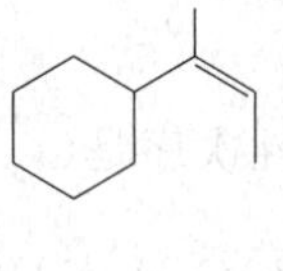

14. 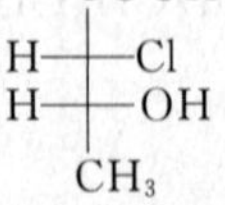 与 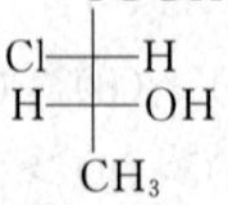 的关系是(　　)。

A. 内消旋体　　B. 对映体　　C. 非对映体　　D. 同一物质

15. (2*R*,3*S*)-2-氯-3-溴丁酸的结构式是(　　)。

A. 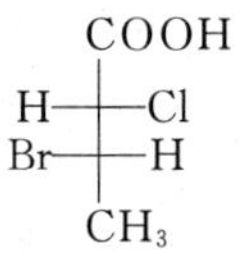 B. 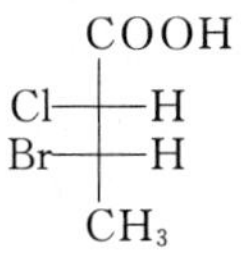 C. 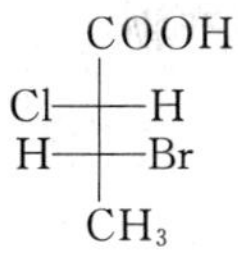 D. 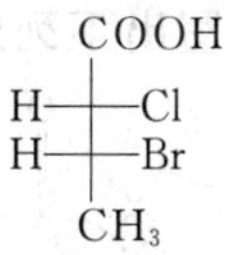

二、按要求命名或写出结构式(每小题 7 分,共 21 分)

1. 命名：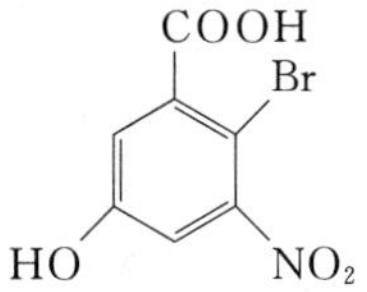

2. 命名：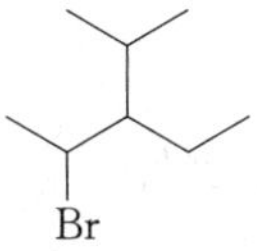

3. 顺-1-甲基-4-叔丁基环己烷的优势构象

三、写出下列反应的主要产物(每小题 7 分,共 21 分)

(1) 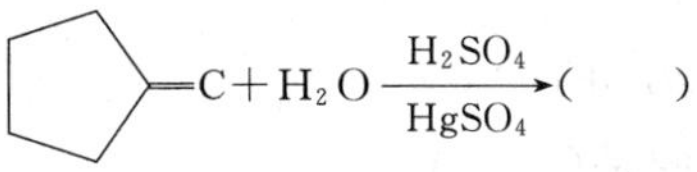

(2) 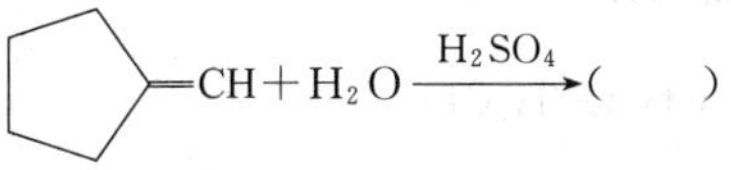

(3) 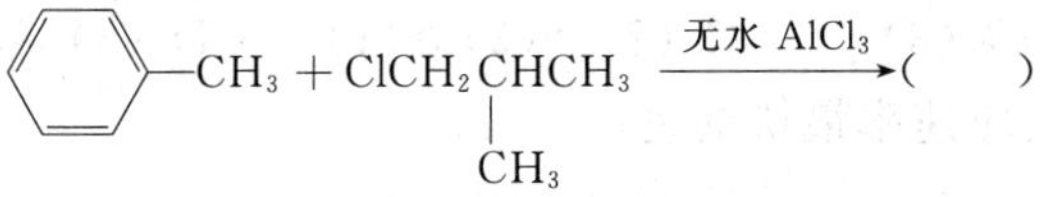

四、合成题(13 分)

由苯制备 4-乙酰基-2-溴苯甲酸(两个及两个以下的碳原子的有机试剂和无机试剂任选),写出每步反应的方程式和主要反应条件。

单元测试题(一)参考答案

一、单项选择题

1. C 2. B 3. B 4. C 5. D 6. C 7. D 8. D 9. C 10. B 11. C 12. C 13. D 14. C 15. B

二、按要求命名或写出结构式

1. 3-硝基-5-羟基-2-溴苯甲酸

2. 2-甲基-3-乙基-4-溴戊烷

3. 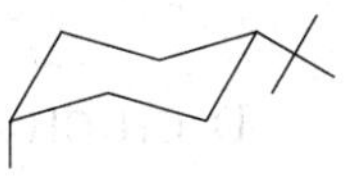

三、写出下列反应的主要产物

1. 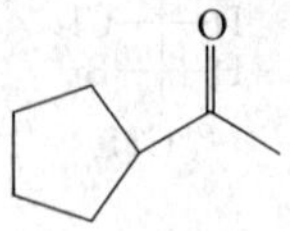

2. 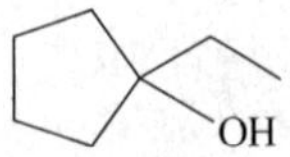

3. 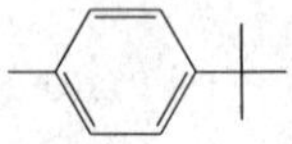

四、合成题

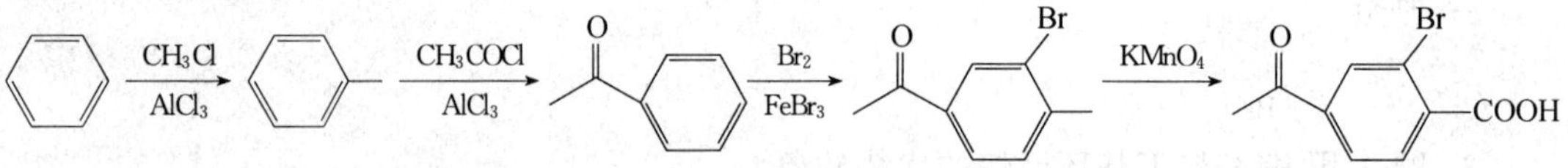

单元测试题(二)

一、选择题(本大题共 10 小题,每小题 2 分,总计 20 分)

1. 将下列化合物按酸性由强至弱排列成序,正确的是(　　)。

(1)CH_3CH_2OH　　(2) 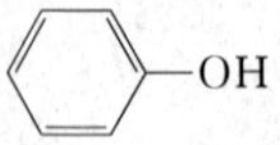　　(3)$CH_3CH_2OCH_2CH_3$

A. (1)>(2)>(3)　　B. (2)>(1)>(3)　　C. (2)>(3)>(1)　　D. (3)>(1)>(2)

2. 下列化合物进行 S_N2 反应时,反应速率最快的是(　　)。

A. $CH_3CH_2CH_2Br$　　B. $(CH_3)_3CCH_2Br$　　C. $(CH_3)_2CHCH_2Br$

3. 下列化合物最易消去 HBr 的是(　　)。

A. $CH_3CH_2CH_2CH_2Br$　　B. $CH_3C(CH_3)(Br)CH_2CH_3$　　C. $CH_3CH_2CH(Br)CH_3$

4. 请指出下列现象属于 S_N1 历程的是(　　)。

A. 产物的构型发生构型反转　　B. 试剂亲核性越强,反应速率越快

C. 反应不分阶段,一步完成　　D. 可能有重排产物生成

5. 亲核加成活性最高的是(　　)。

A. 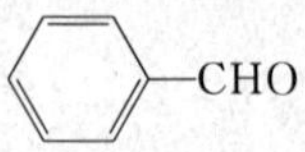　　B. 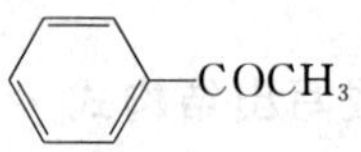

C. 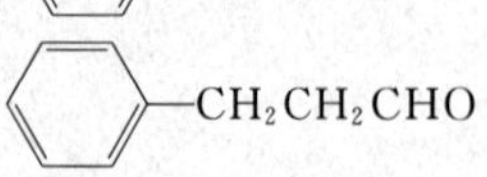　　D. 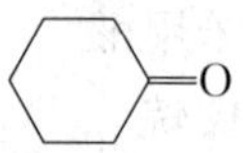

6. 分子间不能形成氢键的是(　　)。

A. CH_3COOH　　B. CH_3NH_2　　C. CH_3CHO　　D. CH_3CH_2OH

7. 下列卤代烃与硝酸银反应产生沉淀最快的是(　　)。

A. 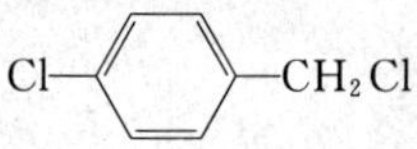　　B. 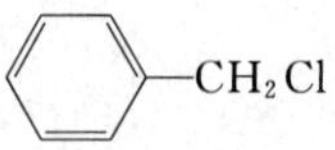

C. 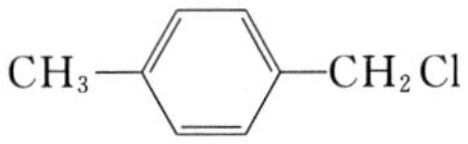　　D. 

8. 下列结构式与 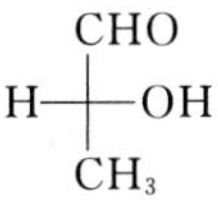 为同一化合物的是(　　)。

A. 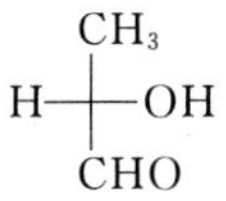　　B. 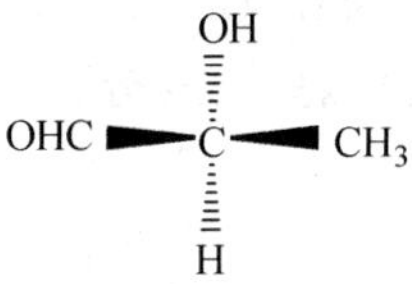　　C. 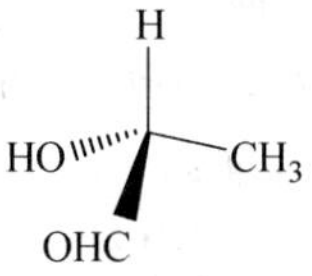　　D. 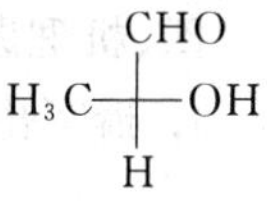

9. 下列各物质中，pK_a 值最小的是(　　)。

A. 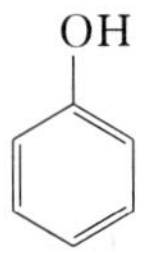　　B. 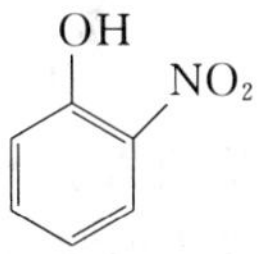　　C. 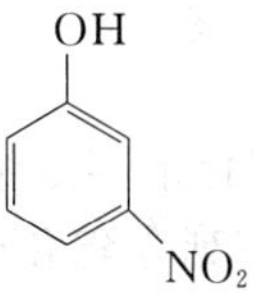　　D. 

10. 下列负离子亲核能力最强的是(　　)。

A. I^-　　B. HO^-　　C. F^-　　D. H_2O

二、根据化合物的结构写出名称或根据名称写出结构，有立体化学问题请注明(本大题共 5 小题，每小题 2 分，总计 10 分)

1. 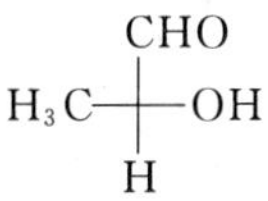　　2. 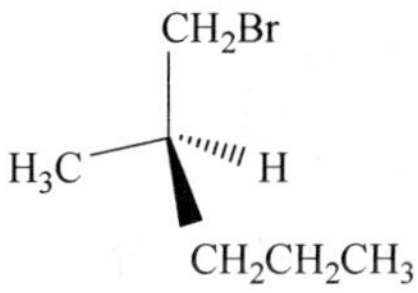　　3. $CH_3CH=CHCH_2CH_2OH$

4. β-戊二酮　　5. 甲基乙烯基醚

三、完成下列反应(本大题共 15 个空格，每空格 2 分，总计 30 分)

1. $ClCH=CHCH_2Cl+CH_3CH_2ONa \xrightarrow{CH_3CH_2OH}$

2.  $+ Br_2$

3. 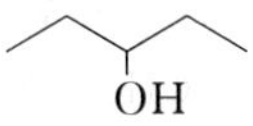 $\xrightarrow[\triangle]{H_2SO_4}$

4.  $+CH_3CH_2MgBr \xrightarrow[(2)H^+/H_2O]{(1)干醚}$

5. 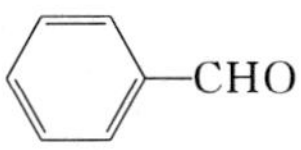 $\xrightarrow{NaBH_4}$

6. 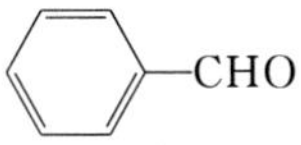 $\xrightarrow[(2)H_2O]{(1)C_2H_5MgBr}$

7. $CH_3CH_2CH_2CH_2OH+HBr \xrightarrow[\triangle]{H_2SO_4} ? \xrightarrow{NaCN} ?$

8. $CH_3CH(CH_3)CH_2OCH_2CH_3 + HI \xrightarrow{\triangle} ? + ?$

9. 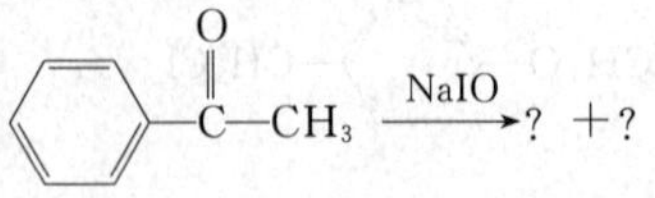

10. 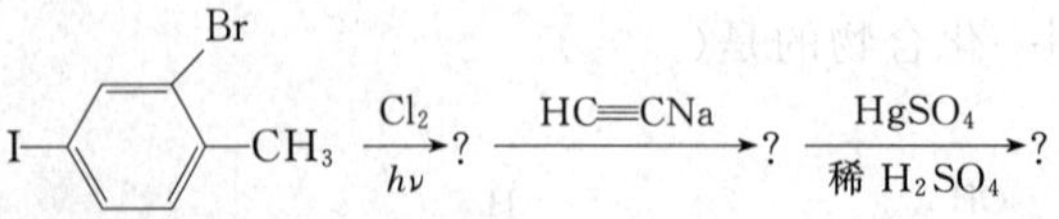

四、机理题(本大题共 2 小题,每小题 5 分,总计 10 分)

1. 请写出下列反应机理:

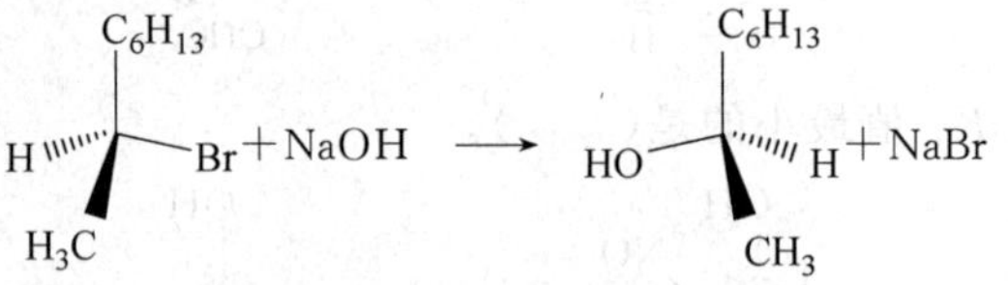

2. 请写出乙醛在碱催化下羟醛缩合反应的反应机理。

五、用化学方法鉴别下列各组化合物(本大题共 2 小题,每小题 5 分,总计 10 分)

1. 苯酚,环己醇,环己烷,溴代环己烷

2. 乙醛,丁醛,环戊酮

六、合成题(本大题共 2 小题,每小题 5 分,总计 10 分)

1. $CH_3CH_2CH_2OH \longrightarrow CH_3CH_2CH_2OCH(CH_3)_2$

2. 以环己醇和两个碳以下的有机试剂为原料合成

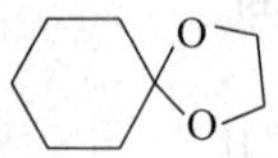

七、推断题(本大题共 2 小题,每小题 5 分,总计 10 分)

1. 某化合物分子式 A($C_5H_{12}O$),氧化后的 B($C_5H_{10}O$),B 能和羟胺反应得 C($C_5H_{11}ON$),也能发生碘仿反应得异丁酸,A 与浓硫酸共热后的产物再用 $KMnO_4$ 氧化,得 D 和 E,试推测 A~E 的结构。

2. 化合物 A 与 Br_2 的 CCl_4 溶液作用,生成一个三溴化合物 B。A 很容易与 NaOH 水溶液作用,生成两种同分异构体的醇 C 和 D。A 与 KOH 的乙醇溶液作用,生成一种共轭二烯烃 E。将 E 经臭氧化、锌粉水解后生成乙二醛和 4-戊酮醛($H-\overset{O}{\overset{\|}{C}}-CH_2-CH_2-\overset{O}{\overset{\|}{C}}-CH_3$)。试推测 A~E 的构造。

单元测试题(二)参考答案

一、

1~5. BABDC　　6~10. CDCDA

二、

1. (*s*)-2-羟基丙醛　　2. (*R*)-2-甲基-1-溴戊烷　　3. 3-戊烯-1-醇

4. $CH_3\overset{O}{\overset{\|}{C}}CH_2\overset{O}{\overset{\|}{C}}CH_3$　　5. $CH_3OCH{=}CH_2$

三、

1. $ClCH{=}CHCH_2OCH_2CH_3$ 2. 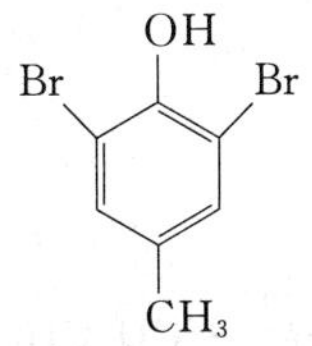

3.  4. $CH_3(CH_2)_2CH_2OH$

5. 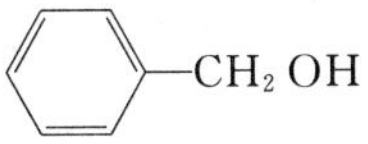 6. 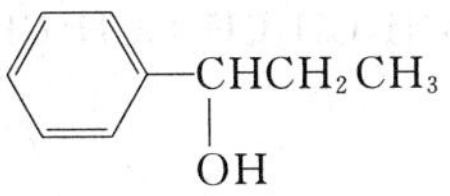

7. $CH_3CH_2CH_2CH_2Br$ $CH_3CH_2CH_2CH_2CN$

8. CH_3CH_2I, $(CH_3)_2CHCH_2OH$

9. 

10. 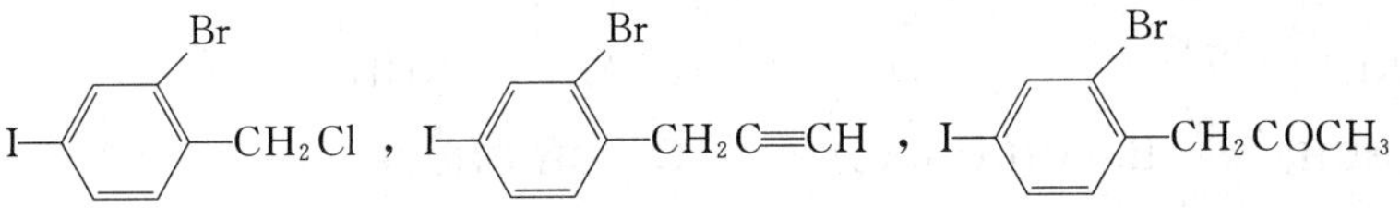

四、机理题

1. 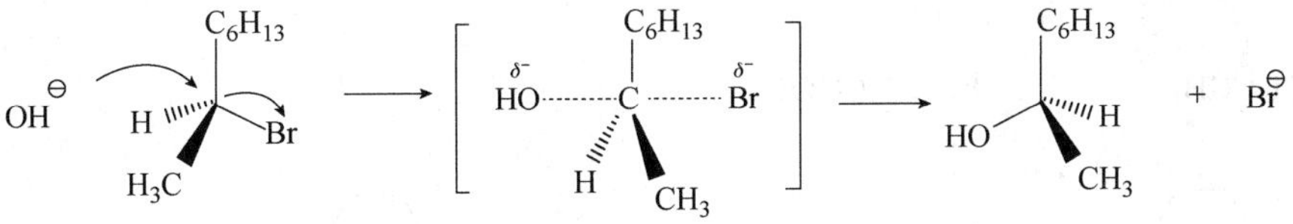

2.

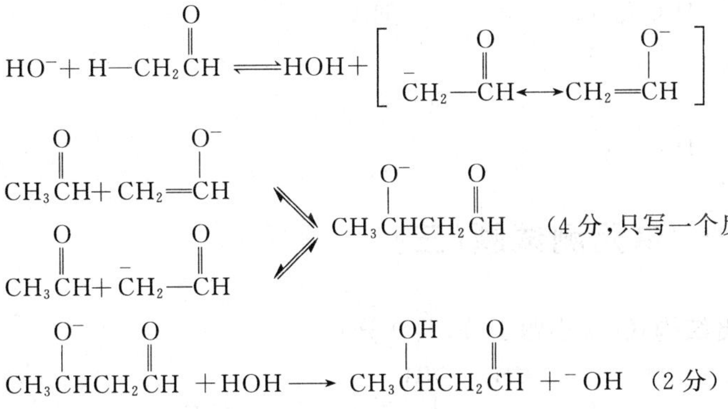

（4 分，只写出一个共振式也可）

（4 分，只写一个反应式也可）

（2 分）

五、

1. 分别取少许加入溴水，能与溴水反应生成白色沉淀的是苯酚，其他三种物质无反应现象。再分别取少许加入 Lucas 试剂，几分钟后出现浑浊的是环己醇，其他两种物质无反应现象。最后用硝酸银的乙醇溶液，几分钟后生成白色沉淀的是溴代环己烷，无反应现象的是环己烷。（2 分）

2. 分别取少许加入 Tollens 试剂，微热后产生光亮银沉淀的是乙醛和丁醛，无变化的是环戊酮；再分别取少量乙醛和丁醛加入次碘酸钠溶液，产生黄色结晶的是乙醛，无变化的是丁醛。

六、合成题

1.

$CH_3CH_2CH_2OH \xrightarrow{HBr} CH_3CH_2CH_2Br$

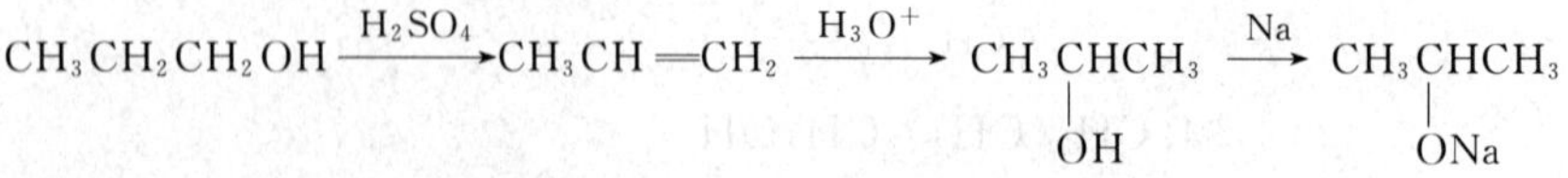

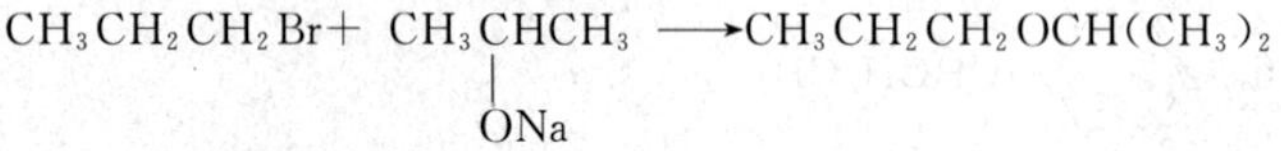

2.

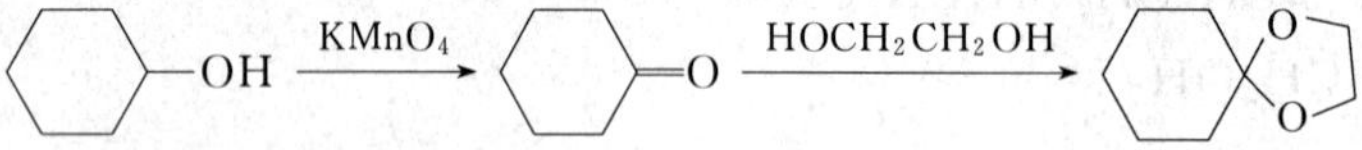

七、推断题

1.

A. 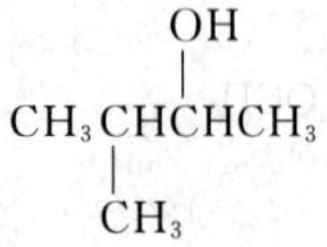 B. 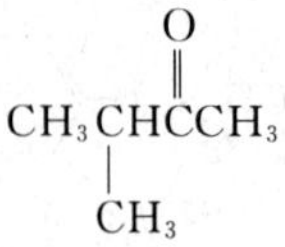 C. 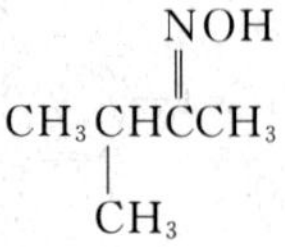

D. 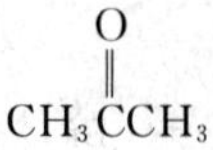 E. CH_3COOH

2.

A. 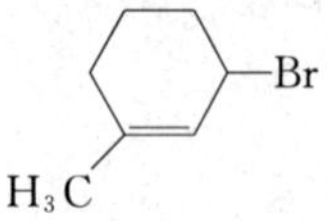 B. 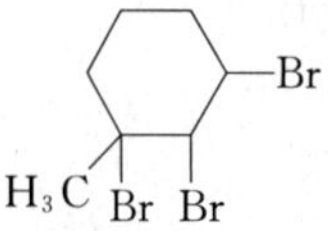 C. 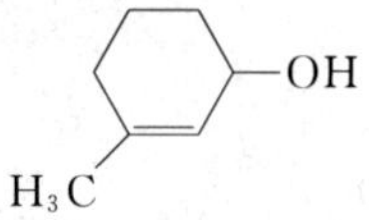

D. 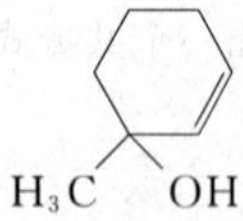 E. 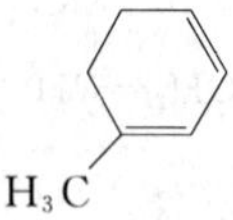

单元测试题(三)

一、命名下列化合物或写出结构式(每小题 1 分,共 9 分)

1. 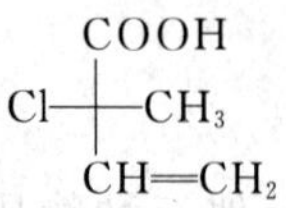 2. 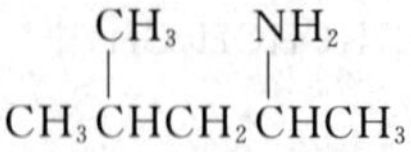 3. 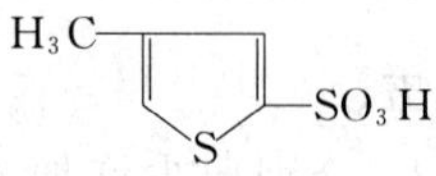

4. 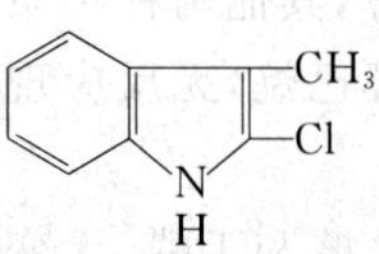 5. 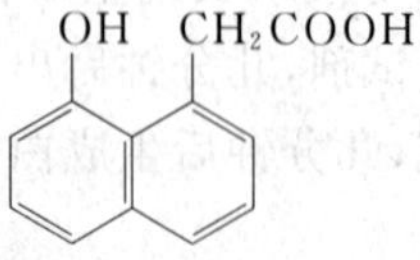 6. 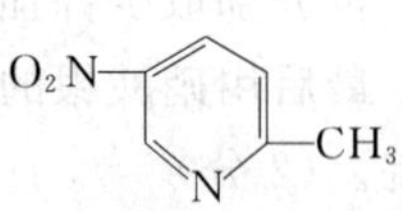

7. $(CH_3CH_2CH_2CH_2)_4\overset{+}{N}Br^-$ 8. 甲酸苯甲酯 9. N,N-二甲基苯甲酰胺

二、单项选择(每小题 2 分,共 30 分)

1. 下列化合物中熔点最高的是(　　)。

A. $CH_3\overset{\overset{O}{\|}}{C}OCH_3$　　B. $CH_3CH_2\overset{\overset{O}{\|}}{C}OH$　　C. $CH_3CH_2\overset{\overset{O}{\|}}{C}NH_2$　　D. $CH_3CH_2\overset{\overset{O}{\|}}{C}Cl$

2. 下列化合物中酸性最强的是(　　)。

A. 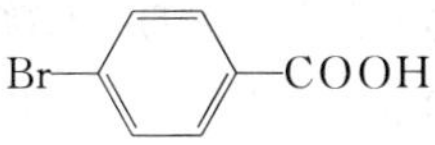

B. 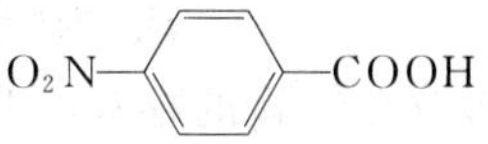

C. 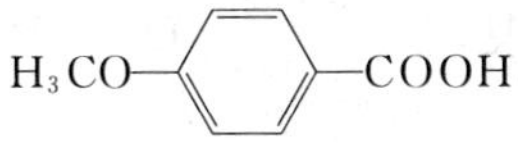

D. 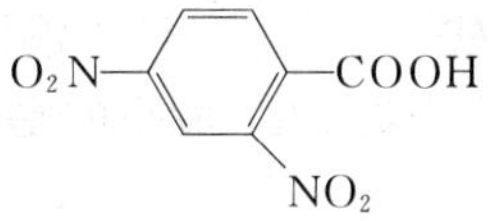

3. 下列化合物能发生 Cannizzaro 反应的是(　　)。

A. 丙醛　　B. 呋喃　　C. 苯乙醛　　D. α-呋喃甲醛

4. 下列羧酸酯中,(　　)不能进行酯缩合反应。

A. 甲酸乙酯　　B. 乙酸正丁酯　　C. 丙酸乙酯　　D. 苯乙酸乙酯

5. 下列几种物质中有芳香性的是(　　)。

A. 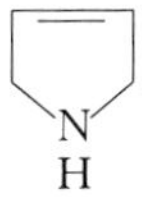　　B. 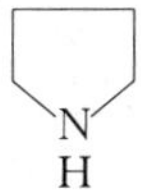　　C. 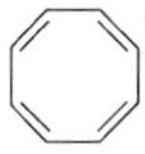　　D. 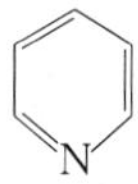

6. 下列化合物中能形成分子内氢键的是(　　)。

A. 苯甲酸　　B. 乙酸乙酯　　C. 邻硝基苯酚　　D. 对硝基苯酚

7. 四氢吡咯与亚硝酸的反应产物是(　　)。

A. 氮气　　B. 亚硝酸盐

C. 黄色亚硝胺　　D. 绿色片状结晶

8. 下列乙酸的衍生物进行水解反应由快到慢的顺序为(　　)。

①乙酰氯　②乙酸酐　③乙酸乙酯　④乙酰胺

A. ①>②>③>④　　B. ④>③>②>①

C. ②>①>④>③　　D. ③>④>①>②

9. 下列化合物中遇 $FeCl_3$ 溶液不能显色的是(　　)。

A. 乙酸乙酯　　B. 乙酰乙酸乙酯

C. 苯酚　　D. 2,4,6-三硝基苯酚

10. 下列化合物中,存在互变异构现象的是(　　)。

A. $CH_3COCH_2COOC_2H_5$　　B. 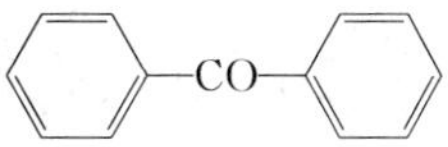

C. $CH_3CH_2CH_2NO_2$　　D. $(CH_3)_3CNO_2$

11. 下列化合物碱性顺序正确的是(　　)。

① $CH_3\overset{\overset{O}{\|}}{C}NH_2$　　②$CH_3CH_2NH_2$

③$(CH_3CH_2)_2NH$　　④$(CH_3CH_2)_4\overset{+}{N}Br^-$

A. ①>②>③>④　　　　B. ④>①>②>③
C. ④>③>②>①　　　　D. ③>②>④>①

12. 下列化合物中发生环上亲电取代反应活性最大的是(　　)。

A. 苯　　B. 吡咯　　C. 吡啶　　D. 氯苯

13. β-醇酸受热后主要的产物是(　　)。

A. 交酯　　B. 内酯　　C. 不饱和酸　　D. 不确定

14. 丙酸与溴在红磷的存在下反应得到的主要产物是(　　)。

A. 2-溴丙酸　　B. 3-溴丙酸　　C. 丙酰溴　　D. 丙醛

15. 下列化合物 pK_b 最小的是(　　)。

A. 
B. 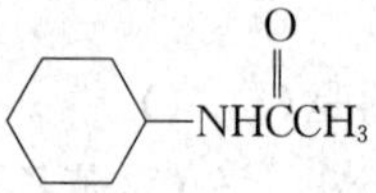
C. 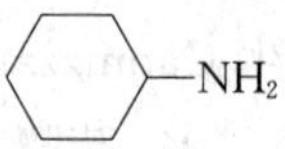
D. 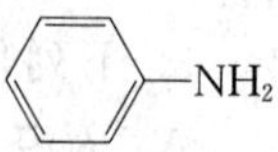

三、完成反应式(每题 2 分,共 28 分)

1. 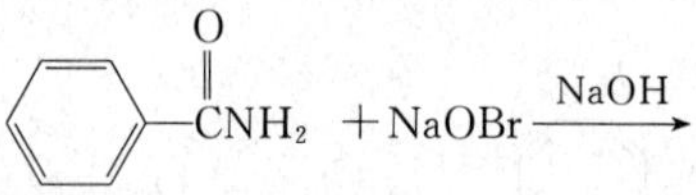

2. 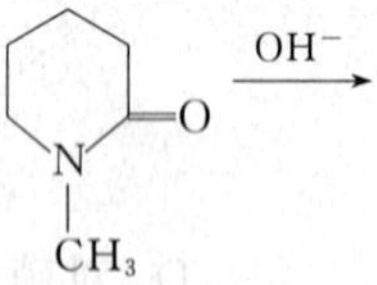

3. 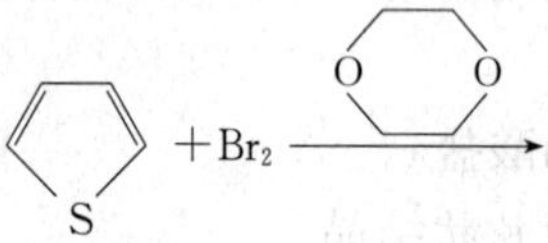

4. 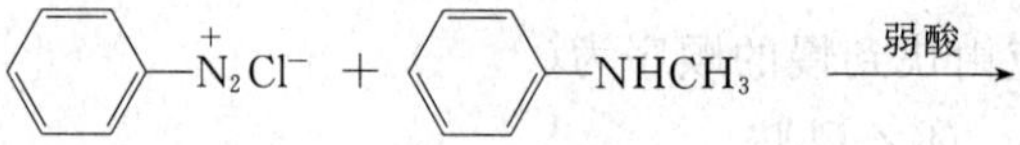

5. 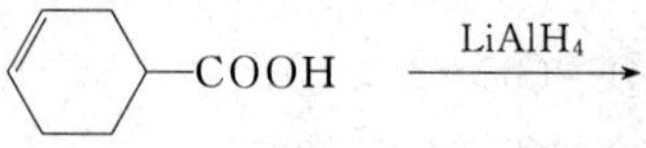

6. 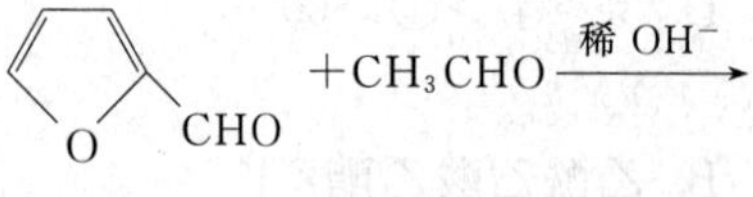

7. 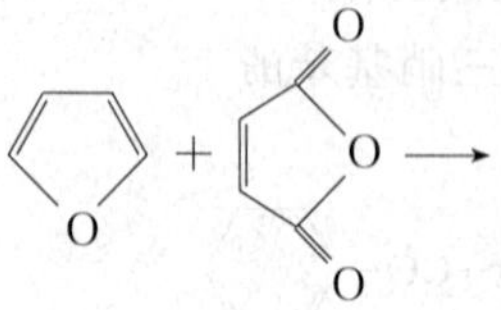

8. 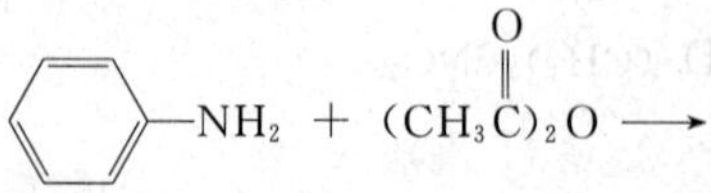

9. $HOOCCH_2COOH \xrightarrow[\triangle]{}$

10. 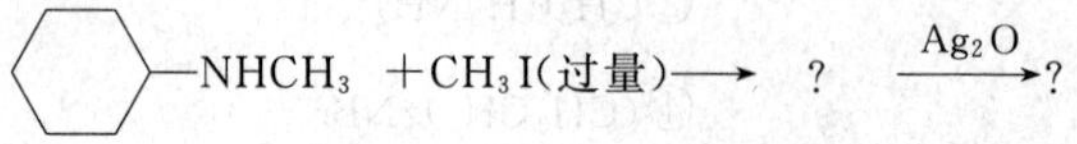

11. $CH_3\overset{O}{\overset{\|}{C}}OCH_3 + (CH_3)_2CHOH \longrightarrow$

12. 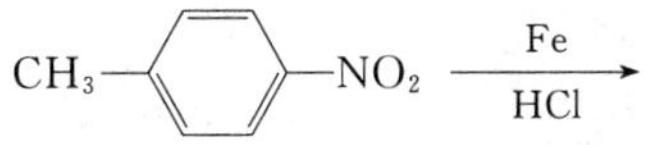

13. 

14. $(CH_3)_2NH + CH_3\overset{O}{\overset{\|}{C}}Cl \longrightarrow$

四、用化学方法鉴别下列各组化合物(每个化合物 1 分,共 9 分)

1. 苯甲酸,苯酚,苯甲醇

2. 甲酸,乙酸,草酸

3. 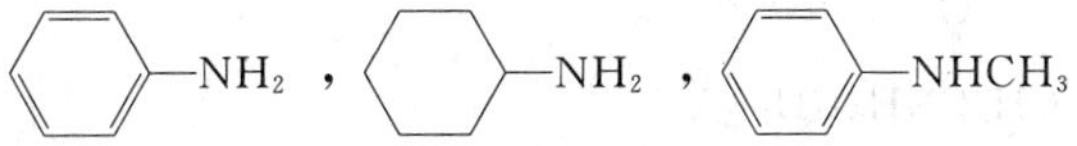

五、合成(无机试剂任选,每小题 6 分,共 12 分)

1. 由甲苯合成 4-甲基-2,6-二溴苯胺。

2. 由 $CH_3CH_2CH_2CN$ 合成 $CH_3CH_3CH_2NH_2$。

六、推导结构(每个化合物 2 分,共 12 分)

1. 化合物 A($C_{10}H_{12}O_2$)不溶于 NaOH 溶液,能与 2,4-二硝基苯肼反应,但不与 Tollens 试剂作用,A 经 $LiAlH_4$ 还原得 B($C_{10}H_{14}O_2$)。A 和 B 都可发生碘仿反应。A 与 HI 作用生成 C($C_9H_{10}O_2$),C 可溶于 NaOH,但不溶于 $NaHCO_3$ 溶液。C 用 Zn-Hg 齐还原生成化合物 D($C_9H_{12}O$),A 经氧化可得间甲氧基苯甲酸。试写出 A～D 的结构式。

2. 化合物 A($C_5H_{11}O_2N$)具有旋光性,在稀碱作用下水解生成 B 和 C。其中 B 也具有旋光性,既能与酸成盐,也能与碱成盐,还可与 HNO_2 反应放出 N_2。C 没有旋光性,但能发生碘仿反应,也能与金属钠反应放出 H_2。试写出 A、B、C 的结构式。

单元测试题(三)参考答案

一、

1. (2S)-2-甲基-2-氯-3-丁烯酸 2. 2-甲基-4-氨基戊烷 3. 4-甲基-2-噻吩磺酸

4. 3-甲基-2-氯吲哚 5. 8-羟基-1-萘乙酸 6. 2-甲基-5-硝基吡啶

7. 溴化四正丁基铵 8. 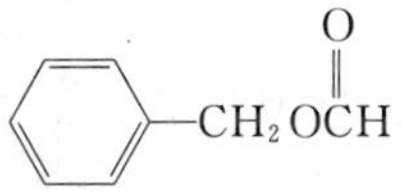 9. 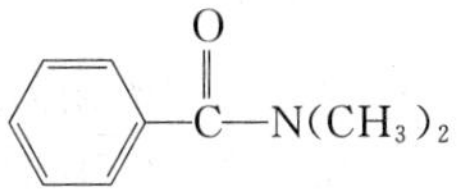

二、

1. C 2. D 3. D 4. A 5. D 6. C 7. C 8. A 9. A 10. A 11. C 12. B 13. C 14. A 15. A

三、

1. 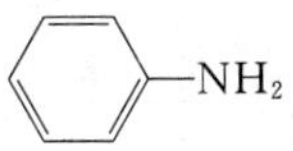 2. $CH_3NHCH_2CH_2CH_2CH_2COO^-$ 3. 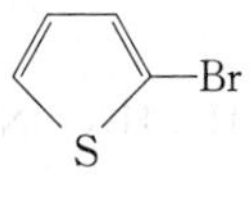

4. 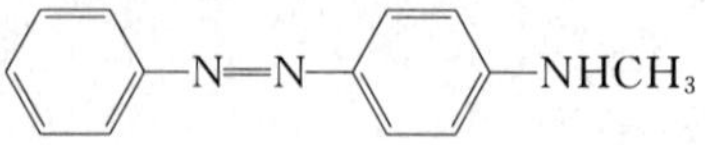

5. 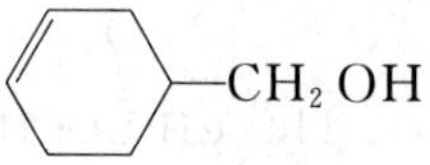

6. 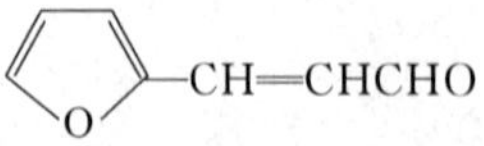

7. 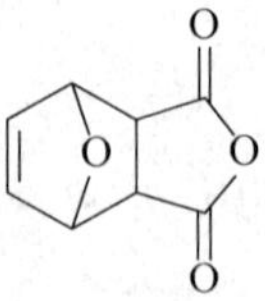

8. 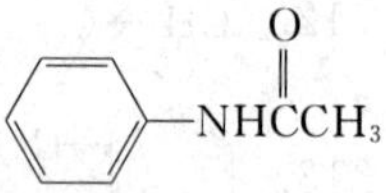

9. $CH_3COOH+CO_2\uparrow$

10. 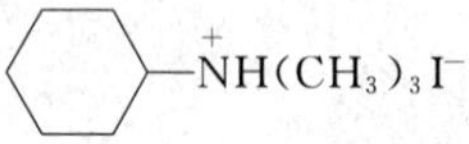

11. $CH_3\overset{O}{\overset{\|}{C}}OCH(CH_3)_2$

12. 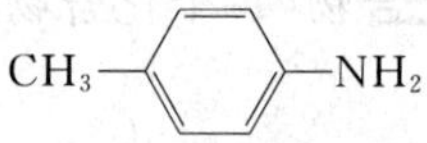

13. 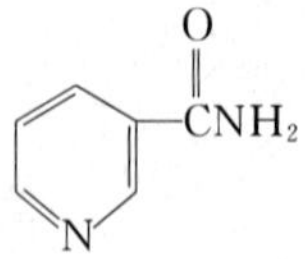

14. $CH_3\overset{O}{\overset{\|}{C}}NH(CH_3)_2$

四、

1. 苯甲酸、苯甲醇、苯酚 $\xrightarrow{\text{溴水}}$ 苯甲酸：—；苯甲醇：—；苯酚：白色沉淀。前两者 $\xrightarrow{Na_2CO_3\text{ 溶液}}$ 苯甲酸：有气体放出；苯甲醇：—

2. 甲酸、草酸、乙酸 $\xrightarrow{KMnO_4,H^+}$ 甲酸：褪色；草酸：褪色；乙酸：—。前两者 $\xrightarrow{\text{Tollen 试剂}}$ 甲酸：银镜；草酸：—

3. 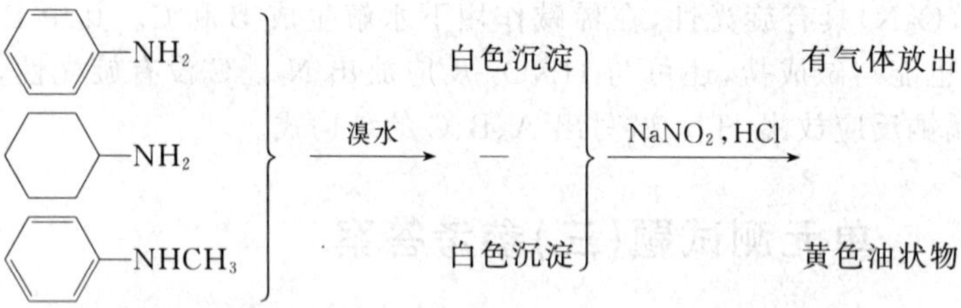

五、

1. 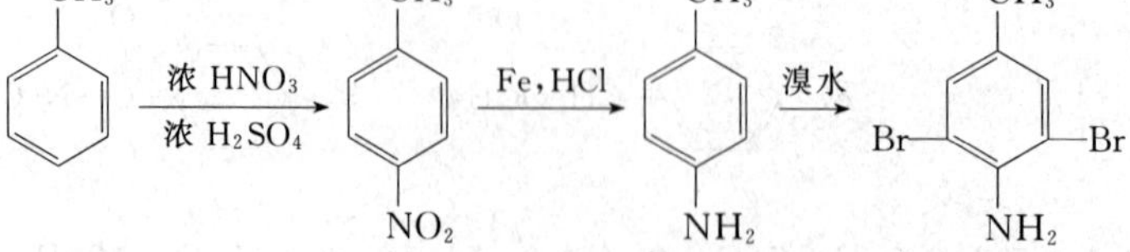

2. $CH_3CH_2CH_2CN \xrightarrow{H_3O^+} CH_3CH_2CH_2COOH \xrightarrow{SOCl_2} CH_3CH_2CH_2COCl \xrightarrow{NH_3}$

$CH_3CH_2CH_2CONH_2 \xrightarrow[OH^-]{Br_2} CH_3CH_2CH_2NH_2$

六、

1.

A. 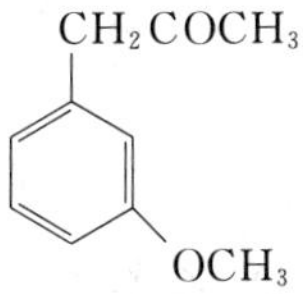 B. 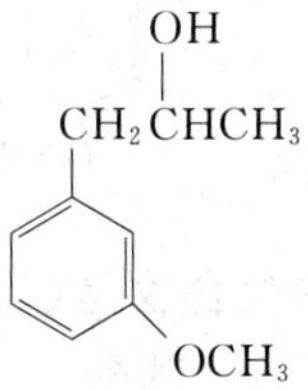 C. 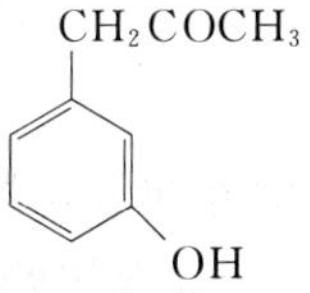 D. 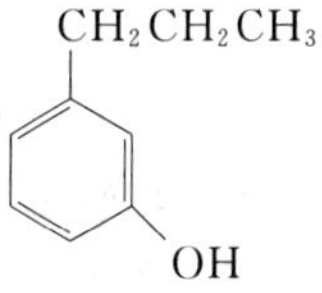

2. A. $CH_3CH(NH_2)COOCH_2CH_3$ B. $CH_3CH(NH_2)COO^-$ C. CH_3CH_2OH

综合模拟试题(一)

一、单项选择题(每小题 2 分,共 30 分)

1. 下列化合物中酸性最强的是(　　)。

A. 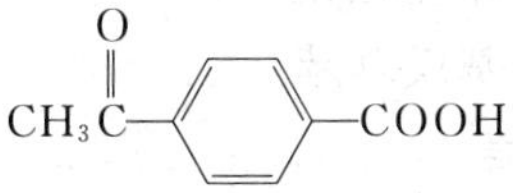 B. 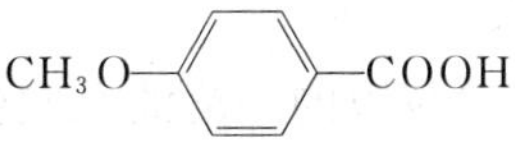

C. 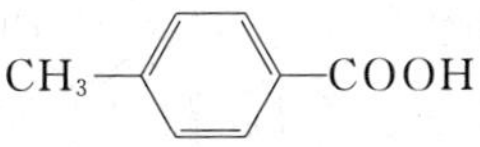 D. 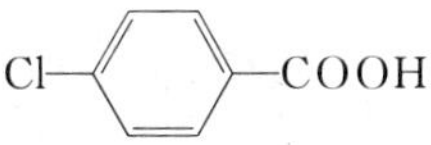

2. 下列化合物中碱性最强的是(　　)。

A. $N(CH_3)_4OH$ B. CH_3NH_2 C. $(CH_3)_2NH$ D. $(CH_3)_3N$

3. 下列化合物,沸点最高的是(　　)。

A. 乙醇 B. 乙醛 C. 乙酸 D. 氯乙烷

4. 化合物 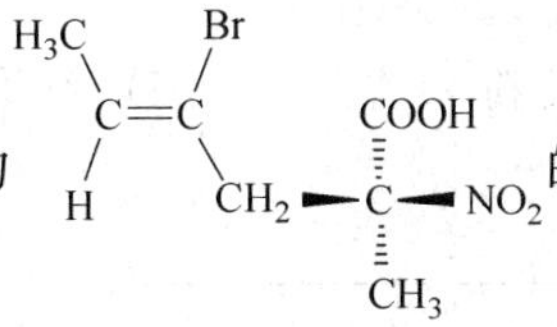 的构型是(　　)。

A. $(2R,4Z)$ B. $(2S,4Z)$ C. $(2S,4E)$ D. $(2R,4E)$

5. 下列自由基的稳定性最高的是(　　)。

A. $CH_3\dot{C}HCH_3$ B. $C_6H_5\dot{C}(CH_3)_2$ C. $C_6H_5\dot{C}HCH_3$ D. $CH_3CH_2\dot{C}H_2$

6. 下列苯环上的定位基中属于间位定位基的是(　　)。

A. 乙酰氨基 B. 乙基 C. 溴原子 D. 乙酰基

7. 下列化合物,没有芳香性的物质是(　　)。

A. 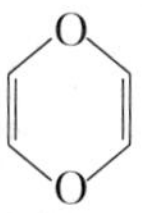 B. 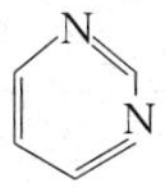 C.  D. 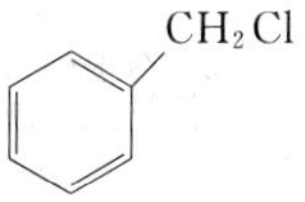

8. 下列化合物无旋光性的是(　　)。

A. 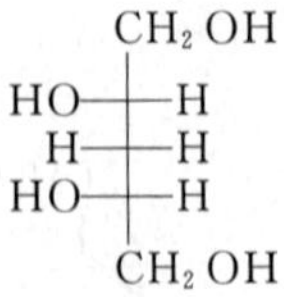　B. 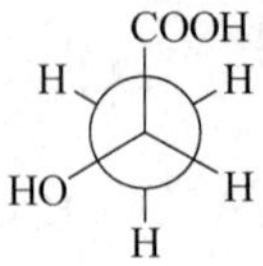　C. 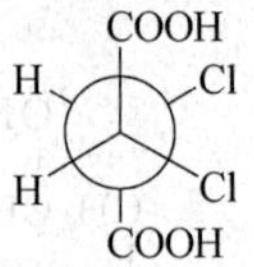　D. 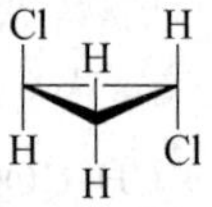

9. 下列化合物,分子中存在 p-π 共轭作用的化合物是(　　)。

A. 苯乙烯　B. 苯甲醛　C. 苯酚　D. 乙苯

10. 下列几种醇中常温下不与 lucas 试剂反应的为(　　)。

A. 丁醇　B. 2-丁醇　C. 苯甲醇　D. 2-甲基-2-丙醇

11. 下列羰基化合物亲核加成的相对反应活性最大的是(　　)。

A. HCHO　B. CH_3CHO　C. Cl_3CCHO　D. 丙酮

12. 按系统命名法,化合物 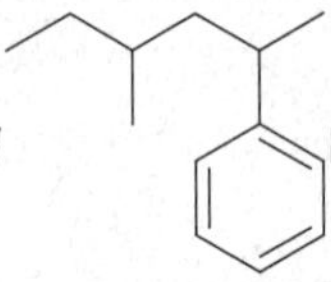 的正确名称是(　　)。

A. 4-甲基-2-苯基己烷　B. 3-甲基-5-苯基己烷

C. 4-甲基-2-己基苯　D. 1,3-二甲基戊基苯

13. 下列化合物与硝酸银的醇溶液反应生成沉淀最快的是(　　)。

A. 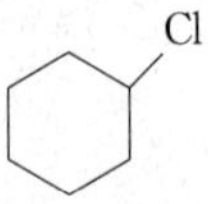　B. 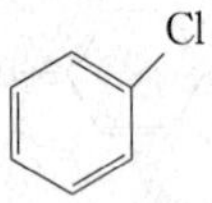　C. 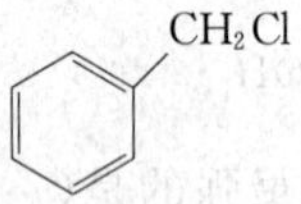　D. 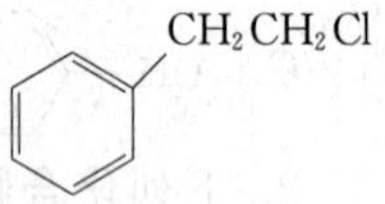

14. 下列反应按机理属于游离基取代反应的是(　　)。

A. 苯环上的氯代反应　B. 苯环侧链上的氯代反应

C. 乙醇羟基的氯代反应　D. 乙酸羧基中羟基的氯代反应

15. 下列化合物中,能还原 Fehling 试剂的是(　　)。

A. 葡萄糖　B. 蔗糖　C. 淀粉　D. 纤维素

二、填空题(每空 2 分,共 40 分)

1. 反-1-甲基-3-叔丁基环己烷的优势构象为____________。

2. 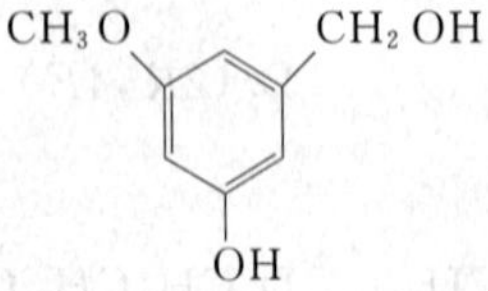 的系统名为____________。

3. 反-1,3-二甲基环戊烷的结构式为____________。

4. 取代环丙烷与卤化氢发生加成反应时,环在含氢原子最多和含氢原子最少的两个环碳原子之间断裂。氢原子一般加到含氢最______的环碳原子上。

5. 化合物 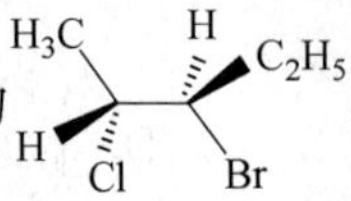 的系统名称是____________。

6. 在 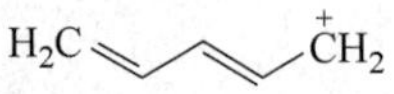 构造式中存在着______共轭效应和______共轭效应。

7. 邻苯二酚、间苯二酚、对苯二酚中可能形成分子内氢键的是______。

8. 利用羟醛缩合反应制备 3-苯基丙烯醛的反应主要有机物原料是__________和__________。

9. 2,4-戊二酮的烯醇式结构为__________。

10. 化合物 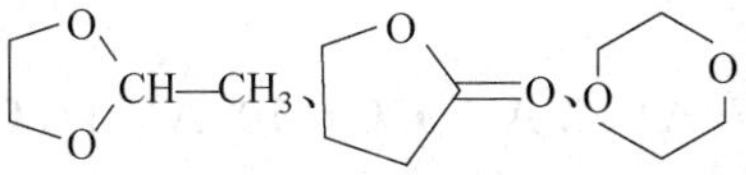 中不能发生酸水解反应的是__________。

11. 乙酸乙酯、乙酰氯、乙酸酐、乙酸发生与氨反应时活泼性最小是__________。

12. 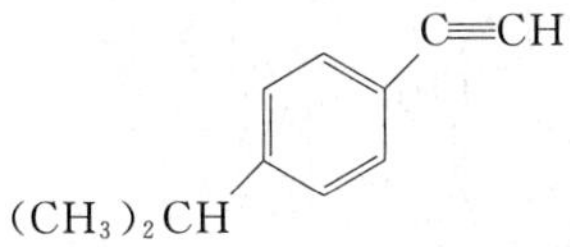 被酸性高锰酸钾氧化的主要产物为__________。

13. 甲基环戊烷在光照条件下与溴作用时，在活性最高的碳原子上发生反应的主要产物为__________。

14. 在 $AlCl_3$ 催化下，苯和 2-甲基-1-氯丙烷反应的主要产物为__________。

15. 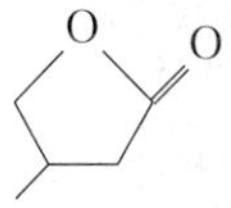 $\xrightarrow[\triangle]{NaOH/H_2O}$ ____________________。

16. 丙氨酸在 pH=10 的水溶液中的主要离子形态是__________。

17. 由常见蛋白质水解得到的有旋光性的 α-氨基酸的相对构型是__________型。

18. 按反应机理，醛、酮与格氏试剂在无水乙醚中的反应属于________________。

三、用简便并能产生明显现象的化学方法分别鉴别下列各组化合物(每小题 3 分，共 9 分)

1. 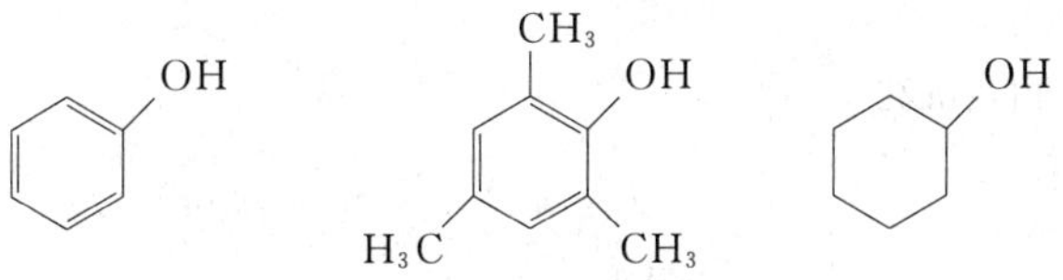

2. 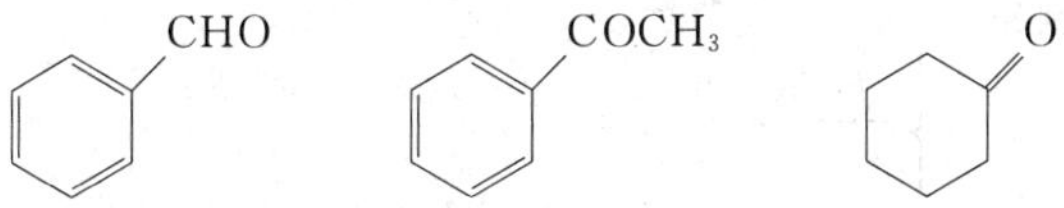

3. 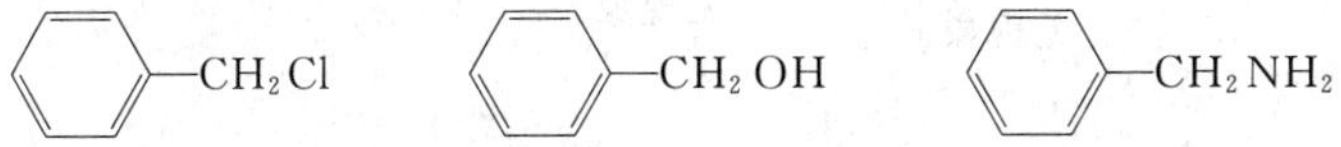

四、推断结构(每个化合物 2 分，共 12 分)

1. 化合物 A 的分子式为 $C_7H_{12}O$，能与 2,4-二硝基苯肼生成沉淀，与甲基溴化镁反应后水解生成化合物 B，分子式为 $C_8H_{16}O$。B 与浓硫酸在加热下反应脱水生成 C，分子式为 C_8H_{14}，C 与 $KMnO_4$反应生成 3-甲基-6-庚酮酸。推测化合物 A、B、C 可能的结构。

2. 化合物 A 的分子组成为 $C_{11}H_{14}O_2$，不与碱作用，但与酸的水溶液反应生成分子组成为 $C_9H_{10}O$ 的化合物 B 和乙二醇；B 能与苯肼作用生成黄色沉淀，也能与 Tollens 试剂反应生成取代的苯甲酸；B 与 $Br_2/FeBr_3$ 作用只得到 1 种一溴代产物 C，分子组成为 $C_9H_{10}OBr$。写出化合物 A、B、C 可能的结构式。

五、按照要求制备下列物质(共 9 分)

(1)由苯甲醛制备 3-苯基丙醇(4 分)

(2)由乙烯制备 $CH_3CH_2OCH_2CH_2OH$(5 分)

综合模拟试题(一)参考答案

一、

1. A　2. A　3. C　4. A　5. B　6. D　7. A　8. A　9. C　10. A　11. C　12. A　13. C　14. B　15. A

二、

1. 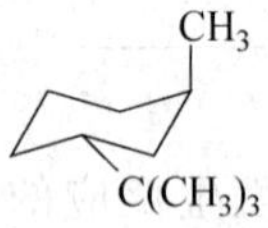

　2. 3-羟基-5-甲氧基苯甲醇　3. 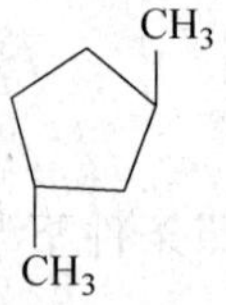

4. 多　5. (2*R*, 3*S*)-2-氯-3-溴丁烷　6. π-π, p-π　7. 邻苯二酚

8. 苯甲醛, 乙醛　9. 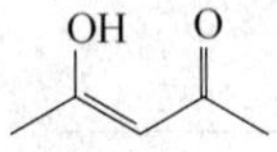

　10. 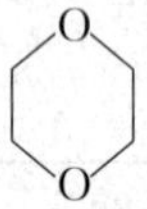

11. 乙酸　12. 对苯二甲酸　13. 1-甲基-1-溴环戊烷　14. 叔丁苯

15. 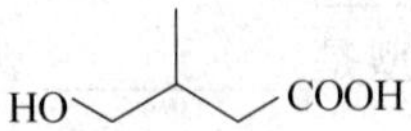

　16. 负离子　17. *L*　18. 亲核加成反应。

三、

1. 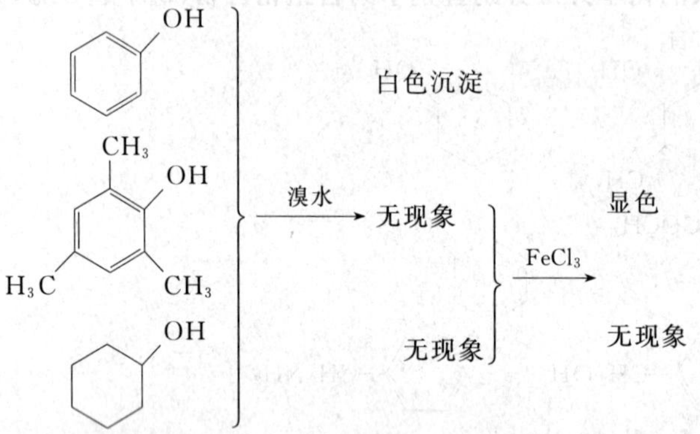

2. 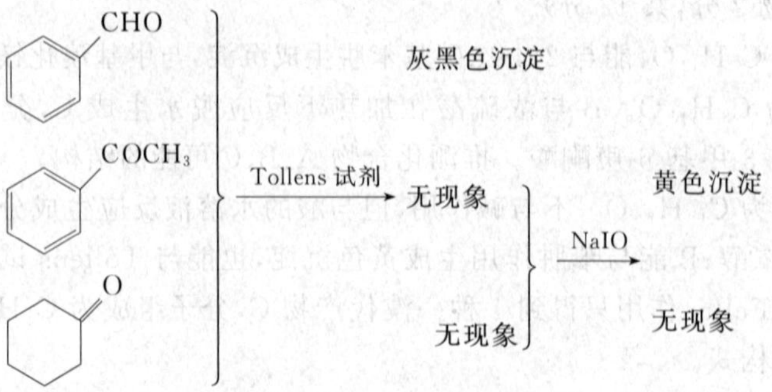

3. 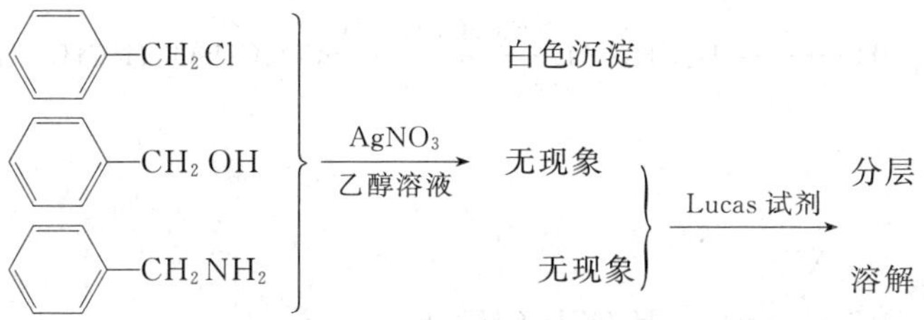

四、

1. A. 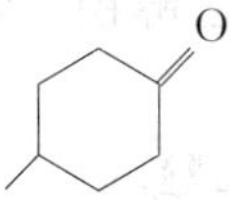 B. 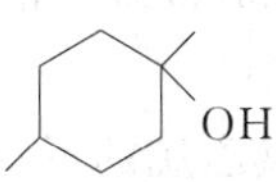 C. 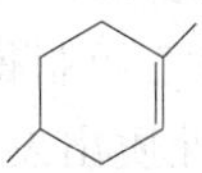

本题关键信息是“C 与 $KMnO_4$ 反应生成 3-甲基-6-庚酮酸”，由前所述，C 应是环烯烃，而此处可知应是 2,4-二甲基环己烯；B 是二甲基环己醇，而且根据由 A 经与格氏试剂反应制得 B，B 应是叔醇，最后可以推测出 A 的结构。

2. A. 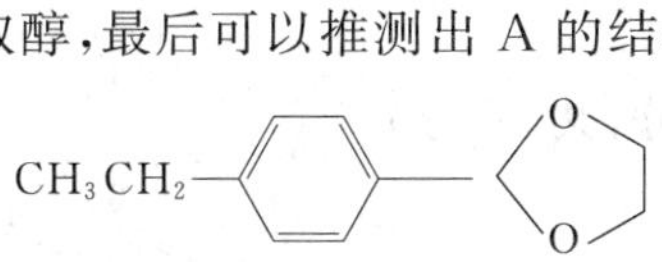 B. 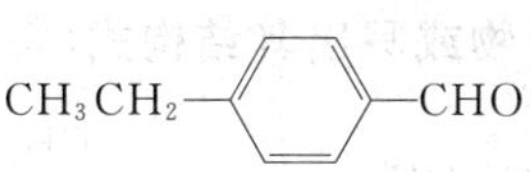

C. 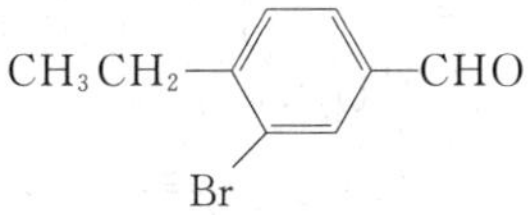

从 A 的分子组成判断可能含苯环，酸水解生成 B 和乙二醇，B 分子中还含 1 个氧原子，不饱和度是 5，B 可能是醛或酮，A 应是缩醛或羧酮；而 B 能与 Tollens 试剂反应生成羧酸，A 是缩醛。推断 B 可能是乙基取代的苯甲醛或甲基取代的苯乙醛，前者溴化，有可能得到唯一的一溴代产物 C，即对位二取代时，后者不可能有唯一的一溴代产物，由此可推测 B 是对乙基苯甲醛，并推出 A 和 C 可能的结构。

五、

1. 方法 1

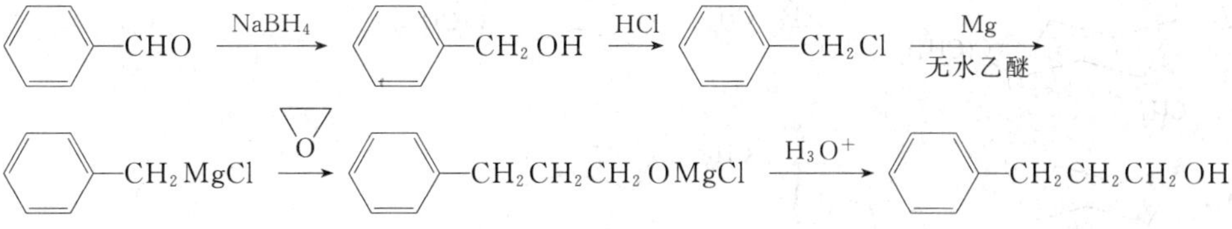

方法 2

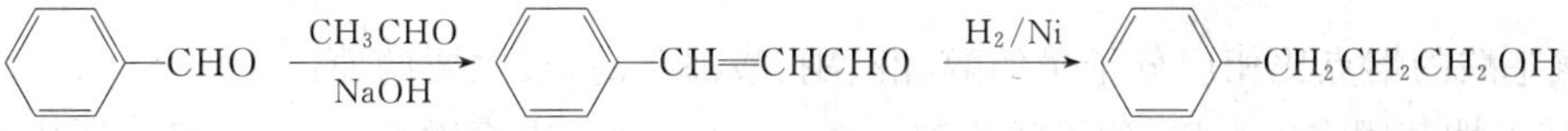

方法 1 基于产物中增长了 2 个碳原子，且是通过引入羟乙基实现的，比较容易实现切断，反推出氯苄(苄基氯化镁)和环氧乙烷，苄基氯化镁可以由苯甲醛还原-卤化两步实现。

方法 2 不容易通过官能团转换看到合理的反推，只能通过碳链增长规律，在醛基上增长碳链的有效方法是羟醛缩合，然后再考虑官能团转换。

2. 方法 1

$$H_2C{=}CH_2 \xrightarrow{HClO} ClCH_2CH_2OH$$

$$H_2C{=}CH_2 \xrightarrow{H_3O^+} CH_3CH_2OH \xrightarrow{Na} CH_3CH_2ONa \xrightarrow{ClCH_2CH_2OH} CH_3CH_2OCH_2CH_2OH$$

方法 2

$$H_2C{=}CH_2 \xrightarrow[Ag_2O]{O_2}$$

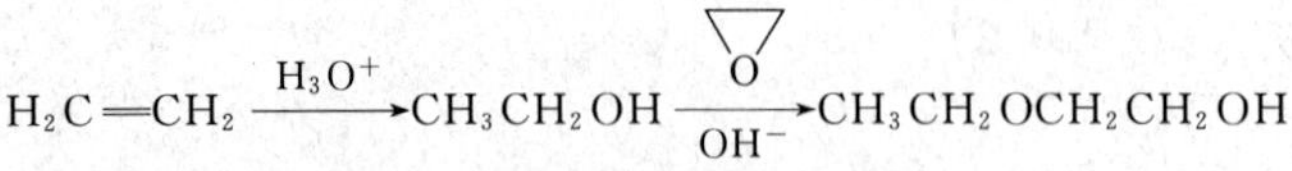

方法 1 容易分析，由制备醚的基本反应 Williamson 缩合出发应用乙醇钠与氯乙醇反应制备，两种化合物都可以由乙烯制得。

方法 2 是从环氧乙烷性质出发，乙醇与环氧乙烷的反应有时得到二醚。

综合模拟试题(二)

一、命名下列化合物或写出其结构式（每小题 1 分，共 10 分）

1. 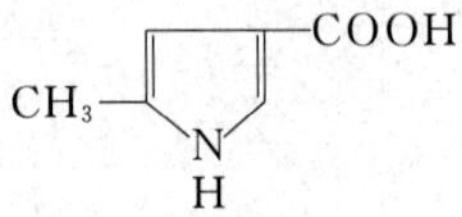
2. 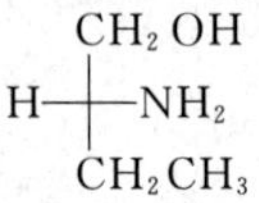
3. 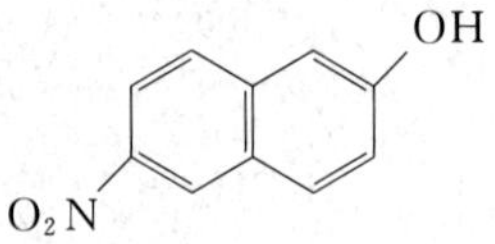
4. 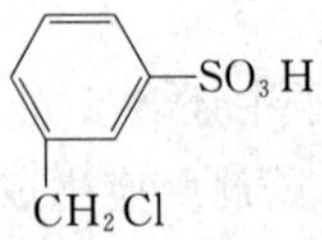
5. 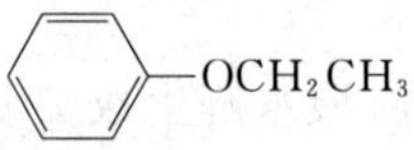
6. 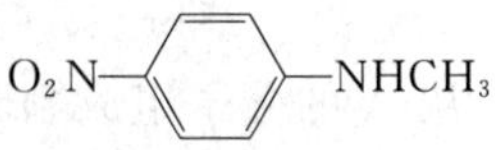

7. 4-甲基-1,3-环己二酮　8. *α*-*D*-葡萄糖，Haworth 式　9. *D*-丙氨酸

10. (*Z*)-3,4-二甲基-3-庚烯

二、单项选择（每小题 2 分，共 30 分）

1. 下列构象中最稳定性的是(　　)。

A. 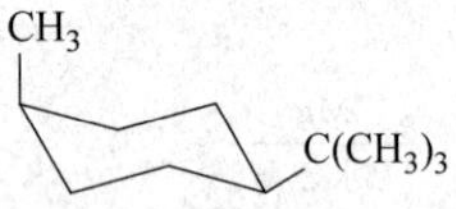　B. 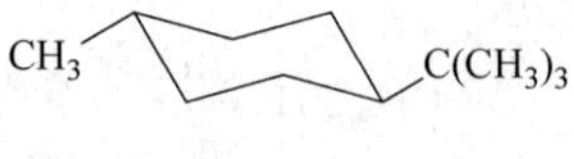

C. 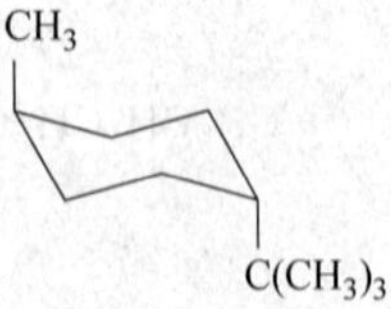　D. 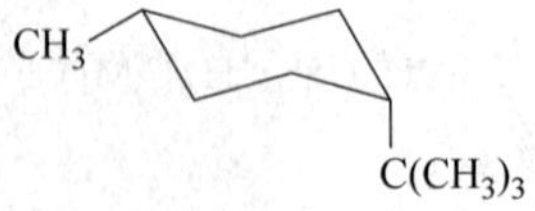

2. 氨基酸的熔点比相应分子量的醇、醛、酮、酸都要高，最主要的原因是(　　)。

A. 其极性基团多　B. 分子间氢键　C. 分子内氢键　D. 形成内盐

3. 下列化合物中酸性最强的是(　　)。

A. 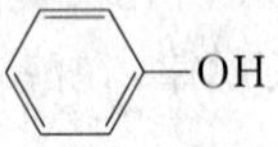　B. 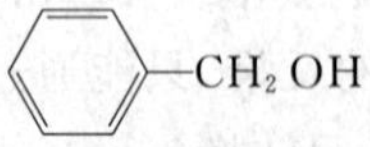　C. 　D. CH_3OH

4. 下列化合物中遇 $FeCl_3$ 溶液不能显色的是(　　)。

A. 乙酸乙酯　B. 乙酰乙酸乙酯　C. 2,4,6-三硝基苯酚　D. 苯酚

5. 根据次序规则，下列基团最优先的是(　　)。

A. $CH_3C{\equiv}C-$　　B. $CH_3C(=O)-$　　C. $CH_3CH(Br)-$　　D. Cl—

6. 卤代烷与 NaOH 在乙醇的水溶液中反应，下列情况属于 S_N1 反应机理的是(　　)。

A. 产物的构型发生瓦尔登转化　　B. 有重排产物生成

C. 试剂亲核性愈强反应速度愈快　　D. 伯卤代烷的反应活性高于叔卤代烷

7. 下列化合物进行卤代反应时，其反应速度最慢的是(　　)。

A. 乙苯　　B. 呋喃　　C. 苯　　D. 苯甲酸

8. 下列几种物质中有芳香性的是(　　)。

A. 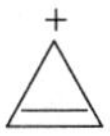　　B. 　　C. 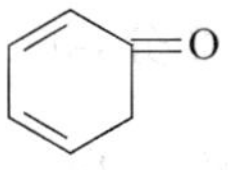　　D. 

9. 下列反应属于亲核取代反应的是(　　)。

A. 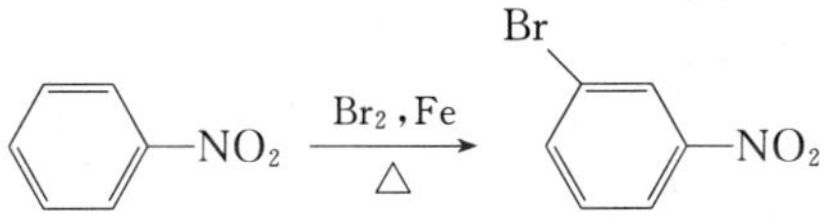

B. $CH_2{=}CHCH{=}CH_2 + HBr \longrightarrow CH_3CH{=}CHCH_2Br$

C. $CH_3CH_2CH_2Br + CH_3ONa \longrightarrow CH_3CH_2CH_2OCH_3$

D. $CH_2{=}CHCH_3 + Cl_2 \xrightarrow{h\nu} CH_2ClCH{=}CH_2$

10. 下列碳正离子中最稳定的是(　　)。

A. 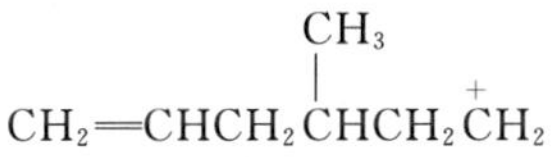　　B. 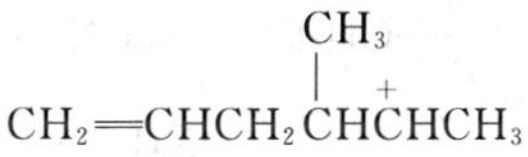

C. 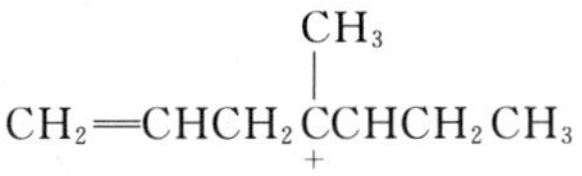　　D. 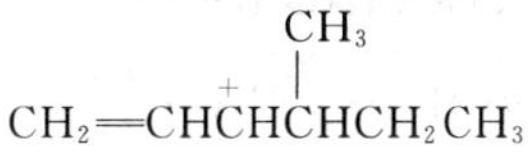

11. 下列化合物不能发生碘仿反应的是(　　)。

A. $CH_3CH(OH)CH_2CH_3$　　B. CH_3CH_2CHO

C. CH_3CHO　　D. 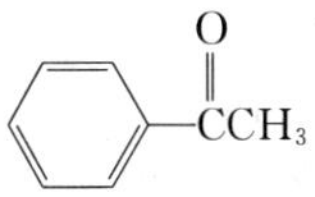

12. 按沸点高低将下列化合物排列成序，顺序正确的是(　　)。

①$(C_2H_5)_3N$　② 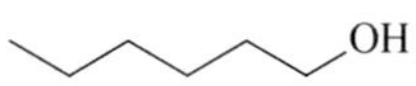　③ 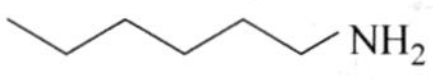　④ 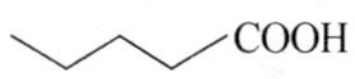

A. ①>②>③>④　　B. ②>③>①>④

C. ④>③>②>①　　D. ④>②>③>①

13. 下列描述不正确的是(　　)。

A. 极性化合物的沸点比分子量相近的非极性化合物的沸点要高。

B. 直链淀粉是 α-D-葡萄糖通过 α-1,4-糖苷键结合的。

C. D-甘露糖与 D-葡萄糖互为同分异构体，属于同分异构中的构象异构。

D. 不含手性碳原子的物质也可能是旋光性物质。

14. 下列化合物的结构中,没有叔碳原子的是(　　)。

A. 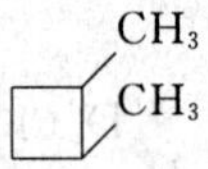　　B. 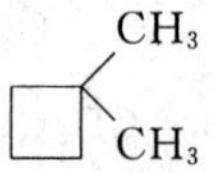

C. 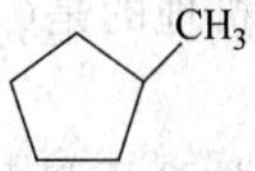　　D. 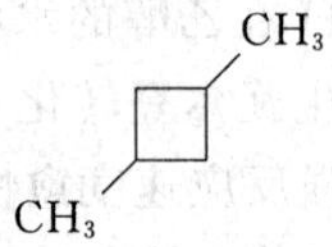

15. 下列糖类化合物中,与 *D*-(+)-葡萄糖互为对映异构体的是(　　)。

A. *D*-(－)-果糖　　B. *L*-(－)-葡萄糖

C. *D*-(+)-甘露糖　　D. *D*-(－)-核糖

三、完成反应式(每小题 2 分,共 28 分)

1. 

2. 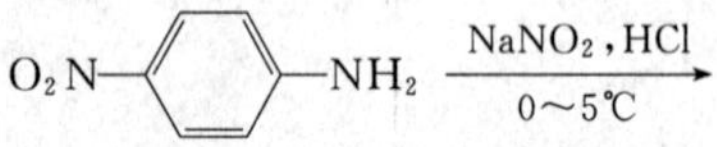

3. $CH_3CH(NH_2)C(=O)NHCH_2COOH \xrightarrow[\triangle]{H^+}$

4. 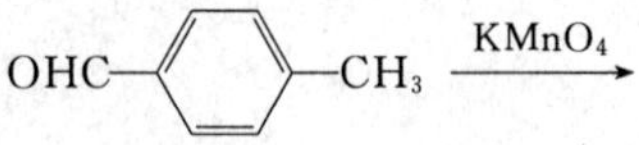

5. 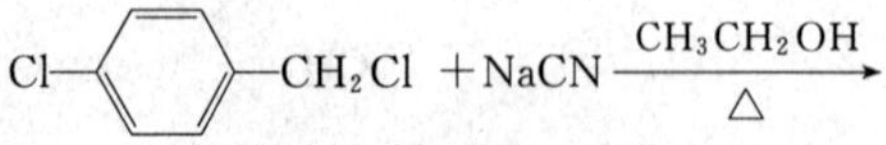

6. $CH_3CH_2COOCH_2CH_3 \xrightarrow{C_2H_5ONa}$

7. $CH_3C\equiv CH + H_2O \xrightarrow[H_2SO_4]{HgSO_4}$

8. 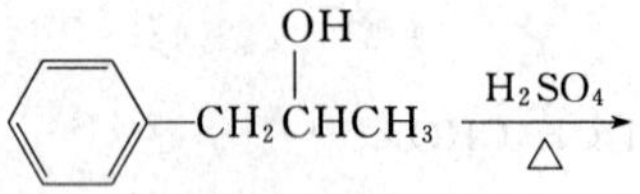

9. $CH_3CH_2C(=O)CH_3 \xrightarrow[\text{少量 NaOH}]{HCN}$

10. 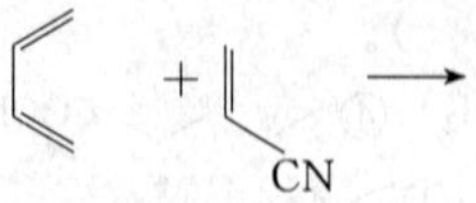

11. 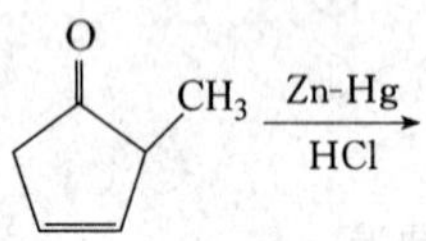

12. 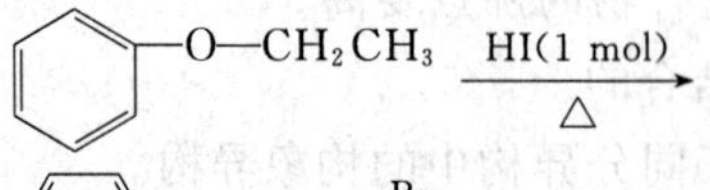

13. 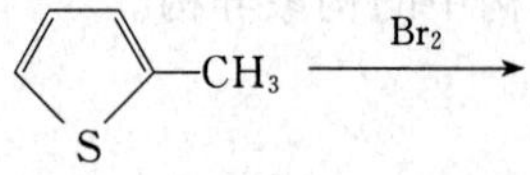

14. $CH_3CH_2CHO \xrightarrow[\triangle]{稀\ OH^-}$

四、用化学方法鉴别下列各组化合物(每小题 4 分,共 12 分)

1. 苯甲醛,乙醛,丙酮,丙醇
2. 葡萄糖,果糖,蔗糖,淀粉
3. 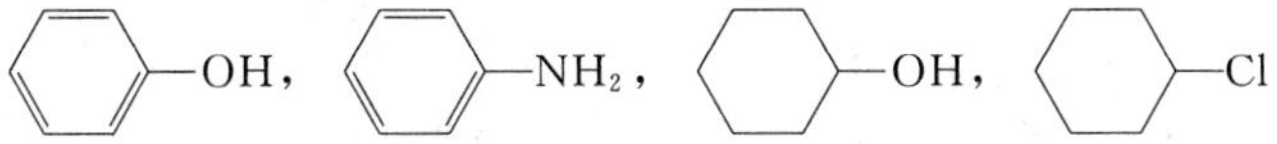

五、合成(无机试剂任选,每小题 4 分,共 12 分)

1. 由甲苯合成 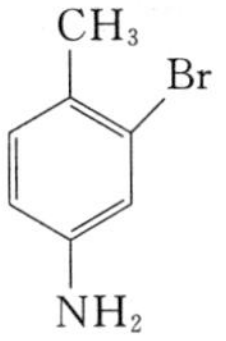 。
2. 以乙烯为原料合成 $CH_3CH_2CH_2CH_2OH$。
3. 由叔丁醇合成 3-甲基丁酸。

六、推导结构(每个化合物 2 分,共 8 分)

1. 某醇($C_5H_{12}O$)氧化后生成酮,该醇脱水生成一种不饱和烃,此烃氧化生成酮和羧酸两种产物的混合物,试推测该醇的构造式。

2. 化合物 A,B,C 的分子式都是($C_3H_6O_2$)。只有 A 能与碳酸钠作用放出 CO_2,而 B 和 C 则可在 NaOH 中水解,B 水解产物之一能发生碘仿反应,请推测 A,B,C 的结构。

综合模拟试题(二)参考答案

一、

1. 5-甲基-3-吡咯甲酸　2. (*R*)-2-氨基丁醇　3. 6-硝基-2-萘酚

4. 3-氯甲基苯磺酸　5. 乙基苯基醚　6. N-甲基对硝基苯胺

7. 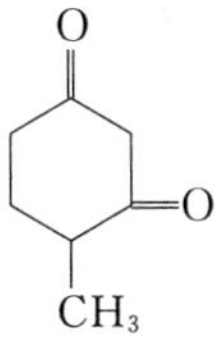　8. 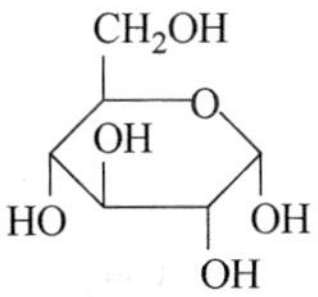　9. 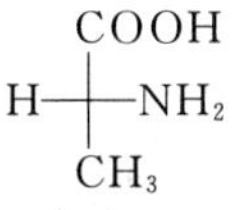　10. 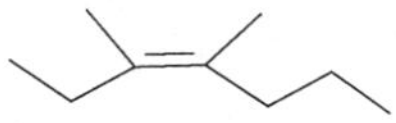

二、

1. B　2. D　3. C　4. A　5. D　6. B　7. D　8. A　9. C　10. D　11. B　12. D　13. C　14. B　15. B

三、

1. 　2. 　3. $CH_3CH(NH_2)COOH + NH_2CH_2COOH$

4. 　5. 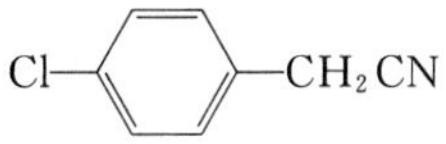

6. $CH_3CH_2C(=O)—CH(CH_3)COOCH_2CH_3$

7. CH_3COCH_3

8. 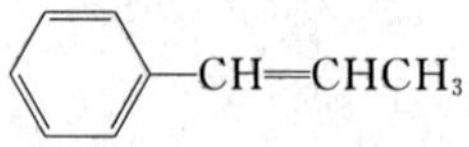

9. $CH_3CH_2C(OH)(CN)CH_3$

10. 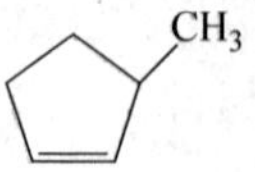

11. 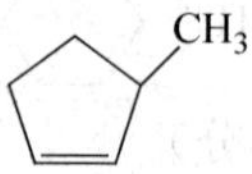

12. 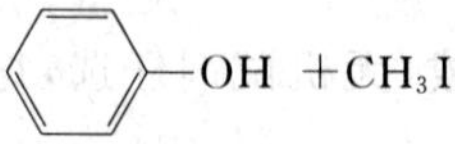

13. 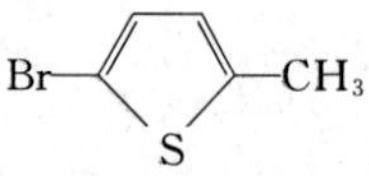

14. $CH_3CH_2CH{=}C(CH_3)CHO$

四、

1. 苯甲醛、丙醇、丙酮、乙醛 $\xrightarrow{I_2,NaOH}$
- 苯甲醛：— ；丙醇：— $\xrightarrow{\text{Tollens 试剂}}$ 苯甲醛：银镜；丙醇：—
- 丙酮：黄色沉淀；乙醛：黄色沉淀 $\xrightarrow{\text{Tollens 试剂}}$ 丙酮：—；乙醛：银镜

2. 葡萄糖、果糖、蔗糖、淀粉 $\xrightarrow{I_2\text{-}KI}$
- 葡萄糖：—；果糖：—；蔗糖：— $\xrightarrow{\text{Tollens 试剂}}$ 葡萄糖：银镜；果糖：银镜；蔗糖：—
- 葡萄糖、果糖 $\xrightarrow{\text{浓 HCl，间苯二酚}}$ 葡萄糖：变色慢；果糖：2 min 内变红
- 淀粉：变蓝

3. 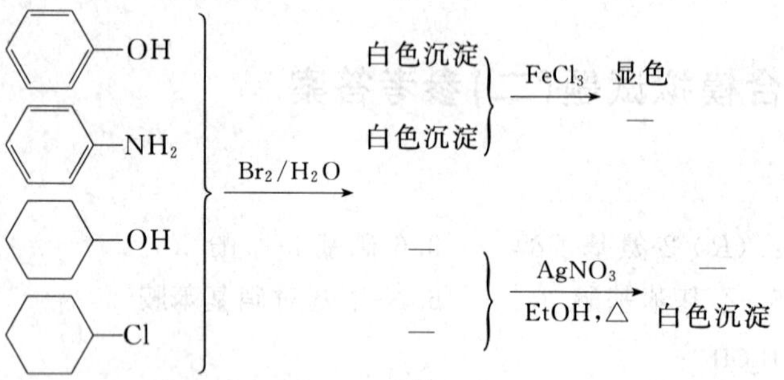

五、

1. 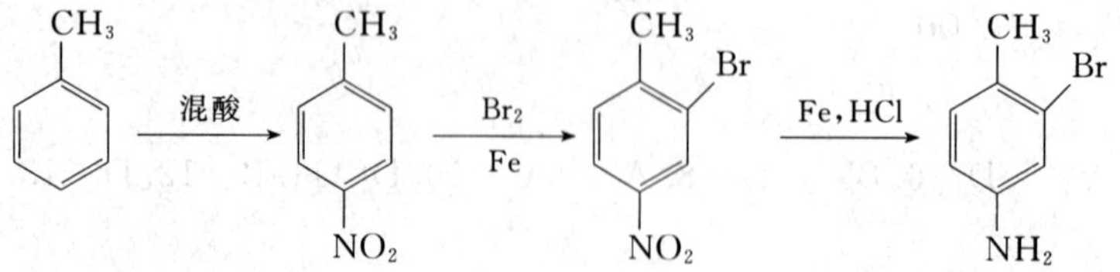

2. 方法 1

$$CH_2{=}CH_2 \xrightarrow[\triangle]{H^+,H_2O} CH_3CH_2OH \xrightarrow[\triangle]{Cr_2O_3\text{-吡啶}} CH_3CHO \xrightarrow[\triangle]{\text{稀 }OH^-}$$

$$CH_3CH{=}CHCHO \xrightarrow[Pt]{H_2} CH_3CH_2CH_2CH_2OH$$

方法 2

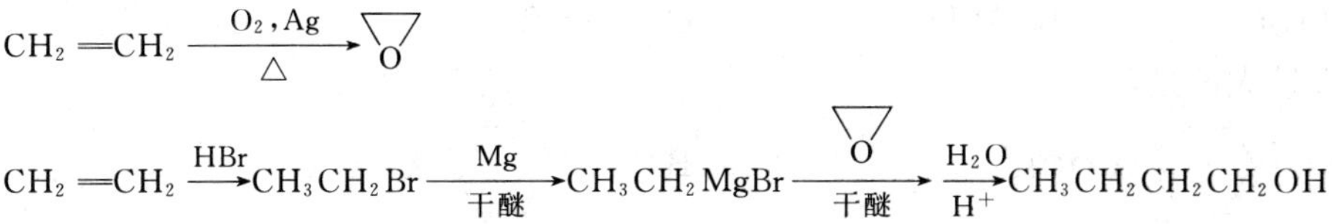

3.

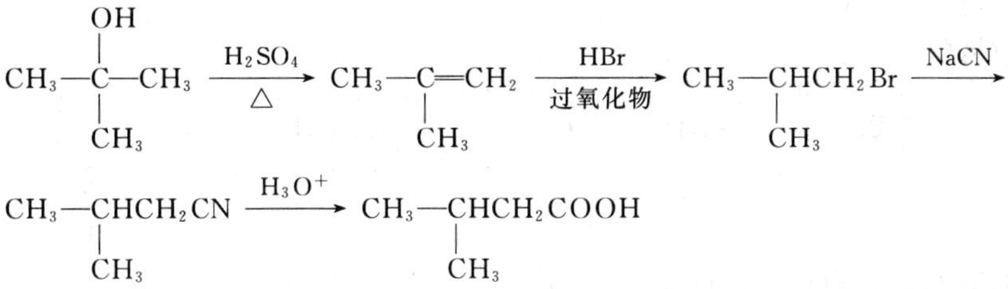

六、

1. 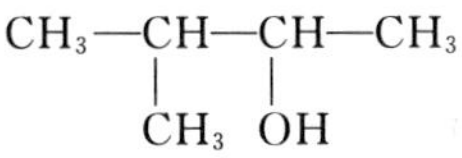

A. CH_3CH_2COOH B.  C. 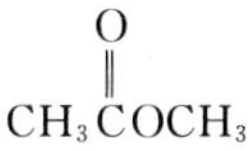

综合模拟试题(三)

一、用系统命名法命名或写出结构式,有立体问题需标明(本大题共 10 小题,每小题 1 分,总计 10 分)

1. 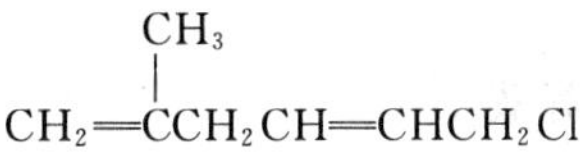 2. 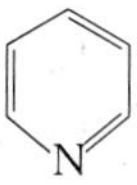 3. 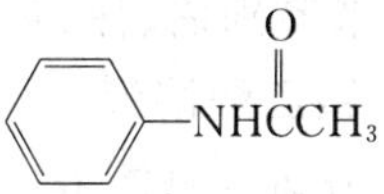

4. $(CH_3)_4\overset{+}{N}\overset{-}{Cl}$ 5. $CH_2=CHCOOCH_3$ 6. 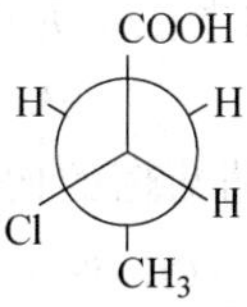

7. 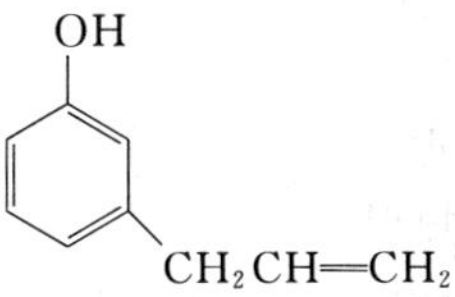 8. 苄醇 9. (*R*)-2-羟基丁醛 10. 4-戊酮醛

二、选择题(在每个小题四个备选答案中选出一个正确答案)(本大题共 10 小题,每小题 2 分,总计 20 分)

1. 分子量相当的化合物①乙酸②氯乙烷③丙醇④戊烷中沸点最高的是( )。

A. ① B. ② C. ③ D. ④

2. 等电点为 5.97 的甘氨酸,在 pH 为 2 的酸性溶液中的存在形式是( )。

A. H_2NCH_2COOH B. $H_3\overset{+}{N}CH_2COOH$ C. $H_3\overset{+}{N}CH_2CO\overset{-}{O}$ D. $H_2NCH_2CO\overset{-}{O}$

3. 不属于高分子化合物的是(　　)。

A. 蛋白质　　B. 核酸　　C. 纤维素　　D. 蔗糖

4. 酸性较大的是(　　)。

A. 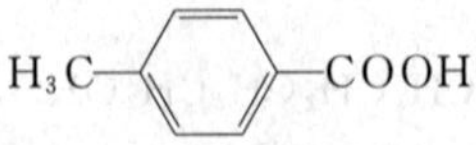　　B. 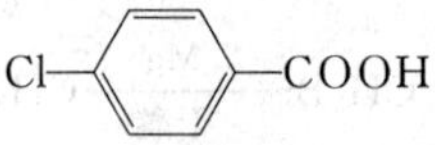

C. 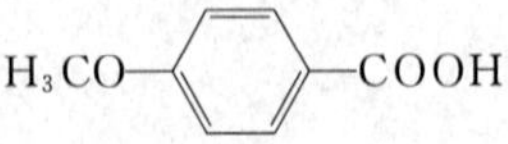　　D. 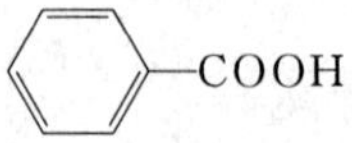

5. 碱性较强的是(　　)。

A. 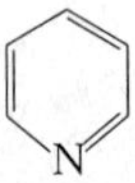　　B. 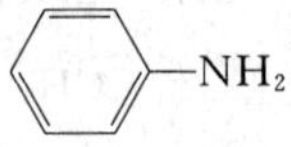　　C. 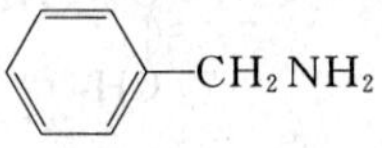　　D. 

6. 下列化合物不能发生碘仿反应的是(　　)。

A. 乙醛　　B. 丙酮　　C. 丁醛　　D. 丁酮

7. 分子间可以形成氢键的是(　　)。

A. 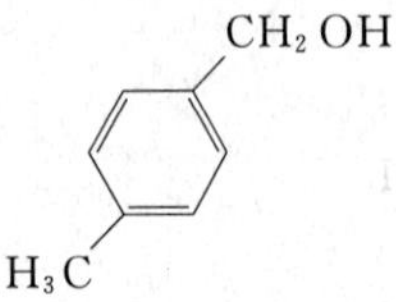　　B. 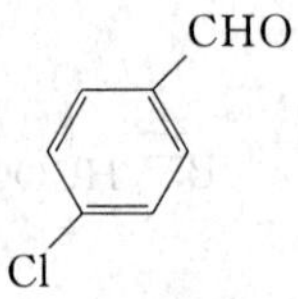

C. 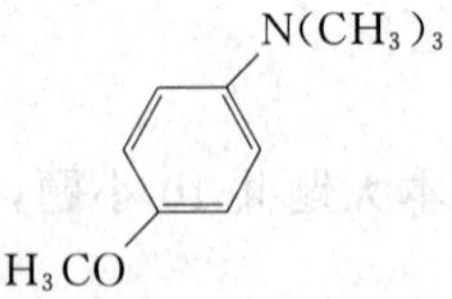　　D. 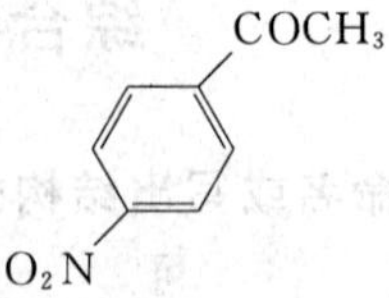

8. 能用来鉴别伯、仲、叔胺的试剂是(　　)。

A. 硝酸银乙醇溶液　　B. 溴的水溶液

C. 苯磺酰氯的碱溶液　　D. 卢卡斯试剂

9. 下列化合物发生一元硝化反应相对速率最快的是(　　)。

A. 苯甲醚　　B. 苯甲醛　　C. 苯甲酸　　D. 苯甲酰胺

10. *β*-*D*-吡喃葡萄糖的构象是(　　)。

A. 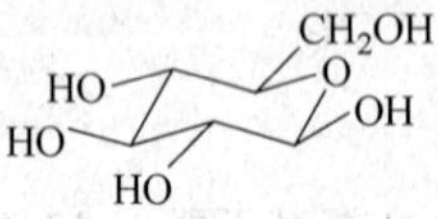　　B. 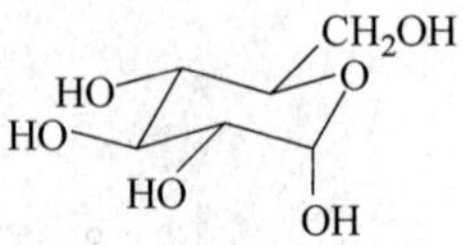

C. 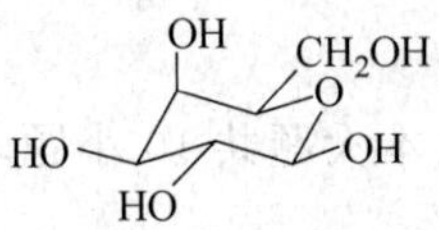　　D. 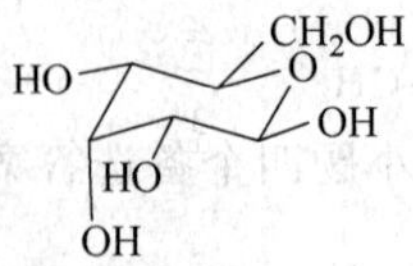

三. 完成反应题(本大题共 10 小题,12 个反应,每个反应 2 分,总计 24 分)

1. $CH_3COOH \xrightarrow{Br_2,P}$ (　　　) $\xrightarrow[(2)H_3^+O]{(1)NaOH,H_2O}$ (　　　) $\xrightarrow{\triangle}$ (　　　)

2. $CH_3CH_2COOC_2H_5 \xrightarrow[CH_3CH_2OH]{CH_3CH_2ONa}$ (　　　)

3. 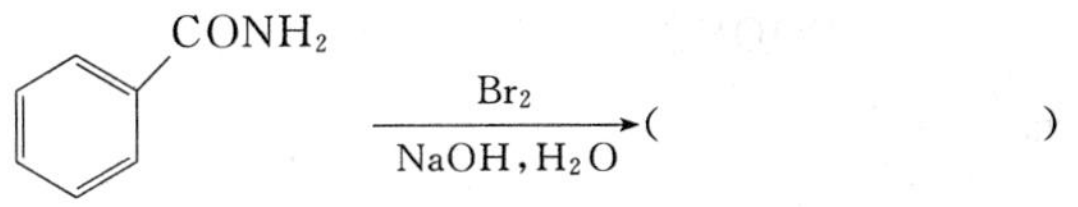

4. 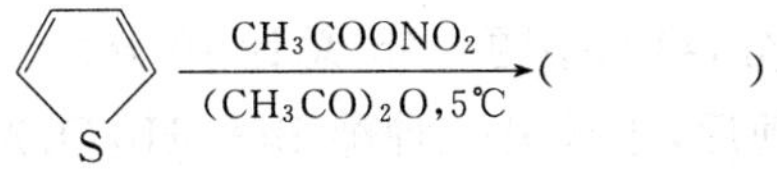

5. 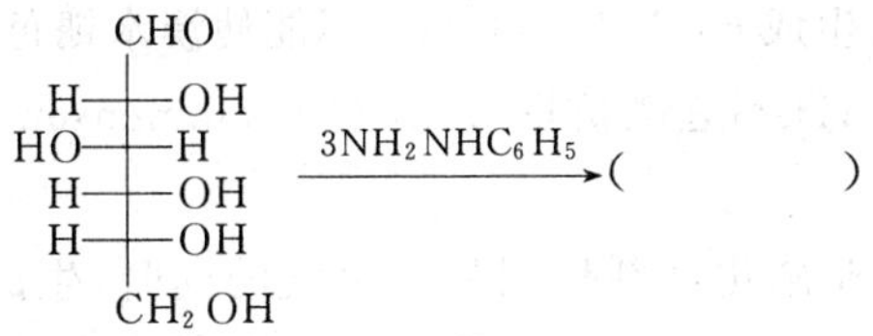

6. 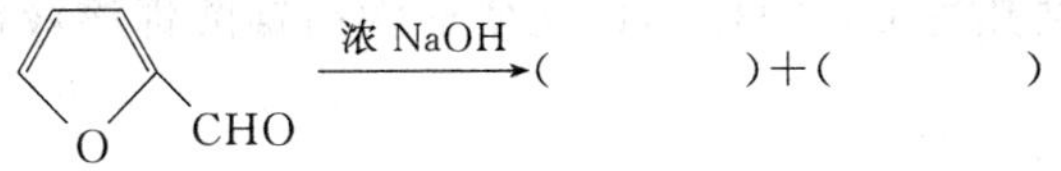

7. 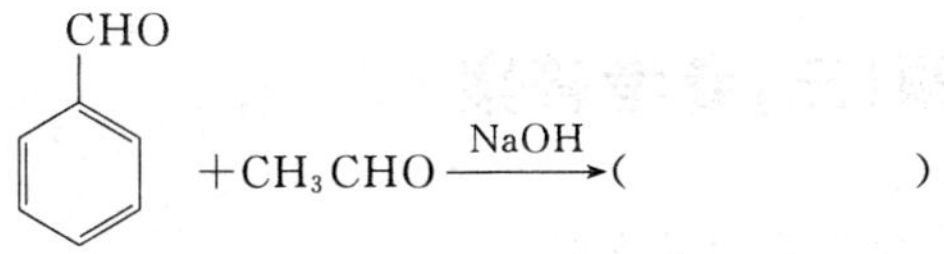

8. 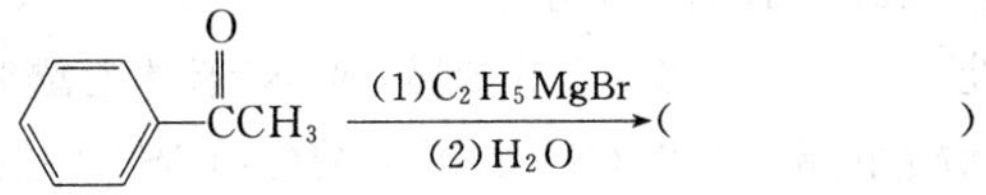

9. 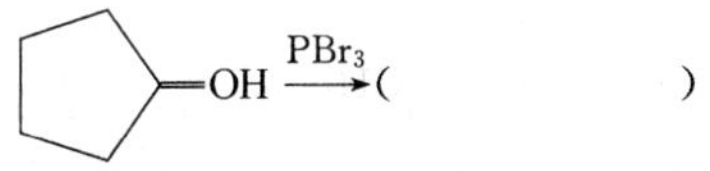

10. 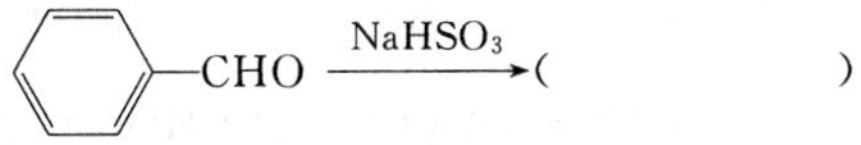

四、用给定原料和其他任意可用试剂合成指定产品(本大题共 3 小题,每小题 4 分,总计 12 分)

1. $CH_3COCH_2COOC_2H_5 \longrightarrow CH_3CH_2CH_2CH_2COCH_3$

2. 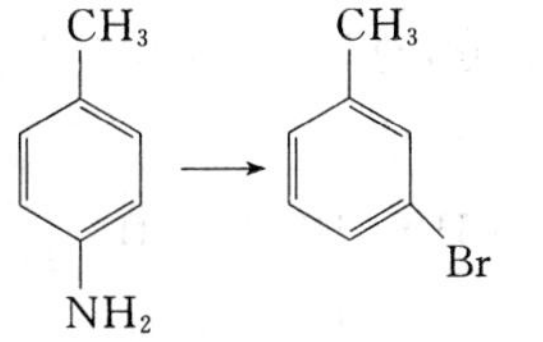

3. $CH_2=CH_2 \longrightarrow CH_3CH_2NH_2$

五、解释现象(本大题共 2 小题,每小题 6 分,总计 12 分)

1. 叔丁醇水溶液中加入大量卢卡斯试剂,立即出现浑浊并慢慢出现分层。分出上层液加入硝酸银乙醇溶液,有大量白色沉淀生成。写出主要反应方程式,并加以说明。

2. 苯胺不溶于水,但是加到盐酸中得到了澄清透明的均一溶液。通足量氨气到该均一溶液中,溶液会逐渐浑浊,慢慢分层。写出主要反应方程式,并加以说明。

六、分离鉴别题(本大题共 2 小题,每小题 6 分,总计 12 分)

1. 鉴别 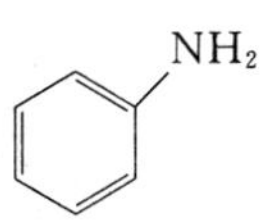

, 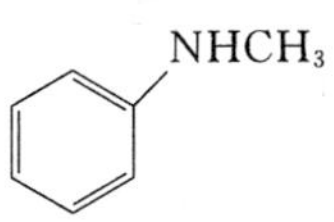

和 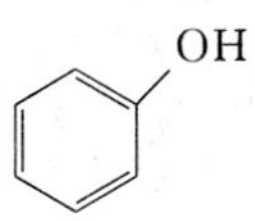

2. 分离 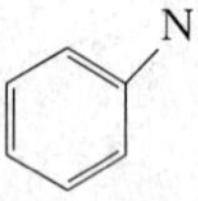，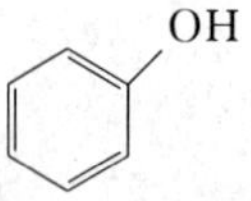 和 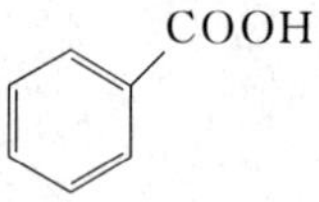

七、推断结构题（本大题共 2 小题，第 1 小题 4 分，第 2 小题 6 分，总计 10 分）

1. 某酯 A($C_5H_{10}O_2$)用乙醇钠的乙醇溶液处理后，生成另一种酯 B($C_8H_{14}O_3$)；B 能使溴水迅速褪色，依次用乙醇钠、溴乙烷处理 B，生成 C($C_{10}H_{18}O_3$)；C 不能使溴水褪色，C 用稀碱水解，再酸化，加热生成一个酮 D($C_7H_{14}O$)；D 不起碘仿反应，通过 Clemmensen 还原，生成 3-甲基己烷。试推测 A、B、C、D 的构造。

2. 化合物 A($C_6H_{15}N$)能溶于稀盐酸，与亚硝化试剂作用放出氮气的同时，生成的产物之一 B 能进行碘仿反应。B 和浓硫酸共热得 C(C_6H_{12})，C 能使酸性高锰酸钾溶液褪色，得到乙酸和异丁酸，推测 A、B、C 的结构。

综合模拟试题（三）参考答案

一、用系统命名法命名或写出结构式，有立体问题须标明

1. 2-甲基-6-氯-1，4-己二烯　2. 吡啶　3. 乙酰苯胺（或 N-苯基乙酰胺）

4. 氯化四甲铵　5. 丙烯酸甲酯　6. (*S*)-2-氯丁酸（或(2*S*)-2-氯丁酸）

7. 3-烯丙基苯酚（或间烯丙基苯酚）　8. 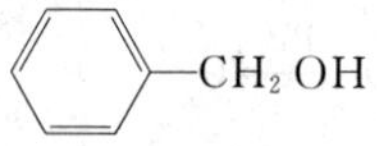

9. 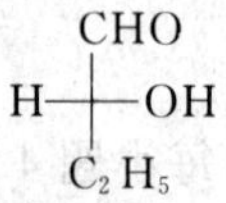　10. $CH_3\overset{O}{\overset{\|}{C}}CH_2CH_2CHO$

二、选择题（选出一个正确答案）（本大题共 10 小题，每小题 2 分，总计 20 分）

1～5. ABDBC　6～10. CACAA

三、完成反应题（本大题共 10 小题，12 个反应，每个反应 2 分，总计 24 分）

1. $BrCH_2COOH$，$HOCH_2COOH$，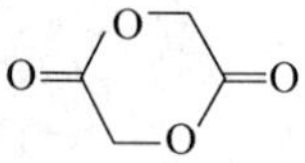　2. 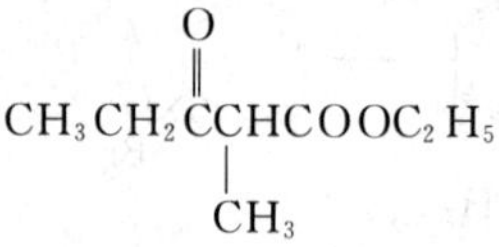

3. 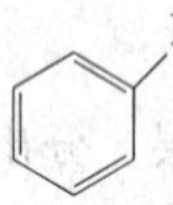　4. 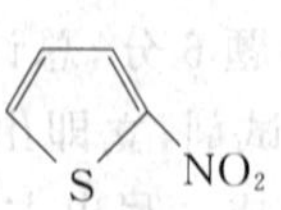　5. 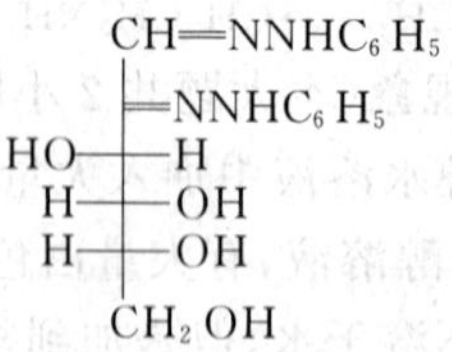

6. 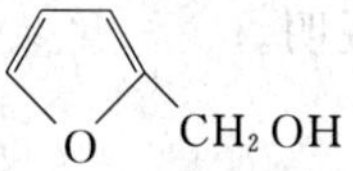 +  （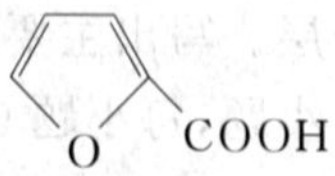 也算对）

7. 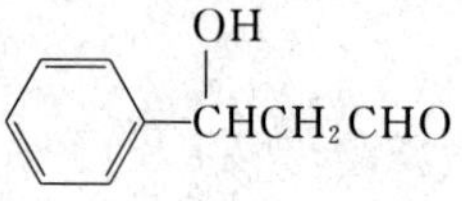　8. 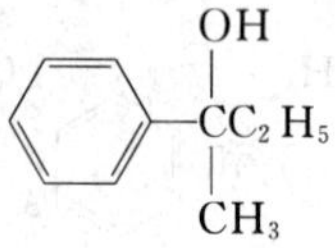

9. 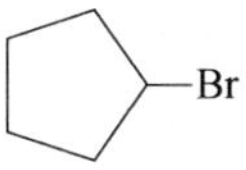

10. 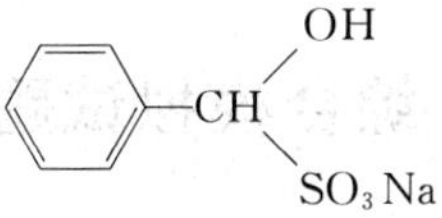

四、用给定原料和其他任意可用试剂合成指定产品(本大题共 3 小题,每小题 4 分,总计 12 分)

1. $\xrightarrow[C_2H_5OH]{C_2H_5ONa}$ $\xrightarrow{CH_3CH_2CH_2Br}$ $\xrightarrow[(2)H_3^+O,\triangle]{(1)NaOH,H_2O}$

2. $\xrightarrow{(CH_3CO)_2O}$ $\xrightarrow{Br_2,H_2O}$ $\xrightarrow[\triangle]{NaOH,H_2O}$ $\xrightarrow[0\sim5℃]{NaNO_2,HCl}$ $\xrightarrow{H_3PO_2}$

3. $\xrightarrow{HCl}$ $\xrightarrow{NH_3(过量)}$

五、解释现象(本大题共 2 小题,每小题 6 分,总计 12 分)

1. $(CH_3)_3COH \xrightarrow[浓\ HCl]{ZnCl_2} (CH_3)_3CCl \xrightarrow[C_2H_5OH]{AgNO_3} (CH_3)_3CONO_2 + AgCl\downarrow$

叔丁醇极易与卢卡斯试剂反应生成不溶于水的叔丁基氯,所以立即出现浑浊并慢慢出现分层。

分出的上层液是叔丁基氯,与硝酸银乙醇溶液反应生成的氯化银不溶于水,所以有大量白色沉淀出现。

2. 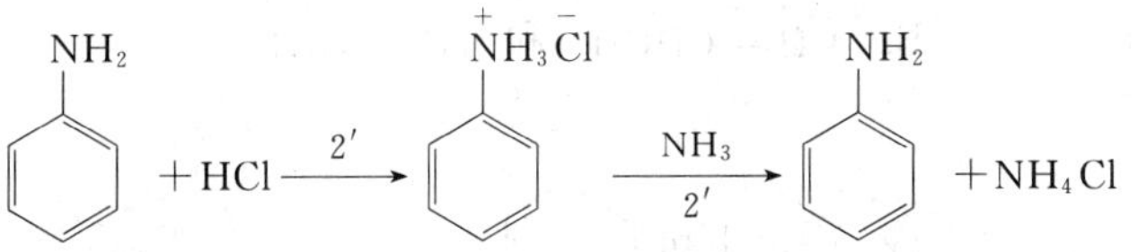

不溶于水　　　　溶于水　　碱性小于 NH_3,被置换出来,不溶于水

六、分离鉴别题(本大题共 2 小题,每小题 6 分,总计 12 分)

1. 先用 $FeCl_3$ 溶液,显蓝紫色的是苯酚;再用溴水产生白色沉淀的是苯胺,无现象的是 N-甲基苯胺;也可用亚硝化试剂或苯磺酰氯鉴别。

2. 先用碳酸氢钠水溶液分离出苯甲酸,再用氢氧化钠水溶液分离出苯酚。

七、推断结构题

1.

A. 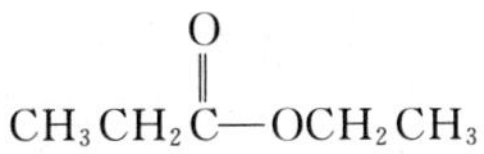

B. 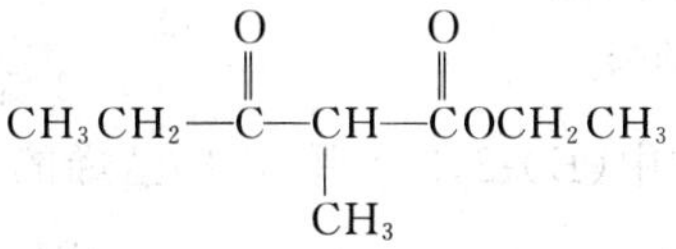

C. 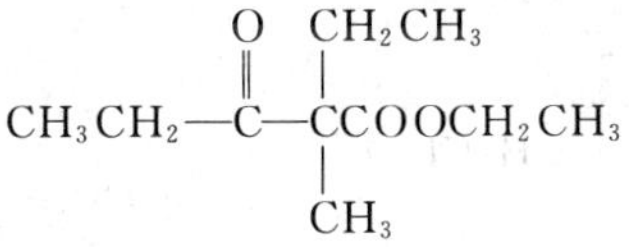

D. 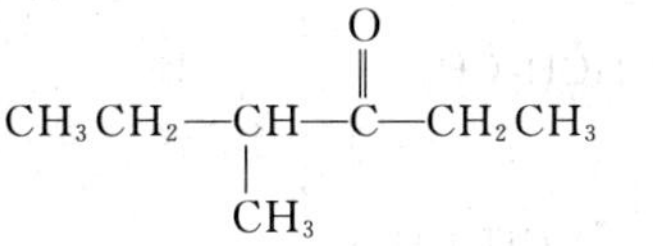

2.

A. 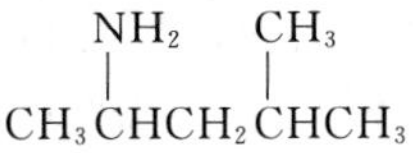

B. 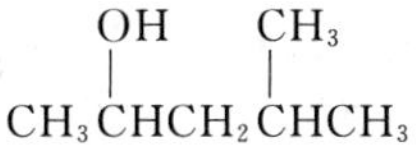

C. 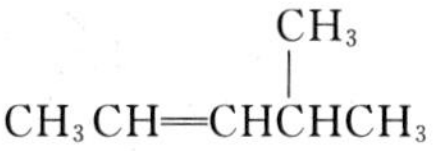

综合模拟试题(四)

一、选择题(60 分,每题 2 分)

1. 下列同种分子之间存在氢键的有(　　)。

A. $CH_3C(CH_3)_2CH_3$　　B. $CH_3CH_2OCH_2CH_3$　　C. CCl_4　　D. CH_3CH_2COOH

2. 下列方程式中(　　)属于共轭酸碱。

$$CH_3CH_2COOH+OH^- \longrightarrow CH_3CH_2COO^- +H_2O$$

A. CH_3CH_2COOH 和 OH^-　　B. CH_3CH_2COOH 和 $CH_3CH_2COO^-$

C. H_2O 和 $CH_3CH_2COO^-$　　D. H_2O 和 CH_3CH_2COOH

3. 下列化合物中(　　)是路易斯碱。

A. $CH_3CH_2NH_2$　　B. $FeCl_3$

C. $CH_3\overset{+}{C}HCH_3$　　D. $ZnCl_2$

4. 下列化合物中 a 和 b 原子的杂化形式都属于 sp^2 的是(　　)。

A. $CH_3\overset{+a}{C}(CH_3)CH_3$ 和 $CH_3\overset{b}{C}H_2Cl$　　B. $CH_2{=}\underset{a}{C}HCH_3$ 和 $CH_3\underset{b}{C}{\equiv}CH$

C. 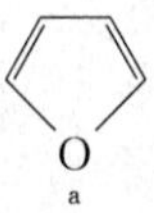 和 

D. 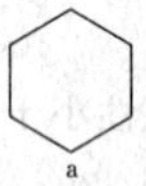 和 

5. 下列化合物命名正确的是(　　)。

A. $CH_3COCH_2CH{=}CHCH_3$　4-己烯-2-酮

B. $CH_3CH(Cl)CH_2CH(CH_3)CH_3$　2-氯-4-甲基戊烷

C. $(CH_3)_2NCH_2CH_3$　乙基二甲基胺

D. $CH_3CH(SH)COOH$　2-硫氢基丙酸

6. 下列化合物中(E)-2,3-二甲基-3-己烯的正确结构是(　　)。

A. $CH_3CH(CH_3)C(CH_3){=}CHCH_2CH_3$

B. 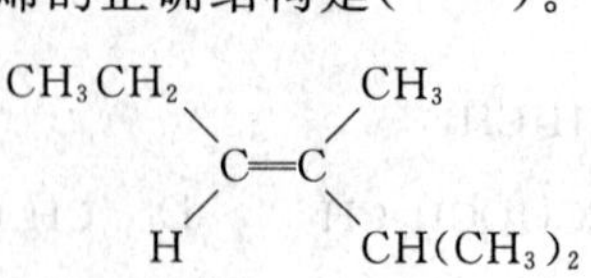

C. 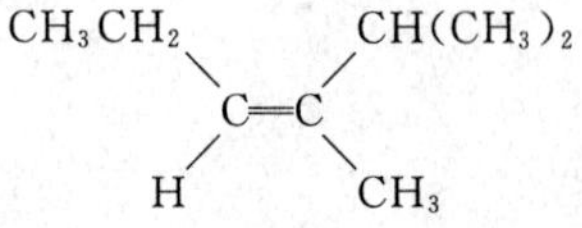

D. $CH_3CH(CH_3)CH{=}CHCH(CH_3)CH_3$

7. 下列化合物中 D-甘露糖的费歇尔投影式是(　　)。

A. 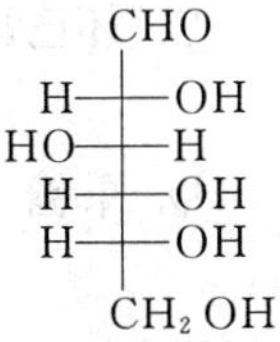
B. 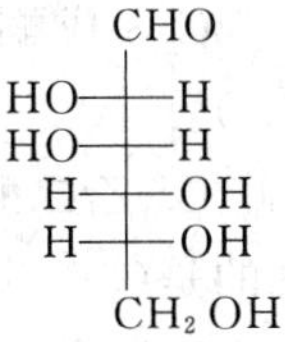
C. 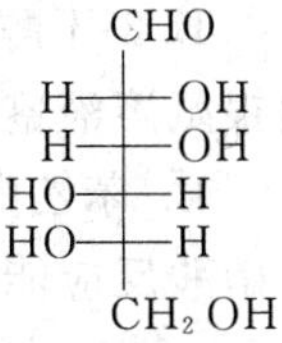
D. 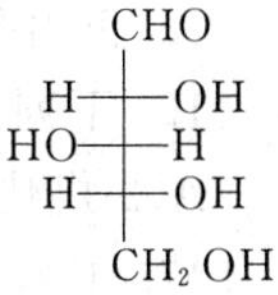

8. 下面结构式哪一个是 β-D-吡喃型葡萄糖的哈武斯透视式？(　　)

A. 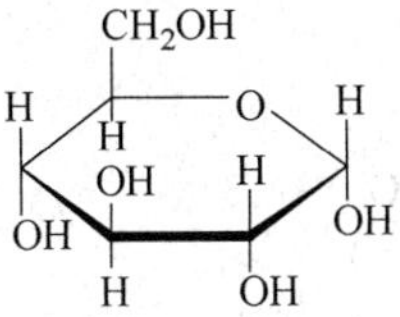
B. 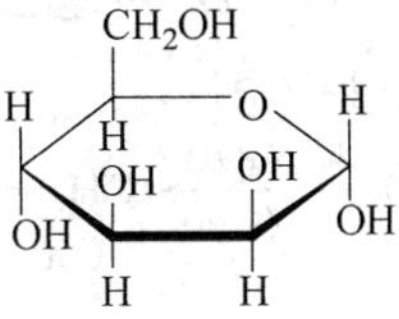
C. 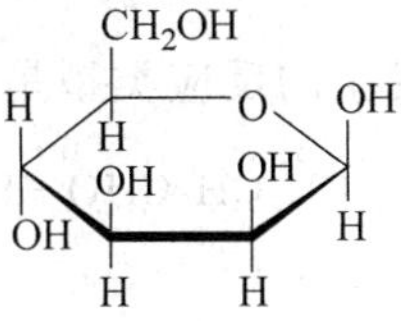
D. 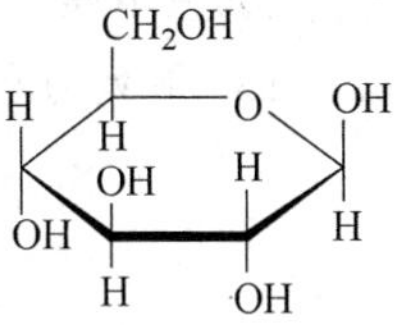

9. 1-溴丙烷的优势构象是下面哪一个？(　　)

A. 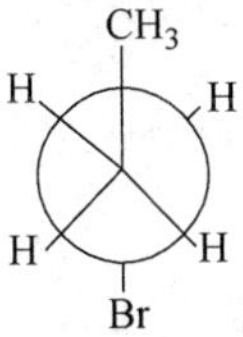
B. 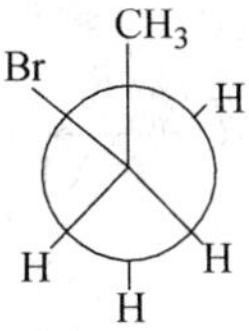
C. 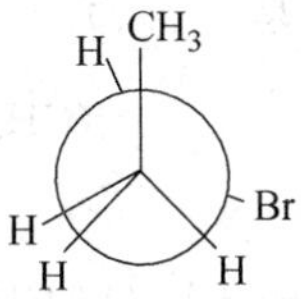
D. 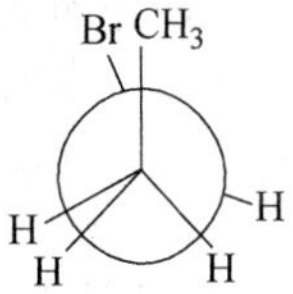

10. 反-1-乙基-4-溴环己烷的优势构象是(　　)。

A. 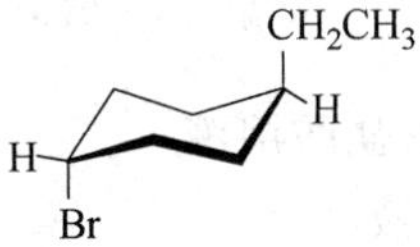
B. 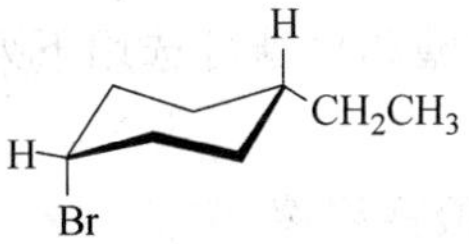
C. 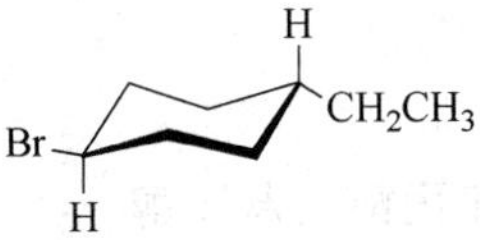
D. 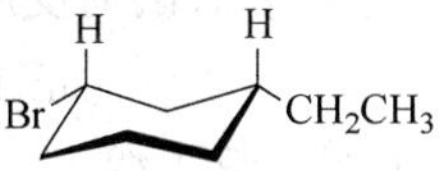

11. 天然 D-葡萄糖主要以(　　)椅式构象存在。

A. α-D-吡喃葡萄糖　　B. β-D-吡喃葡萄糖

12. 下列化合物的构型是(　　)。

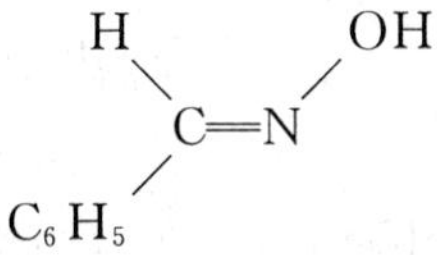

A. Z-苯甲醛肟　　B. E-苯甲醛肟

13. 下列化合物哪个是 S-型？(　　)

A. 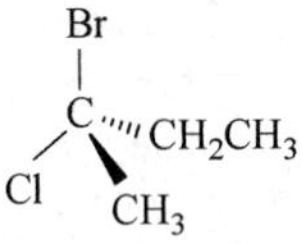
B. 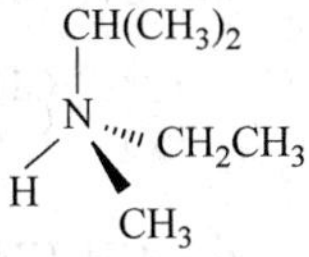
C. 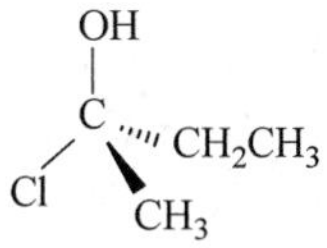
D. 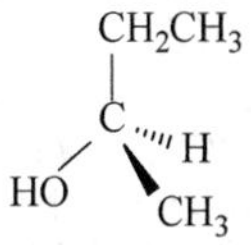

14. 下列费歇尔投影式的构型哪个是 $2R,3S$-？(　　)

A. 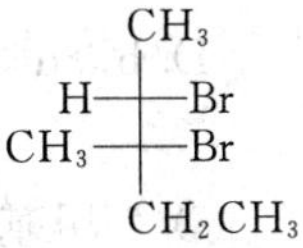
B. 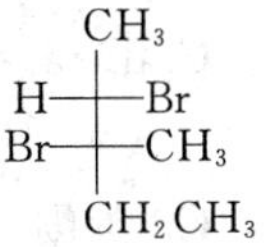
C. 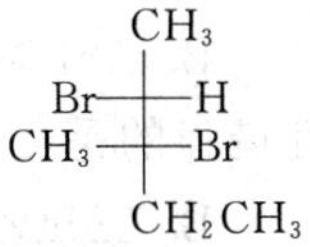
D. 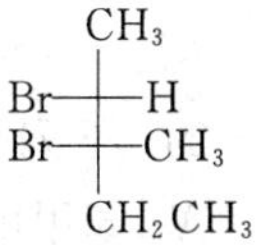

15. 下列化合物中哪个可以用碘仿反应鉴别？(　　)

A. 正丙醇　　B. 2-丁醇　　C. 3-戊酮　　D. 环己酮

16. 下列化合物可用银氨溶液鉴别的是(　　)。

A. 2-戊炔　　B. 苯乙酮　　C. 乙二酸　　D. 果糖

17. 下列化合物与亚硝酸反应能够放出氮气的是(　　)。

A. 叔丁胺　　B. N-甲基-N-乙基苯甲酰胺

C. 三甲胺　　D. 甲基乙基胺

18. 下列方程式发生的反应类型是(　　)。

$$CH_3CH_2CHO + HCHO \xrightarrow[\triangle]{稀\ NaOH} CH_2{=}C(CH_3)CHO$$

A. 康尼查罗反应　　B. 霍夫曼降解反应　　C. 亲电加成反应　　D. 羟醛缩合反应

19. 下列反应的产物是(　　)。

$$(CH_3)_2N^+(CH_2CH_2CH_3)CH_2CH_3\ \overset{-}{O}H \xrightarrow{\triangle}$$

A. $(CH_3)_2NCH_2CH_2CH_3 + H_2O + CH_2{=}CH_2$

B. $(CH_3)_2NCH_2CH_3 + H_2O + CH_3CH{=}CH_2$

20. 鉴别葡萄糖和果糖可选用下列哪种试剂？(　　)

A. 斐林试剂　　B. 间苯二酚/浓盐酸溶液

C. 酸性高锰酸钾溶液　　D. 三氯化铁溶液

21. 下列化合物与卢卡斯试剂反应的速度顺序为(　　)。

正丁醇、2-丁醇、叔丁醇

A. 正丙醇＞2-丁醇＞叔丁醇　　B. 2-丁醇＞正丙醇＞叔丁醇

C. 2-丁醇＞叔丁醇＞正丙醇　　D. 叔丁醇＞2-丁醇＞正丙醇

22. 下列化合物与硝酸银乙醇溶液反应的顺序(　　)。

a. $CH_2{=}CHCH_2Cl$　　b. $CH_3CH_2CH_2Cl$

c. $CH_3CH(Cl)CH_3$　　d. $CH_3CH{=}CHCl$

A. a＞b＞c＞d　　B. a＞c＞b＞d　　C. c＞b＞a＞d　　D. b＞d＞c＞a

23. 下列化合物与水加成反应活性顺序为(　　)。

a. CH_3CH_2CHO　　b. $CH_3CH(CH_3)CHO$

c. $CH_3C(=O)CH_3$　　d. $CH_3CH(Cl)CHO$

A. a＞c＞b＞d　　B. a＞b＞c＞d　　C. d＞a＞b＞c　　D. b＞d＞c＞a

24. 下列化合物酸性最强的是(　　)。

A. 苯甲醇　　B. 三氯乙酸　　C. 苯酚　　D. 2-甲基丙酸

25. 下列化合物碱性最强的是(　　)。

A. 三甲胺　　B. 二甲胺　　C. 吡啶　　D. 苯胺

26. 下列化合物的稳定性顺序为(　　)。

a. 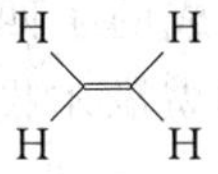　　b. 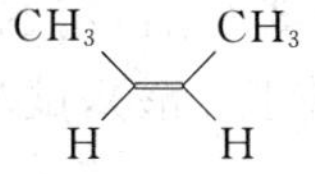　　c. 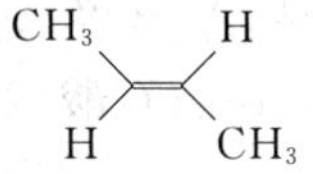　　d. 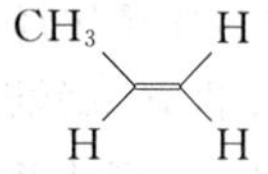

A. a>c>b>d　　B. c>b>d>a　　C. d>a>b>c　　D. b>d>c>a

27. 中和 1 g 油脂中游离脂肪酸所需氢氧化钾的质量数(mg)是油脂的(　　)。

A. 皂化值　　B. 碘值　　C. 酸值　　D. 等电点

28. 酸性氨基酸和碱性氨基酸中氨基和羧基的数目关系为(　　)。

A. 氨基>羧基、氨基<羧基　　B. 氨基<羧基、氨基>羧基

C. 氨基=羧基、氨基<羧基　　D. 氨基>羧基、氨基=羧基

29. 下列化合物存在变旋现象的是(　　)。

A. *α*-*D*-葡萄糖糖苷　　B. *β*-*D*-甘露糖

C. 蔗糖　　D. 淀粉

30. 下列反应需在什么条件下进行?(　　)

$$CH_3\overset{\overset{O}{\|}}{C}CH{=}CH_2 \xrightarrow{?} CH_3\underset{\underset{OH}{|}}{C}HCH{=}CH_2$$

A. Ni/H_2　　B. Zn-Hg/浓 HCl

C. $LiAlH_4$/乙醚　　D. $\xrightarrow[(HOCH_2CH_2)_2,\triangle]{NH_2NH_2,NaOH}$

二、合成题(由指定原料合成下列化合物,无机试剂任选。注意:反应条件必须注明)(共20 分,每题 4 分)

1. $CH_2{=}CH_2 \longrightarrow CH_3CH_2\overset{\overset{O}{\|}}{C}{-}OC_2H_5$

2. 由甲苯合成对羟基苯甲酸

3. 由甲醛和乙醛合成季戊四醇

4. 由甲苯和丙酸合成 1-甲基-4-正丙基苯

三、推导结构(共 20 分,每题 4 分)

1. 化合物 A 的分子式为 $C_8H_{14}O_3$,A 遇三氯化铁溶液显紫色,遇到苯肼有黄色沉淀生成。A 在碱性条件下水解可生成 B($C_6H_{10}O_3$)和 C,B 受热分解生成 D,并放出二氧化碳,D 发生碘仿反应后生成异丁酸和碘仿,试推断 A、B、C、D 的可能结构式。

2. 某化合物的分子式为 C_7H_{12},可与两分子溴加成,与硝酸银的氨溶液不反应。与酸性高锰酸钾溶液反应生成乙酸、二氧化碳和 3-丁酮酸,与 1 mol 溴化氢加成生成 4-甲基-4-溴-1-己烯。试推断该化合物的结构式,并写出推导过程。

3. 某化合物 A 的分子式为 $C_{10}H_{12}O_2$,不溶于 NaOH 溶液中,可与羟氨和苯肼反应,但不与 Tollens 试剂作用,A 经 $LiAlH_4$还原的 B,B 的分子式为 $C_{10}H_{14}O_2$,A 和 B 都能起碘仿

反应。A 与碘化氢作用生成 C,C 的分子式为 $C_9H_{10}O_2$,C 经克莱门森还原生成 D,D 的分子式为 $C_9H_{12}O$,A 经酸性高锰酸钾氧化生成对-甲氧基苯甲酸。写出 A、B、C、D 的结构式。

4. 某 D 系戊醛糖 A 和 B,与苯肼作用形成相同的脎,用硝酸氧化后,A 氧化产物没有旋光性,B 氧化产物有旋光性,A、B 经递降得丁醛糖 C 后,用 $NaBH_4$ 还原,生成的丁四醇没有旋光性,C 硝酸氧化得 meso-酒石酸(2,3-二羟基丁二酸),试写出 A、B、C 的费歇尔投影式结构式,并写出推导过程。

5. 化合物 A、B、C 的分子式皆为 $C_5H_{12}O$,三者都可与金属钠作用放出氢气;三者在适当条件下脱水得到分子式为 C_5H_{10} 的化合物,该化合物在 H_2/Pt 条件下反应还原得 2-甲基丁烷。A、B、C 分别与卢卡斯试剂反应,A 几小时也不出现浑浊;B 10 min 后出现浑浊;C 立即出现浑浊。其中 A 氧化后得到 3-甲基丁酸,B 氧化后得到 D,C 不被氧化。试推断 A、B、C、D 的结构式。

综合模拟试题(四)参考答案

一、选择题

1. D　2. B　3. A　4. C　5. A　6. B　7. B　8. D　9. A　10. C　11. B　12. B　13. C　14. D　15. B　16. D　17. A　18. D　19. A　20. B　21. D　22. B　23. C　24. B　25. B　26. B　27. C　28. B　29. B　30. C

二、合成题(由指定原料合成下列化合物,无机试剂任选)

1.

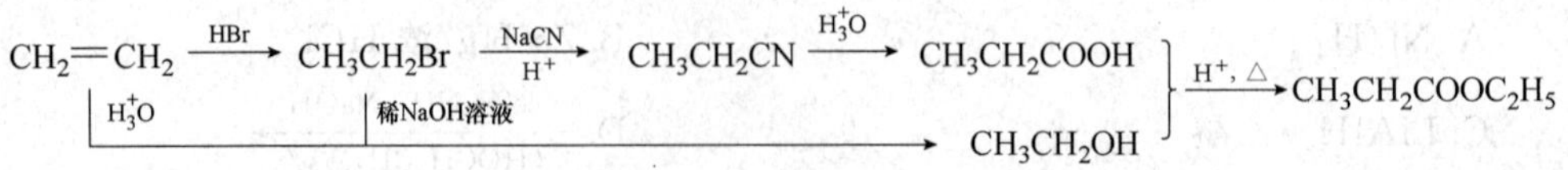

2.

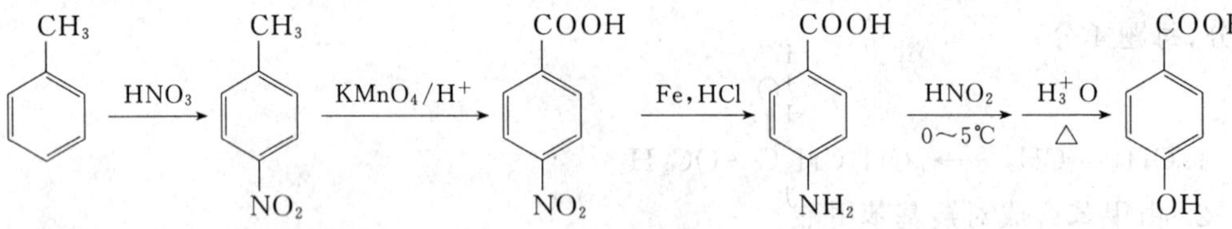

3.

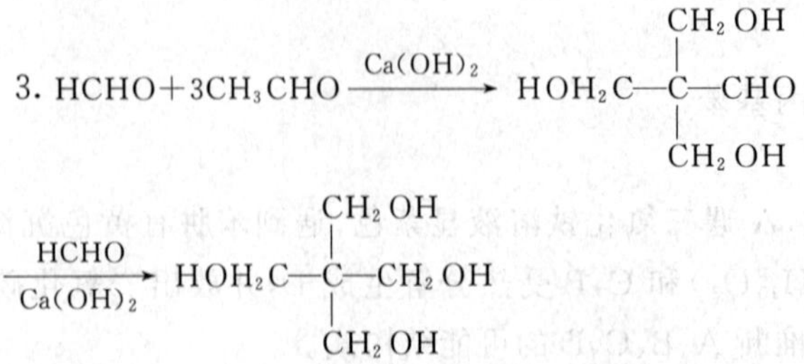

4. $CH_3CH_2COOH + PCl_3 \longrightarrow CH_3CH_2COCl$

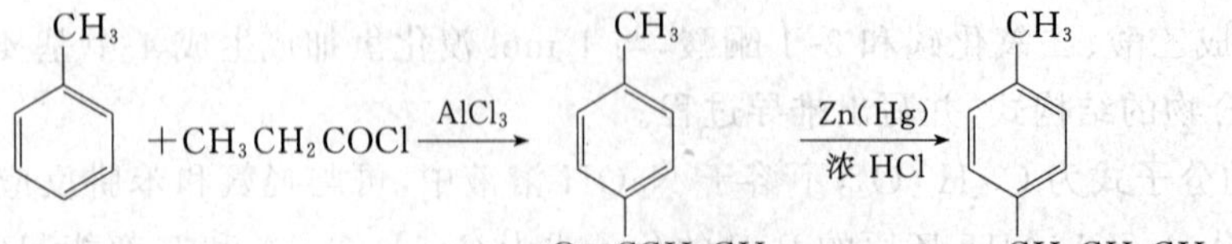

三、推导结构

1.

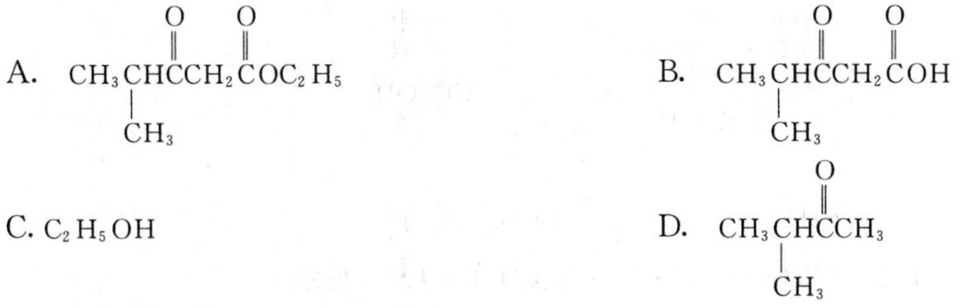
A.
B.
C. C₂H₅OH
D.

2.

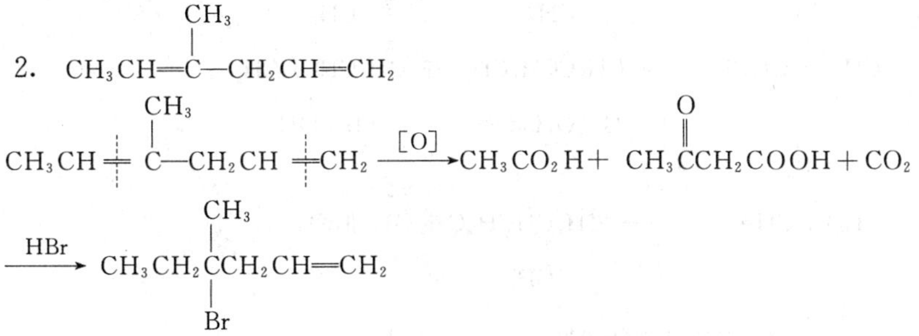
[O]
HBr

3.

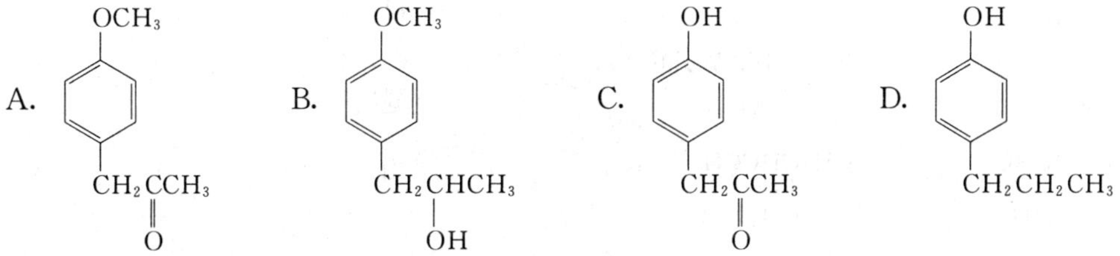
A.
B.
C.
D.

4.

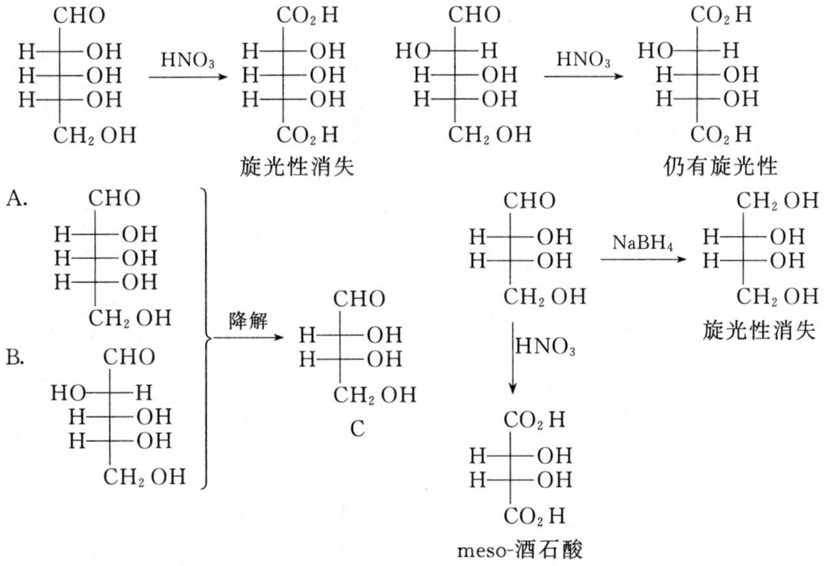
HNO₃
旋光性消失
仍有旋光性
A.
B.
降解
C
NaBH₄
旋光性消失
meso-酒石酸

所以

A. 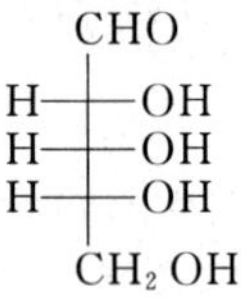

B. 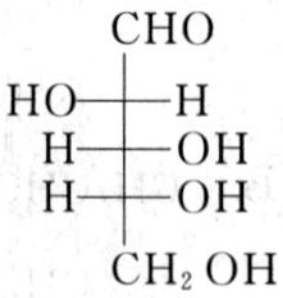

C. 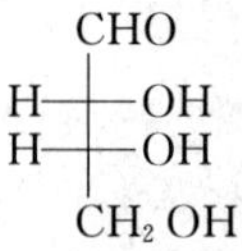

5.

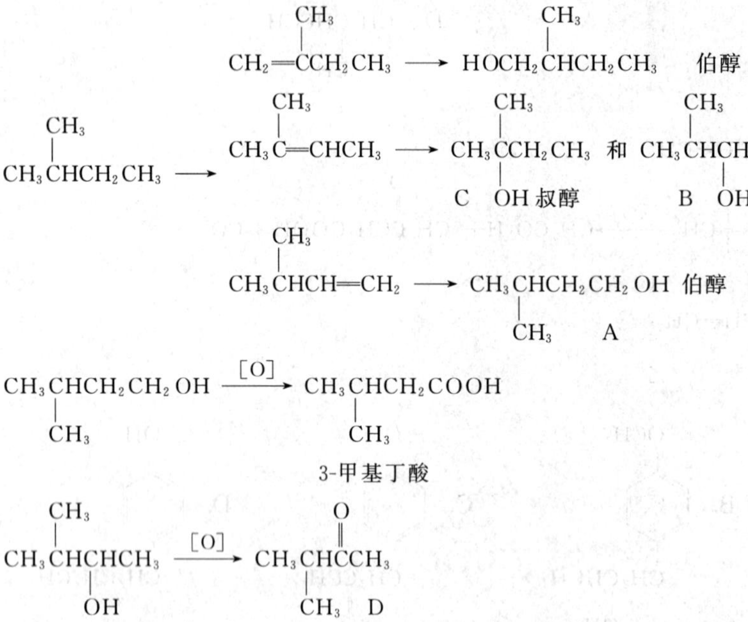

参考文献

References

[1]李楠,廖蓉苏,李斌. 有机化学. 2 版. 北京:中国农业大学出版社,2017.

[2]张宝申,庞美丽. 有机化学学习辅导. 2 版. 天津:南开大学出版社,2010.

[3]李楠,胡世荣. 有机化学习题集. 北京:高等教育出版社,2003.

[4]张昭,张鑫,李奋强,等. 有机化学总结、复习与提高:重点、难点、习题精解. 北京:化学工业出版社,2009.

[5]陈宏博. 如何学习有机化学. 3 版. 大连:大连理工大学出版社,2015.

[6]陆涛. 有机化学学习指导与习题集. 4 版. 北京:人民卫生出版社,2016.

[7]刑其毅,裴伟伟,徐瑞秋,等. 基础有机化学. 4 版. 北京:北京大学出版社,2016.